MOVING CROPS AND THE SCALES OF HISTORY

世界文明中的作物迁徙

[英] 白馥兰 Francesca Bray　[美] 芭芭拉·哈恩 Barbara Hahn　[印] 约翰·博斯克·卢杜萨米 John Bosco Lourdusamy　[美] 蒂亚戈·萨拉瓦 Tiago Saraiva —著

于 楠—译　邹 玲—校译

中国科学技术出版社
·北 京·

Moving Crops and the Scales of History by Francesca Bray, Barbara Hahn, John Bosco Lourdusamy, Tiago Saraiva, ISBN: 9781789145397.

Originally published by Yale University Press

北京市版权局著作权合同登记　图字：01–2024–3305

图书在版编目（CIP）数据

世界文明中的作物迁徙 /（英）白馥兰
(Francesca Bray) 等著；于楠译 . -- 北京：中国科学
技术出版社，2024.9
书名原文：Moving Crops and the Scales of
History
ISBN 978–7–5236–0768–8

Ⅰ . ①世… Ⅱ . ①白… ②于… Ⅲ . ①作物—农业史
—世界 Ⅳ . ① S5–091

中国国家版本馆 CIP 数据核字 (2024) 第 101018 号

审图号：GS 京（2024）0175 号

策划编辑	刘　畅　屈昕雨	**责任编辑**	孙　楠
封面设计	今亮新声	**版式设计**	蚂蚁设计
责任校对	张晓莉	**责任印制**	李晓霖

出　　版	中国科学技术出版社
发　　行	中国科学技术出版社有限公司
地　　址	北京市海淀区中关村南大街 16 号
邮　　编	100081
发行电话	010–62173865
传　　真	010–62173081
网　　址	http://www.cspbooks.com.cn

开　　本	710mm × 1000mm　1/16
字　　数	359 千字
印　　张	27.75
版　　次	2024 年 9 月第 1 版
印　　次	2024 年 9 月第 1 次印刷
印　　刷	北京盛通印刷股份有限公司
书　　号	ISBN 978–7–5236–0768–8/S · 797
定　　价	89.00 元

由衷感谢阿琳娜（Alina）、薛凤（Dagmar Schäfer）、
丹阳（Danyang）和乔恩（Jon）

中文版序

我想借此机会对中国科学技术出版社表示感谢，是他们的盛情邀请使《世界文明中的作物迁徙》的中文版序言成为可能。这对于我们四位共同作者来说，是一个向中国科学技术出版社中所有为这本书的中文版做出贡献的人表示感谢的机会，他们让我们的想法得以传播到中国读者中。特别感谢翻译于楠和校译邹玲；并且格外感谢我们的朋友、中国科学院自然科学史研究所的杜新豪博士，他是一位杰出的农业史学者，不辞辛劳地检查了本书中的专业术语和对中国早期农业著作的引用的准确性。我们对中译本的质量和精美设计感到非常满意——谢谢你们！

我也想借此机会对几位中国农业史学家表示我的感激之情。在作物如何塑造历史，以及构想农作物景观的本质和动态方面，他们激发了我的灵感，从而激发了我们在《世界文明中的作物迁徙》一书中的集体智能。在众多我有幸与之交流，并让我获得无数指导和启发的学者中，我想要特别感谢曾雄生、李伯重、王利华、杜新豪、宋元明、何红中、李昕升、沈宇斌。

接下来，让我简单地介绍一下《世界文明中的作物迁徙》这本书的主要思想。农作物是人类出于自利而将其驯化的自然物种；与此同时，作物也有天然的成长规律，人类因此也被作物的节律和习惯驯化。

作物既是自然产物又是“人工制品”，它们可以通过许多种方式移动。它们穿越时间：在一个生命周期中萌发、生长、成熟和传播；或者在自然条件或者人工作用下繁殖和变异，来实现代际遗传。它们也在空间中移动。人类努力控制植物在空间上的移动性：在田野中树起篱笆，把掺杂在作物中的其他物种视为杂草，并将其移除；把它们从平原带到山丘，将其种在被征服的领土上，而在此之前，那片领土上没有人认识这种植物；人类也会跨越边界进行作物贸易。但是想要让这种时空旅行成功，想让一种作物在新的时间和地点生长和繁殖，要同时具备多重因素。在《世界文明中的作物迁徙》中，我们定义了农作物景观的概念，其中包含大量同时存在、协同作用或相互矛盾的元素和行动者，包括但不限于生态环境、农业技术、税收制度、宗教象征、市场、科学知识和意识形态、饮食方式和口味、劳动条件和政治优先事项，而这个集合还在不断进化。

根据对元素优先级的不同判断，农民、政府、农场主和历史学家会关注一个特定农作物景观的不同维度，并且会给同一个农作物景观画出不同的边界。在艺术领域，景观代表着一种选择，它决定了什么将被展示出来，什么将被忽略；什么将被突出，什么将逐渐融入背景。因此我们详细阐述了我们的农作物景观概念，以强调它的框架中涉及的选择——既包括我们选择的历史行动者，也包括我们成为历史学家的选择。这个概念因此给我们提供了一个工具，让我们能解构关于周期化、地理和重要性的传统，并提出一种历史写作的新视角。

《世界文明中的作物迁徙》是对一系列农作物历史的拼接——奥斯曼帝国的郁金香；小麦生产的全球网络；万寿菊如何从墨西哥的阿兹特克墓地迁移到现代人造奶油工厂；葡萄牙的殖民主义如何在腰果、波特酒和桉树中体现；以及联合国教科文组织的全球重要农业文化遗产系统的选择性。通过展现这些历史，我们想要探索和重新定义对于所有历史研究来说至关重要的核心概念。这包括长时间段和时间点；地理位置和地点的出现；规模和大小；不同的繁育形式——从手动播种到机械化播种。

由于我们的研究将传统的地理划分和时间线碎片化了，我们该如何挑选我们的例子呢？四位共同作者在这方面都贡献了自己的心智模式和专业知识。芭芭拉·哈恩研究的是北大西洋地区资本主义的长期历史，她在烟草和棉花相关的领域颇有著述；约翰·博斯科·卢杜萨米研究的是英国统治时期印度的科学和技术史，他对茶产业的运作机制进行了后殖民主义的剖析；蒂亚戈·萨拉瓦关注的是农业科学，她研究的是殖民主义和法西斯时期的欧洲及其殖民地关于动植物培育的技术实践和潜藏的意识形态，柑橘、小麦、猪和马铃薯都是他专业领域中的主要研究对象。

至于我自己，我在中国及其邻国的农业史方面已经进行了多年的钻研。1984 年我帮助李约瑟写了《中国科学技术史》的《农业卷》。随后，1986 年我又写了《稻米经济学》（*The Rice Economies*）。继而，我在技术和性别方面进行了长期且成果颇丰的研究，此次经历让我改变了对中国农作物景观及其政治和道德力量的理解。这之后，我又回到对历史的动因和生产规模进行的宏观的、比较性的研究，比如“李约瑟问题”“内卷”“大分流”等。我喜欢的植物包括水稻、粟和茶树，但是我对水稻和茶树的研究主要集中在中国小型产业传统的发展过程，而非使用奴隶劳动力的加利福尼亚州水稻种植园，或者英属印度典型的大型茶叶庄园。

我们四位共同作者都认为，不能让我们自己最喜爱的作物独占舞台，我们应该通过研究它们的历史来选择其他作物。这些被选择的作物没有变成全球商品，因此通常在传统历史中没有那么可见。但是它们能够更生动地说明年代学和地点的营造过程，以及技术产品的流动是如何影响权力的实施和知识、价值、情感的流通和交换的。因此，万寿菊从美洲迁移到欧洲或者反向迁移的轨迹揭露了一个富有启发的、关于意义和价值转变的故事。在这个故事中，一种颜色鲜艳、气味强烈、并且被人们相信能够引领亡灵的神圣之花，最终变成了黄色染色剂，而它的工业优势在于它没有气味。

在我们的启发式碎片历史中，中国、印度或葡萄牙（传统农业历史叙事中的主角——编者注）没有成为绝对的主角或者把其他地区排挤出去。但是，对于熟悉中国历史，以及深知农业在中国传统方略和哲学中的重要性的读者来说，我们的集体路径，甚至农作物景观的概念，都是受到中国经验的启发才出现的，其中包括中国长久以来的农艺原则和管理战略。比如，在第五章中，我们举了明朝的政治家和农学家徐光启的例子，以说明在我们所举的例子中，不同历史行动者在地方治理的过程中，如何选择不同或互补的农作物景观概念，从而最好地服务于民众和政府。在第四章中，我们反思了“照顾”行为，以及非人类行动者之间的合作和冲突。我们引用了贾思勰在《齐民要术》中的观点，他提倡在瓜秧旁边种植大豆，从而帮助瓜秧起土，这是自然协同作用的另一个例证。

如上所述，《世界文明中的作物迁徙》中所参考的中国的例子既给我们提供了思考和感受的途径，也提供了实践的途径。但是在把中国的例子融入本书的结构中时，我们还将其重要性延申到中国的语境之外。我们的策略是，通过对比和联系不同的案例来探索全书主题，比如周期化和规模。我们希望能借此让读者对两件事进行反思：其一，特定的中国案例如何扩展我们对农作物景观起作用和演变方式的理解；其二，通过上述讨论，我们所列举的案例对于中国历史的重要性是如何变化的。我们列举的中国案例包括：帝制时代晚期对水稻种植的鼓励，这个例子被用于说明人类如何操纵作物种植的时间以实现不同的目标；中国粟的长期历史，这个例子说明了一种作物可以从社会的基础作物变成边缘作物，然后又变成未来资源；将中国的小规模茶叶生产方式移植到英属印度的大庄园时出现的矛盾，我们认为，把英国当作茶叶的主导市场会导致全球史学家忽略中国茶产业的韧性；以及红薯在帝制晚期是如何被当作“寄生商品”的，它在再生产劳动力，以及生产更多有价值和可见的商品上的作用因此被忽视了。

一些读者可能会感兴趣但是因为篇幅而没有在书中展开论述的中国例子包括：（1）元朝—明朝棉花种植和处理上的演化，这个例子可以说明在区域融合的过程中，政府和市场的相互作用；（2）大麦、酿造法和啤酒，尽管大麦是一种常见作物，而且从很久以前就被用来做酒曲，但是直到20世纪初欧洲人在中国建立啤酒酿造厂，中国人才开始酿造啤酒；（3）关于胡椒与资本主义崛起的修正主义历史，在这个案例中我们认识到从宋朝到20世纪早期中国都是世界上最大的胡椒市场；（4）一位育种专家——美国柑橘专家沃特·斯温格尔（Water Swingle）在美国汉学建立过程中令人意想不到的作用。

我们之所以选择农作物作为新的历史叙事的主角，是因为农作物是一种“人工”的生命形式，是必须扎根才能存活的旅行者，这些特性让它成为新的、更丰富的关于全球流动和互动的历史的载体。尽管我们选择使用农作物来展开我们的讨论，我们认为研究农作物景观的方法适用于全球史研究中所有其他的人工制品和商品：我们希望我们的读者可以享受阅读《世界文明中的作物迁徙》一书，就像我们享受它的写作过程那样，其中一些读者甚至可以尝试我们提出的方法。

白馥兰
2024年7月14日于爱丁堡

CONTENTS 目 录

导论 农作物景观和历史

第一章 时间

第二章 地点

第三章 规模

第四章 行动者

第五章 组成

第六章 繁殖

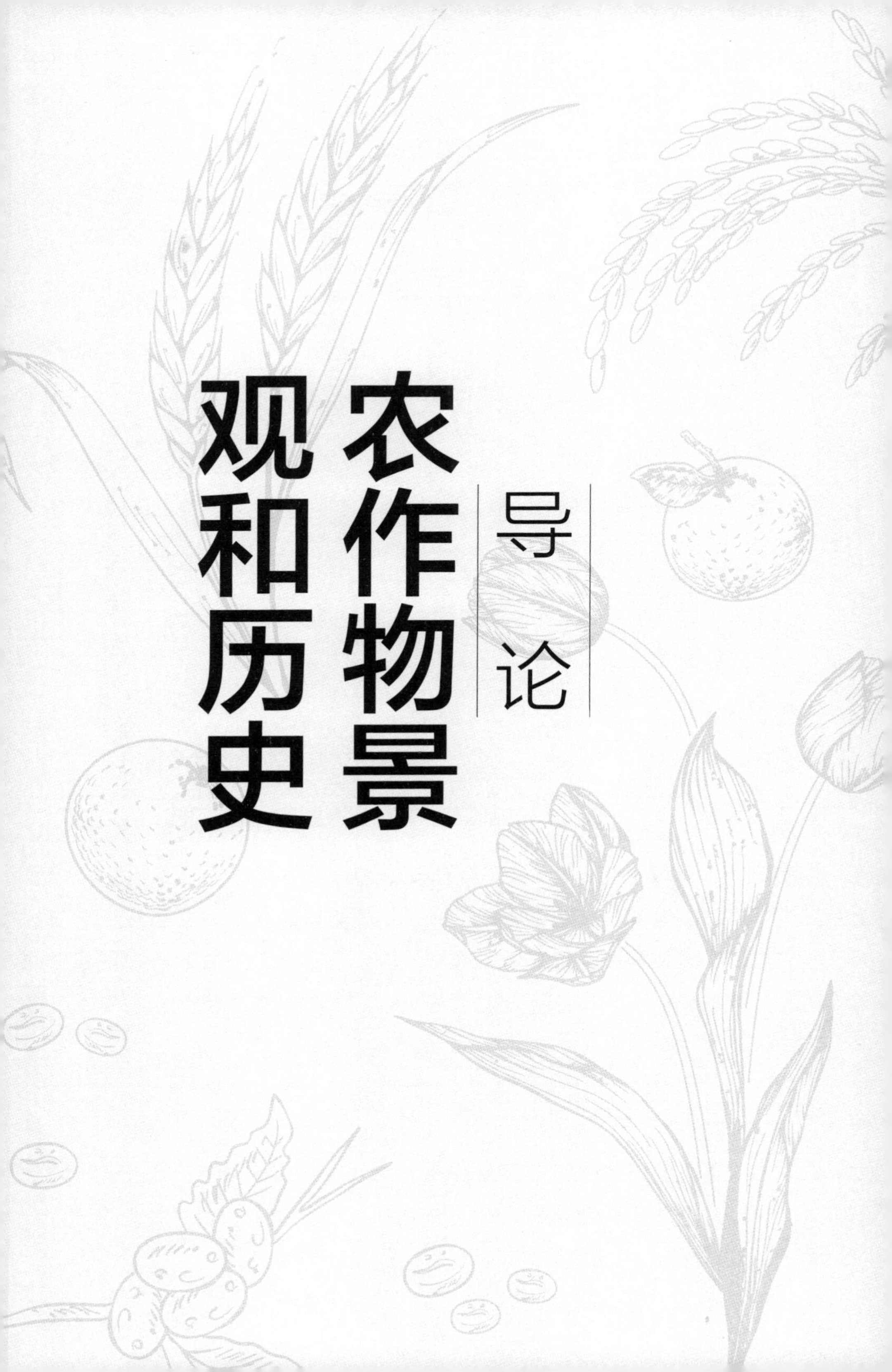

导论

农作物景观和历史

从白银、石油、原棉、绸缎到蒸汽机，人类劳动产品的流动史其实就是一部全球史。其中植根于本地环境中的农作物是较为特殊的一类。农作物也是人工产物，反映了人类的态度，虽然受到人类社会规则的强烈制约，但其回归自由的天性难以抑制。农作物可能会退化成杂草；而换个时间、换个地点，杂草也可能变成农作物。农作物具有不可分割的自然和社会属性，既不可避免地具有具体性，也具有内在的象征意义，它可以在扎根于土壤的同时保持流动性，也可以在受控制的同时保留不可控性。农作物为阐释全球交流和交往的历史提供了新颖丰富的角度，这些历史既层层递进又纵横交错[1]。

农作物分布的变迁推动了世界历史的进程。几千年来，农作物一直在迁移，从荒野迁移到田地，从中心区域迁移到边疆地带，从一个殖民地迁移到另一个殖民地，从实验室迁移到世界各地。农作物不仅在本土流动循环，也通过洲际贸易路线传播，这种流通的节奏或时间跨度从作物的一年浮动到长达几个世纪，这种流动、汇聚和交换最终培育出小麦、水稻和橙子等“世界作物”。但没有人能够保证农作物在被迁离原地之后还能存活，或者在被转移到新环境中后还会茁壮生长，也不能保证它能继续在新环境中发挥原有的作用。农作物迁移可不是一件简单的事，其后果无法预料。

19 世纪 30 年代末，英国东印度公司从中国走私茶籽、茶树并带走中国的熟练技术工人，在印度阿萨姆邦建立了茶叶种植园，给予脆弱的茶树精心的照顾，试图用它们与中国茶叶竞争。然而，到了 19 世纪 70 年代，英国的种植园主和植物学家却对曾经被寄予厚望、悉心呵护的珍贵中国茶树种发起剧烈攻击，声称它是一种“诅咒”，必须将其连根拔起、焚烧并代之以本地的阿萨姆茶树（详见第二章“地点”）。农作物就这样变成了野草！在阿兹特克人[1]（Aztec）的花园、神殿和墓地里，万寿菊这种被认为能与死者灵魂对话的花无处不在，成了哥伦布大交换[2]（Columbia Exchange）中成功的“隐形旅行者”。墨西哥万寿菊只用了数年的时间，就跨越了半个地球，成功在印度扎根。万寿菊绚丽的色彩和辛香的气味，使它们成为祭坛和仪式花环上的宠儿。然而它们用了四个世纪的时间，才抵达邻近的北美。但在入侵北美之后，它们不再是圣花，而是廉价且赏心悦目的花坛植物（见第五章“组成”）。大约从 1500 年起，南美的木薯被成功地在葡属非洲的贩奴港口附近种植。虽然木薯粉很快就成为城市里各族贫民用以果腹的主食，但在内陆地区，木薯只是一种园艺作物。默默无闻了四百年之后，在莫桑比克北部等地区，木薯几乎一夜之间取代了粟和高粱成为“食物”：主食的突然变化是非洲

---

[1] 阿兹特克人，墨西哥的原住民。

[2] 哥伦布大交换是一场东半球与西半球之间生物、农作物、人种、文化、传染病，甚至思想观念的突发性交流。在人类史上，这是在生态学、农业、文化等许多领域的重要历史事件。1492 年哥伦布首次航行到美洲大陆，这既是一次世纪性的大规模航海，也是旧大陆与新大陆之间联系的开始。这种生态学上的变革，便被称为“哥伦布大交换”。——译者注

小农在1915年政府出台的棉花强制种植政策下的无奈之举。

想要成功移植农作物，需要付出社会层面、象征意义上和物质上的巨大努力。植物、种植者和种植地点都会在相互适应的过程中发生变化。记录这些斗争和变化的形式多种多样，令人眼花缭乱：从中国古代的青铜铭文、奥斯曼微型画到工人歌曲和基因组分析，几乎涉及整个世界的历史和地理知识。这些时空跨度巨大的经验和记录，不仅涵盖了丰富多样的农作物和环境，而且揭示了很多意想不到的行动者（人类或者非人类）以及出人意料的联系和模式。这促使我们回过头来，抛开假设，运用想象力思考历史中真实发生的事情，以及我们能够写出怎样的历史。农作物的普遍性、可变性和灵活性，指向了更自由的历史书写方法。

《世界文明中的作物迁徙》是一部按照此脉络来组织的实验性著作，是“非殖民化”历史的一部分。正如后文所说，我们考虑了（农作物）迁移的多个维度：时间和空间上的移动、扩张或收缩，生物性或社会性的形态变化以及因果关系或意义的转变。我们引用的案例包括穿越古撒哈拉沙漠的椰枣绿洲、现代加纳移动的可可边界、美国的棉花和小麦贸易、中世纪时期的中国茶叶出口、玛雅森林里看似永恒的米尔帕[1]园地以及拥有先进科技的斯瓦尔巴全球种子库[2]（Svalbard Global Seed Vault）。除了农作物本身和种植农作物的农民，本书所提到的历史行动者还包括用长山

---

[1] 米尔帕：玛雅人的一种耕作法。即把树木统统砍光，再在雨季到来之前放火焚烧土地，以草木灰作肥料，覆盖贫瘠的雨林土壤。烧一次种一茬，其后要休耕1~3年，有的地方甚至要休耕长达6年，待草木长得比较茂盛之后再烧再种。——译者注

[2] 斯瓦尔巴全球种子库是挪威政府于北冰洋斯瓦巴群岛上建造的非营利储藏库，用于保存全世界的农作物种子，为全球最大的种子库。——译者注

药酿成的酒、使波特葡萄酒停止发酵的烈酒❶、美国黑人农学家乔治·华盛顿·卡弗（George Washington Carver）、中国古代农学家徐光启❷。

我们探讨了农作物既可以扎根又可以迁移的双重性质，综合分析了局部与全球、微观与宏观，日常生活习惯以及长期事件。我们利用丰富的农学资料，提出一种新的方法，将其用于书写更加新颖、更加丰富的历史，并记录现实世界的发展变化。我们资料来源的广度和深度，资料间的和谐与冲突，促使我们突破熟悉的时期划分和地理区划，超越传统的规模、边界和定向性，而这些依然是全球史或者比较史的叙事结构。我们试图重构，从而对抗当今地理格局中，权力与不平等所驱使的目的论或宿命论。[2]我们希望人们能够关注被忽视的历史行动者和地理联系。

我们通过一系列对比鲜明的农作物历史展开论证，并精心编纂这些历史，使其与时间、空间和行动者相协调。虽然我们关注的焦点在于农作物的迁移，但选择农作物作为研究载体恰恰是因为它们是扎根生长的生物。农作物必须被从当地生态系统中连根挖出才能迁移，这一事实让我们必须像重视流动性和目的性一样重视农作物扎根生长的特性及其原产地。农作物既是由人类技术塑造而成的事物，也是具有能动性的生命形式。农作物让我们不得不认真考虑其具体的物质性，包括功能可见性、抵抗力，以及当农作物以各种方式迁移或者在原产地生长时，这些特性给行动

❶ 波特酒是一种加强葡萄酒，在其酿造过程中，工人会加入烈酒以终止其发酵过程，从而提高酒精含量和保留糖分。——编者注

❷ 徐光启（1562—1633），明末科学家、农学家、政治家，中西文化交流的先驱之一。徐光启在生物学和农学方面的贡献很大。这方面的研究成果，都汇集在他的《农政全书》中。——译者注

者、迁移过程、生长过程以及意义的出现或消失带来的影响。我们借由农作物展开论证，但我们认为这种方法也适用于其他“根植”于全球史的物质产品或商品。

农作物景观概述

农作物是特定环境条件和人类干预的产物，这包括栽培技术、生产方式，需求、价值观、品位和理想。要想培育和繁殖农作物，就必须将人类与非人类行动者组合或汇聚到一起，而当人类移植这些组合时，可能只会挑选个别要素进行移植，比如农作物植株、相关的种植方式、制度形式、动机、消费方式等。针对这些不断变化的复杂情况，我们提出了农作物景观（cropscape）的概念，它既是在特定地点、特定时间，用于培育特定农作物的要素的集合，也是一种工具，可以用于分析使上述要素集合出现和重复的力量和运动，以及农作物及其组合的迁移能力。

因此，我们将农作物景观定义为**围绕作物形成的集合体**，包括在特定的地点和时间，聚集在一起，用于培育和种植农作物的所有异质要素和行动者。农作物景观集合体包括植物、人、天气、市场、思想、欲望和历史（不仅包括某一农作物景观或者农作物所嵌入的不断发展的历史，也包括它们过去和现在所展现的历史和叙事）。从一块碎壤到全球贸易网络，从植物的生命周期到绿色革命（Green Revolution）的出现，农作物景观适用于不同的时空尺度。每一种尺度都涉及不同的行动者：人类和非人类、物质和制度。同样的农作物景观在农民、蝗虫、期货交易员和税务稽查员的眼里会呈现截然不同的面貌。换句话说，我们认为农作物景观不是一个具有清晰的边界和确定的组成要素的物体，而是一种发现和观察的方法，一种具有多焦点、多尺度的框架手段，因此它是研究运动和变化的强大工具。[3]

我们的农作物景观概念从景观变为分析工具的过程中汲取了灵感。这种方法起源于法国学者对风景画的研究，该研究将风景画视为历史和地理的综合产物，最早由保罗·维达尔·德·拉·白兰士（Paul Vidal de La Blache）提出，并由年鉴学派的成员继承和发展。[4]年鉴学派历史学家的经典研究将特定乡村景观中展现的生活方式、政治形式、社会关系和思维方式与其物质背景和环境背景联系起来。年鉴学派的研究涉及多种时空尺度，一些研究具有强烈的地域性，而另一些则呈现出明显的全球性。它们展现了在全球气候变化以及农业实践中，看似微不足道的变化（比如从休耕两年改为休耕三年）所产生的深远历史影响。[5]跨学科研究人员利用经济学、社会学、心理学、气候学和其他科学资源，把与取景相关的反思性问题作为项目核心。马克·布洛赫（Marc Bloch）在《历史学家的技艺》（*The Historian's Craft*）一书中写道："景观，作为一个连贯的单位，只存在于我的意识中。"不同的学科（或个人）视角会感知不同的景观，并以不同的方式进行架构和分析。[6]

关于变化的动力，年鉴学派历史学家是唯物主义者，但他们有别于马克思主义历史唯物主义者。他们在20世纪30年代的激进做法是将注意力从宫廷转移到景观，从充斥着伟人的政治史转向了关注普通人、日常生活和山水的叙事。尽管经济和物质基础对他们分析社会形态、政治局势和历史变迁是至关重要的，但阶级斗争和生产方式的矛盾却不是——他们认为这些方法是狭隘的。[7]雷蒙德·威廉姆斯（Raymond Williams）于1973年提出的文化马克思主义对英格兰乡村浪漫主义的批评，把马克思的感性思想引入景观研究中。威廉姆斯的论点具有在反思性和方法论层面的双重意义：首先，生活在我们这个时代，我们需要承认并审视我们对景观的历史解释是如何受到情感结构以及指导和定义我们视角的社会和物质条件影响的。其次，景观既不是永恒的，也不是自然产生的：它建立在对资源的争夺上，是一个涵盖人类内部权力关系、财富的生产和控制方式，对劳动和专业知识以及不同类型土地的用途和美学的定义的综合体，这个综合体不断地发生变化。最后，乡村与城市是相辅相成的：自农耕时代起，城市就开始向乡村渗透。[8]

虽然年鉴学派和威廉姆斯都认为人类、物质实践与环境之间是相互影响的，但无论是年鉴学派范式还是威廉姆斯的文化马克思主义，都坚持认为人类、自然环境以及人类栖居的人工环境之间存在范畴上、本体上的区别。20 世纪 90 年代，景观研究重新焕发生机。参与新兴的物质文化研究的后过程主义考古学家，尝试追溯景观现象学及其占有者的“本体论基础”，其中最有名的是芭芭拉·本德（Barbara Bender）和克里斯托弗·蒂利（Christopher Tilley）。他们通过更加专注、更加系统地关注物质及其重要性来补充威廉姆斯的文化唯物主义。[9] 他们将强烈的唯物主义融入分析中，这使他们的视角（相较于威廉姆斯的视角）与年鉴学派的方法更接近。但是，与威廉姆斯一致的是，考古学家系统地利用景观的多面性，把它当作一种手段，打破了主流的社会 – 技术 – 环境的考古模式中的连贯性和同质性，例如从狩猎采集部落发展到园艺部落，再发展到游牧酋邦和农业国家。[10]“我们并不想提供一个连贯的、顺序导向的叙事，而是将证据沿着很多不同的轴线进行了再加工，试图阐明人类参与和体验物质世界（通常还包括非物质世界）的不同方式。”[11]

由此设想出的景观进入了历史分析领域，这是一个充满争议、不断发展的行动领域：一个由地点、事物以及人与人的竞争和协作关系组成的密集网络。这样的景观从本质上讲是多维度、多焦点的。取景也因此成为一种有意识的政治和认识论层面的抉择：通过使用不同的边界或轴线将行动者和要素置于聚光灯下，叙事者构造了不同的故事。对于某一特定的景观，将不同的画面进行对立或者叠加会扰乱既定的叙事，同时也会对规模、范围、不同行动者的相对重要性、流向、变化的线性、因果关系模式的假设构成质疑。由于权力地形是这种景观概念的一个固有维度，全球化理论家热衷于把“景观”作为一种反映和解释移民、思想、金钱等全球流动的工具。[12]

非线性、坚定的唯物主义、多维度、反身性：我们的农作物景观概念调动了景观研究的所有关键特征，从而找到了新的、批判性的方法来研究全球史及其边界、动态和机制。在关注农作物景观的形成的过程中，我们着重指出了某些特定形式的权力如何与它们所钟爱的农作物一起具体化、扎根并跨越时空进行迁移。由于农作物是在特定的物质（支持或限制）条件下经过人类干预而产生的生命形式，因此它鼓励采用一种与世界史或全球史领域大多数的传统技术分析相比，在唯物性与目的性之间，更加偏向唯物性的方法，来研究历史进程和权力制度。

农作物景观不仅像景观学一样，带领我们向下进入根状的全球史，促使我们了解其要素是如何组合或传播的；而且还将地方史嵌入了纠缠的茎状历史中。景观学是带围墙的园林；而农作物景观则向四周蔓延。人类学教授塔妮亚·穆雷·李（Tania Murray Li）曾经说过，土地是个奇怪的东西，因为“它不像垫子：你不能把它卷起来带走”。[13] 景观是一种集合物，是汇聚之地。但农作物就像垫子一样，可以与土地分离，事实上，农作物的一个关键特征就是，作为采收物或种子，它们注定要与供其生长的土地分离。因此，与景观学甚至全球史相比，农作物景观的边界和潜在轴线更具弹性。我们可以调整范围，调整要包含的内容以及要凸显的内容。不同的取景方法和对内容的选取方式都讲述了不同但又互补的故事。例如，要了解美国棉花对世界历史做出的贡献，我们不仅要考虑利物浦的棉花经纪人对非裔美国佃农福祉的影响，而且要考虑棉花田周围的灌木丛，那里是刚从墨西哥过来的象鼻虫越冬的地方。影响南方棉花景观的重要行动者包括种子、植物生理特性、害虫的偏好、气候、价格、战争、昆虫以及农业方法和劳动制度（参见第四章“行动者”）。

作为人类有意识创造出来的一种取景工具，农作物景观促使我们质疑关于农作物和历史的故事，以及我们和其他历史行动者对这些故事的讲述方式。下面，我们比较一下 20 世纪 40 年代巴蒂斯塔政变[❶]前发表的两篇关于古巴的报道，作为通过农作物景观解读历史的实例。

1949 年，古巴地理学家杰拉尔多·卡内（Gerardo Canet）出版了一部双语《古巴图集》，全集共 64 页，包含 34 张图，是其与哈佛制图先驱埃德温·雷斯（Edwin Raisz）合作创作的。为了收集数据，卡内和雷斯按照现代主义的方式与古巴海军合作。古巴海军为他们安排了一系列飞越岛屿的航班，使他们能够拍摄大量的彩色航空照片。[14]这种制图方式结合了由奥托·纽拉特（Otto Neurath）在 20 世纪 30 年代创建的国际文字图像教育体系的图形统计风格，是一项旨在向世界传播古巴的资源动态和规模，并与世界进行互动交流的实验。卡内宣称：“《古巴图集》的创作不仅是为了描绘古巴。我们的目的不仅是展现古巴人的生活方式，而且是展现这种生活方式对环境的改变以及由此产生的新问题，和针对这些问题所做的调整。”[15]

---

❶ 1952 年古巴军人富尔亨西奥·巴蒂斯塔·萨尔迪瓦发动的军事政变，政变后巴蒂斯塔亲任古巴总统，并宣布中止宪法。——编者注

该图集总共有 34 张图，“**农业分布图**”是第 23 张。（图 1）它描绘了岛上的农业区，周围排列着的小图表，显示了农场的分布、土地的用途和古巴主要农作物种植的面积占比——甘蔗占大多数（52%），烟草（古巴另一种非常重要的出口作物）排在第 6 位，占 2.9%，仅次于玉米、木薯、咖啡、豆类和香蕉。在主图下方，页面的下边缘处有 12 张每月农业活动的小插图，这让人联想起中世纪的法国祈祷书《贝里公爵的豪华时祷书》❶中的乡村日历，只是背景中的城堡塔楼换成了从 2 月到 5 月一直冒烟的糖厂烟囱。1 月，农场工人砍甘蔗，采收烟草和豆类（菜豆）；2 月，他们砍甘蔗，采收茄子和橙子；3 月，他们砍剑麻（赫纳昆纤维），种植木薯，给牲畜接种疫苗等。“农业分布图”展现了古巴拥有的多种多样的农作物景观，由用于糊口的作物、商业作物，小农场和以甘蔗种植园为主的大庄园组合而成。被挑选出来的农作物也有自己的分布图，糖和烟草排在第一位。每幅图都配有精心设计的图表，不同的图表形式说明了古巴在全球出口中的领先地位及其对美国市场和价格的严重依赖。[16]

《古巴图集》呈现了古巴的全貌，显然甘蔗和烟草在农作物景观和农业经济中占据主导地位，二者结合起来使这个岛国陷入对美国的严重依赖。[17] 卡内的农作物景观，虽然以历史为依据，但基本上是面向未来的，它以政治经济学和农学为框架勾勒出大致的政策方案。卡内写道：“我们的方法如下：第一，事实是什么？第二，存在哪些基本问题？第三，它们未来会产生什么影响？对此，我们又能做些什么？”在各幅图的文字说明中，卡内

❶ 《贝里公爵的豪华时祷书》，是一本中世纪的法国哥特式泥金手抄本，内容为特定时间所作祈祷的集合。该书由林堡兄弟为赞助人约翰·贝里公爵而作，创作于 1412 年至 1416 年。——译者注

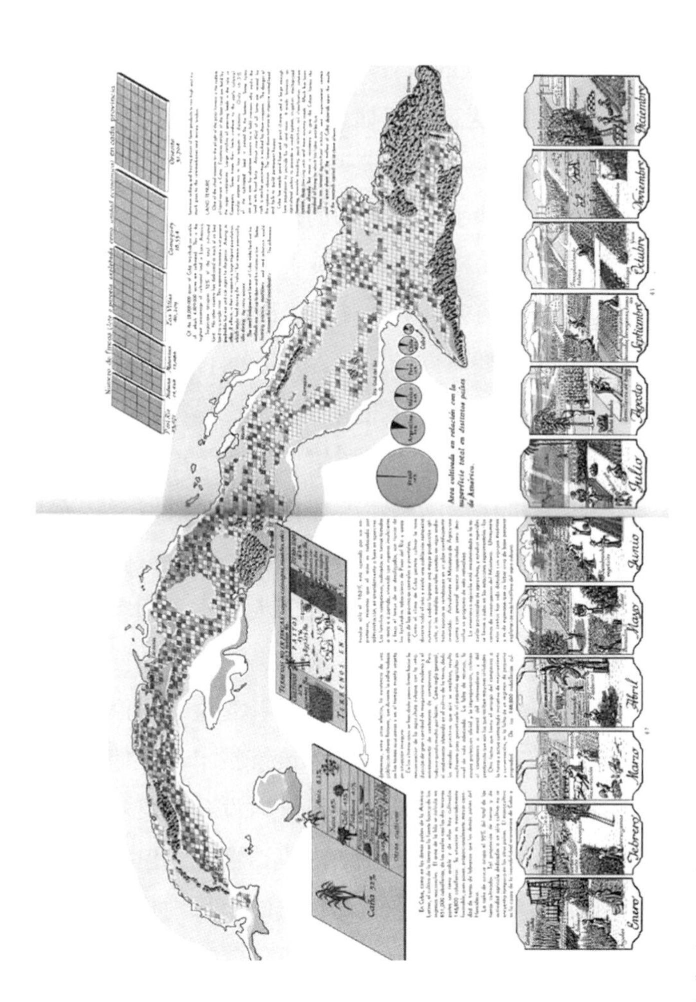

图 1 《古巴图集》中的“农业分布图”

这套地图集依据经验绘制，供公众和科学界使用。“农业分布图”强调了甘蔗种植园在古巴农作物景观和农业日历中的优势。《古巴图集》，1949，杰拉尔多·卡内和埃尔温·雷兹，42—43 页

提出通过机械化改善农场和工厂工人的状况，并恢复古巴烟草产品的竞争力；推行土地所有权改革，帮助小农户，从而提高农作物种类多样化，并降低国家对出口的依赖程度；同时与美国政府谈判，为古巴食用糖出口争取更好的条件。

图集展示了古巴多种多样的农作物景观，该景观由于糖和烟草的地位而处于不平衡的状态。正如《古巴复调：烟草与糖》（*Cuban Counterpoint*：*Tobacco and Sugar*）一书的名称所示，舞台上所有的次要角色都被清除了。这本书的作者是西班牙裔拉丁美洲人费尔南多·奥尔蒂斯（Fernando Ortíz）。该书先于 1940 年被译成西班牙语出版，又于 1949 年译成英语出版。这本学术专著将古巴社会描述为两种割裂对立的道义经济及两种对应的农作物景观。[18] 奥尔蒂斯分别用烟草和甘蔗的种植来比喻古巴社会的独立性和依赖性。“烟草先生”与“糖夫人”为国家灵魂而决斗：“自由对奴役；技术性工种对非技术性工种；人手对机械臂；人对机器；精巧对蛮力。烟草被种植在小块农田中；而甘蔗则被种植在政府授予的大片土地里……本地人对外国人，主权国家对殖民地，傲慢的雪茄环标对卑贱的麻袋。”[19]

卡内也指出，烟草是在小农场种植的，并补充说，古巴烟草的卓越品质主要得益于“古巴烟草种植者的传统技术，他们将哈瓦那烟草所需的基本技术世代传承”——但卡内没有像奥尔蒂斯那样赋予技术或传统任何内在美德。[20] 卡内也追溯了古巴甘蔗种植园和烟草小农场崛起背后的种族和政治历史。但卡内想要平心静气地用数字和图表说服别人。[21] 奥尔蒂斯给了我们激情和诗意，以及关于阶级、种族和始终沸腾的文化的微妙历史。奥尔蒂斯的农作物景观具有生动的物质性、感官性和社会性，充满错综复杂的历史以及混合的文化。他坚持认为，要了解古巴及其于 1940 年的困境，就必须了解发端于泰诺人的吸烟仪式和相关社会遗产；就必须承认非洲人就像甘蔗一样在糖厂的滚筒中被“碾碎”；就必须认识到每一次移民潮都为古巴社会这锅“辣汤”添加了新的香料和口感。

奥尔蒂斯用了两百页的篇幅呈现被他称为“文化嫁接”的历史进程。这个过程分为两个阶段：“剥离旧文化的阶段”（即农业用语中的“迁离”）和“适应新文化的阶段”（即“嫁接”或“杂交”的结果）。虽然卡内的《古巴图集》中提到了同样的过程，但其视角及其表达和评估方式却截然不同。该图集包含三幅带有时间线的历史图（分别为古巴的征服、殖民和革命时期），以简洁的方式列出了与奥尔蒂斯的引用大部分相同的历史。在“人口”部分，卡内展示了一幅饼图，其显示古巴的人口有四分之三是白人，四分之一是“黑人和混血儿”；而有关种族融合的章节的配文指出，“一部分古巴原住民已经灭绝，而另一部分则被西班牙征服者吸收。现在的黑人大多数是混血儿，他们正在逐渐被吸收到古巴人口中……与一些邻国相比，古巴的民族问题要少得多。古巴 5% 的外籍人士对该国的生活产生了极大的影响”——这本专门为学校和政府部门设计的图集对事实进行了美化，以易被接受的语言暗示了推动文化嫁接的暴力与激情元素的邂逅。[22]

人类学家费尔南多·科罗内尔（Fernando Coronil）在 1995 年出版的《古巴复调》（*Cuban Counterpoint*）的序言中说道：“奥尔蒂斯告诉我们的有关烟草和糖的信息越多，我们对古巴人及其文化、音乐、幽默感和背井离乡的历史的了解也就越深……我们也在不知不觉中开始了解在殖民和新殖民背景下影响古巴身份构建的社会力量。”[23]《古巴图集》是一个丰富的知识宝库，记录了烟草和甘蔗景观的演化及其对古巴人生活、文化和政治的影响。但是，它并没有明确地批评帝国主义，而是以地图、图表和文字的形式，以及政治经济学和地理科学的惯用语来进行表达。

奥尔蒂斯扮演了民族游吟诗人的角色，用隐喻表达自己的观点。卡内则以不附带鲜明态度的事实作为修饰手段，巧妙地提倡温和、合理的自由治理，以降低古巴经济的依赖性。

那么，农作物景观思维在这里起到了什么作用呢？首先，它启发我们将《古巴图集》与《古巴复调》进行比较，迄今为止这两本书还从未被放到一起考虑过，对于古巴社会被糖和烟草支配并依赖美国和其他国家的资本的原因和方式，两本书的解释既不同又互补。其次，在对比卡内和奥尔蒂斯在构建论点时采用的要素、形式和论证方法时，我们批判的焦点不仅是农作物景观本身的构成，而且包括二人表达的过程和技巧以及论证的策略，甚至包括不同农作物景观故事所面向的不同受众。最后，这些对比鲜明又重叠交错的画面表明，农作物景观可以为全球史学家提供丰富的机会，来追踪人类和事物的迁移。

现在来谈一谈我们的史学研究方法。读者也许会感到惊讶，因为我们对比了卡内和奥尔蒂斯对加勒比地区农作物景观的表述，却只字未提西德尼·明茨（Sidney Mintz）。我们很多人都知道《甜和权力》（*Sweetness and Power*）：它是一部具有开创意义的全球史经典著作，生动地描绘了加勒比地区甘蔗种植园的产出如何推动了工业生产和消费模式的兴起，并在此过程中改变了人们的饮食习惯和欲望。从农作物景观的角度来看，《甜和权力》是我们整个研究的灵感来源，也是加勒比地区糖域的全球关联性和多重物质性的有力证据。此外，奥尔蒂斯是明茨的灵感来源之一，虽然后者只是在书里的最后一段提到了文化嫁接的概念。[24] 我们之所以在本章中故意忽略明茨——这位古巴农业景观的著名理论家，是因为无论是在对农作物的选择上，还是在选取资料来源，建立论述和概念框架方面，我们都力求更加关注与以英语为主的全球史领域不同的历史传统。[25] 在这一章中，我们让两种关于古巴的农作物景观的政治表述进行对话；在第一章“时间”中，我们探讨了卡尔度尼亚（Khaldunian）与布劳德勒（Braudelian）的历史哲学；在第五章“组成”中，我们对比了单一栽培和由17世纪中国政治家兼农学家徐光启提出的比例原则，并结合巴西资本主义历史学家的研究成果，探讨了位于圣保罗州内陆的卡索耶拉（Caxoeira）种植园的农作物景观。我们对金鸡纳树历史的取景（第四章“行动者”）与西班牙和拉丁美洲国家的史料和历史学研究相呼应；我们关于“港口”的部分（第六章“繁殖”）大量使用了葡萄牙的资料和论据；我们对华盛顿·卡弗的荒地开垦理论的讨论（第六章“繁殖”）援引了以杜波伊斯（W. E. B. Du Bois）为代表的黑人激进传统；在有关“郁金香”的内容（第二章“地点”）中，我们呈现了土耳其历史学家间的争论。这种策略并非适用于所有案例。专业知识有限，以及频繁的史料缺失（或不可见）都可能会成为挑战。我们承认自己所做的工作对于实现书写全面去殖民化的、相互关联交织的历史的理想来说只是蹒跚的第一步。虽然我们仍然处于起步阶段，但希望其他人能受到启发，采用我们的方法继续研究下去。[26]

迁移与停留在原地

全球史关注迁移创造的意义、存在以及新的联系、技能和知识。但是迁移绝不是一种简单或单一的现象，农作物具有特殊性。植物完美地阐释了亚里士多德提出的四种不同，但又总是互相重叠的运动方式❶，地点的变化只是其中一种，此外还有时间

❶ 亚里士多德在《物理学》中阐述了四种运动的形式：生存和毁灭、数量的变化、性质的变化、位置的变化。——编者注

的变化（生成与毁灭）以及形态的变化（变态或变异）。[27] 当然，生成与毁灭是一切生物（包括植物在内）的自然特性，而变异发生在同一世代之内或不同世代之间，例如，种子发芽、果实形成或植物适应新环境。跨越距离和时间进行迁移是所有植物固有的繁殖策略。授粉、传播种子或根茎繁殖都有利于植物的自然生存。种子的休眠策略或枯木长出新的根条的策略，可以克服外部因素对一年或多年生植物的生长周期造成的干扰。但这些自发的活动是受限制的，它们受到多种因素的制约，比如植物对气候、水文或土壤条件的耐受性，目的地是否存在新的害虫或捕食者，与其他植物或生命形式（传粉媒介、菌根）重新建立共生关系的可能性等。

我们用几个例子浅谈一下我们的案例如何体现不同的迁移与变化模式。本书开始的几个例子如茶、金盏花、木薯等说明了农作物在空间和时间上的作用。可可的例子则生动地体现了生成、毁灭和变异的过程（第一章“时间”），展现了不断发展的农业种植的前沿领域如何将树木的生命周期、农场和农民联系起来，并随着自身发展促进社会性和技术性变革。水稻的例子（第一章“时间”和第三章“规模”）反映了微观层面的植物节律与宏观经济的长期变化之间的联系，同时也强调了历史学家是如何选取不同的地理和时间场景，来编写文明衰落或进步的故事的。当人们把桉树移植到新大陆后（第四章“行动者”），它就获得改变环境并摆脱人类控制的强大力量。

迁移是植物个体和群落存活、生长和进化过程中的固有行为，无论是否存在人类干预，植物总是会不停地跨时空迁移。农作物是人类精心挑选并种植在人为选定地点的植物。但是，就像人类试图控制的所有其他生命形式一样，农作物也有自己偏好的时空行为模式，以及内在的变异倾向；它们被赋予了主观能动性和抗性。虽然作为研究农业、科学技术、经济和全球系统等人类基本观念的历史学家，我们不能像某些后人文主义者批判的那样，置人类能动性于不顾，但我们的“迁移的农作物”项目，从本质上既要求我们摒弃人与自然的二元对立，又要求我们有别于大部分技术史或农业史研究者，更多地关注和分析非人类行动者的作用，揭示历史上的人类行动者如何以不同的方式划定人类和非人类的界限，以及非人类如何以与人类非常不同的方式表现能动性。[28]

植物成为农作物，就是成为对人类有用、受人类管制的形态——产量大、具有生产和销售价值，而且可以年复一年地稳定繁殖。这是一场斗争，需要持续投入资源、才智、关注，以及或残酷或温柔的纪律体系。将熟悉的作物迁移到新的环境中，让它在新的地方茁壮成长的过程，则是一项更大的挑战，这同样需要投入大量的物质资源、象征性暴力或者爱。这里所说的爱所涉及的范围很广泛，从蜜蜂对某块农地的关注或者耕种田地的过程中人类投入的精力，到人类和非人类行动者对农作物本身或者它主导的农作物景观的热情。爱与暴力往往是同一枚硬币的正反两面。西班牙征服者对常见的基督教麦田景观情有独钟，这导致他们在美洲殖民地重建麦田景观时使用了极端暴力。不断迁移的非人类行动者的爱同样极具破坏力。20 世纪初期，随着棉花种植区扩张，棉铃象鼻虫进入了美国东南部，它对棉铃的“幽暗隐秘之恋”，就像布莱克笔下“在狂风暴雨的夜晚飞行的隐形虫子”一样，摧毁了它的欲望对象，也因此威胁到自己的生存。棉花不仅是植物，还是一种可以出售的商品（参见第四章“行动者”）。

当人类开始驯化植物并将其转化为农作物时，会采取一种策略来限制植物的行动：比如，选择不掉籽的谷物品种，并在空间上隔离选定的植物，从而避免杂草出现（参见第五章“组成”）。

但与此同时，人们也希望农作物具有流动性：人们想要在新开垦的田地、不同的生态区或者新占领的领土上种植农作物，并与贸易伙伴进行交易。纵观整个历史，不管是为了生存、帝国扩张、创造财富，还是为了支持城市和国家、工业和制度的发展，人类一直在坚持不懈地将农作物转移到新的环境中。农作物可以完美地同时被费尔南德·布罗代尔（Fernand Braudel）提出的三种历史时序描述，既方便我们将以小时、天或者年为单位的历史和以数十年或数千年为单位的历史进行对比，也方便我们比较农田、农场或村庄规模的传播与区域或者洲际规模的传播或迁移。

美国小麦的培育过程很好地说明了这一点（第二章“地点”）。1890 年，硬质的“俄罗斯”冬小麦，或称“土耳其红”冬小麦（以下简称“红小麦”）使美国中西部成为世界的主要谷仓，这个品种是几个世纪的迁移和交流的产物。红小麦的谱系涉及长达几个世纪的一系列互动交流，涉及的行动者包括高加索农民、鞑靼农牧民、不断扩张的沙皇俄国、从德国迁移到俄罗斯再到美国堪萨斯州的脆弱的门诺派❶（Mennonite）“模范”农民、美国铁路公司、流离失所的原住民、绝迹的草原植物、芝加哥证券交易所、新成立的美国农业部的研究部门，和“昭昭天命”❷的理想信念。[29] 无论是从历史的角度来看，还是从地理的角度来看，美国小麦的谱系在规模上都绝非常见。此外，它生动地说明了（无论是人类还是非人类）行动者之间权力差异的作用。

自从植物首次被驯化为农作物以来，在大约一万年的时间里，狩猎采集者、游牧民族、移民、种植园主和奴隶、国家和农

---

❶ 门诺派是美国和加拿大的新教教派，其教徒生活简朴。——译者注

❷ 昭昭天命是 19 世纪美国民主党所持的一种信念，认为美国被赋予了向西扩张至横跨北美洲大陆的天命。——编者注

民、帝国，殖民政府和后殖民政府以及跨国农业综合企业，都参与了农作物的迁移。在成功地将农作物移植到新环境中这件事方面，非洲女奴的愿望是在加勒比种植园的边缘种植熟悉的粮食作物，而普鲁士国王腓特烈大帝（Frederick the Great of Prussia）则要求农民将马铃薯作为主食，二者所具有的能动性显然不同。然而，阿尔弗雷德·W. 克罗斯比（Alfred W. Crosby）对哥伦布大交换的开创性研究首次表明：仅仅以人类行动者的权力作为参考是无法预测结果的。[30] 农作物的历史可以阐释人类所拥有的不同程度的能动性，同时将物质资源和非人类能动性更充分地整合到故事中，从而有效地提高当今世界对“次（非）流动性”的关注。[31]

将农作物迁移到其他地方的历史充满了失败和意料之外的结果，也反映着景观、人口和生活方式的惊人转变。历史学家在解释近代早期和当代世界的历史时，已经将农作物迁移视为经济发展和地缘政治转型的关键基础和触发因素。例如，11 世纪中国引入早熟占城稻❶导致的迁徙，哥伦布大交换，甘蔗、棉花、茶叶和橡胶种植园的建立，这些都在西班牙、英国、荷兰和日本建立殖民帝国和发展工业方面起到作用。此外，还有 20 世纪 60 年代发起的全球绿色革命，无论是支持者还是批评者都认为这场革命是“具有时代意义的重要现象”。[32]

20 世纪的人们对农作物的科学育种项目的看法过于乐观，认为只要选择正确的品种，并提供正确的技术投入，就能够使理想的农作物类型得到广泛传播，从而使世界得到改造、变得丰裕并实现现代化（参见第六章“繁殖”）。发展社会学家、农业系统

❶ 占城稻，亦称“早占”“早米”“早占城”。宋代水稻良种。真宗大中祥符年间（1008—1021）将其从福建推广至江淮、两浙。——译者注

研究人员、农业生态学家和其他评论家都指出，这种种子决定论忽略了一个事实：农作物的种子是复杂的社会技术环境的产物，集中体现了政治议程和社会斗争，同时也反映了农作物对当地环境的适应以及与环境中一系列人类和非人类行动者的合作表现。[33]但值得注意的是，长久以来，人们普遍相信种子不仅会萌发、生长成农作物，还会催生出整体社会景观、价值观、记忆体系以及适当的社会关系。天主教修道士在墨西哥海岸之所以能开垦麦田和修建葡萄园，是因为当地的风土条件适合滋养虔诚的信念。被奴役的非洲人和贫穷的欧洲农民在登上开往美洲的船时，会将熟悉的粮食作物的种子或枝条——家乡或者自由的味道——塞进包裹里。中世纪时期，中国皇帝、日本大名、法国殖民政府和绿色革命的科学家都坚信，推广集约化水稻种植制度，将会使原住民开化并变成有生产力的公民。用我们的话来说，这些项目的目的不是迁移某种农作物，而是重新组合要素以形成所需的农作物景观。[34]

对跨越了遥远的距离、穿越了漫长的时间，或者有意想不到的行为主体参与的迁移行为进行研究，到底能在多大程度上影响史学现状呢？全球史的运动过程充满了流动与相遇、知识与物质，而科学技术史现在也日益重视知识体系的流动性，重点关注迁移以及由此引发的转化和挪用。[35]对流动性的研究与后殖民主义和去殖民主义批评息息相关，为“地方化”或者西方的“去中心化”理论提供了有力的工具。殖民和后殖民世界的历史学家利用这些方法反驳西方例外论的主张，并把现代性的轨迹作为真正的全球性过程进行展示。但不可避免的是，从近代早期到当代，这段时间被认为导致了西方殖民主义统治和工业资本主义兴起，并且时代以此为基础，继续前进。在这个时代框架内，历史动力说不可避免，未来已被预设好了。现代世界秩序的目的论、概念和范畴不容置疑，更别提被推翻了。因此，欧洲中心主义框架具有极大的耐性，而其他历史叙事则难以追溯，甚至难以想象。[36]在《世界文明中的作物迁徙》一书中，通过扩大研究的历史和地理范围，同时将焦点从现代工业商品的历史转移到更具有普遍价值的农作物，我们希望能跳出既定的时序和联系，打开新的视域，追踪新的模式。例如为伊斯兰资本主义不同流派提供证据的椰枣树和郁金香（“时间”“地点”相关章节）。其他例子还包括：在漫长又不为人知的历史中，刀耕火种的农民为区域和全球商品市场的形成所做的贡献（“行动者”）；以中国的粟种植等古代农作物景观遗迹的恢复为代表的历史循环（“时代”和“繁殖”）；或者近距离观察时，即使是最单一农作物景观也能体现的“斑块分布”的特点（“组成”）。

另外一个问题就是，虽然无论分析的框架多复杂，无论其是否主要关注迁移，相关研究都充分重视了所有类型和形式的流动和迁移，这些由人类能动性推动的流动和迁移已经极大地重塑了我们的世界；但是，在没有对“停留在原地”做出解释的情况下，我们是否能够恰当地解释流动性？关注事物在不同地点之间的转移，往往会涉及一个问题：我们总是会忽视地点本身，忽视事物复杂的物质文化嵌入性（而要使事物运动起来，必须要让它们摆脱原本的框架），忽视本土的东西进入更广阔的世界时，在原产地引起的变化。

与光之山钻石❶（Koh-i-Noor diamond）等独特的物品不同，当技术制品或实践传播时，不会在原产地留下痛苦的空白。它们

❶ 历史名钻。产于印度可拉矿山，原石据说质量达近 800 克拉。最早为印度王室拥有，几经易主后被英国王室所有，质量减至 105.6 克拉，曾被镶嵌在英国女王的王冠上。——译者注

继续在当地环境中存在和发展。当人们追踪从一处迁移到另一处的事物时，其对被留在原地的平行轨迹的注意力就会被分散。把注意力集中在传播和目的地上，使我们更倾向于把事物的起点从历史中剥离，而忽略了事物“迁移到地”的过程，而事物正是通过这一过程逐渐拥有其形态并在当地扎根的（“规模”一章中的“烟草”部分）。毫无疑问，由于全球史学家流动史研究的终点大多都是成为在西方社会有用的“异域风情”，因此人们更关注目的地而非始发地，更关注手工艺品是如何被重构或重新嵌入体系中的，以及意义是如何被有选择地改写或者再定义的。正如帕梅拉·史密斯（Pamela Smith）所说：“材料、实践和知识的路径（已经变得）比它们的根源或起源更重要。”[37]

物体的运动对其起源组合的影响值得受到更多关注。这里，农作物也值得一提。通过对农作物各种迁移方式的思考，我们可以更深入地了解农作物景观是如何在本土出现、进化、生长、改变和腐烂的，以及它们是如何跨越时空进行迁移的。举例来说，19 世纪末，英属印度的茶产业由于引进中国茶树和种植技术而获得了成功，这段历史似乎想要说明印度茶产业的崛起基本上已经把中国赶出了全球茶叶市场。但这只是从英国人的视角出发的观点。对 1890 年以后中国茶产业的结构与规模更为全面的研究表明，印度的竞争非但没有摧毁中国的茶产业，反而促使中国茶产业积极转向其他市场（“地点”）。奥斯曼帝国悠久的郁金香培育史也是一个很好的例子，说明了当事物停留在原地时会发生什么变化（“地点”），埃塞俄比亚咖啡的故事（参见“规模”）则说明了当历史学家而非农作物停留在某一个国家，追溯一种全球商品漫长的历史时，会发生什么。

厚度与物性：超越人类历史

不管是停留在原地还是四处传播，历史学家现在都更喜欢从“厚物”的角度来思考科技、人工制品和商品，“这个词语旨在援引特定人工制品所具有的多重意义，即使它们明显受制于现代科学日益狭隘的体制”。[38] 人工制品承载了许多地域意义，因此在不改变其原有意义的前提下，将它们转移到另一个文化体系中是一项很大的挑战。它们内嵌于物质与社会的组合之中，这也妨碍了它们的传播能力，即使是最普通的传播方式也受到了影响。当然，人工制品、技能或知识未能成功传播的原因是发展理论和第二次世界大战后技术转移研究的核心关注点，这一领域的研究因为马德琳·阿克里奇（Madelein Akricht）等行动者网络理论学者的见解而发生了革命性的变化。[39] 对无法迁移的事物的研究现在正取得历史性进展，与之相关的所有否定和失败都意味着永远不要认为“迁移”是理所当然的。玛西·诺顿（Marcy Norton）的研究揭示了巧克力制品在从墨西哥到西班牙的传播过程中是如何转变的，这项研究是一项开创性工作，它揭示了商品为何在某些方面具有黏性，而在其他方面却具有非常强的流动性。高彦颐（Dorothy Ko）对中国精英文化的文雅符号——“砚台”为何未能走出华语世界进行了研究，她的研究堪称典范，说明了物质和意义如何被包含在这些具有强大象征性的事物中，以及为什么厚重的意义带来的过强的“黏性”导致它们无法传播。[40]

总之，包含犁等手工制品、麦田或理想的种植园的本地组合永远不会作为一个整体传播。迁移是摆脱旧联系并建立新联系的过程。地点改变，事物也会随着改变。在这本书里，我们所有的行动者以及一切“事物”，比如烟草和金鸡纳树，都被视为历史进程的体现。

环境史阐明了很多非人类行动者的历史相关性，比如河流、牛、蚊子、小麦和玉米。它们在多种历史叙事中都是不可或缺的存在：包括美国西部建立殖民地的历史，将奴隶制度扩张到加勒比地区的过程，把干草原纳入俄罗斯帝国版图，以及在安哥拉–纳米比亚边境地区的奥万博洪泛平原对抗欧洲殖民主义的经历。[41]但这些非人类因素并不是稳定的历史实体。不仅生物的历史是进化的，而且人类对于历史的理解也是进化的，对于所接触的非人类对象，甚至人类与非人类之间的界限（如果有的话），人类在不同时期有着截然不同的理解。17世纪至18世纪，安第斯治疗师和西班牙商人发现了金鸡纳树皮的退热功效，这具有历史意义。到了19世纪，法国、荷兰、英国的殖民主义者用树皮中的一种化合物来解释这种特性，并将其命名为奎宁。奎宁的成分被确定后，就可以被提纯甚至人工合成。因此，西班牙王室对由金鸡纳树皮制成的药品的垄断，与后来19世纪至20世纪荷兰对奎宁的垄断有着很大不同（“行动者”）。如果只是因为金鸡纳树皮含有奎宁成分，而赋予它历史意义，就忽略了在化学家分离出生物碱之前（或者更准确地说，在奎宁出现以前），人类与这种植物接触的丰富历史。

正如我们在科学技术研究中所做的那样，我们将农作物景观看作一个组合，在没有忽视人类行为者地位的前提下将其相对化。人类身处自己营造的环境中，但是我们可以从许多不同的角度或有利位置观察、勾勒和分析农作物景观，并非每个角度或有利位置都是把人类置于焦点或者前景位置来考虑的。我们通常能抵制住把农作物当作成长故事中的主角，或者把害虫和杀虫剂过分拟人化的诱惑。不过，把某些人类特征赋予农作物和其他非人类行动者有时也是很有用的，比如，桉树会开拓领土（第四章“行动者”）；玉米、豆类和南瓜像姐妹一样生活在一起（第五章

“组成”)。

有人可能会反对说，如果把能动性赋予非人类，我们会在分析中忽略权力的作用。[42] 但农作物既是地点创造者也是地点开拓者。一种新型农作物在土地上扎根生长的过程往往既是一种暴力行为，也是一种自然现象。维持“传统的”农作物景观始终需要行使权力。引入非人类行动者，将农作物景观看作超越人类世界的组合，这绝不会抹掉权力的痕迹，也不会否定人类的能动性。相反，它提供了一种方法，让我们可以更深入地探究人类能动性在塑造或引导方面的可供性和阻碍，也让我们可以重构权力的地理和地形，同时揭示意想不到但重要的人类行使权力的方式。[43]

我们从新唯物主义和后人文主义历史的角度出发，将农作物视为“事物”(things)而不是“物体”(objects),“不是呆滞被动的，而是生机勃勃、生动高效的”。这种方法将“过度性(excessiveness)”归属于事物：它们有“存在模式”，有逃避人类关注、躲避人类控制并影响人类活动的冲动、偏好和动力。[44] 农作物拥有生命，特别任性而且狡猾，我们怎么对待它们，它们就怎么对待我们——许多学者指出，驯化是一个相互作用的过程(第四章“行动者”)。人类花了很大力气来理解和驯服农作物，让自己适应人类所理解的农作物的需求和动机，同时迫使农作物服从同样的标准。我们密切注视着这些重要的谈判，并没有忘记人类行为体常常明确地将存在、意识、能动性或权力的组合赋予农作物景观及其栖息者。巴布亚新几内亚的山药园子里的虫子监督着园丁是否敬业(第四章“行动者”);绿色革命的发起者声称，引进精品种子和配套技术可以使无知的农民转变为现代企业家(第三章“规模”);东亚历史学家争论集约化水稻种植到底是导致了该地区历史走向停滞，还是推动其进入了独特的现代社会(第一章“时间”)。

今天，我们深信，我们在科学知识方面取得的令人瞩目的进步，已经使人类驯服生命并剥夺其独立性的能力趋于完美。然而，我们精心培育和管理的农作物品种仍然有可能脱离控制、恢复野性。自交的转基因油菜成为入侵物种只是一个例子。[45] 所以，人类意愿与农作物自身倾向的斗争仍在持续，换句话说，研究不同物种间的谈判是一个永恒的课题。

这个课题还要求我们认真对待农作物景观的物质性，并将其作为驱动人类行动者进行技术选择的关键因素。[46] 物质固然重要，但我们该如何把握它呢？对于科学、环境和全球史学家而言，历史事物的物质性仍然是实验课题。后人文主义与新唯物论的研究，一方面显示了在关于物质表面稳定的物理和生物特性的平庸科学认知与其自然倾向性之间取得平衡的重要性和难度；另一方面揭示了一种历史和文化批评，它强调事物的纠葛和能动性以及事物形成过程的复杂性。[47] 近年来，对人类世（Anthropocene）——我们当前所处的地质时代，人类正在其中改变地球的气候——进行的批判性研究就是一个很好的例子，它表明了看待和认知物质性的两种截然不同的方式如何对书写新的历史造成挑战。新的历史中包含事物本身的形成及其在时间和空间中的迁移；我们的历史行动者如何塑造、使用和理解这些事物，又如何反过来被它们重塑；在更加自反的层面上，我们自己如何将这些观察、行动和认知的方式构建到社会理论或历史解释之中。[48] 我们同样把农作物景观的物质性，以及它们与物质和事物的纠缠，作为一个关键的参照点，来探讨特定农作物是如何扎根、迁移和被了解的，以及它们在过去和现在是如何讲述故事或历史的。

农作物景观的功能

本书利用农作物景观的概念，沿着六条轴线，即时间、地点、规模、行动者，组成和繁殖，重新整理农作物的历史。每条轴线都代表流动性的一个维度或领域，在将农作物对历史的影响理论化方面发挥着关键作用。在每个维度中，我们都会罗列一组有趣的事例，旨在对比不同时间跨度、不同规模的农作物景观。我们可能会选择以田地、国家或市场为尺度来观察一种农作物及其所嵌入的农作物景观；也可能会选择以植物、害虫或人类所拥有的从几个月到几个世纪的生命周期为时间尺度。每一种视角和尺度，都涉及不同的行动者，包括人类和非人类、物质和制度，它们强调经常被忽略的倾向、意料之外的振动或张力，以及违反本能的转变。因此，运用交叉尺度有助于颠覆既定的叙事，突出在尺度选择和边界设定中交织的理论或意识形态假设。

我们是如何选择案例的呢？我们没有力求详细全面，而是选择农作物景观来阐释未被探索的历史尺度、联系以及意料之外的动力或组合。其中很多案例是为了揭示“帝国、权力和政治斗争”之间的相互作用。[49] 我们在“殖民 – 现代 – 当代”背景下，也在较少为人所知的非西方帝国语境中，探寻农作物、耕作系统、人类生计以及物种的“种族主义 – 帝国主义”分类和分级。虽然我们可能不总是会明确提及后殖民主义或去殖民主义的学说，但诸如非西方世界的话语建构和删改、认识论上的不对称、被否认和已实现的能动性等问题贯穿始终。我们所讲述的大部分故事都有不同的视角，而不会按照预先设定好的“路线”展开。我们努力寻找连续性或重复性，以挑战现代与非现代的标准二分法。并且，在条件允许的情况下，我们建议读者从现象本身出发，而不是按照西方标准来看待非西方现象。

我们的农作物景观不仅包括小麦、茶叶、棉花等全球公认的农作物，而且包括橙子、腰果、椰枣、万寿菊和山药。有些个案的选取是为了强调作为农作物的植物的形成和进化过程，有些是为了探索农作物如何在其发源地和穿越时空的旅程中累积或传播意义。全球史学家经常会问：市场或者品位会对我们所说的农作物景观及其规模、组成和地理分布产生什么样的影响。我们在书中选取的一些例子，把视线转向了诸如大象、棉球象鼻虫或杂草等非人类行动者，这些行动者也在试图创造能够让它们的生活变得更好的农作物景观。我们探讨了它们的实践如何与人类竞争产生关联、相互塑造或发生冲突。将主要作物和次要作物（通常，相比经济历史学家或全球史学家，人类学家或文化史学家对后者的研究更多）相提并论，促使我们思考即使是像杂交小麦这种人类再熟悉不过的农作物也具有的宇宙性、象征性或者社会性力量，以及这些力量和意义是如何传播的。它们鼓励我们更深入地反思农作物和农作物景观在政治和宗教权威的形成过程中扮演的角色，或者反思资本主义体系中非货币交换回路间的嵌套现象。

我们曾考虑制作一套完整的包含时间线的引导图，以引导读者的阅读。但经过多次尝试之后，我们意识到需要为每个农作物景观至少制作一幅图（我们发现，为了重现赫拉尔·卡内看到的古巴的糖景观，我们几乎需要参考他的《古巴图集》中全部的34幅同型地图）。最后，我们遵循一个相当简单的思路，只制作了一些单一的农作物地图，在这里我们要向读者道歉，因为我们把在地图集或谷歌地图上识别位置的任务留给了他们。

农作物景观的影响

本书在形式上具有创新性，按照即兴爵士乐的结构组织，把每一个案例作为一节，并按照章节主题分组。各章的标题和小标题代表了我们想要发起的有趣对话。“像大象一样观察”一节研究了茶叶种植园，同时这个标题也是詹姆斯·C. 斯科特（James C. Scott）的经典作品《国家的视角》（*Seeing Like a State*）的双关语。“椰枣”是我们在第一章中的开场即兴节，它追溯了水果的历史，介绍了一系列时期划分的不同形式。被我们选取的图片不仅起到说明的作用，同时也起到唤起情绪和隐喻的作用。本书在史学研究方面比较严肃，但我们也希望读者能从中得到一些乐趣。

本书也大胆尝试了集体写作。我们不是简单地在四位合著者之间划分章节或段落。我们不仅一起制订了工作计划，还一起坐下来（感谢马克斯·普朗克科学史研究所的薛凤的慷慨支持）重新编写了这本书的每个层次和要素。我们的集体专业知识覆盖面广泛，在农业史、技术史和全球史方面都有涉猎。白馥兰是人类学家和东亚史学家；如果要给她一个图腾作物，那一定是稻米。芭芭拉·哈恩是一位是美国研究者，她研究资本主义、农业和工业革命的历史；她在烟草和棉花方面著述颇丰。约翰·博斯科·卢杜萨米是一名历史学家，他的研究课题包括殖民时代和现代的印度科学、工程和医学；南亚的茶业和茶园是他的研究的标志性农作物景观。蒂亚戈·萨拉瓦关注的焦点一直是农作物繁殖技术：通过农作物的繁殖了解法西斯主义，通过农作物的克隆了解美国和全球南方的种族资本主义。他有兴趣研究的农作物包括小麦、马铃薯和柑橘。我们广泛的兴趣影响了文本中农作物种类的选择和农作物景观的选取，为了要给读者惊喜，我们首先需要给自己惊喜。书中的大多数案例都超出了我们熟悉的领域。为此，我们引述了其他学者的研究（我们已经尽量抱着负责任的态度，对这些研究进行了综述）。这些尝试给我们带来了极大的愉悦和启发，使我们以全新的眼光看待熟悉的农作物景观。我们希望，我们的研究结果会像我们共同写作过程中产生的生动观点一样既有趣又新奇。

总之，农作物和农作物景观为书写全球史提供了一种新颖的、试验性的方法，因为它们曾经具有固有的地域性，是特定时间和特定地点的具体产物，但它们又不可避免地具有流动性，这种流动性既体现在其组成或者生存空间会随时间发生改变，也体现在它们会迁移到新的生态位或全球各地。农作物景观从不会一成不变：它是由生命元素（无论旺盛与否）和始终处在变化之中的流动和联系组成的。但特定农作物景观的存续、繁殖和迁移是变化无常的。农民永恒的传统也就到此为止了！种植业需要人类和非人类行动者投入大量的心血、精力、创造力和适应能力。在这种根系的尺度上，对农作物景观的史学研究形成了卡皮尔·拉吉（Kapil Raj）所说的全球微观历史，这种详尽的历史修正了全球史对流动的强调，这些流动已经在很大程度上脱离了其原始根源或者框架，因而这种强调往往会忽视地点营造和繁殖等关键因素。[50]

我们在这本书中提出了一种思想，同时也是一种方法。我们认为农作物景观不仅是具有轮廓分明的边界和清晰的组成要素的实体，更是一种观察方法、一个可以自由调整的取景手段，它可以帮助我们照亮当前的阴影，改变尺度或焦点，既研究全球流动，也深入土壤中研究根系与蠕虫。尽管农作物景观将注意力集中在农作物和农业上，但它也提供了一种方法和视野，让我们能够通过新的视角了解更广泛的全球史，并且可以用新的手段记录物质世界的历史。

在此，农作物景观提供了一种试验性方法，让我们可以记录复杂系统的历史。我们使用这种手段，将变化、运动和关系的微观历史和宏观历史联系在一起，并探索在错综复杂、令人错愕的关联中，将人类和非人类行动者、环境、物质、热情和制度联系起来的组合。由于深刻地植根于本土环境，个体农作物景观的历史也可能揭示时空上的远距离关联。

因此，我们的主张是，农作物景观作为一种方法打破了时间、地理、方向，人物和事物的束缚，它开启了历史想象力。我们的案例都是经过精挑细选且相互关联的，旨在挑战全球史（包括全球科技史和农产品史）中关于“包含”和“排除”的线性思维和法则。从撒哈拉绿洲的角度审视加利福尼亚州的椰枣园，可以看到现代农业综合企业仍包含着的传统维度和中世纪远途贸易中的资本主义复杂性。大象赫然出现在不同的农作物景观中，它们既是殖民种植园技术梦想的缔造者，也是破坏者。我们的研究表明，人们决定采摘或者不采摘烟叶也具有历史意义。我们证明了，大洋洲和亚马孙地区的山药和木薯的交换循环在全球史中是隐形的，因为块茎没有被当作商品，而种植它们的社会也被认为是与全球资本主义的循环和时间动态隔绝的原始死水，但正是由于这种差异，全球资本主义才产生了社会理论。在关于现代工业社会有何特征以及现代全球经济如何出现的争论中，这些社会理论一直处于核心。

最后，使用农作物景观的方法时，我们会有意识地关注如何选择案例、尺度和取景范围。作为一种明确的取景手段，农作物景观成功地让我们注意到史学研究中的政治因素，并促使我们对自身认知模式的谱系进行反思。

注释

1. Harlan and de Wet, “Some Thoughts about Weeds”; on rootedness, see Bray et al., “Cropscapes and History”; on rhizomatic histories, see DeLanda, *A Thousand Years of Nonlinear History.*
2. E.g., Braudel, *Civilisation matérielle;* Diamond, *Guns, Germs and Steel.*
3. 随着我们的农作物景观方法取得进展，我们发现美国农业部在 2011 年推出了 CropScape 网站，“一个提供先进工具的地理空间服务网站，如交互式可视化”。作为一种技术设备和治理工具，美国农业部的 CropScape 肯定会通过我们的农作物景观方法来评估分析。
4. Vidal de La Blache, “Les conditions géographiques des faits sociaux”; Bloch, *Les caractères originaux de l'histoire rurale française;* Braudel, *Civilisation matérielle.*
5. Bloch, *Les caractères originaux de l'histoire rurale française;* Braudel, *Civilisation matérielle;* Le Roy Ladurie, *Times of Feast, Times of Famine.* For evaluations of the long-term Annales influence in cropscape-related fields, see Willis, “The Contribution of the ‘Annales’ School to Agrarian History”; Watts, “Food and the Annales School.”
6. Bloch, *Apologie pour l'histoire,* 76.
7. Burke, “The Annales in Global Context,” 430.
8. Williams, *The Country and the City;* Scott, *The Art of Not Being Governed;* Scott, *Against the Grain.*
9. Bender, “Theorising Landscapes, and the Prehistoric Landscapes of Stonehenge”; Bender, “Landscapes on-the-Move”; Tilley, *A Phenomenology of Landscape.*
10. A sequence famously formulated by the cultural materialist Elman Service; Service, *Primitive Social Organization.*
11. Bender, “Theorising Landscapes, and the Prehistoric Landscapes of Stonehenge,” 735, emphasis added.
12. Appadurai, *Modernity at Large.*
13. Li, “What Is Land?” 589.

14. 关于航空摄影产生的观看方式，参见 Haffner, *The View from Above*。
15. Canet and Raisz, *Atlas de Cuba,* 3; Nuñez, "A Forgotten Atlas of Erwin Raisz."
16. Canet and Raisz, *Atlas de Cuba,* 42–43, 44–45, 48–49.
17. 甘蔗田占总耕地的 52%，"没有其他国家将这么多肥沃的土地用于种植单一作物。这种甘蔗经济目前是有利可图的，但它曾经带来危险并且可能再次变得危险"。
18. Ortiz, *Cuban Counterpoint,* discussed further in chapter 5, "Compositions," in the section entitled "Caring and Sharing."
19. Ortiz, *Cuban Counterpoint,* 6–7.
20. Canet and Raisz, *Atlas de Cuba,* 49.
21. 卡内最初支持古巴革命，并于 1959 年被任命为古巴农业和工业发展银行副行长，但分歧很快就出现了。1961 年，卡内和他的家人前往美国。他的《古巴图集》从古巴消失了；1970 年出版的新版古巴国家地图集被宣布为第一部古巴地图集，Nuñez，"A Forgotten Atlas of Erwin Raisz"。
22. Canet and Raisz, *Atlas de Cuba,* 35. See Curry-Machado, *Cuban Sugar Industry,* for more on the nature of this stimulus.
23. Coronil，"引言"，xxvii。将奥尔蒂斯置于更广泛的拉丁美洲背景下的研究包括 Cornejo-Polar，"Mestizaje, transculturacióny heterogeneidad"；Jáuregui，*Canibalia*。
24. "我们已经看到蔗糖，这个'资本主义的宠儿'——费尔南多·奥尔蒂斯的箴言——是从一种社会向另一种社会过渡的缩影"；Mintz，*Sweetness and Power*, 214。
25. Drayton and Motadel, "Discussion."
26. Chatterjee, "Connected Histories and the Dream of Decolonial History"; Behm et al., "Decolonizing History"; Subrahmanyam, "Connected Histories"; Cañizares-Esguerra, *Entangled Empires: The Anglo-Iberian Atlantic, 1500-1830;* Smith, "Nodes of Convergence."
27. 源于其他地区的宇宙学以同样有趣的术语对运动或突变的方式进行分类，这些术语既适用于植物，也适用于人类对植物的调动。例如，中国的宇宙学确定了以自然变化为特征的五种变化或运动模式（水代表下落；火代表上升；木代表屈伸；金代表变化；土代表接受和给予）。

28. 行动者网络理论提出的一种方法将能动性赋予非人类，包括贻贝、微生物以及燃气机，最近后人文主义者重新提出这种方法；参见 Bennett, Vibrant Matter；Tsing, “More-Than-Human Sociality.” On ontologies that draw different boundaries, see for example Descola, *Beyond Nature and Culture*；Norton, “The Chicken or the Iegue”；Viveiros de Castro, “Exchanging Perspectives.”。
29. Cronon, *Nature's Metropolis;* Olmstead and Rhode, “The Red Queen and the Hard Reds”; Fullilove, *The Profit of the Earth.*
30. Crosby, *The Columbian Exchange*；Crosby, *Ecological Imperialism.* 因为探索欧洲人抵达美洲后的生物交流过程及其直接和长期生态后果的想法非常激进，所以克罗斯比很难为《哥伦比亚交流》找到出版商。最终，小型出版商 Greenwood 于1972年将其出版。它被认为是环境史的创始作品，从那时起就一直再版（Gambino，“Alfred W. Crosby on the Columbian Exchange”）。今天，根据后人类学和跨物种学的研究方法，克罗斯比的工作可以被视为在人类和非人类之间运用还原论的二分法。
31. Sheller, “The New Mobilities Paradigm for a Live Sociology,” 801, on subaltern (im) mobilities; crop histories of subaltern mobilities include Carney, *Black Rice;* Carney and Rosomoff, *In the Shadow of Slavery.*
32. 关于占城稻，请参阅第 1 章。关于哥伦比亚交易所，参见 Crosby，*The Columbian Exchange* 以及 Earle “The Columbian Exchange.”。关于 20 世纪 60 年代的绿色革命，参见 Decker, “Plants and Progress”；Kumar et al., “Roundtable.”。关于其在欧洲、日本、拉丁美洲和美国南部早期的基础，参见 Harwood, *Europe's Green Revolution and Others since*；Harwood, “The Green Revolution as a Process.”。
33. Harwood, *Europe's Green Revolution and Others Since,* 141–42. 关于“交换种子”过程中的科技决定论思维，以及种子如何揭示生产关系、政治纠葛的关键研究，包括：Kloppenburg, *First the Seed;* Richards, *Indigenous Agricultural Revolution;* Biggs, “Promiscuous Transmission and Encapsulated Knowledge”; Saraiva, *Fascist Pigs;* Fullilove, *The Profit of the Earth*。
34. See for example Crosby, *Ecological Imperialism,* on “neo-Europes”; Saraiva, *Cloning Democracy.*

35. Krige, *How Knowledge Moves;* Laveaga, "Largo Dislocare."
36. Gómez, *The Experiential Caribbean;* Chatterjee, "Connected Histories and the Dream of Decolonial History."
37. Smith, "Nodes of Convergence," 5.
38. Alder, "Thick Things: Introduction" ; Latour, *We Have Never Been Modern*; 科技史学家进一步推动了这一路径，包括：Rheinberger, *Toward a History of Epistemic Things*; Daston, *Things That Talk*; Saraiva, *Fascist Pigs*, 其中现代作物和动物品种被当作"厚物"看待。
39. Akrich, "A Gazogene in Costa Rica."
40. Norton, *Sacred Gifts, Profane Pleasures;* Ko, *The Social Life of Inkstones.* For a contemporary case, see Hecht, *Being Nuclear.*
41. McNeill, *Mosquito Empires;* Cronon, *Nature's Metropolis;* Moon, *The Plough That Broke the Steppes;* Kreike, *Recreating Eden.*
42. 这是一个经常针对行动者网络理论的批评，它呼吁平等地对待人类和非人类行动者。
43. Whatmore, "Materialist Returns" ; Puig de la Bellacasa, " 'Nothing Comes without Its World' " ; Tsing, "More-Than-Human Sociality."
44. Smith, "Amidst Things," 843, 848.
45. Bubandt and Tsing, "Feral Dynamics of Post-Industrial Ruin" ; Chen et al., "Genetic Diversity and Population Structure of Feral Rapeseed."
46. Lemonnier, *Technological Choices.*
47. Haraway, *When Species Meet;* LeCain, *The Matter of History;* Russell, *Evolutionary History.*
48. Bonneuil and Fressoz, *The Shock of the Anthropocene;* Haraway, "Anthropocene, Capitalocene" ; LeCain, "Against the Anthropocene."
49. Behm et al., "Decolonizing History," 170.
50. Raj, "Introduction."

第一章 时间

本章运用农作物景观的具体特点及其历史弹性，来质疑时间性、周期性和短暂性并对其进行实验。正如亨利·柏格森（Henri Bergson）所说，时间不能脱离时间的感知者而独立存在。这位法国哲学家力劝他的读者对“时间”概念进行反思，这样才能充分理解变化的本质和“无限创造的可能”。[1] 柏格森对时间（*le temps*）和时间段（*la durée*）进行了区分。时间是一种重要的科学手段，他将时间视为线性的、同质的、可度量的，我们可以称之为“计时时间”或者“历史时间”；而时间段是一种多重的、异质的主观体验，是意识的一个基本维度，其分量和意义与环境和关系密不可分，我们可以称之为“时间感”，或“时间意识”。

我们将通过以下几个小节，从人类、植物和历史学家的角度，探讨时间和时间感的相互影响。本着法国年鉴学派著名史学家布罗代尔及其同行的精神，我们要探讨的主题是：短期与长期的时间性、物质的紧迫性以及社会制度是怎样融合在一起的。植物有自己的节律，当植物作为农作物被人类种植时，其自身节律被人类改变，而农作物反过来也决定了人类农业生产的节奏。无论是国家，工厂，还是企业，都要在设法调整农时的同时，顺应农作物景观的自然时间和社会时间，这不仅塑造了一个社会的历史，而且影响了人们解读这段历史的方式。这时就是时间感在发挥作用。我们的兴趣在于了解一套特定的节律和相应的时间感是怎样在农作物景观中形成的，以及当地的居民或者历史学家是如何解释这种时间性的。我们探索了这些多重时间性如何互相作用，进而影响农作物景观的历史和寿命，包括它们的根茎如何在意料之外的时间或地点重新生长。这些关于时间变迁的新颖见解，使我们能够更好地了解和记录历史。

1.1 椰枣

椰枣树的传播最能反映世界历史的时间线。椰枣树是人类最早驯化栽培的树木作物之一。椰枣是古代苏美尔人和阿拉伯半岛的居民的主食。随着阿拉伯人穿过撒哈拉绿洲将领土扩张到北非，椰枣也随之传播到北非，后来又被西班牙征服者带到美洲，并在 20 世纪被美国农业部的“植物猎人”引入加利福尼亚。古近东、阿拉伯扩张、哥伦布大交换以及现代加利福尼亚州，这些都是世界文明专题叙事的要素，都有着清晰的时间线。不过，椰枣景观提出了另一种时间处理方式，对文明的起源故事提出了质疑，这种叙事认为社会没有从游牧发展到农耕，前现代的实践影响了资本主义的时序；现代实践需要参考中世纪学者的见解，而对历史遗迹的怀念则会干扰人们对新事物和扩张的痴迷。

1.1.1 起源故事

椰枣树在何地被驯化，直接关系到如何书写农作物的起源故事。长期以来，人们一直不清楚被驯化的椰枣树源自哪个野生物种，这使区分椰枣（*Phoenix dactylifera L.*）所属的刺葵属（genus *Phoenix*）中的不同物种变得更加困难。椰枣是野生椰枣（*Phoenix dactylifera*）的后代，还是从该属的其他物种驯化而来，比如林刺葵（*Phoenix sylvestris*）或者大西洋海枣（*Phoenix atlantica*）？20 世纪 70 年代，甚至有人提出，椰枣树可能是不同物种杂交的结果。不过，基因分析结果表明，椰枣与刺葵属的其他物种之间存在差异，这说明椰枣树是由单一野生物种驯化而来的。因此，研究人员尝试寻找剩存的野生椰枣树种群，以便定位椰枣树的驯化地点。他们在存在被驯化的椰枣树的所有地区，包括撒哈拉沙漠，阿拉伯半岛，死海盆地扎格罗斯山脉（横跨伊朗、伊拉克和土耳其）以及俾路支人的聚居区（包括伊朗、巴基斯坦和阿富汗的部分地区）都发现了野生椰枣树种群。[2]

与其他作物相比，果树所经历的选择强度较低，所以野生果树和栽培果树之间的界线往往很模糊，这使溯源难度进一步增加。果实小而难吃的椰枣树样本被归类为野生物种，但是它们很有可能只不过是被遗弃的人工栽培的椰枣树的后代，或者是被驯化的椰枣树的果肉被食用后，意外留在土壤中的种子长成的。尽管考古结果表明，公元前 4 千纪晚期中东就已经驯化了椰枣树，但这也不能排除北非的某些地区更早就驯化了这种树的可能性（橄榄树的情况就是这样）。农耕文明在新月沃地形成，然后从这里传播到世界其他地区，这种简单的模式并不能被套用在考古学家和古植物学家目前讲述的驯化椰枣树的复杂故事上。

椰枣树绿洲的历史与农业生产实践传播的观念息息相关。在美索不达米亚发现的公元前 3 千纪的楔形文字记录中，许多都提到了使用灌溉技术的果园，除了椰枣树，果园里还种植无花果、葡萄、石榴和苹果；其中还提到了在果树下间种的洋葱、大蒜和韭葱。这些文字记录对果园和种植谷物、豆类和亚麻的开阔田地作了清楚的区分。但是，我们在阿拉伯半岛发现了第一批完全依赖于椰枣树的农作物景观。它们不只是包含椰枣树的农作物景观，而是真正意义上的椰枣景观，椰枣树并不与其他作物相邻，而且正是因为椰枣树这种景观才得以存在。

椰枣树可以忍受炎热干燥的漫长夏季，而且能够很好地适应砂质土壤和盐碱环境，在不适宜其他农作物生长的荒漠里，它是一种先锋物种。椰枣树的树冠可以产生阴凉，这有利于其他果树在它们的下面生长，并在干旱的环境中生存，比较典型的有无花果、杏树或柑橘属植物。在更下层，也就是接近地面的那一层，得益于椰枣树的树荫，那里可以种植大麦和小麦，供人类和家畜食用。种植椰枣树林与开垦土地所费的工夫相当。公元前 3 千纪初，阿拉伯出现了农业（大约 3000 年前，美索不达米亚就开始了农耕时代），这与椰枣绿洲出现的时间重合。[3]

椰枣树虽然生长在沙漠地区，但它们需要充足的地下水和持续灌溉。所有有关椰枣树栽培的论著中都少不了“根濯流水，头顶天火”的说法。修建梯田以截留地表径流，建造小型水坝，以及简单地开凿水井都是行之有效的灌溉方法，可以维持椰枣树林的生存，但是，大约在公元前 1 千纪时，气候变化导致阿拉伯半岛东南部的干旱加剧，上述措施并没有起到应有的作用。考古学家证实，铁器时期，当地居民发明了一种叫作法拉吉（falaj）的灌溉系统，它能够利用深层地下水资源来应对日益严峻的气候条件。[4] 这种灌溉技术，又被称为坎儿井或者灌溉暗渠（qanat，karez 或者 foggara），通过抽取山区的地下含水层，并用延伸数千米的地下渠道，将水源源不断地输送到山麓地带低洼的耕作区，法拉吉极大地克服了干旱地区降雨节奏缓慢的问题。

法拉吉是一种复杂的基础设施。为了保证水能够在重力的作用下有效流动，同时又不至于因速度过快而对其结构造成侵蚀，必须对地下渠道的坡度进行精确计算和定期维护。地表的配水系统同样重要，在由法拉吉供水的椰枣绿洲里，地表水也在发挥作用。虽然绿洲中的水流方向可以简单地由空间逻辑来决定，也就是说，相邻的土地会被依次灌溉，而最后获得水的是位于灌溉系统边缘的土地。但在阿曼等地，灌溉用水是按时段分配的。在这种情况下，每位灌溉者都可以在一天中的特定时段控制水流，这样，水可以直接从灌溉系统的一边流向系统另一边的一个不相邻的地方，从而实现更均衡的水资源分配。白天，在用木棍和石块搭建的小型绿洲模型上，太阳象限仪不断移动的影子指示灌溉者何时可以移动水闸，把水引到自己田里。夜间，灌溉时段的划分则通过恒星的位置来确定。虽然可以说，法拉吉使绿洲居民摆脱了降雨的自然节律的束缚，但与此同时，它也产生了一个完全依赖于强迫性观察和时间划分的社会组织。[5]

建造和维护这样的基础设施所涉及的巨额投资，以及水资源分配系统的社会复杂程度，都促使人们普遍相信法拉吉是从伊朗等文明程度更高的地区传播到阿拉伯的。尽管没有考古资料能够证实这种观点，但这涉及一个宏大的叙事，即农业技术发源于新月沃地、印度河流域、黄河流域等伟大的河流文明发源地，并传播到了诸如阿拉伯半岛等未开化的游牧民族聚居的边缘地区。然而，阿拉伯国家的法拉吉和椰枣景观的发展史表明，除了那些所谓的“文明的摇篮”，其他地方的本土居民也能够运用独到的办法来应对诸如气候变化等重大的环境挑战。[6]

1.1.2　骆驼、贸易和资本主义

椰枣树使人类能够在明显不适合生存的环境中开疆拓土。但是，在关注椰枣树的根系生长能力时也不应该忽视它们所维系的长途联系。换言之，在谈到椰枣景观时，迁移和定居之间，或者说，游牧者与定居者之间，并没有显著的区别。事实上，绿洲并非是自给自足的世界：椰枣树的树荫远远无法满足大规模粮

食生产的需要，与外界的交流必不可少。换言之，绿洲居民并没有完全消费他们生产的所有椰枣，他们不但贮藏椰枣，还出口椰枣，把椰枣当作贸易往来的主要对象。一种叫作马德巴萨（*Madbasa*）的建筑结构，这是专门为收集椰枣汁而设计的建筑，其房间表面涂着一层黏土灰浆，地面上有多道沟坎，皆平缓地向下方的水槽倾斜，它的历史至少可以追溯到公元前 2 千纪中叶，证实了当地水果的丰富程度和商业化加工能力。[7]

早在公元前 3000 年到前 2500 年，中东地区就有了家养的骆驼，这是跨沙漠交流所需的另一个要素[8]。骆驼作为一种役畜，以其高效性著称（花费远低于牛或驴），它们把椰枣树绿洲和其他生产区域联系起来。游牧生活的骆驼牧民与绿洲居民之间形成了一种互惠互利的共生关系：在骆驼的帮助下，人们建立新的绿洲，而随着绿洲的扩展，对骆驼的需求也会增加。骆驼养殖技术在欧亚大陆和北非稳步传播，大约在公元 1000 年传到了索马里，大约在公元 400 年传到了摩洛哥，为跨沙漠贸易开辟了新的可能性。阿拉伯人于公元 6 世纪和 7 世纪向西扩张，沿着罗马帝国之前铺设的道路，横跨北非的地中海海岸平原，于公元 711 年到达伊比利亚半岛。

现在，地中海地区的主要伊斯兰商业城市已经可以通过骆驼和绿洲与撒哈拉以南的非洲国家保持经常性的贸易往来。传奇的跨撒哈拉贸易将地中海地区和亚洲的产品（纺织品、玻璃器皿、武器、陶瓷和纸张）以及撒哈拉的商品（盐和椰枣）运往杰内、廷巴克图等大城市，这是一个从撒哈拉沙漠边缘向南延伸到热带森林地区的稀树草原地带。在这些地区，从北部运来的商品被用来交换奴隶和黄金。商队沿着一片片可以提供休息之处和食物的椰枣树绿洲前行。[9] 骆驼载着商队的货物以及重新种植椰枣林所需的又重又大的椰枣树枝条。椰枣林支撑着贸易，养活了绿洲居民、商队和奴隶，从9世纪到20世纪，这些人的数量有1000万之多。另外，800—1500年，每年从伊斯兰地区出口的黄金约有一吨，这不仅推动了地中海地区的货币化经济，而且促进了其与印度和中国的贸易。阿拉伯商人就是靠着撒哈拉以南的黄金，才扮演了东西方、地中海与印度洋之间沟通使者的角色。

这种帝国之间的贸易体系与现代殖民主义或资本主义商业形态之间有着很多相似之处。绿洲及用于灌溉的基础设施成本高昂，正是由于黄金和奴隶贸易能产生高额利润，它们才能在人口稀少的沙漠地区得到维护和修缮。[10]开罗被10世纪的地理学家誉为“全球最富裕的城市”，居住在遥远的开罗以及地中海沿岸其他大型港口城市的商人进行投机性投资，他们建设新的绿洲并购买成熟的椰枣树。绿洲是哈里发政权的殖民前哨，是广阔而复杂的商业网络的节点，这些网络将撒哈拉以南的伊斯兰世界连接在一起。正如数个世纪后建立的欧洲殖民地一样，当地劳动力长期短缺，没有足够的人手建造和维护法拉吉或者照料椰枣树。他们的解决办法也像早期的欧洲殖民者所用的一样，在外地居住的土地所有者和当地的管理者往往结成姻亲，依靠不断流入的奴隶劳动力来完成工作。

阿拉伯地理学家伊本·霍卡尔（Ibn Hawqal）在于977年撰写的著作《地球的面貌》（*The Face of the Earth*）中描述了他在锡吉勒马萨观察到的“与伊斯兰地区的持续贸易”带来的“巨额利润”，锡吉勒马萨是摩洛哥的商业贸易中心，位于塔菲拉勒特绿洲，这里的椰枣树覆盖了一片13英里[❶]长、9英里宽的区域，

❶　1英里约等于1.609千米。——编者注

灌溉水源来自阿特拉斯山脉。[11] 这位著名的旅行家和编年史学家还详细描述了他在奥达哥斯特——一个位于毛里塔尼亚撒哈拉商路南端的绿洲小镇——看到的信用证，它的金额高达 4.2 万第纳尔，他在东方还从未见过这么高面值的信用证。从 8 世纪开始，像“康曼达契约”这样的商业做法在跨撒哈拉贸易中很常见，投资者通过该契约将资金委托给商人进行商业投资。撒哈拉沙漠绿洲周围聚集的长途贸易、资本投资和采矿作业等活动集中体现了我们通常所说的欧洲早期资本主义历史的许多特征，并且发挥了和热那亚、威尼斯等意大利城市相同的作用。[12]

这些事件不仅体现了前现代和现代之间的巧合和相似之处，而且构成了一个错综复杂的谱系。不仅意大利城邦的欧洲资本主义是建立在以前的阿拉伯贸易帝国的基础之上的，而且跨撒哈拉贸易中椰枣树绿洲的历史也表明，它与大西洋的历史有着长期联系。15 世纪中叶，葡萄牙人远征非洲，欧洲开始征服大西洋，其目的正是攫取跨撒哈拉地区的财富。第一批到达葡萄牙南部的黑人奴隶绝大多数来自毛里塔尼亚海岸的骆驼商队，这些骆驼商队选择的正是跨撒哈拉商路，它将马里帝国和廷巴克图等城市与远至北部阿特拉斯山麓的锡吉勒马萨等摩洛哥绿洲连接起来。葡萄牙人沿着非洲海岸航行，希望能够避开伊斯兰中间商，直接前往黄金和奴隶的源头。1482 年，葡萄牙人在加纳建立了臭名昭著的埃尔米纳工厂，其后来被荷兰和大英帝国占领，成了一处重要的奴隶仓库。大西洋新贸易路线的重要性由此可见一斑。经由这条路线，数百万的奴隶被从撒哈拉以南的非洲运出来，起先被送到欧洲，从 19 世纪开始大规模进入美洲。这些奴隶中有很多被强迫在巴西甘蔗种植园中劳动，但也有不少在秘鲁和墨西哥的银矿中劳动。在这里，他们开采了大量金银，让欧洲商人能够在亚洲持续采购，解决了欧洲商人无法向中国商人和印度商人提供黄金的难题。至此，美洲白银取代了非洲黄金，而这些通过撒哈拉椰枣树绿洲运送而来的非洲黄金曾经维持了阿拉伯商人的长途贸易往来。[13]

1.1.3　历史、废墟和怀旧的花园

挑战资本主义崛起的欧洲中心主义时序固然重要，但同样有趣的是从伊斯兰历史学家那里获得线索，并用这些线索来解释7世纪北非地区被阿拉伯人统治后，地中海地区的动态历史变化。历史学家伊本·赫勒敦（Ibn Khaldun，1332—1406）并没有执着地研究单向的资本主义扩张和帝国征服，反而更加倾向于思考历史的周期轮回以及在此过程中不断产生的废墟。他的杰作《历史绪论》（*Muqaddimah*）被认为是历史社会学的一部重要著作，它描绘了王朝周期性兴衰的模型：生机勃勃的游牧部落征服了由腐朽的社会上层统治的城市，却被城市生活的安逸舒适所吸引，在大约经历了四代统治以后，城市居民又"让位"给刚从山上下来不久的充满活力的游牧部落。[14]想要评价这一模式对历史学家的重要性，只需指出它对爱德华·吉本（Edward Gibbon）的《罗马帝国衰亡史》（*History of the Fall and Decline of the Roman Empire*，1776年）或阿诺德·汤因比（Arnold Toynbee）的《历史研究》（*Study of History*，1934年）的重要影响就足够了，这两本书都大量使用了伊本·赫勒敦的历史周期概念。[15]但伊本·赫勒敦并没有像他的大多数追随者那样将游牧民族和城市居民对立起来。《历史绪论》在描述历史变迁时，将游牧和定居视为交织的事实，认为文明的城市聚居区需要定期吸纳游牧经验来巩固社会结构。[16]

如上所述，椰枣树绿洲是迁移和扎根，游牧和定居交汇的地方。伊本·赫勒敦在比斯克拉绿洲（现位于阿尔及利亚境内）写

下了《历史绪论》的部分章节也绝非巧合。他从沿海城市比贾亚逃到那里，而城市的领袖，也就是他的赞助人已经被赶下台了。伊本·赫勒敦的人生并非一帆风顺，他的人生轨迹充满了变化、不安和流亡：他是西班牙塞维利亚的一位阿拉伯学者的后裔，在经历基督教收复失地运动[1]后逃往突尼斯，他先后搬到了非斯、特莱姆森、格拉纳达和比贾亚，一直在寻求稳定的政治局势和赏识他的学识的可靠赞助人。

伊本·赫勒敦的先祖是定居在安达卢斯的阿拉伯学术精英，曾为在 8 世纪伊斯兰扩张后，抵达伊比利亚半岛的倭马亚王朝[2]统治者服务。但是近代世界历史文献中记载的帝国扩张史也是安达卢斯第一位倭马亚王朝统治者阿卜杜·拉赫曼（Abd al-Rahman）的流亡史，他在全家被阿拔斯王朝[3]屠杀后成为难民，随后离开家乡大马士革，逃往地中海的另一边。新的阿拔斯哈里发政权将阿拉伯文明的重心从大马士革东移到巴格达，从而开启了所谓的伊斯兰黄金时代，而阿卜杜·拉赫曼却将伊比利亚半岛的科尔多瓦（当时是伊斯兰地区的西部边界）改造成了一个活生生的纪念碑，用来纪念他失去的家乡倭马亚大马士革：在伊斯兰地区的西部，科尔多瓦的清真寺、桥梁、图书馆和宫殿重现了倭

---

[1] 收复失地运动，又称再征服运动、列康吉斯达运动，公元 718—1492 年，西班牙人反对阿拉伯人占领，开启了收复失地的运动。从 718 年的科法敦加战役开始，到 1492 年格拉纳达战役结束，该运动共经历了 8 个世纪。——译者注

[2] 倭马亚王朝，又译为伍麦叶王朝、奥美亚王朝，是阿拉伯帝国的第一个世袭制王朝。统治时间自公元 661 年始，至公元 750 年终。该王朝是穆斯林历史上最强盛的王朝之一。——译者注

[3] 阿拔斯王朝为阿拉伯帝国的第二个世袭王朝。于 750 年取代倭马亚王朝，定都巴格达。——译者注

马亚哈里发时期大马士革的辉煌。在叙利亚，幼发拉底河以南的城市鲁萨法对于倭马亚王朝的统治者有着特殊的意义，他们把这里变成了家族的隐居之地。也正是在那里，阿拔斯王朝谋杀了整个家族，只有阿卜杜·拉赫曼逃脱了。这位流亡的王子在科尔多瓦城市的郊区建造了一座新宫殿，这座宫殿后来成了一个传奇，因为它如同一个植物园，在那里，从中东引入安达卢斯的农作物和树木能够适应新环境。阿卜杜·拉赫曼将其命名为鲁萨法。没有什么树比椰枣树更能表达他对失去的家园的怀念了，为此他写下了下面这首诗：

> 尊贵的椰枣树，你也是这片土地的流放者。
> 西风徐徐，轻抚你的叶子；
> 你的根深深扎进肥沃的土地里；
> 然而，你和我一样悲伤，
> 如果，你也像我一样记得！
> 我的泪水洒在椰枣树上
> 而椰枣树沐浴在幼发拉底河的洪流中。[17]

这里，椰枣树的迁移并不会带来帝国扩张或资本投资。相反，它暗示了对迁移的不同理解，就像流亡者痴迷于身后的废墟一样。阿拔斯人屠杀倭马亚人之后，科尔多瓦成为新的“大马士革”。当1009年科尔多瓦被柏柏尔[❶]雇佣兵洗劫一空之后，安达卢斯新任统治者阿尔摩哈德人（Almohads）把塞维利亚打造成了新的科尔多瓦－大马士革。在1248年塞维利亚被卡斯蒂利亚

---

❶　柏柏尔人是居住在非洲西北部的一个族群。——译者注

的斐迪南三世（Ferdinand Ⅲ of Castile）领导的基督教军队攻陷后，格拉纳达成为新的塞维利亚－科尔多瓦－大马士革。伊本·赫勒敦也知道，格拉纳达著名的阿尔罕布拉花园象征着怀旧之情，它使人想起传说中已经变成废墟的豪华城中花园及其周围被悉心照料的农业腹地。[18] 格拉纳达，这座伊比利亚半岛上穆斯林文化的最后堡垒，于1492年被天主教君主斐迪南和伊莎贝拉占领，此后，这座城市以及城中的阿尔罕布拉花园成为历代诗人首选的哀悼对象，直到今天这一地位仍未改变。[19]

1.1.4 加利福尼亚：根深蒂固的农业综合企业

初看之下，加利福尼亚高度商业化的椰枣作物与对残垣断壁的乡愁忧思毫无关联。美国的椰枣产业起源于19世纪80年代。美国农业部一方面热衷于开发昂贵的进口货物的替代品，另一方面也想要扩大美国种植业的范围和地域，所以他们开始在美国各地搜寻合适的地点种植椰枣。1904年，他们认为加利福尼亚的科切拉谷是最适合椰枣生长的地方，他们从阿尔及利亚、突尼斯、埃及、伊拉克等国以及西南亚俾路支人的聚居区引进优质的椰枣品种，并进行测试。他们从1905年开始商品化生产椰枣，1912年在科切拉建立了第一家椰枣包装工厂。成功将椰枣树移植到加州，其实只是19世纪末一个大项目的一部分，这个项目的目的是让加州取代南欧和北非，成为向美国东海岸销售的地中海产品的最大供应地，供应的商品包括椰枣、无花果、葡萄和橙子。[20]

每当提及加州的椰枣树景观时，人们就会使用“工业”一词，这反映了美国农业行为和目标的整体规模，与旧世界❶（Old

❶ 指法国、德国、意大利、西班牙等历史悠久的欧洲国家。——编者注

World）所谓的传统做法形成了鲜明对比。地中海盆地国家的经济确实因为加州的崛起以及由此导致的美国市场份额的下降而受到沉重打击。很少有人注意到，科切拉谷成排的现代枣椰树有多依赖阿拉伯绿洲的繁育方法。美国农业部派遣到中东和北非的科学家负责将椰枣移植到美国，他们坚持用枝条繁育果树，而不像墨西哥那样用种子繁育。

莎拉·西卡茨（Sarah Seekatz）曾经指出，很少有美国人了解椰枣的产地，所以，植物学家就成了“一切阿拉伯事务的专家”。[21] 美国植物猎人的旅行游记中有一些照片，照片里穿着阿拉伯传统服装的枣农手里拿着巨型凿子，正在分离椰枣树枝条（图 1.1）。这些照片也许会使人想起东方学家对落后农民的比喻，但是他们也断言，要将椰枣变成有利可图的商品，无性繁殖技术（不久后被称为“克隆”）[22] 至关重要。[23] 用枝条代替种子繁殖椰枣树，不仅保证了新繁殖的椰枣树品种纯正、果实质量稳定，而且还可以控制雄树和雌树的数量。考虑到绿洲的空间规模受到灌溉基础设施覆盖能力的限制，使雌树的数量最大化是最重要的，因为只有雌树可以结果。有利可图的商业椰枣树景观依靠少量雄树提供花粉，而花粉则通过人工手段被注入雌花中。20 世纪，科切拉谷的工业椰枣园中的雌树结出了几种统一的商品化果实（德格莱特·努尔椰枣和美卓椰枣），它们由被选出的少数雄树授粉，这是将阿拉伯绿洲的商品化繁育技术迁移到加利福尼亚的结果。虽然早在美国农业部的植物猎人把枣椰树引进加利福尼亚以前，椰枣树就已经出现在美洲了，但只有在使用了从北非和中东地区学到的繁育技术之后，它们才成为美国商业实力的一个缩影。

科切拉椰枣林在 1930 年时面积还不足 700 公顷，到了 1950 年已经扩大到约 2000 公顷，这听起来像是一个成功的工业故事。[24]

图 1.1 波佩诺（Popenoe），《旧世界的椰枣种植》（*Date Growing in the Old World*）。20 世纪初，为了把椰枣树景观移植到加利福尼亚，美国的植物猎人和博学的东方学家走遍了北非和中东。这批人从所谓的落后文明中学到了繁育椰枣树的方法，为美国远西区（Far West）的现代椰枣产业打下了基础。波佩诺，《旧世界和新世界的椰枣种植》，1913 年，卷首插画

虽然加州椰枣园看似是为扩大市场而形成的现代农业综合产业，但加州的椰枣产业具有许多“前现代”特征，这让人惊喜不已。在新世界❶（New World）的环境中，中东椰枣工人的技术几乎没有得到任何改进，这证明机械化是难以捉摸的。[25] 科切拉果树林

❶ 与旧世界相对，主要指美洲、大洋洲国家。——编者注

中的工作全年不停：林中的树木过去是、现在仍然是人工授粉和修剪的，新长出的果实也是由工人手工疏果、捆扎和装袋的，最后成熟的水果也是手工采摘的，德格莱特·努尔椰枣成熟后是整串采摘的，而高价值、精致的美卓椰枣是单个采摘的。所有这些需要熟练技术的工作都是在树冠上进行的，树木生长到 20 多米高时，或在多风条件下，这些工作变得十分危险。

加州椰枣林过去是、现在仍然是由家族拥有的劳动密集型产业。枣农结成合作社，团结起来共同推广和销售产品；此外形成合作社还出于一个考虑，一旦雇佣劳动力取代了家庭劳动力，通过合作社获取和控制工人要方便得多。[26] 在科切拉椰枣园发展的最初几年里，椰枣树还很矮小，而且大多数的林间劳动似乎都是由盎格鲁果园主自己完成的，一般情况下都是夫妻共同劳动，只有在收获季节才会雇用工人。但随着椰枣树的生长，工作变得更加危险，妻子被打发到包装间工作，而寻找工人照料椰枣树林也变得越来越困难。[27] 后来，第二次世界大战爆发了，男丁被征召入伍，这就更加困难了。

1942 年的墨西哥劳工计划对枣农来说简直是天赐良机。墨西哥短期合同工（农工）通常被雇主视为没有任何技能的无产者，他们靠双手而不是大脑劳动。农场主对他们几乎没有什么义务，因为工作只是季节性的，等到冬天，不同的作物被收获完，这些工人就会返回墨西哥。[28] 但椰枣林需要有血气的、英勇无畏的劳动“贵族”：巴勒莫人全年都在工作，在高处进行精细操作所需的技能至少需要三年时间才能被掌握，而巴勒莫人通常会在同一个果园工作两代或多代。与其他短工相比，巴勒莫人的收入更高，并且拥有令人羡慕的工作保障。对于椰枣园主来说，推行机械化存在困难是因为巴勒莫人的不可替代性。当墨西哥劳工计划于 1964 年终止时，枣农试图利用合作社的影响力为他们的作物申请特例（但没有成功）。1964 年以来，人们多次尝试实现椰枣林机械化或数字化灌溉，使用直升机授粉，用机械升降机取代摇晃的梯子，但取得的成果有限。巴勒莫人如今仍然存在，是一支不可替代但老龄化的劳动力，其消亡的前景正威胁着“椰枣产业”的存在。[29]

美国的椰枣产品保留了奢华的阿拉伯风情：包装盒的设计选取东方主题。随着摩尔式风格的建筑物增多，以及以“一千零一夜”为主题的椰枣节兴起，科切拉谷获得了阿拉伯的异国情调，游客也被吸引到这个东西方融合的地方。就像旧世界的椰枣绿洲一样，科切拉椰枣景观最初是由植物、技术组合、劳动力和流入的资本组成的。但是，等到景观建立起来之后，这些流入就被切断了。科切拉椰枣的流动性最初是受到限制的，作为进口替代物，它们被限制在美国境内；价格较高也使它们无法进入主要出口市场。[30] 作为产地，加州椰枣林变成了一个自给自足的地方：新的椰枣树由本地树木的枝条繁育而来；劳动力被高度专业化的、按特定椰枣品种划分的种植技术束缚在本地；科切拉与尤马两地由家族经营的椰枣林并不是美国文明链条上的一环，而是位于美国农业边缘地带的小飞地。现在的科切拉因其音乐节而闻名，以碧昂丝等歌手为特色，当地的椰枣反倒不怎么出名。麦加镇是椰枣生意的中心，多年来一直被视为加州的中东主题公园，但是如今，它的魅力已经消失殆尽，不再出现在明信片上，而且其人口不断萎缩，大约 40% 的当地家庭处于贫穷状态。要了解加州椰枣景观的发展动态，就必须了解农业综合产业和现代资本主义扩张的历史。不过，每当风起时，当来自田地和附近索尔顿湖的沙尘淹没整个城镇的时候，人们或许会想起伊本·赫勒敦，以及他对历史遗迹的痴迷，或者，想起阿卜杜勒·拉赫曼和安达卢斯被流放的椰枣树。

1.2 烟草的生命与时间

虽然农作物的季节性和生命周期从表面上看是自然规律，但实际上农作物的节律很少与其野生祖先一样。不管是控制其繁殖——比如椰枣，还是将其从两年生植物变为一年生植物——比如谷物，甚至是将其作为农作物跨空间和时间进行迁移，人类对植物时间性的干预是驯化的基础。在这里，我们以烟草为例，阐述植物生命周期的调节过程，并尝试了不同的时间尺度，这一点贯穿本书始末。人类对烟草时间尺度的操纵，为反驳历史的自然成因理论提供了一个案例。那些迫切地想要避开本质论的学者，会从故事一开始就注意到人类的投入——把植物培育成农作物，然后让农作物的繁育为人类服务。[31]

自英国国王詹姆斯一世以来，欧洲殖民者和批评者就将烟草称为杂草。这是有原因的——它不仅高产、种类多，而且可能具有侵入性。烟草是一种多年生植物，一株植物可以存活多年。它会多次开花，并在多个季节中重复和再现它的生命周期。即使在一年之内，烟草植物也有几个生长周期：一茬叶子生长一段时间后，植物会长出第二茬较小的叶子（“根出条”），新的叶子出现在叶子和主茎的交界处。此外，在植株被砍倒后，残留的部分会发出新的嫩芽（“截根苗”），随后长出叶子，这种根系给了植物第二次生命。

当欧洲殖民者开始出于商业目的种植这些植物时，这些“属于植物的事实”就被削弱、强化或操纵了。在法属路易斯安那，根出条的出现意味着收获期的延长，因为在初生的叶子被摘除后，第二轮叶子就会长出来；而在西班牙属古巴的小岛上，烟草被当作多年生植物种植，截根苗也有特殊市场——由于长势较弱，长成较晚，它们抽起来更舒服。[32]

就拿英属北美来说，烟草使弗吉尼亚在 17 世纪初期成了一块有利可图的殖民地，殖民者专门将其用于培育烟草的初生叶。殖民当局在18世纪20年代制定了**监察法**，禁止销售第二轮生长的烟叶，以便提高农作物质量、生产出优良的烟叶。为了达到这一标准，殖民者将农作物的生产和繁育周期改良为一年。将大量植物从多年生植物转变为一年生植物，需要动用法律和社会力量，包括从法律上区分自由劳动力和非自由劳动力、女性工作和男性工作、“贤妻”和“贱妇”。对农作物景观实施的秩序开始与白人男性的特权关联，共同成为更为广泛的政治权力的基础，包括通过法律建立新的殖民秩序，把白人男性的地位置于其他家庭成员、仆人和奴隶之上。[33]

通过对繁育周期的控制，弗吉尼亚的烟草从播种开始，就遵循一条单一的、线性的路径：它的花和根出条都被当作垃圾处理，这样初生的叶子才会长得又大又壮。当烟叶被收获时，任何可能出现的截根苗都会被砍掉或被埋起来，人类不需要这一部分。这样一来，烟草的生命周期就屈从于人类需求以及表达这些需求的法律和种植方法了。然而，对于人类控制植物生命周期带来的收获，历史行动论者却认为这是自然的、由植物决定的——我们将在后面的章节中讨论这一点。

在英属弗吉尼亚，烟草被作为农作物种植的历史就是一个例子，说明了驯化在把植物变成农作物的同时，重塑了植物的“天性”。只有理解这种可塑性，我们才能理解后文中将要讨论的烟草的社会历史，我们从中了解到种植日历、任务的时间安排等都是人类发明，因此它们可以在不同的历史时期发生变化，而且这也确实发生了。在漫长的岁月里，植物不断变化的生长周期（每个周期都被称为农作物的自然生长周期）在弗吉尼亚烟草农场的规模变化过程中发挥了重要作用。[34]

农业史学家经常把注意力放在一个时间尺度上，也就是植物的生命周期。我们的目标是将这种对植物的操纵行为引入全球史的视域，以展示农作物的迁移如何取决于在每个季节、每个种植周期农作物发生的变化——种植一种农作物意味着使它有别于野生植物。根据耕作制度的需要调整其生长周期，对于农作物景观的创建和维护来说至关重要。本书一再强调，农作物的时间性不是自然事实。本节也指出，我们作为历史学家，在定义农作物景观的时间和空间尺度方面发挥了作用。

1.3　水稻：生命周期和深度历史

亚洲和非洲水稻的野生种——稻（*Oryza*）通常是多年生植物，但是与被人类驯化成谷物的所有禾本科植物一样，在经过人工驯化后，它变成了一年生的单一农作物。[35] 本节内容探讨了人类进一步操纵水稻的生命周期和作物周期的方法。有时候人类会延长这些周期，比如截根苗的情况。但更多时候，作物的周期被缩短，以便“提高土地利用率”，这是前现代的中国和日本以及“绿色革命”❶缔造者的共识，绿色革命在 20 世纪 60 年代至 70 年代改变了全世界的农作物景观。[36] 虽然绿色革命景观被誉为现代化的胜利，但在冷战时期，西方社会理论家给早期的亚洲水稻景观贴上了负面标签，污蔑它们是内卷行为，不具备发展的潜力。不过，日本史学界重构了东亚水稻景观的特征及其长期演变过程，为工业现代化指出了另外一条道路：“勤勉革命”❷。在一个令

❶ 绿色革命是发达国家在第三世界国家开展的农业生产技术改革活动。——编者注

❷ 勤勉革命是指由于工业革命带来的工业和农业成就，从家庭内部做出的决策，既增加了市场上商品和劳动力的供应，也增加了对商品的市场需求的现象。——编者注

人惊讶的重构理论中，科学家把此前从未被重视的分蘖稻，视为有潜力应对人类世挑战的农作物。[37] 与椰枣景观一样，历史上的水稻景观及其被赋予的价值，促使我们反思“现代”知识和实践体系的物质与精神谱系。

唐朝时，中国岭南的水稻种植农作物景观，被北方旱作地区的人描述为物产富饶的鱼米之乡。在第三章“规模”中，我们将讨论灌溉水稻和雨养水稻。稻田除了出产稻米，还养育了多种有用的动植物：菱角、鱼、鸭、桑树（用于养蚕产丝）等。在稻田周围地势较高的旱地上有村庄、菜园、果园、可以在旱田种植的棉花或豆类等作物以及粗放牧区；在较高的山坡上，农民则可能会种植竹子（用作食物、造纸或建筑材料），茶叶，果树或者用于生产木材的林木。

有了一系列可以缩短水稻生长周期、提高作物产量的技术，丰收就有了保障。大约 2000 年前，岭南地区首次记录了一项关键技术——移栽。[38] 移栽是指将水稻种子播种在肥力充足的苗床上，等秧苗长到 20~25 厘米高时，再把它们拔起来，修剪之后，按照合适的间距，一行一行移栽到大田里。移栽使农民能够选择最健康的秧苗，能促进植物生根和分蘖（从一株植株上长出多条茎和多个种穗），还便于农民除草；这些都会增加产量。移栽还有另外一个好处，它可以使农作物在大田中停留的时间缩短 4~6 周，便于早日种植第二季作物。

中国对双季水稻种植的记载，可以追溯到公元 100 年左右，这些早熟稻逐渐向北传播到南部和中部地区。[39] 然而，直到几个世纪之后，一直积极促农的中国政府，才将其纳入政策体系。[40] 宋朝政府急于养活不断增长的城市人口，并为军队提供补给，以应对日益加剧的侵略威胁，于是其于 1012 年开始将占城（今越南南部）的速熟稻品种引进江南地区（长江下游地区，当时中国生产力最高的农业区），使得当地可以每年种植两季粮食。[41] 在江南地区新的耕作制度下，夏稻通常与冬大麦或冬小麦交替种植；再往南，同一块地里每年可以种植两季甚至三季水稻。短期水稻也可以在气候变化无常或者条件恶劣、不适宜传统慢熟水稻生长的地区种植，或者在有洪涝灾害或者干旱风险的地方种植。虽然，一般情况下，周期越短水稻单位产量越低，但早熟稻的用处很大，中国农民已经培育出了成百上千个早熟稻品种；在江南的一个洪涝灾害频发的地方，16 世纪的农民成功培育了一种"五十天"水稻。[42]

通过移栽和选育早熟品种，水稻的生命周期缩短，这使农村生产力实现了质的飞跃。不仅稻米的产量提高了，而且与椰枣绿洲一样，水稻景观也支撑了多种生产活动：稻米和其他粮食作物带来的商业盈余、丝绸和棉花的生产、家庭作坊和本地制造业（制作泡菜及酿造）的蓬发，造纸和书业以及商业养猪业的出现等。这些水稻景观具有灵活性和适应性：根据市场需要，农民可能会（短期或长期地）从稻米改种棉花，然后再改回来；也可能会优先考虑造纸业，而把稻米作为备选，只种植少量稻米来支付租金和缴税，或者完全放弃稻米，转而在高度发达的市场上购买稻米，这个市场使中国帝制政府和其众多贸易伙伴的联系日益紧密。[43]

几个世纪以来，随着集约化种植的水稻景观从早期的江南和广东等中心逐渐转移到内陆河流上游流域，我们观察到了一种涟漪效应：水稻逐渐淡化为背景，其他商业农作物或商业制造业的发展则日益突出。在少数民族聚居的地方，水稻种植技术、汉文化及其影响下的社会组织也得到发展。水稻景观分布在不同的海拔，从易于管理的河流盆地向上延伸到陡峭的梯田山坡，或向下延伸到沿海开垦的土地或沼泽洪泛区，有些地方可能需要持续抽水或建造海堤。[44]

在中国古代的官方和流行文化中，这些肥沃、多用途的水稻景观是丰收和社会和谐的象征。最著名的歌颂丰收的作品是於潜县令楼璹于绍兴年间创作的《耕织图》。《耕织图》是由 45 幅画作组成的一套画集，描绘了水稻种植和养蚕的步骤，每幅画上都题有作者自己创作的诗句。几年后，这套作品被献给宋高宗。高宗大喜，对楼璹予以嘉奖，并下令将画上所绘场景复制到内廷屏风上，并注上楼璹的名字，作为荣誉的象征。楼璹的作品在上层社会迅速流行开来，成为传播农业发展理念的完美媒介。发展农业是帝制政府和各级官员的头等大事，在发展农业的过程中不仅要向民众灌输社会价值观念，还要改进科学技术。《耕织图》让我们认识到，在古代中国人的观念里，这种农作物景观从本质上讲是按照性别分类的：为了（通过税赋）让人民吃饱穿暖，让国家富足，女性需要生产纺织品，男性则需要种植谷物。[45]《耕织图》反映了崇尚勤劳的精神，也具有巨大的流行吸引力，画面通过新年版画、廉价彩陶或寨门石雕等形式体现。[46]

在帝制晚期的中国，围绕缩短水稻繁殖周期建立的多功能农作物景观支撑了几个世纪的引人注目的经济增长。1400—1750 年，中国与印度一起，成为世界上最大的制成品生产国和出口国。[47] 中国成为来自“新世界”和日本的白银的接收地，其中大部分白银又被投入水稻景观和相关的制造业经济中。[48] 大多数全球史学家将 1800 年视为一个转折点，也是一个岔路口，当时中国经济增长乏力，很快就会受到西方殖民列强蓬勃发展的工业化经济的致命冲击。[49] 但另一个具有影响力的学派则指出，中国经济在此之前就已经开始衰退，他们认为中国水稻景观自身的长期动态限制了中国的进步和创新。

1.4 内卷、勤勉革命和全球史的时间性

很多启蒙运动哲学家都钦佩中国的“开明专制”和它所维持的社会繁荣。但自孟德斯鸠以来，另一股欧洲思想势力开始污蔑亚洲文明，认为其消极和缺乏进取心。[50] 马克思提出了亚细亚生产方式[❶]理论，认为亚洲国家是过度集权、专制主义的庞然大物，基本上不会受到变革的影响；马克斯·韦伯从文化而不是阶级的角度，阐述了类似的立场。在冷战初期，卡尔·奥古斯特·魏特夫（Karl August Wittfogel）在他的“水利社会”和“亚洲专制主义”理论中对马克思主义进行了重构（参见“规模”一章中“浑水”一节），这在一定程度上回应了斯大林主义；而克利福德·吉尔茨（Clifford Geertz）于 1963 年出版了《农业内卷化》（*Agricultural Involution*）一书，书中的内容是在罗斯托现代化理论基础之上对爪哇殖民地进行的研究。[51] 吉尔茨认为，亚洲集约化的水稻种植制度不具备提高劳动生产率的能力，相反地，它通过吸纳劳动力来支撑日益稠密的人口，但对劳动力的回报却是递减的。随着时间的推移，贫困加剧，社会关系内卷化，在没有外部投资和刺激的情况下，该体系无法过渡到新型工业资本主义经济。所以，吉尔茨相信，殖民时期的爪哇是内卷的。然而，到了 19 世纪末，日本明治政府（1868—1912）决定推行西方工业化，发展化肥工业和其他产业，这个决定使日本农业跨越劳动生产力的壁垒进入新的发展阶段，并一跃进入现代化。

中国的历史学家都喜欢运用“农业内卷化”这一概念，来阐

---

❶ 亚细亚生产方式最早是由马克思于 1859 年在《政治经济学批判》的序言中提出的，是历史阶段中的一种特殊的生产方式，以“亚细亚生产方式”为基础的社会是原始社会的最后阶段。——译者注

明他们眼中历史上中国的经济与科学衰退的原因。[52]这种解释反映了主流的现代主义时间观念，即将连续性理解为惯性。学者和社会改革家认为宋朝（960—1279）是一个文化活力迸发、科学和社会创新层出不穷的时期，但在此后数百年的持续繁荣中，社会里并未出现任何技术或者制度上的创新。1840年鸦片战争后，清朝政府受到打击进而快速衰落并解体，这与同时期日本的崛起形成鲜明对比。学者和社会改革家最初把矛头对准了儒家思想和中国文化，后来又批判中国水稻景观的所谓内卷性，它们虽然可以维持数百年的经济增长，但却不能让社会向资本主义和工业发展过渡。

吉尔茨认为，日本已经通过向西方开放，打破了伊懋可（Mark Elvin）后来提出的"增长却不发展"的"高水平均衡陷阱"。这对冷战最激烈时期的西方及其盟国来说无疑是一个好理论，因为当时国际发展理论正大行其道。然而，当吉尔茨于1963年出版《农业内卷化》时，学界已经有了大量日本研究，1959年历史学家托马斯·C. 史密斯（Thomas C. Smith）将其整理成英文发表，这些研究成果通过证明明治时期的经济腾飞完全是因为德川家族的成就，驳斥了内卷化以及相关理论中隐含的西方中心主义动态和周期性。[53]

17世纪，德川幕府统治时期（1603—1867），中国集约化、多样化的水稻景观及其相关的农艺理念和专业知识传入日本。[54]日本学界的农业论文数量激增，水稻和其他作物的新品种被培育出来，施肥方法得到了改进，多种作物轮作的方式得到了推广，这推动了日本制造业乃至日本经济的蓬勃发展，这一时期日本的商业化和城市化进程为19世纪的现代化奠定了基础。[55]1868年，明治政府成立。面对西方列强入侵的威胁，明治政府决定施行能快速推进现代化、军事化和工业化的政策，学习利用西方的专业知识。不过，这次经济起飞的平台是高产且多功能的德川水稻景观，西方的农艺科学、商业化肥、机械化水泵、育种计划等并未对其进行改造，而是为其注入活力。[56] 日本在明治时期的经济崛起有赖于全国的水稻生产。这种剥削稻农的残酷制度被歌颂忠诚和高产的小农的农业意识形态掩盖。从日本本土及其殖民地日益贫困的稻农身上榨取的剩余粮食和劳动力，使日本崛起为军事强国。

日本社会学家、历史学家和哲学家在战后，提出了“日本是水稻社会”的理论，从根本上挑战了西方中心主义的历史时期划分和地理划分。首先，他们宣称日本的工业现代化之路植根于水稻景观，因而与西方的道路截然不同。到了德川时代，日本已经经历了一场围绕集约化水稻种植的需求和特征而展开的勤勉革命。[57] 在日本漫长的历史及其现代化之路中，勤勉革命指的是基于管理、技术和金融技能的经济转型，这些技能与近代日本乡村地区的小规模水稻农场，手工业和制造业有关。有人认为，从 17 世纪开始，与中国帝制晚期的稻米产区类似，这些特色资源引导日本走上了一条植根于农村、以水稻生产为基础的经济发展之路。家庭通过更加努力地工作提高产量和收入，而随着劳动力质量提高，资本资产❶或资本投入（机器、牲畜）的重要性下降。[58]

日本的乡村经济不是发展路径的被动回应者，而是它的一部分。此外，乡村的技能和创造力并没有因为西方专业技术知识的引入而被边缘化或被取代，而是被调动起来，为日本特有的现代化技术储备服务。日本历史学家和社会科学家达成普遍共识，认为这些内在固有的资源和动力赋予了明治日本的现代化一种特殊

❶ 土地、建筑物、设备等。——编者注

的形式，并且持续地影响着当今日本的经济与生产组织形式。[59]

“勤勉革命”的概念以及关于“勤劳的日本”如何成为工业化的日本的相关分析，很快引起了试图重构现代化之路的历史学家的注意力。在欧洲历史学家中，扬·德·弗里斯（Jan de Vries）是一位特别有影响力的勤勉革命倡导者，他解释了劳动密集型、混合了不同职业的乡村经济模式（例如低地国家所采用的那种）如何促进西欧工业资本主义的兴起。[60] 速水融（Akira Hayami）反对德·弗里斯将勤勉革命视为工业革命前身的说法，并把它们当作“对立的概念”。[61] 让其他历史学家感兴趣的是，勤勉革命所暗含的概念与国家现代化轨迹以及全球学界对资本主义兴起的表述之间的联系。例如，拉维·帕拉特（Ravi Palat）最近研究了前殖民时期南印度的水稻经济，利用以水稻种植为基础的社会历史，描绘了社会演变和国家形成的另外一种模式；追溯了国家间的联系和非资本主义的商业化发展，即印度、中国、日本和东南亚的勤勉革命。[62]

亚洲水稻景观的长期动态及其特有的规模，它们将农村社区融入市场和制造系统的方式，它们典型的、分散的、灵活的生产方式，它们的资本网络融入世界商业循环的方式以及它们对国家现代化发展的影响，给人一种不同于全球史传统分期的独特时空展开感。如果我们把向商业化、多元化的农村经济转型作为重要标志，而该经济以高产的水稻景观为中心，那么对于南印度来说，有着古老根源的水稻时代早在1250年就已经形成。中国南方的水稻时代开始于公元1000年左右，到1700年左右达到了繁荣和全球影响力的顶峰。日本在这方面的起步较晚，其稻米时代开始于1600年左右。但印度和中国以稻米为基础的经济在殖民时代崩溃，历史学家、政治家和公众都对此产生了文化破裂感和挫败感，而在日本，水稻经济是成功实现现代化的跳板，现在它被认为是让现代日本脱颖而出的神奇要素之一。日本以稻米为中心的史学研究方法，虽然从本质上来看不具有民族主义特征，但却与更广泛的“稻如自我”的公共话语密切相关。日本的主观性、“生理”特点、社会特点和美学，以及日本参加国际贸易组织的条件，都是在种植和食用日本圆粒稻米的过程中形成的。一个广为流传的神话故事（在日本动画和仪式中都有体现）将现代日本的水稻身份追溯到了太阳女神，她在历史开始之前将珍贵的谷物赐予日本人民。[63]

1.5　快与慢：绿色革命和可持续的截根苗

对于南印度、中国等伟大的前现代亚洲文明来说，其长期历史动态与水稻生命周期缩短后出现的农作物景观紧密地交织在一起。在 20 世纪绿色革命（以及中华人民共和国和越南的社会主义革命）中，人类为创造全新的农作物景观发明了成套的技术方案，短季水稻也是该技术方案的基本组成部分。国际水稻研究所于 1966 年发布了绿色革命的高产水稻品种 IR8。虽然被称为“奇迹”，但它并不是从零培育出来的，它的培育过程大量利用了早期品种，其中一些可以追溯到明末或德川时代，另外一些则源自 20 世纪初亚洲各地的国家育种项目。[64] 奇迹水稻具有高产、生长周期短等特点，可以双季种植。虽然该品种的推广人称其为“丰饶之种”，但仅凭这些新种子本身并不足以带来改变。它们只是“成套技术方案”的一个要素：要发挥它们的遗传潜力，需要人工灌溉，并施用化肥和除草剂——这是整个农作物景观发生根本性转变的实际原因。

很多农场主发现自己难以做到遵循绿色革命严格的时间纪律。奇迹稻是双季作物，依靠大规模灌溉供水，有严格的时间纪律，而这些限制条件往往难以被满足，由此产生了重大的连锁反应。绿色革命技术和双季作物于20世纪70年代传入马来西亚吉兰丹。为了严格遵循时间表，农民往往需要在收获后几天之内就开始耕作新作物，因此不得不放弃水牛犁、镰刀和传统的劳动力交换活动，而改用拖拉机和收割机。在新的时间制度下，农民不可能把水稻生产与其他利润更高的收入来源（例如商品蔬菜栽培和经营或者建筑工作）结合起来，而这些收入原本可以用于覆盖种植奇迹水稻所需的成本。分成制合同的灵活性也可以分散创新风险，让农民和地主可以通过多种方式分散资金和物质投入的责任，从而为新技术的应用铺平道路。然而，20世纪70年代末期，白馥兰和亚历山大·罗伯逊（Alexander Robertson）采访的一些农民表示，他们正在放弃种植水稻，因为时间限制让他们的生活混乱无序。[65]绿色革命的成套技术方案并不是为那些拥有很多土地的富裕农民设计的，它的一个重要目标是减少农村贫穷，从而降低革命的风险。但是，它的时间规律以及内在的规模经济要求，导致经济分化，促使贫困农民流入城镇。

20世纪70年代，人们就绿色革命的优点展开了一场激烈的争论。虽然经济学家和政治家对快速发展的绿色革命为城市带来的大量廉价食品表示欢迎，但没过多久，社会科学家和活动家就抨击了这一做法对乡村社会（包括亚洲稻米种植区）的负面影响。[66]不久之后，又出现了另一个担忧：密集使用化学品、单一栽培和在脆弱的稻田土壤上使用大型机械破坏了环境。[67]令人费解的是，目前流行的另一种策略是放弃短期水稻品种及其构成的种植复合体，并利用水稻会长出截根苗的“天然”倾向来保证环境和社会的可持续发展。

各种被驯化过的水稻品种都具有分蘖能力，即从干枯的老植株的根部长出一茬或者两茬新苗。与烟草一样，传统上，分蘖再生稻的种植过程是一个低劳动力、低生产率体系，它通过把水稻的繁殖周期延长到第二个种植季节来提高产量：先切割第一季作物的带籽茎，然后让植物自行生长，直至下一茬作物成熟。在这些农作物景观中，水稻通常生长在无法进行灌溉、由雨水供水的田地里，比如山间田地。农民也可能会选择山区，或者由于缺少役畜或人力而无法使用繁重的传统耕作技术的地区种植分蘖稻。在战争和盗匪导致农耕变得危险的情况下，农民也可能会选择截根种植水稻。即便是现在，亚洲、非洲和美洲都仍有农民通过分蘖再生的方法让稻田长出第二茬作物，但这仍是一种小众做法。[68]

围绕缩短和延长水稻生长周期而发展起来的农作物景观的史学研究与这种农作物景观的物理特性形成了鲜明的对照。产量低意味着分蘖再生水稻只不过是一种可以勉强维持人类生计的作物，它们散落在农田、花园、森林或沼泽中。这些农作物景观中的居民以农耕、园艺、采集、畜牧业和打猎等多种方式谋生。与规模更大的经济体交易通常需要高价值的蔬果、林业或动物产品，而不是来自田地的剩余产品。人口密度低、谷物产量低的“佐米亚”❶区域通常比较偏僻，不受国家重视，也就避开了税务检查员和农业专家的视线，这就是水稻历史学家难以追溯分蘖再生稻详细种植历史的原因之一，这也解释了为什么直到最近，分蘖再生稻还是科研的“孤儿作物”，以及为什么它对商业活动的支撑作用在很大程度上被忽视了。[69]

不过，近来在各国政府以及包括国际水稻研究所和联合国粮食及农业组织在内的跨国组织的支持下，分蘖再生引起了研究可

❶ “佐米亚”是一个地理术语，于2002年由阿姆斯特丹大学的历史学家威廉·冯·申德尔（Willem van Schendel）发明，指的是历史上脱离荷兰政府控制的东南亚的大片山区。——编者注

持续农业的农学家的关注。与一年生植物相比，分蘖再生植物的根更深，无须化学物质投入，抗旱能力更强，而且成熟得更快。支持者认为，改良分蘖再生水稻品种，有助于应对当前日益严重的水资源短缺、劳动力短缺等问题和在脆弱地区推广耕种的全球挑战。[70] 与下文讨论的粟的种植体系一样，我们在这里见到了一种十分古老的制度，它在高产农作物体系的边缘悄悄存活下来，最近被可持续农业系统的支持者重新发现，并推崇为全球模式。

1.6　可可树的社会生活

在探究了植物时间和农作物景观时间的一系列关系之后，我们现在的疑问是农作物种植与不断壮大的家庭规模之间有什么关系——这自然是大多数农民关心的问题。加纳可可树的例子生动地说明了农作物时间和人类时间之间格外亲密的关系，可可树农场的生命周期与农户的生命周期彼此交织、密不可分，而可可树的成熟则反映了负责任的人的成熟美德。“可可树农场在加纳是终生事业的隐喻：比如，一名公职人员可以将自己的职业生涯描述成自己的可可树农场，来将其比作一项长期事业，其中好的经营和家庭利益的重要性最终超越了个人得益。”[71]

一簇簇稠密的、漂亮的棱纹豆荚，在斑驳的林荫下闪闪发光，点缀着可可树长长的枝条。一个世纪以来，这种农作物景观一直是加纳的主要财富来源。金色的豆荚养活了农民的家庭，并使其家族繁衍壮大，使这片土地上的人生生不息，并且（当世界可可价格高涨时）使国家繁荣昌盛。20 世纪非洲经济作物的历史往往以土地剥夺、强迫劳动、饥荒和暴力等黑暗的主题为基调（第五章“组成”）。圣多美和普林西比是 19 世纪末主要的可可生产国，这些岛屿上的可可种植历史是废除奴隶制后种植园暴力行径的例证。[72]但是加纳的可可树，以及西非沿海地区的棕榈油和乞力马扎罗山附近坦噶尼喀高原的咖啡，却恰恰证明了本地农民的积极性和分散式繁荣的可行性。[73]经济人类学家波莉·希尔（Polly Hill）在20世纪60年代，曾经慷慨陈词，认为加纳可可树种植户应该被理解为成功的乡村资本家，而不是农民。不是只有白人移民才能站在历史正确的一边。但这种观点与殖民管理者和发展经济学家主流的正统观念相悖，希尔的证据来自对家庭时间、农场时间、血统时间以及农作物时间之间关系进行的详细的民族志研究和文献研究。[74]

可可树于1879年被从比奥科岛引进加纳，它们虽然不是加纳的本土物种，但在新的环境下长势良好。[75]尽管殖民主义者声称同时引进了可可树及其种植技术，但是，加纳的可可树种植业从一开始就是本土产业，是由来自东部省阿库阿平市的强大家族阿坎（Akan）家族创立并扩大的。[76]英国政府自然声称是他们最先种植了这种新作物，但为种植可可树而进行的金融创新和社会倡议体现的却是典型的阿坎家族风格。遍布林区的可可树小农种植技术植根于长期形成的森林休耕模式，与加勒比人所倡导的“种植园模式”毫不相干。[77]

从19世纪90年代开始，加纳的“可可边界”逐渐扩张，穿过东部省的森林，在20世纪30年代到达阿散蒂省，并分别于50年代和60年代到达位于科特迪瓦边境以西约300千米处的布朗－阿哈福省和西部省（图1.2）。可可边界跨着大步穿越加纳。等到农场作物成熟之后，农场主就会用这笔钱在西边购买新的林地。1950—1975年出现了可可业的繁荣，但20世纪80年代发生的一系列火灾和旱灾，迫使许多可可树种植者转而种植玉米。近年来，很多农场又开始重新种植可可树，理由是虽然可可产量低，但是其带来的收益比高产的玉米还要多，而且可可树与一年

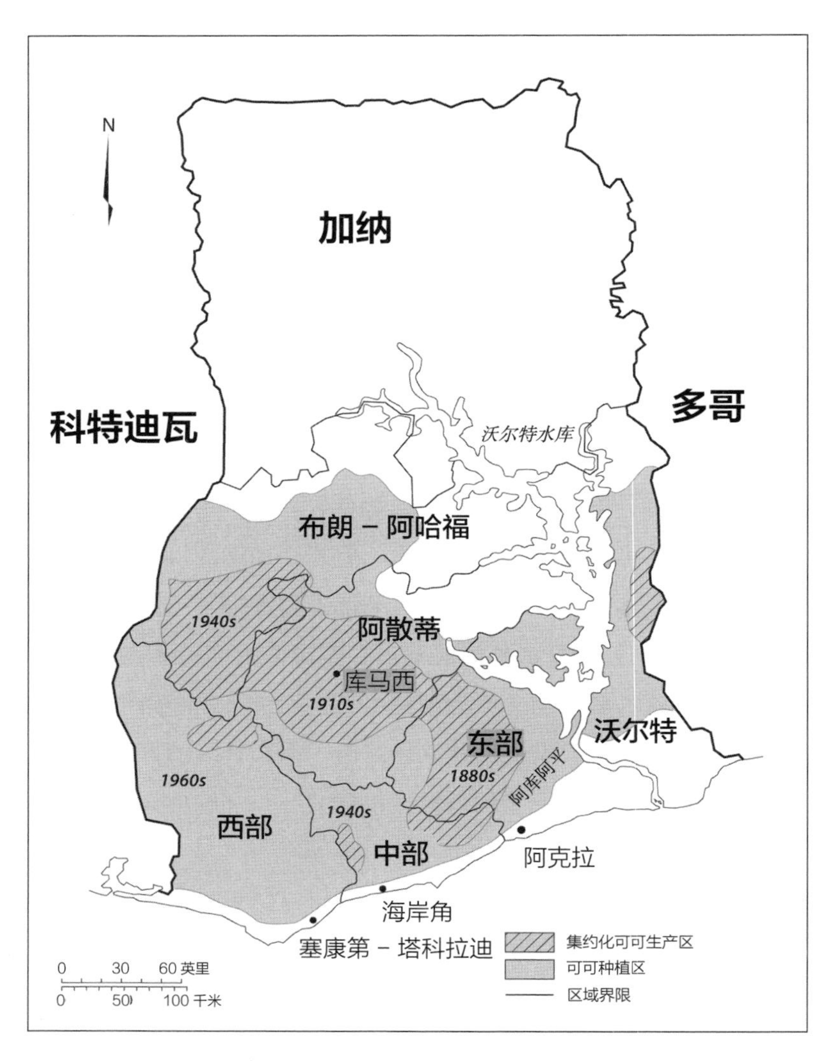

图1.2　1880—2010年，加纳南部可可边界的扩张。威廉 L. 纳尔逊地图（*Wiliam L. Nelson Maps*），基于罗伯逊（Robertson），《生产关系的动态》（*The Dynamics of Productive Relationships*），第54页，图2，以及努森（Knudsen）和阿格加德（Agergaard），《加纳的可可边境》（*Ghana's Cocoa Frontier*）"，第329页，图1

生的作物不同，可以提供长期的安全保障。“如果你种玉米，等你年纪大了，就不能种了；但是如果你种可可树，你年纪大了，还可以让佃农来耕种。”[78] 目前，加纳是仅次于邻国科特迪瓦的世界第二大可可出口国，可可小农的数量超过 80 万，遍布全国大部分林区，他们 70%~100% 的收入来自可可销售。[79]

可可树种植制度表现出非同一般的长期适应性，这无疑是因为它能很好地适应社会和环境条件。[80] 无论是过去还是现在，加纳可可树农场的面积一直都很小，通常为三四公顷；农场中会保留一部分树林用于遮阴，而可可树的种植间隔为 3~8 米。[81] 成树的年产量约为 225~335 公斤 / 公顷。成熟可可树农场的劳动力投入具有很强的季节性：10 月到 12 月是主要收获期，5 月是次要收获期，其间，要定期清理农场、修剪树枝并施用杀虫剂和肥料。除了年度周期，农场的发展还分为 4 个阶段，这就是作物时间和家庭时间的结合点。砍伐林地、建设新农场都需要投入大量的劳动力和资本，这个过程需要耗费大量资源却没有任何产出。新农场在 3~5 年之后开始产出果实，在第 12 年左右农场开始实现收支平衡，那时可可的产量达到成树产量的三分之二。第 15~35 年，成熟农场的产能达到顶峰，可产生可观的利润，足够农场主投资开辟新农场。第 35 年之后，产量稳步下降。在第 50 年时，老农场的产量下降到其高峰产量的六分之一。再过 5~10 年，废弃的农场会被用来改种其他作物或者重新种植可可树。

可可树农场的生命周期如何与人类时间相协调？正如 20 世纪 60 年代至 70 年代，可可产业鼎盛时期的记录显示的那样，经验丰富的可可农用自己的钱，有时还需要从亲戚那里借钱来购买林地。他们砍伐林地并栽种可可树，雇用来自北方的移民或者年轻亲戚作为劳动力，按周或月支付工资。一旦幼树被种到地里，农场就需要一种特殊的照料方式，一种低成本的持续关注。为此，农场主会与年轻男性（有时是来自北方的非阿坎人移民，但更常见的是亲戚）协商，请他到农场做阿布萨，也就是做“看守人”或佃农。[82] 如今，购买新农场的资金可能是通过经营商店赚来的，也可能是从亲戚那儿借来的，但阿布萨制度基本没有改变：这套制度非常成功，可用于移植外来作物，发展当地社区和种植可可树。[83]

“阿布萨”的意思是三分之一，是在阿坎人中存在已久的用益权制度，为了换取土地使用权，不属于该社区的“陌生”农民给予酋长或土地所有者三分之一的土地收益。就拿可可树农场来说，因为树木需要很长时间才能成熟，阿布萨的收益分成也会随着树木的生长而增加。新的阿布萨人建立农场，照料幼苗，作为交换，他们可以得到工具和物资，并可以使用一块自留地来种植山药、饭蕉和蔬菜以解决自身温饱问题。这块地是必不可少的（见“组成”一章）：它让看守人可以结婚，养家糊口和养活工人，从而提供了家庭劳动力和雇用劳动力，来照料可可树、采摘豆荚、烘干和发酵豆子。一开始，由于可可产量很低且需要大量的人力照顾，阿布萨人将获得农场的全部收益。随着树木成熟，利润增长，劳动力需求下降，阿布萨人上缴农场主的份额提高，先达到收益的二分之一，最终达到三分之二。[84] 此时农场主和佃农的利润都很可观。农场主通常会再开办一家可可树农场。阿布萨人现在社会地位稳定、经济实力雄厚，因此希望通过购买、继承，或者有时通过要求来拥有部分土地的所有权，从佃农转变为地主。阿布萨制度至今仍然非常强大，只是比起原始版本稍有调整。[85]

看守人随着他的可可树农场一起成熟。他的收入不断增长，这让他的孩子可以长大和接受教育。他也随着树木一起衰老，但到那时，即使他的孩子或新农场不足以养活他，他也至少已经获得了土地的公认权益，这让他可以将土地转租出去种别的农作物或者重新种植可可树。

可可树农场的寿命与人类寿命和家庭周期相照映：家庭与农作物景观同步成长。但是可可树种植也是一种社会化形式。孩子们在成长的过程中会帮忙收获豆子，并帮忙翻动豆子让它们变得干燥。父母认为这有助于塑造孩子的品格。阿曼达·伯兰（Amanda Berlan）写道："加纳社会普遍视懒惰为恶习，家长们告诉我，让孩子参与可可树的种植过程很重要，因为这会帮助他们成为富有效率、勤奋上进的人。"[86]对于一名年轻的加纳男性来说，一个在刚刚建成的可可树农场做阿布萨人的机会，让他开始了作为一个独立成年人的生活，也符合了结婚并组建家庭的标准。随着树木成熟，他的家庭成员也逐渐增多，这满足了农场不断增加的劳动力需求。收益的增加使农场主能够充当负责的家长，养育子女，并最终帮助子女成家立业。

除了让农户获得利润，阿布萨制度在历史上还有助于积累共享财富和国家财富。可可树农场主用收益创建家族基金，随着可可树种植区的城镇化发展，社区也繁荣起来，（靠木薯和山药园养活的）可可小农成为并仍然是现代加纳出口经济的支柱。"当你环顾社区时，你看到的所有大房子……都是用种植可可赚到的钱建造的，而且我们社区里所有受过教育的农民都是可可树种植户的孩子或后代。"[87]农作物节律和家庭节律的成功结合，以及可可树种植的技术要求与已经确立的森林园艺种植实践的严密匹配，确保了这种现代但又极具地方特色的农作物景观几十年来的延续。[88]如今，来自加纳全国各地的移居者持续涌入新建的可可树种植区，在这些种植区里，人们认为可可树种植业和它提供的日益多样化的谋生机会预示着繁荣的未来。[89]当地有句流行语说，"可可就是加纳，加纳就是可可"。

1.7　中国的粟：一种农作物景观的全盛期、来世与复兴

与普遍的看法相反，支撑中华文明的主要粮食是粟，而不是稻米。据中国的神话传说记载，农神后稷教会了古代中国人如何种植谷物。后稷是一位传奇人物，他的母亲一直不孕，直到踩到神明在地上留下的脚印才怀孕，并生下他。这里所说的谷物指的是粟、谷子和糜子，这些在春季播种的作物耐寒能力强，可以在中国北方的半干旱气候中生存。从公元前6000年的新石器时代，到早期的帝国和王朝，再到近代，粟一直是华北大部分地区的主要粮食，它塑造了这些地区的农作物景观、耕作方式（见"规模"一章中"浑水"一节）、烹饪技术（粟需要在特别的鼎中蒸熟）以及饮酒方式（用糯粟酿酒）。从陕西省山峦起伏的黄土地向东到黄河平原，粟种植带一直是中国的政治、文化和经济中心，都城所在地和主要税收基地。直到公元1127年，靖康之变后，宋室南迁——此后大米取代粟成为中国的标志性谷物和农作物景观。[90]

粟为中国早期帝国提供了赖以为生的食物和税收，而且由于粟可以保存多年，如果保存在地下甚至可以存储得更久，所以粟作为财政基础尤为珍贵。粟思维也融合到文化当中。自商朝（约前1600—前1046年）以来，负责国家宗教习俗的中央机构就已经确定粟是用于祭拜土神和谷神的谷物。殷商时代，精美的青铜礼器成为王权的象征，其被用于仪式的准备过程，以及向神明供奉粟、肉和酒。这些器皿中最引人注目的是青铜鼎，它是在家家户户都有的陶制粟蒸器的基础上改进而成的，因为拥有三足而被当作政治稳定的象征。据说农神后稷是商朝的名臣，同时也是西周王室（西周：约前1046—前771年）的先祖，周朝紧随商朝

之后，孔子将中国的核心制度和价值观念的基础归功于周朝。中国早期就体现出农业和政治的相互贯通。一本公元前 3 世纪的政经韬略❶首次提出一项与粟种植有关的规范性农学建议，即把粟种植在直垄交错的棋盘格状农田中，这使农民能够最大限度地利用水肥资源，促进植物的根系生长；并能毫不留情地铲除杂草。[91] 詹姆斯 · C. 斯科特会毫不犹豫地对这种关于国家易读性❷和国家控制的物质隐喻大加赞赏。[92]

虽然粟的谷粒微小，但它承载了重要的象征意义，这使其成为中国早期关于度量衡的哲学 – 数学专著的理想载体，这些专著规定了粟的粒数与特定重量、长度或容量的对应关系。调音管的容量在这里非常重要，因为用经过精确校音的乐器演奏音乐，是中国古代政府的一项重要礼制："[礼部尚书] 以礼乐合天地之化、百物之产，以事鬼神，以谐万民，以致百物。"[93] 中国第一部纪传体断代史《汉书》中的一部分内容就是关于历法和音管的，它们分别是调节时间和校准音调的工具，其中音管的具体尺寸规格就是以粟粒数为单位的（比如黄钟应能容纳约 1200 粒黑粟）。[94]

在现实中，中国的整个帝制时期见证了粟逐渐从中国经济和饮食的中心转移到边缘的过程。大约从公元 1 世纪开始，随着碾磨制粉技术的进步，面条和馒头成为北方上层人士的最爱；到了 800 年左右，南方大米开始取代北方粟成为最大的税收来源；1200 年左右，蒙古人将高产的高粱（"高粟"）引入华北地区。

---

❶ 即《吕氏春秋》。——编者注

❷ 詹姆斯 · C. 斯科特在《国家的视角》中将"易读性"定义为一种强制性的抽象，其主动忽略了不同的人，不同地方和不同生活方式的差异性，创造了一种鼓励人们忘记曾经存在的差异的环境。——编者注

到了 1600 年左右，在许多曾经以粟为主要粮食的地区，粟已经成为一种次要作物，是穷人的食物，但在气候恶劣、地形崎岖的地区，粟仍然是主要谷物。然而，尽管粟的实际存在减少了，但几千年来，中国人对宗法、价值观和隐喻的尊敬，使粟文化得以延续（就像欧洲的《圣经》中的农作物一样），粟仍然每年被用于供奉土神和谷神，以祈求五谷丰登（图 1.3）。

图 1.3　中国帝制时期的祈谷仪式。皇帝在京城外的耤田里犁出春天的第一道犁沟。1530 年出版的《农书》，王祯，1313

中国帝制时期粟的例子，很好地体现了农作物和农作物景观漫长的文化和政治来生，其象征意义犹如文化胶囊一样穿梭时间，但它的物质存在却在空间层面静止了（或者更确切地说，收缩了）。随着 1911 年清朝灭亡，对土神和谷神的崇拜和祭祀中断了，政府把精力放在了“主要”谷物上，比如水稻、小麦和玉米，可以通过科学改良提高这些农作物的产量以养活国家。[95] 按照这些标准，粟被视为现代农学家所说的“孤儿作物”。然而，粟在贫穷、偏僻的地区幸存下来，保留了关于它的农作物景观及人们对相关技术、生态和风味的记忆。如今，粟景观正在经历一场意料之外的文化和物质复兴。数百万的城市居民开车到农村，享受“农家乐”（即农村特色餐饮或住宿），高高兴兴地喝粟粥，以前人们认为粟粥是穷人吃的粗粮，现在却觉得它既美味又健康。[96]历史学家舒喜乐（Sigrid Schmalzer）研究改革开放后的中国农业时，讲述了她在2016年到访河北省邯郸市涉县贫困山村王金庄的经历。王金庄的旱作石堰梯田系统于2014年入选了“中国重要农业文化遗产”名单，中国政府旨在通过该计划推广联合国全球可持续农业发展模式（“繁殖”一章）。在王金庄，政府给一种混合农业制度提供补贴：农民在狭窄的山坡梯田上用驴犁地，轮种粟和玉米以维持生计，同时还种植水果、坚果和中草药作为经济作物。正如舒喜乐所说，这种混合的新型传统农作物景观将20世纪50年代到20世纪70年代的遗留元素（包括像梯田这样的物质基础设施，和像承认“农民”的专业知识这样的认识论等级制度）融入驴犁和低投入粟种植等经过重新设计的“传统”中，将辛苦、不稳定的农作物景观重新包装，成为吸引游客的可持续发展模式。[97]

在中国帝制时期，水稻景观象征着秩序、连续性和富足，但与日本不同的是，中国的统治者不崇拜稻神，稻米也不是将中国人与其神话起源联系起来的谷物。粟种植景观象征着中华文明的神话根源，现在正在被逐步复兴以象征文化的真实性和中国的节俭朴素等美德。

在1985年出版的《甜与权力：糖在现代历史中的地位》（*Sweet and Power: The Peace of Sugar in Modern History*）一书中，西德尼·明茨提出了一种观点：17世纪时，西印度群岛的甘蔗种植园是一个工业生产体系，这种观点在当时是异端邪说。该理论的核心是一种特殊形式的时间意识，其主要由糖厂的性质决定。甘蔗刚切下来就必须被压碎，甘蔗汁一榨出来就需要被煮沸，人们认为煮沸糖浆的过程不能中断直到糖浆“迸溅”为止。在收获季节，糖厂不间断地运转，团队协调一致、轮班工作，压榨甘蔗、煮沸蔗汁、硬化糖浆、干燥原糖、蒸馏朗姆酒。除了丰富的奴隶劳动力和都市资本，该制度的一个基本要素是“时间意识”，它源于甘蔗的特性和制糖的工艺要求，（这种时间意识）渗透到种植园生活的各个阶段，并与对时间的重视一致，这种意识后来成为资本主义工业的核心特征。[98]

詹姆斯·C. 斯科特在《作茧自缚：人类早期国家的深层历史》（*Against the Grain*）一书中，对于农作物塑造历史的能力，提出了一种更与众不同的主张。斯科特认为，当我们驯化谷物时，谷物也驯化了我们：小麦和大麦、玉米和稻米是人类文明及其缺憾的“种子”。斯科特认为，农作物景观是围绕谷物的季节性建立起来的：谷物的播种和收获必须发生在一定的时间段内；谷物可以大量囤积，因为它们可以储存很久。这些特征塑造了早期文明的制度、地理、纪律、血统和积累、伟大的成就、暴力和不平等，它们还将人类分为文明人和野蛮人。谷物的驯化存在于人类历史的全部轨迹中，为当今世界留下了不可磨灭的遗产。[99]

斯科特对人们普遍持有的时间意识提出了质疑，这种意识不仅认为谷物的驯化与新石器时代的彻底变革，以及国家和文明的崛起有关，而且把它同人类积极进步的长期历史联系起来。以这种方式崇拜谷物驯化，是将其他类型的人类与植物的关系及其短暂性（例如，采集、森林园艺或种植块茎类作物，这些作物全年成熟但不易保存）当作超越历史的永恒存在。[100] 我们也用了一定的篇幅，把农作物生产的周期性或者节奏性与社会演化的长期模式联系起来，以追踪某种农作物的短期和长期历史效应。它们不仅提供了不同的解释，而且跟踪了跨越时间的线索，而在全球史上，这些时间跨度通常被划分为不同的时期。

当代加州农业综合企业和 8 世纪撒哈拉沙漠绿洲的例子，让我们对诸如野性与驯化、游牧与定居、现代与前现代等公认的划分方式提出质疑。烟草的故事引领我们进入植物生物学的微观尺度，我们引入植物的时间性和繁殖节奏，作为叙事的重要元素。随着植物的“自然”生命被重新定义，市场、法律和劳动制度固化了后续一系列对植物性质的重构行为。第一章第三节将宏观和微观的时间尺度结合在一起，将人类对稻米生命周期的操纵与农作物景观的扩张融入中国悠久的历史中，最后与农村的“绿色革命”转型相结合。在加纳，我们更加明确地整合了人类的繁衍节律。可可边界前进的跳板是由农民、树木和农场的生命周期交织而成的综合体。人类与农作物的时间性联系塑造了短期、中期和长期的历史，包括但不限于加纳的可可树种植带（可可树种植带内，农作物时间和家庭时间配合得十分默契）。而在其他地方，二者的不和谐则引发了分离：正如稻米一节指出的那样，很多亚洲稻农发现无法实践绿色革命严格的新时间表，他们要么最终放弃种植稻米，要么放弃农场。

当我们把时间当作农作物景观的一个尺度进行研究时，历史就是故事的一部分。中国粟的历史是一个关于文化沉淀和复兴的故事：一种古老的、占主导地位的农作物景观逐渐被边缘化，经过几个世纪的式微之后，又被作为当今景观遗产复兴事业的魅力十足的候选人再次出现。我们在后续章节也将回到这个主题。[101] 粟的例子，如同椰枣的例子一样，提醒我们农作物景观是一个由物质、技能和价值观组成的集合体，但它很少完整地传播。

本书的各个小节探索了不同时间尺度之间的联系——植物的

寿命、农作物的季节性、家庭的代际周期，以及世界历史的宏大时代。我们不仅要把植物、人类和制度的时间性整合在一起，而且还要把由此引发的价值观或情感整合在一起。这也可能会挑战现代人先入为主的观点，比如哪些力量推动历史，以及在迈向现代的过程中出现了哪些社会制度。

本章不仅反思了农作物景观的时间性，也反思了它们在塑造关于文明和历史的水流，旋涡和死水等观念方面所扮演的角色。年鉴学派历史学家认为对连续性及其实现方式的研究同等重要。他们建议将长、中、短等时间尺度融合在一起，以修正优先考虑政治事件、危机和破裂的历史叙事。我们的策略是通过比较不同的个案，探讨不同的时间尺度——从水稻短暂的成熟期到椰枣作为农作物的千年历史，并提出新的方法来阐释布罗代尔所谓的历史的多元时间性。我们从植物、人类和制度的视角审视关于时间的体验与政治观点，我们的文字促使人们普遍反思关于时间的实践，以及对时间的表现方式在特定物质环境中的影响，从而发现惊人的对比、呼应和连续性。本章探讨了农作物景观如何创造时间，用常规剧情套路把不同的时期整合在一起，探寻不同农作物景观所体现的时间意义，为本书奠定基调。下一章，我们将讨论农作物景观和地点的营造之间的关系。

注释

1. Bergson, *Creative Evolution,* 21. See among many possible references Canales, *The Physicist and the Philosopher.*
2. Gros-Balthazard et al., "Origines et domestication du palmier dattier" ; Tengberg, "Beginnings and Early History."
3. Méry, "The First Oases in Eastern Arabia."
4. Magee, *The Archaeology of Prehistoric Arabia.*
5. Lombard, "Du rhythme naturel au rhythme humain" ; Charbonnier, "La maîtrise du temps."
6. Magee, *The Archaeology of Prehistoric Arabia.*
7. Flemming, "Date Honey Production."
8. Gauthier-Pilters and Dagg, *The Camel.*
9. Austen, *Trans-Saharan Africa in World History;* Lydon, *On Trans-Saharan Trails.*
10. Scheele, "Traders, Saints, and Irrigation."
11. Lightfoot and Miller, "Sijilmassa" ; Dunn, "The Trade of Tafilalt."
12. Banaji, "Islam, the Mediterranean and the Rise of Capitalism." And see the discussion of the theft of capitalism by Western historiography, namely, by Braudel and the Annales school, in Goody, *The Theft of History,* 180–214.
13. Subrahmanyam, *The Portuguese Empire in Asia;* Chaudhuri, "O imperio na economia mundial" ; Godinho, *Os descobrimentos.*
14. Dale, *The Orange Trees of Marrakesh: Ibn Khaldun and the Science of Man.*
15. Irwin, "Toynbee and Ibn Khaldun" ; Davis, "Decentering History."
16. Irwin, *Ibn Khaldun.*
17. Abd al-Rahman, *The Palm Tree* (770 c.e.), translation after Poitou, *Spain and Its People,* 506.
18. Ruggles, *Gardens, Landscape, and Vision;* Menocal, *The Ornament of the World: How Muslims, Jews, and Christians Created a Culture of Tolerance in Medieval Spain.*

19. 1934年，在他被法西斯分子暗杀的两年前，费德里科·加西亚·洛尔卡创作了《塔马里特之诗》(*Diván del Tamarit*)，向格拉纳达的阿拉伯诗歌传统致敬。Diván是阿拉伯语，意为诗歌集，而“塔马里特”是洛尔卡位于格拉纳达山谷的家族果园的名称，意思是“有丰富的枣”。
20. Critz, Olmstead, and Rhode, “Horn of Plenty.”
21. Seekatz, “America ’ s Arabia,” 45.
22. Saraiva, “The Scientific Co-Op.”
23. Popenoe, *Date Growing.*
24. Krueger, “Date Palm.”
25. 还有一种植物出人意料地抵抗机械化，促使种植者向政府施压，以制定有利于保护廉价劳动力的立法。
26. Krueger, “Date Palm,” 448; Seekatz, “America ’ s Arabia.” Saraiva, *Cloning Democracy.*
27. Seekatz, “America ’ s Arabia.”
28. 关于加利福尼亚农业中墨西哥劳工的悠久历史，请参见Wells, *Strawberry Fields*；*Molina, How Race Is Made in America*；Cohen, *Braceros*；Mitchell, “Battle/Fields.”。
29. Plevin, “Palmeros.”
30. Krueger, “Date Palm,” 这篇文章介绍了在大部分椰枣进口国中，椰枣都是一种重要的热量来源。
31. Craven, *Soil Exhaustion;* Rhode in Hahn et al., “Does Crop Determine Culture?”
32. Hahn, *Making Tobacco Bright,* 35.
33. Brown, *Good Wives, Nasty Wenches.*
34. “Sizes,” “Tobacco Oscillations: Changing Size on the Spot.”
35. Grist, *Rice,* 63. The rice grown as a crop in North America is a different species, *Zizania.*
36. Farmer, *Green Revolution? Technology and Change in Rice-Growing Areas of Tamil Nadu and Sri Lanka;* Saha and Schmalzer, “Green-Revolution Epistemologies” ; Harwood, “Was the Green Revolution Intended to Maximise Food Production?”
37. See also “Actants.”
38. Bray, *The Rice Economies,* 78.

39. Bray, *Agriculture,* 492.
40. Bray, "Science, Technique, Technology."
41. Elvin, *The Pattern of the Chinese Past.*
42. Ho, "Early–Ripening Rice," 173.
43. 关于中国内外的帝国稻米市场的规模，见 Shiba, *Commerce and Society*; Marks, "It Never Used to Snow"; Viraphol, *Tribute and Profit*。
44. Bray, "Instructive and Nourishing Landscapes."
45. Bray, *Technology and Gender;* Hammers, *Pictures of Tilling and Weaving.*
46. Bray, *Technology, Gender and History,* 219–52.
47. Palat, *The Indian Ocean World-Economy.* 稻米是印度南部的主要作物，小麦和粟则是印度北部的主要作物。
48. Flynn and Giráldez, "Born with a 'Silver Spoon' "; Marks, *Tigers, Rice, Silk, and Silt.*
49. Frank, ReOrient; Pomeranz, The Great Divergence; Arrighi, Hamashita, and Selden, The Resurgence of East Asia. 这种所谓的"大分流"论点可以追溯到 20 世纪 50 年代至 70 年代日本和中国马克思主义历史学家提出的"资本主义萌芽"概念，该概念将近代中国早期的商业和制造业扩张确定为资本主义发展的雏形；Brook, "Capitalism and the Writing of Modern History in China."。
50. Blue, "China and Western Social Thought."
51. Wittfogel, *Oriental Despotism;* Geertz, *Agricultural Involution.*
52. The seminal work was Elvin, *The Pattern of the Chinese Past.* See also Huang, *The Peasant Family.*
53. Smith, *Agrarian Origins;* Francks, "Rice and the Path of Economic Development."
54. 在早期日本，稻米是一种典型的贵族食物而非主要谷物。von Verschuer and Cobcroft, *Rice, Agriculture and Food*。
55. Smith, *Agrarian Origins.*
56. Francks, *Technology and Agricultural Development.*
57. The English term was first proposed by Hayami, "The Industrious Revolution." The concept has been further elaborated by economic historians, including Sugihara, "The East Asian Path"; Saito, "An Industrious Revolution"; Hayami, *Japan's Industrious Revolution.*

58. Bray, *The Rice Economies,* 113–39, 210–17.
59. Morris-Suzuki, *The Technological Transformation of Japan;* Francks, "Rice and the Path of Economic Development."
60. de Vries, *The Industrious Revolution;* de Vries, "Industrious Peasants"; Saito, "An Industrious Revolution."
61. Hayami, *Japan's Industrious Revolution,* 97.
62. Palat, *The Indian Ocean World-Economy,* iv.
63. Ohnuki-Tierney, *Rice as Self;* von Verschuer and Cobcroft, *Rice, Agriculture and Food;* Bray, "Health, Wealth, and Solidarity."
64. Lee, *Gourmets in the Land of Famine;* Biggs, "Promiscuous Transmission and Encapsulated Knowledge"; Schmalzer, *Red Revolution, Green Revolution.* 同样地，绿色革命小麦品种也是源自早期的小麦品种，如日本矮秆小麦。Harwood, "The Green Revolution as a Process."。
65. Bray and Robertson, "Sharecropping"; Bray, "Feeding the Farmers."
66. E.g., Farmer, *Green Revolution? Technology and Change in Rice-Growing Areas of Tamil Nadu and Sri Lanka;* Lipton, *Why Poor People Stay Poor;* Pearse, *Seeds of Plenty, Seeds of Want.*
67. 鉴于社会和环境问题，1999 年洛克菲勒基金会的主席呼吁进行一场新的"双重绿色"革命，该革命将对小农和环境友好；Conway, The Doubly Green Revolution；被称为印度绿色革命之父的作物遗传学家 M. S. Swaminathan 已经开始呼吁在社会和生态上进行更可持续的"常绿革命"；Swaminathan, *Sustainable Agriculture*；许多国家目前正在投资研究"第二次绿色革命"以实现这两个目标，这些研究通常侧重于微环境的基因工程。
68. Grist, *Rice,* 172–73.
69. Hill, "The Cultivation of Perennial Rice."。
70. FAO, *Perennial Crops for Food Security;* Hill, "Back to the Future!"
71. Robertson, *The Dynamics of Productive Relationships,* 64.
72. Macedo, "Standard Cocoa."
73. Cooper, *Africa since 1940,* 21–23.
74. Hill, *Migrant Cocoa-Farmers.*
75. 可可树原产于中美洲。有关其在哥伦比亚交易所中的位置参见 Norton, *Sacred Gifts, Profane Pleasures.* 关于工业化欧洲巧克力消费习惯的兴起，参阅 Robertson, *Chocolate, Women and Empire*。

76. 加纳可可产业的兴起被普遍归因于铁匠泰特·奎什（Tetteh Quashie），据说他在阿库阿平建立了一个可可苗圃，并于 1879 年从比奥科岛带回了豆荚。威廉·布兰德福德·格里菲斯爵士（Sir William Brandford Griffith）声称是他在 19 世纪 80 年代将可可树引入加纳，当时他担任那里的地方长官。
77. Ross, "The Plantation Paradigm," 63, citing Richards, *Indigenous Agriculture Revolution.* 罗斯分析了为什么欧洲农学家始终认为种植园模式具有优越性，尽管有大量证据表明非洲可可种植园的产量、利润或效率都无法与"本土"农业相提并论。
78. Farmer interview 2015, Asante et al., "Farmers' Perspectives," 378.
79. Asante et al., 374. 关于本土经济和农场收入来源多样化，参见 Knudsen and Agergaard, "Ghana's Cocoa Frontier in Transition."
80. Ross, "The Plantation Paradigm."
81. 该解释强调可可树、农场、合同和农户之间相互依存的生命周期。Robertson, *The Dynamics of Productive Relationships*, 53–78. See also Ross, "The Plantation Paradigm"; Knudsen and Agergaard, "Ghana's Cocoa Frontier in Transition"; Asante et al., "Farmers' Perspectives."。
82. 现代主义者对佃农的污名化是一种与现代性格格不入的古老形式。然而，人类学家的研究记录了灵活的佃农制度远非经济上的原始制度，其有效地将家庭时间（以及劳动力、土地和资本的增减）与作物景观时间和现代商业周期或国家发展项目的时间性相匹配；Robertson, *The Dynamics of Productive Relationships*。
83. Asante et al., "Farmers' Perspectives"; Knudsen and Agergaard, "Ghana's Cocoa Frontier in Transition."
84. 随着可可豆产量下降，农场主所有的份额又会回到二分之一。
85. Knudsen and Agergaard, "Ghana's Cocoa Frontier in Transition," 335.
86. Berlan, "Child Labour and Cocoa," 3. 关于西非社会中，亲子关系和师徒关系，以及技术获取和角色委托之间的联系，见 Goody, *Parenthood and Social Reproduction.*
87. Farmer in Brong Ahafo (Ghana's northwestern cocoa zone), interviewed in 2015; Asante et al., "Farmers' Perspectives," 379.
88. Ross, "The Plantation Paradigm," 这篇文章通过援引西非和加勒比地区的

可可种植园的脆弱性，来反驳对其环保功效和经济效能的称赞。

89. Knudsen and Agergaard, “Ghana’s Cocoa Frontier in Transition.”
90. Bray, “Instructive and Nourishing Landscapes.”
91. *Lüshi chunqiu* (Spring and Autumn Annals of Master Lü), citing a lost work entitled *Hou Ji shu* (Book of Lord Millet); Bray, *Agriculture,* 105 and 255.
92. Scott, *Seeing Like a State;* Scott, *Against the Grain.*
93. *Zhou Li* (Ritual system of the Zhou), “Minister of Rites,” quoted von Falkenhausen 1993, 2.
94. Needham, *Physics,* 201.《汉书》为东汉史官班固所写。公元 92 年，班固死于狱中，其妹班昭及其弟子将《汉书》补充完成。
95. For wheat and rice breeding programs under the Republic (1911–1949) see Lee, *Gourmets in the Land of Famine.* For the People’s Republic of China (1949–) see Schmalzer, *Red Revolution, Green Revolution.*
96. Park, “Nongjiale Tourism.”
97. Schmalzer, “Layer upon Layer.”
98. Mintz, *Sweetness and Power,* 51. 关于工业时间感的经典文章见 Thompson, “Time, Work–Discipline, and Industrial Capitalism.”。
99. Scott, *Against the Grain.*
100. See “Places,” “Tubers and History,” and “Compositions,” “Polyculture,” on milpa gardens.
101. See “Compositions” and “Reproductions.”

第二章 地点

当农作物在空间中迁移时，它们的周围就会形成新的地点。休·莱佛士（Hugh Raffles）问道，“我感兴趣的这个地方是怎么形成的？追求这一谜题的答案的过程会激起联想的涟漪，解释会像地图上的轮廓线一样浮现，它们能撼动自然的二元结构，形成一系列同心圆，而正是通过这些同心圆，一个地方与多个世界联系在一起”。[1]关系、时间、情感、权力布局、画面和焦点的选择在不断地发生变化：在导读章节中，我们认为农作物景观就是严格意义上的地点，我们还详细解释了我们构建这些地点所用的方法的分析价值，以突出不同的，也许是始料未及的特征或动态，从而提出新的历史问题或见解。

哲学家、历史学家、地理学家、人类学家、城市规划家和政治活动家都深入探究了地点营造的本质，认为地点是“厚重的”、地方性的、有质感的、充满联想和情感的、不断挣扎的场所。[2]一方面，场所是惯习、实践、共同感受和价值观、达成共识的或者有争议的日常行为和互动的产物，从这个意义上讲，地点体现了社会空间配置的规范化，以及它的运作方式和带来的感受。另一方面，地点也是动态的，它被不断重塑、争夺、改造和重新定位。这些重新配置创造了地点的历史和地点之间的联系。此外，地点被用来讲述历史故事，而农作物（事实证明）通常在这些叙事中充当象征物：郁金香将阿姆斯特丹（而非伊斯坦布尔）锁定在资本主义历史之中；特罗布里恩群岛的山药种植园经常被用来作为超越历史的地点的例子。因此，我们的每个小节都会探讨某个或某些地点是如何围绕农作物形成的，它们是如何融入历史的，以及它们作为农作物景观（无论是直接的还是回顾性的，一致的或有争议的）的表征，是如何被用来讲述世界历史的。

农作物创造了地点，地点又创造了农作物。农作物景观的视角也让人们关注农作物与地点之间的联系。这里，我们感兴趣的是地点和农作物互相塑造与互相认同的过程及其所产生的地理和历史影响。本章共分为四节，分别介绍了郁金香、小麦、块茎作物和茶叶，包括全球商品和当地自给食品，以及“无用”的奢侈品和“必需”的主食等两组对比案例，说明了将农作物移种到新环境带来的复杂的历史和地理效应。案例范围包括从 17 世纪奥斯曼帝国和荷兰城市的围墙花园，到 1900 年遍布全球的小麦景观，从 20 世纪 50 年代支持了地方战争和贸易交流的新几内亚高地的偏僻山地，到同样偏僻但庞大的、努力进入国际市场的印度茶园。

2.1 泡沫、鳞茎和补偿：郁金香在资本主义历史中的位置

关于郁金香的传播，最常被讲述的是一个发生在阿姆斯特丹的故事，其在资本主义历史中的地位也常被强调。这个众所周知的故事能轻易地融入全球性历史叙事之中。近代荷兰人是西方崛起故事的常见（而且好用的）主角，1636—1637 年的郁金香泡

沫[1]（尽管结局愚蠢而不幸）加快了期货交易中巧妙的金融手段的发展，期货交易是指以固定价格在未来交付商品的契约。[3]

但是农作物景观让郁金香讲述了一个更加复杂的故事。荷兰郁金香是偶然性和历史进程共同作用的产物，就像它们从鳞茎的短匍茎长出来那样。荷兰郁金香著名的历史农作物景观中不仅包含植物，而且包括市场和金融工具。臭名昭著的郁金香泡沫也揭示了品味和审美偏好对金融的影响，以及资本主义如何确立道德准则。郁金香泡沫打破了品位与金融、金融与美德之间的界线。然而，从地点角度研究郁金香，揭示了资本主义历史的一种更出人意料的偏差：资本主义是在西方以外的地方——伊斯坦布尔——发展起来的。关于郁金香的新历史从农作物景观的角度完善了全球资本主义的历史，并修正了资本主义从西方崛起的假设。

2.1.1　昙花一现的岁月

郁金香的繁殖方式构建了这些故事。从种子开始种植郁金香可能需要 5~10 年的时间：种子慢慢成长为鳞茎，而鳞茎每年都可以开花。但为了更快地培育花朵，可以绕过种子阶段。鳞茎会长出短匍茎，短匍茎是一种可以被拔下来，然后长成鳞茎的部分。培育分枝鳞茎使植株无须经过漫长的成熟期，即可长出郁金香花朵。每年冬天，鳞茎都要经历一段低温时期，或者说要经过

---

[1] 郁金香泡沫，又称郁金香效应（经济学术语），源自 17 世纪荷兰的历史事件。作为人类历史上有记载的最早的投机活动，荷兰的“郁金香泡沫”昭示了此后人类社会的一切投机活动，尤其是金融投机活动中的各种要素和环节。——译者注

春化❶作用才能开花。耐心等待数月的漫长冬眠期后，郁金香会在春季连续开放几周。[4]从鳞茎上摘下短匍茎，把它们埋起来进行春化，等待春季鲜花盛开，这种用鳞茎而不是种子来培育郁金香的方法，使这种花期短暂的花朵具有了更广泛、更持久的吸引力。

2.1.2 传统郁金香

尽管存在更早的记载，但据说郁金香是在1594年来到阿姆斯特丹的。佛兰德斯❷外交官奥吉尔·吉塞林·德·布斯贝克（Ogier Ghiselin de Bousbecq）曾在伊斯坦布尔作外交大使。他把这种在安纳托利亚、波斯和黎凡特广为人知的花的鳞茎和种子送给了他的同胞植物学家卡罗卢斯·克卢修斯（Carolus Clusius）。克卢修斯把郁金香种植在维也纳的王家花园中。他将不同地理起源的植物纳入一般分类中，这一成就被科学史学家所称道。他还将郁金香鳞茎带到了莱顿大学，用于教学，也供他个人使用。1596年和1598年，他的私人住所遭到了袭击，他因此损失了100多个鳞茎。这起偷盗事件预示了这些植物很快就会在荷兰广受欢迎。[5]

在这则郁金香由东方传入西方的简单易懂的小故事里，郁金香绽放了，灿烂的花朵引发了资本主义传统历史的转折点。它导致欧洲在“发现”了与世界其他地区进行贸易或剥削其他地区的可能性之后，第一次出现了引人瞩目的经济危机。[6]1636年的冬

❶ 一般是指植物必须经历一段时间的持续低温才能由营养生长阶段转入生殖阶段生长的现象。——编者注

❷ 泛指位于西欧低地西南部、北海沿岸的古代尼德兰地区，包含今天的比利时、法国和荷兰的部分地区。——编者注

天十分沉闷，阿姆斯特丹鼠疫肆虐，郁金香的泡沫开始膨胀。这一年的最后几个月，通常不从事花卉鳞茎买卖的贸易商甚至为常见品种支付了高得离谱的价格。[7]某些数据表明，有一笔关于单个鳞茎的期货交易额甚至超过熟练工匠年收入的十倍。然而，短短的数个月后，即 1637 年 2 月的最初几天，鳞茎的价格就迅速下跌。

泡沫的破裂成了一场道德剧，猖獗的投机行为以及促成这种行为的金融创新轮番上演。泡沫的出现正值冬季，郁金香鳞茎仍处于休眠状态，这意味着每一笔交易都是期货合同。虽然此类期货合同在 19 世纪的小麦和棉花等农业商品贸易中很常见，但在 17 世纪初，它们引起了监管方面的怀疑。1610 年，荷兰政府颁布了一项法令禁止“风中贸易”，即卖空交易。根据该法令，期货交易（买入或卖出商品期货交付合约）中的金融创新并没有被禁止，但是针对不存在的存货订立的合约无法执行。当然，期货合同必须交易可以互换的商品，因为不可见的物品将在未来交付，而令人向往的郁金香是不可互换的。事实上，根据荷兰法律，一位经济历史学家将这种情况视为一场赌博，而不是真正的商品泡沫。[8]没有人因为亏本的郁金香交易而破产，其对经济的影响实际上也很小。[9]但是，郁金香的价格模式——在通货膨胀崩盘后，突然发生通货紧缩——经常被当作无用商品投机行为的教训。自 1637 年以来，郁金香泡沫一直是无数宣传册和学术报告的主题，它是资本主义激发的非理性投机的一个例子，也是对清醒的资本家的警告。在欧洲的寓言艺术中，郁金香已经从富贵的象征变成虚荣和死亡的象征。[10]总而言之，这些事件及其教训体现了郁金香如何在传统上深深植根于阿姆斯特丹的资本主义历史：郁金香成就了阿姆斯特丹，而阿姆斯特丹创造了资本主义。

当然，时机也恰到好处。郁金香泡沫的破灭恰逢荷兰东印度公司崛起，该公司成立于 1602 年。[11] 东印度公司是欧洲人通过走海路绕过陆上丝绸之路的关键因素。陆上丝绸之路长期以来一直是欧亚大陆的贸易渠道，其中伊斯坦布尔的“高门”是亚洲和欧洲之间的门户。荷兰东印度公司的船只绕过好望角进入印度洋，以获得印度尼西亚生产的香料。而荷兰对这些地方的殖民刺激了新的国际贸易体系的产生。[12] 与法国和英国的竞争对手一样，荷兰东印度公司雇用了植物学家来寻找有用或有趣的植物；他们会“定期向莱顿和阿姆斯特丹的植物园和实验室运送植物和种子。”[13] 荷兰帝国主义者还在种植园系统的发展中发挥了作用，该系统把很多种全球农作物景观都商品化了。荷兰东印度公司将欧洲帝国主义与上市公司的创新制度结合起来，利用了从 219 名股东处筹集的大量资金，其也从王室那里获得了对好望角以东的荷兰贸易业务的垄断权。荷兰东印度公司等殖民地公司的股票占阿姆斯特丹证券交易所交易票据的很大一部分。因此，与郁金香泡沫相关的道德寓言，象征着阿姆斯特丹商业资本主义典型的投机性金融运作给富人带来的更具一般性的难堪。[14]

2.1.3 奥斯曼郁金香

地点的重要性取决于我们讲述的是什么故事。相关分析通常跟随郁金香，沿着从伊斯坦布尔到阿姆斯特丹的路线展开，但让我们在伊斯坦布尔停留得更久一点。伊斯坦布尔的“郁金香之地”不仅是阿姆斯特丹资本主义历史的起点，也为世界历史（包括资本主义历史）提出了一条不同的脉络。

首先，也是最重要的一点，奥斯曼郁金香并不是来自东方的野生植物，不是在西方商人建立资本主义制度的过程中商品化的。无论是在东方还是在西方，关于郁金香的品位是在对其的定义过程中发展起来的——它如何生长，它应该是什么样子，它的价值如何。随着郁金香景观在具体的地点形成，所有这一切都以不同的方式结合起来。[15]传说中的东方已经将这种植物商品化了，而第一步就是通过鳞茎而不是种子来繁殖郁金香。在此过程中，郁金香的外貌也发生了变化。伊斯坦布尔被土耳其人征服后，于1453年种植的第一批郁金香是又矮又圆的，与野生的郁金香没有太大区别。但到1520年苏莱曼一世登基时，最受欢迎的郁金香的形状是典型的杏仁状，人们普遍认为这种形状更精致。这些拥有尖头花瓣的细长郁金香最初在黑海北岸被发现，由大量在苏莱曼帝国的伊斯坦布尔园丁培育，其中包括第一批专门从事郁金香培育的专家。[16]

其次，这种杏仁状的郁金香也是奥斯曼帝国重要的设计元素，被广泛应用于花瓶、瓷砖和布料。[17]诗人创作了有关郁金香的诗句。黑暗时代的欧洲人并不喜爱鲜花及其象征。[18]但现在，欧洲的上层人士正经由或者直接从伊斯坦布尔获得二者。珍稀花卉和饰有其图案的物品，都是中东和欧洲“不断丰富的炫耀性消费清单的一部分”。鲜花出现在“节日、挂毯、官方修建的花园、诗歌，以及植物学的资助对象”中。[19]在这些名目中，郁金香象征着欧洲人眼中的奥斯曼文化。郁金香一词源自“包头巾”，因为包头巾与花朵的外形相似。[20]在伊斯兰文化中，郁金香象征着和平与复兴，“精神动荡与神秘的沉醉，尘世的力量与自我否定。”[21]另一方面，土耳其语中表示“花朵”的单词 *lāle* 与表示新月的单词 *hilāl* 包含相同的字母。[22]在欧洲和奥斯曼文化中，花都具有象征意义。花文化在欧亚大陆广泛传播，正如花本身也在欧亚大陆被频繁交易，但有时，它们的含义会改变。

也就是说，郁金香并非作为克卢修斯捧着的一个鳞茎，独自前往阿姆斯特丹。它是作为农作物景观的一部分来到欧洲的，这个农作物景观包括东方风情的装饰图案和符号。荷兰的郁金香泡沫是资本主义发展史上的一个重要的故事，因而需要另一个角度的解释。在新的解释中，我们认为所有与资本主义紧密相连的要素都是郁金香景观的一部分，它们在 16 世纪和 17 世纪之交从伊斯坦布尔转移到阿姆斯特丹。

最后，郁金香长期以来一直是奥斯曼文化中的一种商品。15 世纪，大多数郁金香和其他珍贵花卉都是在奥斯曼帝国的皇家花园中被培育和种植的。向普通民众出售鲜花的利润进入国库，国家成立了花卉研究所来培育新品种并制定相关标准。[23] 布斯贝克大使（就是他半个世纪后将鳞茎送给了克卢修斯）在 1554—1562 年游历土耳其时，对花卉生意和花卉文化深深着迷，尤其是郁金香。他提供了大量关于伊斯坦布尔复杂的园艺文化的详细资料，并对他在土耳其见到的炫耀性花卉消费现象和在这方面投入的巨大财力表示了惊讶。

伊斯坦布尔在全球市场上的特色商品之一就是鲜花。早在 1546 年，人们就通过海路来到伊斯坦布尔购买郁金香鳞茎。[24] 郁金香被从伊斯坦布尔运往维也纳、安特卫普、巴黎和伦敦，成为欧洲人赏玩的异域奢侈品，当时的欧洲人对旅者、大使和商人描述的东方充满向往。[25] 虽然奥斯曼帝国试图通过限制私人花商的数量来保证自身的收入，但是到 1600 年，局面就失去了控制：几乎在同一时间，荷兰商人主导了鲜花的种植和销售。[26]1595 年，一项行政令控诉称，非法花店的数量已经从最初的 5 家增加到了 200 家，而且为限制花店数量所做的努力也未能奏效。[27] 到了 1630 年，伊斯坦布尔已经有 80 家花店和 300 名花商。[28]

花卉贸易的蓬勃发展及其摆脱国家监管的方式，暗示了其资本主义本质——私营企业战胜了政府控制和垄断。[29] 不久之后，到了荷兰郁金香泡沫时期，整个欧洲的需求量都在增加。时髦的法国女性有时会在礼服上佩戴一排郁金香。[30] 欧洲人有时把东方文化和铺张奢侈联系在一起，由这些联想刺激的消费在资本主义的发展史上也发挥了重要作用。马克斯·韦伯将新教及其自我否定的倾向与资本主义联系在一起，但是在欧洲人看来，奥斯曼帝国的感性、奢华和放纵，也具有资本主义的特性，这远远早于托尔斯坦·凡勃伦（Torstein Veblen）提出他的观点的时期，他认为炫耀性消费具有标记社会经济差异和刺激发达资本主义社会经济增长的能力。[31]

2.1.4　品味与市场

伊斯坦布尔和阿姆斯特丹在全球史叙事中被赋予了不同的联想——分别是懒惰的东方和资本主义的西方。[32] 但正是荷兰人对郁金香的某些观赏性特征的偏爱导致了郁金香泡沫不断膨胀。17世纪的荷兰人最喜欢花瓣上有条纹或火焰状图案的郁金香，例如“永远的奥古斯都郁金香”，它的鳞茎在泡沫时期价格最高。荷兰人把条纹图案视若珍宝，不管它是出现在翡翠、玛瑙、大理石纹纸（恰好也来自土耳其）还是郁金香上。几个世纪后，事实证明，人们喜爱的条纹和火焰并不是植物本身的特征，不是来源于鳞茎或种子，而是一种镶嵌病毒导致的，其效果无法预测。一些买家坚持要求在其购买的鳞茎被从土壤中取出来交付之前，先看看它开出的花，以确保它产生的特征是他们想要的。但是，让郁金香变美的的病毒也能削弱或者杀死郁金香，而且虽然鳞茎可以存活数年，但花纹却很少重复。[33] 如果不是荷兰人对由东方传入西方的这种条纹图案的特殊喜好，那么资本主义的发展史和期货交易的金融工具也许会走上另一条路。

然而，1636 年至 1637 年郁金香泡沫时期的阿姆斯特丹并不是资本主义崛起的唯一前哨。同时代的伊斯坦布尔也对郁金香以及其他曾经珍稀的花卉疯狂追捧，这进一步促进了繁荣的、国际化的消费社会及其动态市场的兴起。但是，奥斯曼市场的机制和文化却有别于荷兰，而这不仅是因为在这两个案例中，国家的参与程度不同。

伊斯坦布尔的花卉贸易热火朝天。无论贫富，人们都喜爱鲜花。有些新品种的鳞茎价格高得离谱，以至于国家发布了价格上线清单，并且经常更新。1700 年左右，政府成立了花卉委员会，对新品种进行评定和认证；而且会员必须培育至少一个新品种。育种员既有男性也有女性，既有朝臣、牧师、医生也有木材商人和搬运工人。这些爱好者不仅用本地的杏仁状郁金香进行试验，还尝试了荷兰的新品种。他们开会讨论，并撰写了大量论文，这些文章至今仍然被保存在档案室里。土耳其历史学家指出了这些狂热爱好者与文艺复兴时期欧洲博物学家的相似之处。[34]

奥斯曼全国花卉委员会拥有认证职能，其通过结合花农的劳动和诗人的赞美，来建立花卉规范、创造花卉品牌、传播花卉美学，从而塑造了品味和贸易方式甚至行业。[35] 郁金香是伊兹尼克陶器和布尔萨丝绸的突出主题，这两个行业的工作坊都用国内或出口商品的宫廷委托订单来弥补个人订单的不足，从而蓬勃发展。除了这些收入来源，奥斯曼帝国也像荷兰一样，通过控制全球商业网络的重要环节来获得大部分财富。在这方面，奥斯曼帝国所起的作用也超过了荷兰。[36]

当代历史学家一致认为，如果不考虑奥斯曼帝国的经验，就不可能理解欧洲或世界历史。但对奥斯曼经济与物质历史的研究才刚刚开始起步。郁金香的故事正填补这些空白。

郁金香之所以得到如此多的关注，是因为它是奥斯曼的文化与社会，成就与失败的持久性象征。郁金香和咖啡馆一样，都在关于奥斯曼帝国兴衰的历史故事中，占据重要地位。其中一个故事围绕着伊斯坦布尔自称的“郁金香狂热”展开，发生在所谓的

“郁金香时代”（*Lāle Devri*，1700—1730）；20 世纪初，历史学家艾哈迈德·雷菲克（Ahmed Refik）最先发明了这个术语，如今该术语已经正式被官方历史教学大纲和土耳其历史文化遗产行业采纳。

对于雷菲克和 20 世纪初其他年轻的土耳其共和派知识分子来说，“郁金香时代”就像一出道德剧，如同荷兰的“郁金香泡沫”启发了欧洲的道德家一样。苏丹艾哈迈德三世（1703—1730）统治时期，是一个现代化、西方化的时期，它预示着雷菲克和他的朋友们所期望的改变即将到来，尽管最终改革失败了。奥斯曼帝国与威尼斯共和国和奥地利哈布斯堡王朝之间的战争以 1718 年签订的《帕萨罗维茨和平条约》告终。苏丹任命易卜拉欣·帕夏（Ibrahim Pasha）作为他的大宰相，后者是一位改革家和狂热的郁金香爱好者。大宰相于 1720—1721 年派遣了一个使团前往法国，考察适合本国的“文明和教育手段”，包括防御工事和工业。1722 年，萨德阿巴德王宫开始动工，这座宫殿据说是仿照凡尔赛宫建造的，伊斯坦布尔成立了第一家印刷厂。郁金香不仅受到公众欢迎，而且是奥斯曼政权及其新政策的象征。大量郁金香在皇室园林里生长，并被用于装点奢华的皇室仪式，比如，在有些盛典中驮着蜡烛的乌龟照亮了在郁金香花园中举行的晚宴。[37] 在雷菲克的故事中，郁金香是一个对西方现代化的幼稚模仿故事的点缀，这个故事因一场暴力的民众起义而终结，这场起义使易卜拉欣·帕夏付出了生命代价，随后，伊斯兰反动主义浪潮让奥斯曼帝国与现代社会脱轨。

雷菲克的故事颠倒了因果关系。17 世纪郁金香由东向西的迁移，以及它在促进现代化方面起到的作用，被一个发生在 100 年后，在奥斯曼帝国的郁金香热潮中，郁金香从西到东的迁移故事所取代。在新的故事中，迁移实验未能战胜东方传统主义，现代化工程失败了。这是以欧洲为中心描绘的作为郁金香之地的伊斯坦布尔，反映出20世纪青年土耳其党人世俗主义、民族主义的愿望和恐惧。越来越多的后现代学者已经揭示了雷菲克的郁金香历史中，历料编纂的方式及其所服务的目的。他们也给出了另外一种解释。例如，坎·埃里姆坦（Can Erimtan）指出，伊斯坦布尔的郁金香（包括从荷兰和法国进口的品种）文化在1600—1800年，持续蓬勃发展，而他在被毁坏的萨德阿巴德王宫的平面图中发现了更多的本土风格，而不是法式风格。埃里姆坦认为，无论是宫殿设计还是这段时期，与其说体现了欧洲的影响，不如说体现了奥斯曼帝国在与东边的萨法维王朝的战争中取得的令人满意的结果。阿里尔·萨尔兹曼（Ariel Salzmann）把这次暴力事件解释为社会冲突，而不是宗教反动主义：普通民众因为连年战乱和政府疏忽而陷入贫困，又因为宫廷在郁金香等奢侈品方面的大肆挥霍而群情激愤。[38]

在这些故事中，我们可以看到，农作物景观的广阔视角赋予了郁金香迁移新的意义。农作物景观告诉我们，郁金香景观及其意义不仅是由东向西迁移，它们先由东向西迁移，然后又回到东方。或许我们应该在伊斯坦布尔寻找全球资本主义发展史上的重要转折点，全球资本主义萌发于出人意料的土壤，它包含复杂的品位、奢侈的消费习惯、远离世界的培育国，以及市场、金融操作和贸易关系。郁金香给我们提供了新的切入点，正如农作物景观给了我们新的视角。

传统的全球史观认为资本主义起源于近代西方，后来传入美洲。而资本主义事业的具体机制通常也遵循相同的路线。[39]例如，在1636—1637年沉闷的冬天，受到郁金香鳞茎休眠期启发的期货交付合同最终在芝加哥小麦商品化的故事中获得成功。芝加哥是新的阿姆斯特丹吗？小麦是全球资本主义历史上新的郁金香吗？

2.2　狂野的小麦西部：西部小麦景观

D.W. 格里菲斯（D. W. Griffith）的电影提供了一个更好的解答。在电影《麦田的角落》（*A Corner in Wheat*，1909）中，一个无情的投机者突袭了小麦交易场所，掌控了全球粮食市场，使农民的田野化作废墟，使贫穷的城镇居民连面包都买不起，他举办了一场盛大的宴会来庆祝他的巨额利润，并在一不小心掉入粮仓升降机后，被淹没在粮食的洪流中。[40] 格里菲斯尝试使用新媒体手段，把构成美国小麦景观的不同地点联系在一起，比如田地，面包店，交易所，电梯和宴会桌，同时让现实生活中互不相识的人能够产生冲突。影片前所未有地采用了平行剪辑手法，把在面包房前排队的饥肠辘辘的工人与向小麦投机者敬酒的寻欢作乐的人放进同一个画面中。

这种方法有效，但不免具有煽动性。20 世纪初期，北美大平原上的美国麦农结成合作社，并拥有自己的谷仓升降机，这与格里菲斯拍摄的那些背负着世界不公的、理想化的、被动的农民没有半点相似之处。[41] 火车虽然没有出现在影片中，但在现实中它却将美国西部的平原变成了芝加哥的腹地，小麦像流动的黄金一样从达科他州或俄克拉荷马州的农场流进城市的粮仓，再从那里流向纽约和伦敦等全球主要消费市场。[42] 小麦的标准分类主要有三种，分别是白冬麦、红冬麦和春小麦；又可被按照品质细分为四个等级，分别是密穗小麦、一级小麦、二级小麦和不合格小麦。小麦的标准化分类也推进了麻袋运输被更方便的火车车厢散货运输取代（图 2.1）。

标准化（荷兰的郁金香故事中没有，但奥斯曼的郁金香故事里却存在的一个要素）也起到了至关重要的作用，它使粮食期货买卖合同能够实现，无论这些粮食是否在芝加哥的谷仓升降机中

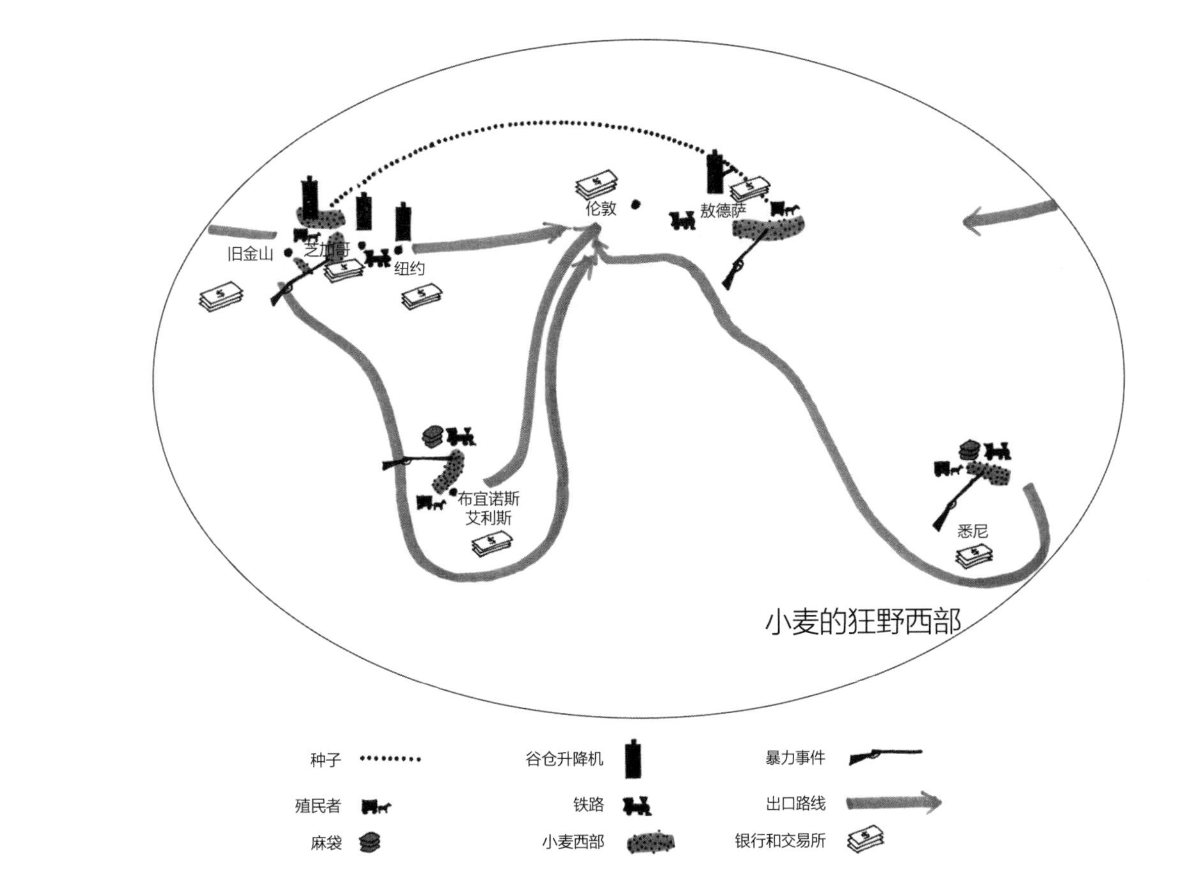

图 2.1 狂野小麦西部。由玛塔·马塞多（Marta Macedo）绘制

真实存在。1875 年，芝加哥的实际粮食贸易规模约为 2 亿美元，而期货交易额不低于 20 亿美元。芝加哥期货市场的出现使小麦成为商品化的典型，而在这个过程中，辛勤耕作得来的物质产品似乎与小麦期货的市场价值完全脱节，小麦期货成为投机分子风险游戏的对象。在格里菲斯的影片中，小麦的商品化过程具有神秘莫测的性质，而导演通过创新地运用剪辑手法，把小麦景观中的不同地点连接起来。历史学家沿着威廉·克罗农（William Cronon）在《自然的大都市》（*Nature's Metropolis*）一书中的研究路径，揭示了这些联系的物质性以及它们对铁路、电报线路、谷仓升降机、标准和期货合同的依赖。

2.2.1　众多小麦景观

不过，过度简化也是格里菲斯作品的主要优点之一。如果人们认同影片的抽象性，那么小麦景观就会失去它的美国属性，而被视为更全球化的现象。事实上，电影观众无法判断故事是与芝加哥和美国西部有关，还是与加州的旧金山的小麦种植有关，因为直到 19 世纪末，小麦都是加州的主要农业出口产品。[43] 或者实际上它指的是黑海主要的小麦港口城市敖德萨？也可能，镜头捕捉到的那位虚构的农民不是在耕耘美洲大平原，而是俄罗斯帝国的南部大草原，或是潘帕斯草原，抑或是悉尼和澳大利亚东南部，也可能是卡拉奇或者旁遮普邦。世纪之交，很多西部地区和芝加哥通过电报和满载着小麦的火车相连。

1900 年，美国和俄罗斯的小麦出口量不少于世界小麦市场的 45%，每个国家每年出口 100 万到 300 万吨粮食。[44] 因此，敖德萨就是驳斥芝加哥例外论的一个很好的例子，证明了俄罗斯帝国南部大草原的作用和美国西部相当。[45] 19 世纪 70 年代，美国陆军在北部平原发动了印第安战争，用白人移民取代拉科塔人、夏安人和阿拉帕霍人。与之相对应的是一百多年前，来自俄罗斯和德国的农民在黑海和里海北岸安家落户，而当地的游牧民族和畜牧经济则成了牺牲品。[46]1719年，该地区的农民人口约为5万，而到了1897年，有近500万农民生活在大草原上。敖德萨港成为连接俄罗斯帝国南部的黑土小麦草原和西欧城镇消费者的商业网络的中心节点。到了1852年，该城市拥有至少564座粮仓，这些粮仓“建造得像住宅一样精美，”这些粮仓的主人不仅包括由富有的俄罗斯地主变成的富裕商人，还包括来自希腊、意大利、德国、法国以及英国的国际贸易商人。[47]格里菲斯在敖德萨的众多豪华法国餐厅中随便挑选一家，都能轻松地在那拍摄影片中的奢华宴会。

2.2.2 相互关联的小麦景观

经济史学家敦促我们将19世纪下半叶的小麦市场视为两个平行发展的故事，即快速发展的城市的故事与某些边境殖民定居点的故事，它们通过技术基础设施相连。他们强调了小麦价格的趋同如何体现了商品的全球性：虽然19世纪50年代伦敦的小麦价格冲击对美国和欧洲大陆产生了重大影响，但是到了21世纪末期，随着美国小麦在全球市场上的供应量越来越多，纽约小麦价格的上涨或下跌不仅决定了伦敦的面包购买能力，也决定了乌克兰成千上万的农民的财富规模。西方国家不但拥有共同的农作物景观元素，而且它们彼此关联。[48]

这些关联性对于解释每种小麦边界的特殊性大有帮助。例如，20世纪初，阿根廷和加拿大的小麦繁荣形成了关联的对照。[49]在这两处农作物景观里，铁路、殖民者以及国际资本共同在小麦的种植边界运作，虽然加拿大西部省份的小麦景观依赖于庞大的谷仓升降机网络，但是阿根廷却并非如此。加拿大的小麦储存基础设施使曼尼托巴省和萨斯喀彻温省的小麦可以按照不同的标准分门别类地被运输到欧洲，但是阿根廷潘帕斯草原上的小麦大部分是用袋子运送的，而且在到达时由伦敦谷物交易协会的官员定价，该协会制定了每月的“中等质量”标准。[50] 加拿大小麦与阿根廷小麦在欧洲市场上扮演的不同角色，或许有助于说明两者之间的差异。欧洲国内生产的小麦大部分在7月至12月进入市场。而阿根廷的麦农从1月开始收获，他们最关心的就是尽快把更多的小麦运输到大西洋对面，这样小麦可以在国内不太缺少粮食的时期到达欧洲。

与此形成鲜明对比的是，加拿大小麦在8月和9月被收割，于秋天销往欧洲。其以硬质小麦为主，与欧洲的软质小麦形成互补，二者结合可以产出更优质的面粉。他们被用来“调配”面粉，以适应世纪之交日益机械化的面包生产流程。加拿大小麦的这种特殊作用，使其具有很高的市场价值，但这也意味着它需要在抵达欧洲之前被分级。粮食分级需要粮食被储存在仓库里，如果粮食被装在袋子里，分级是无法实现的。阿根廷的麦农所面临的挑战是把更多的软质小麦尽快运到欧洲市场，他们对投资巨大的仓储基础设施不感兴趣，因此继续用袋子来装小麦。但是，加拿大人依靠谷仓实现了标准化，这使得他们的马尼托巴硬质小麦和红法夫硬质小麦在欧洲磨坊主中很受欢迎。

2.2.3　小麦品种和暴力的西部

上文提到的跨大西洋流通的不同小麦品种（软质小麦和硬质小麦）表明，我们不应该认为小麦是同质的，这不仅是因为市场要求将小麦分成不同等级，从而进行商业化。要想准确地了解若干小麦边界相互关联的发展，就需要拆开小麦的包装进行剖析，承认不同品种之间的差异。艾伦·奥姆斯特德（Alan Olmstead）

和保罗·罗德（Paul Rhode）曾经力证，19 世纪末从美洲、俄罗斯和澳大利亚出口到欧洲的廉价粮食，就是当地引入的能够在更恶劣的条件下旺盛生长的小麦品种。[51] 在美国，“任何交通运输方式的改善都不能让英国小麦在南达科他州茁壮成长。”[52] 铁路、谷仓升降机和期货交易都依赖于引进的能适应不同“西部”环境的品种。

1839 年，随着美国小麦边界的扩张，西弗吉尼亚州的粮食生产中心向西北移动了 1260 千米，1919 年内布拉斯加州成了新的粮食生产中心。[53] 这次变迁并不是通过继续种植宾夕法尼亚州或俄亥俄州的软质小麦实现的，而是通过全部改种美国新引进的硬质小麦品种，即红法夫小麦（硬红春小麦）、土耳其小麦（硬红冬小麦）和库班卡小麦（硬粒小麦）。显然，这三个品种起源于俄罗斯小麦。红法夫小麦于 19 世纪 60 年代被传播到美国的北部平原（蒙大拿州、达科他州），并且在生产中占据了长达 40 年的主导地位。它是由苏格兰移民大卫·法夫（David Fife）培育的。1842 年在格拉斯哥码头，他在从但泽运来的货物中获得了一株小麦，并在安大略省的农场中用它进行了近亲繁殖。[54]19 世纪中叶，黑海的敖德萨港成了主要的俄罗斯小麦出口中心，在此之前，波罗的海的汉萨同盟地区的港口（比如但泽港）主导着俄罗斯粮食向西欧的运输。土耳其小麦是美国大平原南部（包括内布拉斯加州、堪萨斯州、俄克拉荷马州、得克萨斯州）的主要品种，于 19 世纪 70 年代随门诺派教徒传播到堪萨斯州。18 世纪末，门诺派教徒离开普鲁士，移居俄罗斯南方，从叶卡捷琳娜大帝给予的特殊待遇中受益，后来他们被铁路的发展吸引，搬到了美国平原。[55]

对红法夫小麦和土耳其小麦的关注，使被忽视的人进入关于小麦种植边界的全球叙事中。[56] 在格里菲斯的影片中，农民是被动的，在难以捉摸的市场力量的起伏中求生。但是，人类移民在扩大商品小麦种植面积方面发挥了积极作用。这并不是要偏向某一类历史元素，比如人类移民、小麦品种，而忽视其他历史元素，比如期货、铁路、谷仓升降机。而是要接受小麦景观的复杂性，以使关于全球小麦种植边界的故事更具启发性。至于门诺派教徒的故事，它不仅是一个关于被全球市场忽视的勤劳德国农民得到救赎的故事，也包含了鼓励在黑海草原或美国大平原上建立新商业农业区的国家政策。在门诺派教徒在堪萨斯州种植土耳其小麦的故事中，俄罗斯的政府官僚机构以及联邦政府出资建设的太平洋铁路❶不应该被忽视。事实上，拓居边疆是相当残酷的过程，这里提到的西部地区指的是历史上，在美国、阿根廷、加拿大、俄罗斯和澳大利亚等国，一些极端暴力事件的发生地。

此外，历史学家对小麦这种非人类因素的关注，也削弱了门诺派教徒作为勇敢的边疆开拓者的历史重要性。他们在克里米亚和堪萨斯培育的小麦品种，是诺盖鞑靼人相关实践的结果，诺盖鞑靼人因为俄罗斯的东扩被驱逐。鞑靼人一直被错误地描述为游牧民族，他们必须迁移从而为文明的欧洲殖民者腾出地方。但正是鞑靼人培育出了受到重视的小麦品种，这些品种能够抵抗草原和美国大平原上严峻的大陆性气候条件。[57]正如我们在前文中提到的椰枣故事一样，鞑靼人在黑海草原上培育出的土耳其小麦，被门诺派移民带到美国，后来又在全品种小麦市场上大获全胜，这动摇了游牧－定居以及西方－东方等简单的二元划分的根基。格里菲斯作品里的小麦景观让芝加哥成为 19 世纪下半叶西方发展最快的大都市，这种小麦景观的出现既是俄罗斯向大草原东扩和鞑靼人的农业实践的结果，也是美国扩张进入大平原的结果。

---

❶ 从美国大西洋沿岸的纽约市通往太平洋沿岸的旧金山市的铁路，横贯美国大陆，全长 4850 千米。——译者注

把小麦与标准化，芝加哥以及资本主义联系在一起的传统故事过于简单，无法使人们真正了解全球史动态。而把小麦当作一种迁移的作物进行研究，可以揭示出这种标志性作物景观更复杂的地理动态和更深刻的历史动态。

2.3 块茎的传播

农业历史的宏大叙事始终以粮食为主角。如今，小麦、玉米和水稻等全球粮食作物，主导着从史前时期到现在的叙事，包括文明和帝国的兴衰，专业知识和资本的发展与流通以及地形、技术实践和社会关系的形成。长期以来，人类学家一直对小型的、明显孤立的块茎种植社会在物质、道德和本体论方面的复杂性着迷。爱尔兰马铃薯对欧洲工业化的影响被充分记录和重视，这使其成为公认的“改写了世界历史”的作物。[58] 但除此之外，历史学家很少将块茎作物纳入他们的历史进程模型中，而是将其降级为本土、少数或次要的农作物，罔顾块茎植物对人类饮食、殖民扩张和工业发展的显著贡献。

那么，块茎作物及其农作物景观是否构成了一个独特的类别？如果是的话，它在微观以及宏观层面上对地方史学有什么贡献？

虽然块茎植物属于不同的属，但它们都具有三个关键的植物性和物质性特征，这些特征决定了它们的种植、消费、保存和交换形式，以及相关学术理论的形成方式。首先，块茎作物通常不是通过种子繁殖（有性繁殖）的，而是通过种植挑选出来的块茎的芽眼部分来繁殖（营养繁殖或克隆）的，从而保证了所需特性的持久性，但是这样做让块茎植物易受疾病侵害。[59] 其次，块茎可以在贫瘠的土地上茁壮成长，其所能提供的热量要高于其他粮食作物，但是它们的蛋白质含量通常要低于谷物。因此只有在与畜类、鱼类、蔬菜或牛奶搭配食用时，以块茎为主的膳食才具有可持续性。[60] 最后，块茎与谷物不同，许多谷物可以保存多年，但块茎除非经过深加工，否则很快就会发芽或腐烂。这就意味着与谷物相比，块茎的互惠与交换更具地域性，其承载的权力关系和价值的形式也截然不同。

这些特征将块茎与谷物和其他商业农作物区分开来，各种熟悉的历史理论和模型都是围绕后者构建的。[61] 块茎形成了独特的农作物景观，其传播方式也不同于其他主要农作物。他们被当成珍贵的主食或有用的压舱物，远越重洋，但很少被当成商品来运输。在一些地方，它们是塑造社会的主要粮食作物，比如特罗布里恩群岛和安第斯高原。在另外一些地方，它们又被当作自供作物，用以保持小麦、亚麻（19 世纪的爱尔兰）或者糖（沦为殖民地的巴西或中国帝制晚期的广东地区）等产品的生产和出口。块茎让我们能够提出关于食物、商品生产和历史的替代性理论化方法。尽管“寄生商品”（*para-commodities*）可以更准确地描绘与块茎作物相关的共生关系，但殖民史学家最近提出了“反商品”（*anti-commodities*）的概念，作为思考这些波动性关系的方法。我们稍后会对此进行探讨。[62] 与此同时，从人类学视角审视块茎农作物，提出了关于植物和人类的重大“超经济”问题，而这些问题也是研究生物权力和生物政治学的史学家们无法忽略的。[63] 因此，这部分涉及关于块茎景观和“小地点，大问题”的人类学研究。[64]

2.3.1 “永远饥饿，从不贪婪”

大量理论人类学文献研究小型块茎依赖型社会，特别是特罗布里恩岛居民、新几内亚高地人和亚马孙小部落，这些研究重点关注在人类、植物、动物和精神都活跃其中，各种身份融合在一起的世界里，亲缘关系、意义、价值和物质交换的表现形式。[65]“木薯啤酒是鲁纳人的生命”“特罗布里恩人把山药当成人，把人当成山药”。[66]

虽然涉及的人数很少，但有关小型块茎培育者的文献和关于他们的生活的理论解释却非常复杂。为了简化，我们先从特罗布里恩群岛（图 2.2）开始，再谈一谈新几内亚高地和亚马孙河流域的一些显著特征。读者也许会质疑我们在下文的叙述中运用的民族志方法，但正如我们在这一节的结尾部分所说，从物质和社会层面看，这些块茎作物景观在面对全球变迁的时候，表现出了超乎寻常的韧性，提出了一些关于长期史学研究的有趣问题。

图 2.2　特罗布里恩的一个村庄里，人们正在往山药屋里放山药。山药被从一个从圆锥形的山药堆上取下来，由屋主妻子的弟兄放进仓库。布罗尼斯拉夫·马林诺夫斯基，《西太平洋上的航海者》（*Argonauts of the west Pacific*）第 XXXIII 版，第 160 页，伦敦政治经济学院馆藏

勃洛尼斯劳·马林诺夫斯基（Bronislaw Malinowski）提出了基于田野调查的人类学学说，他凭借 1922 年出版的《西太平洋上的航海者》一书首次让欧洲知识界注意到特罗布里恩群岛。这

些平坦的珊瑚岛屿位于新几内亚岛的东海岸附近，岛上以山药为主食，在宴请宾客时还会搭配鱼、芋头、香蕉、椰子和猪肉作为配菜。马林诺夫斯基观察到，特罗布里恩人是“出色的农夫，也是一流的渔民”，他们使用族中园艺巫师的仪式来开始每个阶段的培育。每个男性都有亲生或收养的姊妹，他为她们种植山药；作为回报，他的家人靠妻子的兄弟种植的山药生活。男人是他所种植的山药的父亲，他的妻子是山药的母亲；这些山药的流通，“把整个社会都编织在了一张义务与责任的网络中，赠礼和回礼在其中持续流动”。酋长把土地分配出去，作为回报，他得到山药种植总量的三分之一，并将其贮藏在一座由村民建造、并虔诚地填满的宏伟山药屋里。[67]

由于山药无法长期保存，种植、收获和展示的过程必须被不断重复。村民们描述了这些集体任务怎样从道德上改变了他们：他们最初饥饿又贪婪，准备不停地吃下山药；但等到山药房被逐渐填满时，他们对山药的渴望也就烟消云散了，只是心满意足地看着整个社区的财富都集中在酋长的山药屋里。[68]奢华的山药屋会为酋长带来威望，给村子带来荣耀；酋长把山药重新分配，以为公共宴会、贸易探险活动、作战团体和工作小组提供食物，或者用山药交换石斧刃、项链和臂镯，从而将山药转化为代表永久财富和声望的物品。酋长把这些“贵重物品”收藏起来，或者把它们作为仪式性礼物赠送给村庄，抑或把它们放入有名的库拉环[1]（kula ring）中进行交换，臂镯和项链在被用于世袭库拉伙伴

---

[1] 库拉环是美拉尼西亚群岛居民的一种交换回报制度，主要流行于巴布亚新几内亚的米尔恩湾省。当地部落之间会交换项链、臂镯等礼仪性物品，两者按不同方向流通。交换时的长途旅行和复杂仪式被用来稳定部落社会，社会身份和威望也由此产生。——译者注

之间的礼节性交换时，会积累价值，但是它们不是商品，不能被出售以换取金钱，也不能被转换成特罗布里恩群岛自给自足的交换圈里的山药。[69]

所以，山药是在特罗布里恩社会中流通的基本物质，就像血液一样，具有滋养、维系和定义生命作用。山药是粮食、财富和社会责任，是农民的孩子，是兄弟姐妹之间的纽带，是财富和名望。山药作为商品，在本地的生存和交换领域流通；还可以向上转化为库拉环里的贝壳项链，小小的山药将遥远的岛屿连在一起，也让伙伴关系世代相传。

马林诺夫斯基解释说，特罗布里恩群岛上交换礼物带来的关系也可以被经济学解释，它代表了利润最大化和“开明的利己主义”的另一种理性形式，而且可能推动了资本主义的发展。[70] 马塞尔·莫斯（Marcel Mauss）把这一见解进一步发展成一种关于礼物交换的动态理论，一种关于给予、接受和回报的义务。莫斯将理想型的“纯粹”礼物交换关系中的道德义务和持久的社会纠葛，与另外一种理想型的“纯粹”商品交易或者契约交易中存在的非私人的、一次性的互动进行比较，指出这两种理性在任何实际的交换行为中都有不同程度的共存。马林诺夫斯基的特罗布里恩研究也启发了政治经济学家卡尔·波兰尼（Karl Polanyi），后者在《大转型》（*The Great Transformation*）一书中批判了现代资本主义市场，他认为现代资本主义市场是一种特定的历史形态，而不是理性进步的自然结果。波兰尼坚持认为，将市场视为脱离社会的做法是危险的，这引发了形式主义者和实体主义者之间的长期争论，前者“认为西方市场经济和原始的自给自足经济之间只是程度上的不同”，后者“认为二者是类型的不同”。[71] 当今一些极具见地的全球史学家，比如阿琼·阿帕杜赖（Arjun Appadurai）对资本主义进行了文化分析，重现了针对价值体系的人类学调查。[72]

新几内亚高地的甘薯景观还催生出一个有影响力的社会理论——文化生态学理论，该理论讨论了文化在资源管理中的作用。[73] 在斑驳的高地小群体中，猪在树立威信、维持社会联盟和身份方面发挥着至关重要的作用。[74] 猪是对在外部袭击中丧失成员的联盟家庭的补偿，是在部落周期性的边界划定仪式上献给祖先的祭品，是在该地区的莫卡交流中的贵重物品。莫卡交流指的是发生在氏族群体之间的不断升级的赠礼和回礼过程，其中“大人物”发挥着巨大的影响力。在一项边界仪式中，人们要宰杀数百头猪。除了几头幼小的猪，部落中所有的猪都会被宰杀，鲜血被献祭给祖先，大部分肉被分赠给同盟部落，还有一部分肉被人们在公共宴会上食用。在莫卡交换中，生猪则被送给另一个部落：目的是让给出的肉比得到的回礼多，并不断提高“赌注”。1974 年，卡维尔卡部落的“大人物”翁卡为筹办一次莫卡交换准备了 5 年多的时间，希望能筹集到 600 头猪、不同品种的母牛、鹤驼、一辆卡车和 5500 英镑的现金。[75]

刀耕火种时期，小部落怎么可能养活这么多头猪呢？1967 年，罗伊·拉帕波特（Roy Rappaport）在其生态人类学经典著作《献给祖先的猪》（*Pigs for the Ancestors*）中研究了以猪为基础的周期性仪式的可持续性，对高地村民的菜园产量、饮食需求、劳动力资源和养猪成本进行了定量的、实证的环境研究。[76]

理想情况下，边境仪式每 5 年举行一次；准备莫卡也需要花好几年的时间。拉帕波特注意到，部落里的肉猪规模会大幅波动，这取决于仪式周期进行到哪一阶段了，他因此得出结论，养猪存在一个临界点。“大人物”购买了大部分新猪，但他自己只保留几头给妻子养，而将剩下的猪都“投资”在亲戚身上。当猪达到一定数量后，就可以用劣等的甘薯和生活垃圾喂养，而猪的粪便和猪用鼻子拱过的土则可以提高甘薯园的肥力。但是，如果猪的数量太多，它们就会把菜园弄得乱七八糟，甚至与村民争夺粮食。这时，举行仪式便刻不容缓了。最先提出举行灭猪仪式的人就是负责照顾猪群，种植用来喂猪的甘薯和木薯的妻子们。

对新几内亚马铃薯作物景观的历史生态学研究认为，尽管存在剧烈的短期波动，该景观具有长期可持续性，贾雷德·戴蒙德（Jared Diamond）受到启发，把高地人的社会描绘为一个“选择成功”的社会。[77] 文化生态学对人类 – 环境循环及其持久性的兴趣，与历史学家对气候和世界系统的关注相交。[78] 同时，文化生态学在环境（比如高地猪 – 马铃薯作物景观）研究中开创性地融合了生物科学和文化分析的方法论。目前，猪 – 马铃薯高地农作物景观正在历史生态学和人类世史学中寻求新的形态。[79]

亚马孙森林是木薯驯化和结构主义人类学的中心地带。结构主义人类学理论重点研究生与熟、男性与女性、人类与非人类之间的矛盾冲突和不同的解决方案。厄瓜多尔的纳波鲁纳人（Napo Runa）是狩猎采集者，他们也打理木薯园。男性捕鱼打猎；他们带回来的肉类由妇女处理和烹饪，制成人类赖以生存的食物。女性种植、准备和烹饪作为主食的木薯，更重要的是，她们还把木薯（用一种被称为“子宫”的罐子）酿制成木薯啤酒（*asua*）。男人热切地渴望木薯啤酒，当他们打猎回来时，女人们就会在激情的演讲中献上木薯啤酒；女性也以同样的热切渴望肉类。于是，每一个行为动作，每一餐饭食，都在为两性互补而庆祝。木薯啤酒被奉为鲁纳人的本质和呼吸。肉和木薯啤酒在关系中周而复始。在婚宴上，它们在相隔千里的群体之间交换，将当地社区和整个纳波鲁纳民族联系在一起。[80]

通过食物、饮料、财富和配偶在本地和远方的交换，来表达亚马孙人的价值和身份，这种现象可以通过民族历史研究追溯到前西班牙时代。[81] 今天的研究汇集了当地人、植物学家和人类学家的努力，还原了森林和森林作物（比如木薯）的历史。此项研究反映了美洲印第安人的传统习俗，他们承认动物、植物以及人类的能动性。这项研究还反映了一个故事，在这个故事中，木薯植物本身以及人类的欲望和能力，解释了驯化过程：驯化是在几千年的进化过程中，“野生”与“驯养”、外来植物与被照料的植物、采集者与园丁之间的对话。[82]

在西班牙人来到美洲之前的几个世纪里，木薯和其他块茎植物的农作物景观养活着人口稠密的地区（也可能是国家），而其他森林居民群体则照料棕榈文化林❶、巴西坚果林以及其他森林资源。因此，我们面对的不是哥伦布发现新大陆前，从狩猎文明到农耕文明，再到征服后的崩溃并最终回归原始状态的清晰转变，而是在不同生活方式之间寻求平衡所带来的一系列变化。劳拉·里瓦尔（Laura Rival）认为，在亚马孙河流域的生存图景中，群体会根据环境条件在半驯化的文化林中迁徙和在精耕细作的驯化农田中定居进行选择。这种选择至今仍然存在。[83] 将亚马孙的生存图景有效地扩展后，我们可以看出复杂的同步性和流动性，这种同步性和流动性是典型的线性农作物历史或者同质的农作物景观的基础。它们还引发了第五章中“块茎”一节所讨论的准商品和商品的移动。

其实，亚马孙河流域的农作物景观中还有更具挑战性的经验教训，因为它对驯化概念提出了质疑，而驯化概念在人类文明以欧洲为代表的阶段和对自然界的掌控中发挥着十分重要的作用。对于欧洲殖民者来说，人类与其他物种之间的界限显得如此

---

❶ 文化林指的是结合了森林景观、生态保护、森林保护和文化保护等历史进程的空间场景。——编者注

清晰且难以逾越，但对于南美洲低地和加勒比海地区的人来说这条界线却毫无意义。关于人类与动物的关系，亚马孙的观点，也就是一种被人类学家称为透视主义的观点是，“假定恒定的认识论和可变的本体论……当视角从一个物种转换到另一个物种时，发生变化的是‘客观关联物’”，也就是说：美洲虎眼里的“木薯啤酒”就是人类所谓的“血液”。[84] 人类学家或历史学家较少关注植物在这种跨物种主体间性中的地位。尽管菲利普·德科拉（Philippe Descola）注意到，在栽种木薯插条时，阿丘阿尔妇女会用胭脂树红制成的红色混合物大量浇灌：他们希望这种血液能够满足木薯幼苗吸血鬼般的饥渴感，这样它们就不会吸食村里婴儿的血液，来汲取生长所需的养分了。[85] 与此同时，亚马孙文化中有几个例子表达了“木薯是由‘灵魂主人’豢养的植物人”，这启发了劳拉和道尔·麦基（Doyle McKey），让他们提出，透视主义可能是指导本土植物驯化实践的一个重要因素。[86]

虽然里瓦尔和麦基仍然将“驯化”一词运用在美洲印第安语境中，但马西·诺顿（Marcy Norton）主张彻底摒弃野生—驯化的二元论。“最基本的分界线是野生动物和驯养动物之间的界限，这一界限连接并取代了人类—非人类的二元关系，将人类的亲属和驯化的动物归为一类，而把人类的敌人和猎物归为另一类。”狩猎中杀死的动物是野生的，因此可以食用。而当一个族群的敌人在战争中被俘虏时，成年男子也会被杀掉，并经常在仪式上被分食，这一过程实际上是将他们纳入俘虏者的集合。但是，被俘虏的女人和孩子们却被视为是适合驯服、喂养和接纳的对象，无论是作为收养的亲属还是作为奴隶。[87] 但当美洲印第安人捕获并驯服野生动物时，却并没有试图驯化它们，无论是鹦鹉、狐狸、鹿，还是海牛，他们没有限制它们的活动，控制它们的繁殖，让它们工作，或者吃掉它们。一旦人类开始喂养动物，动物就成了他们的养子女（*iegue*），这个词也用来形容被领养的孩子。吃掉它甚至它的蛋都是不可想象的（以欧洲人引入鸡为例，原住民把它们视为珍贵的陪伴，只是因为它们的叫声优美）。

正如里瓦尔观察到的人群在采集和园艺、迁徙和定居之间的移动一样，诺顿有力地论证了这种自我与他人、人类与非人类的独特分类所持续的时间之长。虽然历史学家和人类学家已经从美洲印第安人的社会中吸取了教训，不仅可以理解亚马孙地区人与动物的关系，而且可以在更普遍的人类经验中理解人与动物的关系，但我们并不清楚，这些关于野生和驯化的观念是否适用于人与植物之间的关系。毕竟，美洲印第安人以自己种植或采集的木薯为食。然而，我们或许应该从驯化、农作物或农作物景观以外的角度来考虑这种关系。我们也应该准备好利用这些野生、驯服和驯化之间的界限，更广泛地反思历史上和现在对人类与植物关系的理解。

2.3.2　块茎和历史

围绕块茎景观建立的人类学学说已经像块茎一样生长，从可繁殖的“芽眼”和“茎节”上长出争论的“根须”和“藤蔓”，它们像块茎植株一样浓密、旺盛、持久。[88] 这些理论所涉及的块茎景观乍一看似乎是微不足道、自我封闭的死水，与贸易渠道和现代历史上的发生巨大转变相隔绝，因而没有历史意义。它们的空间性与时间性是围绕着循环与反循环，以及小而孤立的地点网络形成的，而不是向外传播的直线或者发展和扩张的进化树。然而，正如人类学家所说，这些块茎地点并不存在于历史之外：它们曾经战胜了前哥伦布时期的国家、征服者和传教士；橡胶、矿产和木材公司；甘蔗和咖啡种植园以及殖民官员、议会代表、非政府组织和当代媒体，这才得以生存至今。[89] 块茎植物的规模、发展方向及其长期性形成了一种与历史进程相反的替代模式。在全球变革的浪潮中，我们还应该思考这种模式在引发全球历史想象力方面扮演的角色。

小型块茎景观研究的重点是农作物和农作物景观的社会、道德和超经济效益，并强调可替代的时空尺度。如果我们将这种分析延伸到人类学家研究的美拉尼西亚或亚马孙地区的前资本主义农作物景观之外，而研究其他更符合资本主义特点或更具长期性的农作物景观中类似的价值和效用维度，会得出什么结论呢？在我们熟知的全球史框架和叙事中，对块茎及其传播的关注彰显了它们的繁殖和扩张方式、它们得以生产的社会机制，以及这种次要农作物（或副商品）的地点营造功能在多大程度上影响了主要农作物的动态。

2.4　茶：当地农作物景观、全球市场

茶树几乎一直被当作经济作物来栽培。1840 年之前，世界上所有的茶叶都来自中国；半个世纪后，印度成为可以与中国媲美的“茶业大国”。在第三章中，我们从规模的意识形态与现实展现之间的紧张关系着手，讨论印度茶业的崛起。在这里，我们则追溯了英国人重新组合中国商业茶景观的元素，并在印度建造竞争性的茶叶产业的选择性过程。我们了解了印度创造了什么样的地方来种植茶叶，以及中国作为一个茶产地，在与印度茶园的国际竞争中受到了怎样的影响。[90]

2.4.1　中国的砧木

19 世纪 30 年代末，英国人开始尝试在阿萨姆邦种植茶树，以替代从中国进口的昂贵茶叶。他们将中国茶树、中国茶工和许

多其他的技能和专业知识迁移到印度，通过各种“归化”过程，使它们适应印度陌生的自然和社会环境，其中尤其值得注意的是，他们将茶园扩大到种植园的规模并应用“欧洲人的技术和科学”种茶。[91]

中国早就把茶树作为一种经济作物来种植了。与20世纪大部分时间一样，在19世纪30年代时，茶树的种植总量很大，但是个体农民的种植规模很小。[92] 中国茶产业是一个由小规模种植者、当地加工企业和茶商组成的分散网络。自17世纪50年代起，英国东印度公司就通过这个网络采购茶叶，再将茶叶出口到英国。[93]

到了18世纪，中国东南沿海省份福建省，通过这个小型系统向英国出口了大量茶叶。供应全球市场的茶叶产地在规模、灵活性和分散网络方面，与第一章中讨论的中国稻米景观相似。农民最多种植一到两英亩❶茶树，通常是为了增加农作物和种植活动的多样性。一些人拥有自己的土地，另外一些人则从地主那里租用土地。茶树要么被种在村子里，作为多种农作物中的一种，要么被种在高高的山地茶园里，远离家庭稻田和菜地。家庭劳动力足以照料茶树。当采摘季节到来时，茶树较多的农户就会从附近，甚至临近的地区或者省份（随着茶叶出口贸易的扩大）雇用茶叶工人。采摘仅限于春末夏初三个为期两周的收获期；人们普遍认为，过度采摘会对茶树造成损害，并使茶叶质量下降。茶农有一个小外屋，里面有一个火炉和两口铁锅。夜幕降临前，新鲜的茶叶会被放在铁锅中翻炒，使其稳定（防止氧化）。然后，毛茶（生茶）就可以被储存和运输而不会变质了。收获结束时，茶

❶ 1英亩约等于4046.86平方米。——编者注

农会带着毛茶去找巡视茶区的商人，他们通常会签订预付合同。商人会安排本地的专业作坊对毛茶进行进一步加工（这一次，主要用到的还是炒锅和巧手），然后把他从下游获得的所有茶叶运送到一个港口。[94] 因此，茶叶的最终质量由商人把控。这令东印度公司的茶叶收购商大为恼火，他们（并非毫无依据地）认为，这些商家把劣质茶叶供应给他们，而把最好的茶叶留在中国销售。

2.4.2 印度的嫁接

东印度公司决定在印度建立自己的茶叶生产竞争体系，主要是因为它对中国茶叶贸易的垄断于 1833 年终止。但该计划也符合当时的一个整体信念，即英国可以而且必须利用其殖民地来生产所有有用的热带农作物，这些作物已成为英国工业或英国饮食的一部分。[95] 因为英国在殖民种植园农业方面已有经验积累，而且国内的工业革命推动了机械化，当东印度公司开始在印度种植茶树时，人们毫不意外地发现其形成的农作物景观与中国的情况截然不同。印度茶树的种植需要创造全新的地点。种植园从根本上改变了它们所取代的森林。与特罗布里恩群岛的块茎景观或者福建的茶景观不一样，印度的茶景观与当地社区及其习俗没有密切联系。相反，印度的茶叶讲述了一个关于新地点和新农作物景观的故事，这些新地点和新农作物景观都是人工塑造的，茶树被种植在远离印度传统社区和农作物景观的处女地上。

这样一个地点的诞生绝非偶然。由于先前积累的殖民种植园经验，种植园范式已经内化于英国人的思维中，成为其在热带殖民地生产商品作物的一种既经济又科学合理方式。[96] 这些地点的创建背后隐藏着商业野心，与印度的文明和印度的文化热情不谋而合。为了驯服并富有成效地利用土地，必须砍伐、清理这些野生森林，然后在清理出来的空地上组合新元素。通过这项使地点“文明化”的工作，丛林被改造成（茶）“花园”。[97] 重建的农作物景观不仅涉及该地区的文明化，还涉及“野生茶”在当地的变种。就在东印度公司努力将茶树和茶种从中国转移到阿萨姆邦时，英国的植物猎人发现当地森林中有一种树，和茶树很像，阿萨姆邦人采集这种树的叶子，用来制作药用饮品。[98] 考虑到亚马孙人的驯服概念，我们可以将这种关系称为伴侣关系。起初，英国的一位植物学者认为它不适合用来制茶，但野生阿萨姆树最终被官方正式确认为茶树种，并被茶农逐步驯化。驯化过程完全遵循西方的驯化理念，从空间上限制树木，控制它们的繁殖，并将它们加工成产品。阿萨姆茶树在当地气候环境下繁茂成长，除少数印度茶园以外，阿萨姆树几乎完全取代了其他印度茶园里的中国茶树。[99]

2.4.3　地点、权力和控制

茶叶的迁移不仅意味着物理学、植物学和生态学层面的变化，也意味着在新的茶国中创造新的社会模式和关系。前者是为了找到、更新并保证劳动力，后者的目的是建立可靠的茶叶市场。我们也曾目睹相似的广泛循环发挥的作用，其使阿姆斯特丹成为郁金香之乡，使芝加哥成为小麦之乡。就像在特罗布里恩群岛一样，制造并稳定印度的茶景观需要多条线路。但与块茎景观不同的是，使印度的茶叶种植地得以存续的关系、交换和依赖网络几乎完全是人造的，其需要大量的精力来设计和维护。土地、农作物和劳动力都需要驯服、文明化、归化和管教，而且它们不断地威胁着要恢复到野生状态，从而逃离或者抵抗控制。[100]

种植园需要大量劳动力。这又引入了另一个流动因素——将签订契约的工人的家庭从平原或偏远省份迁移到新的茶叶基地。[101] 因此，对于茶叶工厂及其周边的人（包括园主、管理人员和劳动者）来说，茶园是新的栖息地。从英国白人管理者到原住民劳工，种族管理的等级制度通过茶园的空间配置得到强化，白人管理者的豪华房屋坐落在高处，底下是“本地苦力”所住的一排排破烂不堪的棚屋，这是典型的殖民权力地形。

从人类居住者的角度来看，新定居点基本上是独立且封闭的实体。工人的家人也与茶园的某些方面有关联，比如丈夫从事户外采伐工作或在工厂里工作，妻子和孩子则在户外采摘茶叶或也在工厂里做工。工人及其家庭的生活和命运几乎完全由庄园管理者掌握，每个庄园都像自治领或国中之国（园中之国）一样运作，而管理者就是其中的首领。[102] 除了组织工作，管理人员还对工人进行管教，检查他们的健康状况，分发口粮，主持宗教仪式，有时还设立学校或诊所。他们不仅管理生产，也管理居民的生活，这是由庄园的地点所具有的特性决定的：既偏远又辽阔。社会和政治关系是印度茶景观所在地点的结构性组成部分。

虽然一排排茶树和本土路线看起来井然有序、纪律严明，但庄园却仍随时保持警惕。地点营造创造了风险。本地动物不愿意离开原来的领地：豹子、公猪和野象的袭击常常对劳工构成威胁。[103] 更糟糕的是，茶园排水沟里的积水导致阿萨姆邦的农田里蚊虫滋生。疟疾以及它造成的致命后果给茶景观带来骚动和残酷的变化，劳动力不断减少，而且很难得到补充。后来，人们发现了蚊子与疟疾的联系，在建造地点时加入了更多考虑因素，包括新元素的引入，比如为了对抗疟疾威胁而种植金鸡纳。由于地点创造的本质，新场所成了一个持续的战场。为了建立茶园而挖掘的沟渠带来了对人不利的蚊子；于是人们引入金鸡纳以防蚊。不仅动物和人相互对抗，人与人也相互对立。[104]

2.4.4 推广模型

茶在作为农作物被成功引入阿萨姆邦后，又经过试验然后被成功推广至印度其他几个地区，比如东部的大吉岭、北部的康格拉和尼尔吉里以及南部的瓦亚纳德和蒙纳（位于南部），并得到了国家、植物园和研究人员的积极援助。以上每个区域在地形、海拔、气候和降雨量等方面都存在差异。每个地点都会产生不同的结果。各个庄园不仅具有不同的特征，而且它们与周边地区的联系，也因为劳动力、交通运输、供应等因素而各不相同。例如，山地火车是大吉岭丘陵种植园农作物景观重新配置的关键要素。水力发电项目，虽然非常不适合阿萨姆邦的茶叶种植区，但却是蒙纳山区新农作物景观的重要组成部分。在丘陵地区建造茶园也是地点创造的一种方式：建立山站（而这并未出现在阿萨姆邦的农作物景观中）。山站气候宜人，在一定程度上减轻了白人种植园主对处于温带的家园及其植被的思念和向往。在茶园的边缘，管理人员的平房内，他们可以再现他们怀念和向往的鲜花盛开的美景和家园风格的树篱。[105]

阿萨姆邦种植园需要沟渠作为排水系统，但这些沟渠在大吉岭、乌塔卡蒙德或蒙纳的山坡上却没有立足之地。但沟渠的存在对农作物景观来说意义重大。为了解决内涝积水问题，人们在种植园中引入了桉树，桉树可以吸收大量的水。从这一点来说，乌塔卡蒙德的山上是不需要桉树的，但它还是被引进那里，用作木柴和机器燃料。这再一次证明了地点的创造和再创造本质上是不断变化的，因为农作物景观的各种元素会在不同时间进入不同的地点，并发挥不同的作用。这也表明农作物景观的形成与重塑并非线性的、不可逆的过程。砍伐森林标志着原始印度茶叶景观的形成，而在清理出来的空间内种树（桉树）则标志着相反的趋势。

除了作为燃料使用的桉树，银橡树也被广泛种植，并被用来遮阴。由于银橡树为胡椒藤提供了理想的生长场所，喀拉拉邦的一些种植园已经变成了茶叶和胡椒种植园。与此同时，如果可以直接获得煤炭和石油，作为燃料的树就会被抛弃。

2.4.5 价值、地点和距离

虽然上述印度地区都出产茶叶，但各地的茶叶具有不同的特点和风味，这些独特性影响着需求。从大吉岭庄园到加尔各答仓库，再到英国的杂货店或旅行社，全球各地的广告、投资和消费不断唤起、强化或重塑地区茶的身份。[106]

这种错综复杂的纠葛过去是（现在仍然是）印度茶景观的一个重要特征。正是由于伦敦的一项行动——英国议会立法破除了东印度公司对中国茶叶贸易的垄断，偏远的阿萨姆邦才出现了一个茶景观。此外，影响阿萨姆茶景观的还有东印度公司董事会不断增长的商业利益，加尔各答管理代理人的作用、伦敦茶叶拍卖中心的运作以及加尔各答植物园和邱园的分类和育种项目。

这些环节的规模，决定了茶叶的价值。随着茶叶的迁移，它的价值也会发生变化。茶叶在离开庄园工厂后，要经过数百或数千英里才能到达客户手中：先到拍卖中心确定等级和价位；再到混合屋，获得更多意义和价值；然后到零售商手中，他们会为自己的产品和品牌做广告。这些遥远的地点决定了茶叶作为最终商品的命运，也决定了茶叶的生长和加工地点的命运。就像群岛上的小麦景观一样，事件和变化跨越陆地和海洋，塑造了印度各地的动态茶景观。

然而，虽然印度茶景观的影响力遍及全球，但它生产的并不是一种普遍的饮料，而是某些文化特有的饮料，一种滋养了英国的制度和世界观的特殊茶饮。[107] 大片的阿萨姆茶树的叶子需要加工才能变成与牛奶和糖一起饮用的浓红茶，从而被加工和销售。种植园模式和这种技术，在大英帝国的各个空间、种族和阶级中稳步传播开来。英格兰和苏格兰想要向上流动的年轻人就出去管理在生态适宜的地方建立的茶园，甚至是在印度以外的地方：首先是锡兰❶，然后是东非。这些向外流动的白人有志青年，与从贫困地区向外流动的印度人汇合。印度人签约成为茶园的契约劳工，为种植园－农作物导致的印度人口大流散做出贡献，从而塑造了在殖民和后殖民时代整个帝国热带地区的种族政治（和美食）。茶叶从富人的奢侈品变成了中产阶级的日常饮品，然后变成工薪阶层的日常饮品，茶叶最先在不列颠群岛流行，然后传播到所有白人定居者的殖民地，最后传播到印度和其他英国殖民地的“原住民”社群。[108] 印度茶叶的消费模式与其生产模式如出一辙，都是从大英帝国内部发展起来的，并且仅限于大英帝国，而且至今依然在很大程度上存在于英国。

在确定了塑造印度茶园的复杂因素，以及支持其崛起的典型英国品味之后，让我们暂时回头看看中国，就像我们在“郁金香”一节中从阿姆斯特丹回看伊斯坦布尔一样。

对于英国茶叶生产商和立法者来说，至少在1900年以前，中国仍然是典型的“他者”，是英国茶叶日益逼近的竞争对手。但中国自己有什么样的看法呢？如果我们后退一步，不仅观察英国茶叶进口的主要来源地——福建省，而且观察遍布南部省份和西南省份山区的广大中国茶区，我们就会发现茶叶为细分市场服务：中国的国内市场以消费绿茶为主，而最好的绿茶来自从长江下游省份；四川和云南出产的红砖茶通过陆路贸易出口到中亚和

---

❶ 于1972年更名为斯里兰卡。——编者注

西亚；供给西方的茶叶主要从福建产出，并通过海上贸易出口，这只是塑造中国复杂且不断变化的茶产业的因素之一。[109] 中国一直是茶叶出口大国，至少自公元700年以来[110]，茶叶出口对于中国政治一直至关重要。1800—1900年是中印茶产业“交战”的关键时期，虽然这只是中国茶产业历史的一小部分，但它却很重要。英国茶饮和印度茶产业的发展对福建产生了深远的影响，但是中国更广阔的茶景观并未被伤及分毫。

18世纪，正当欧洲人对茶叶的需求开始猛增时，福建的一些寺院开始供应一种新茶。这种茶是半发酵茶，比绿茶更浓、颜色更深，并以独特的药用特性而闻名，深受中国赏茶行家欢迎。最初，西方茶商为欧洲顾客采购的中国茶叶是发苦的绿茶，中国饮茶者认为这种茶的品质最好。但是，至少在英国，新型半发酵茶（即武夷茶或乌龙茶❶）越来越受欢迎。18世纪50年代至19世纪20年代，福建茶叶制造商扩大了这种茶的生产规模，并完善了新的加工技术。他们开发的茶叶所需的人力比绿茶少，且在运输过程中不易变质，这种茶最终成为福建茶产业出口的主要产品，并受到越来越多的英国消费者的喜爱。[111] 阿萨姆邦的浓“红茶”是这种口味趋势达到顶峰的体现。当这种口味成为主流时，中国茶产业就无法与印度茶产业抗衡了，因为中国茶叶更干燥、叶子更小，永远无法制成这么浓的茶。

从1780年左右开始，福建茶景观的轮廓和动态主要由英国市场决定，随后又因新兴的印度庄园茶景观带来的竞争而受到影响。[112] 木材、茶叶和纸张都是小规模生产产品，而且都是福建山地的主要产品。随着英国对茶叶的需求强劲增长，小农和商人

---

❶ 英文名为Bohea，其一般被解释为“武夷”的闽南语发音。——编者注

将更多的土地和资金投入茶叶生产中，福建茶农转而生产英国饮茶者更喜欢的半发酵红茶。19 世纪 50 年代后，在快速帆船的助力下，福建茶叶出口量在 1856—1885 年从 3500 万磅[1]猛增到 9200 万磅。[113] 当时，福建生产的茶叶几乎占中国茶叶出口总量的三分之一，而这些茶叶几乎全部被销往英国。从 1895 年开始，随着印度工业的扩张，福建的红茶出口迅速减少。福建的茶叶出口总量在中国的排名也急剧下降：到了 20 世纪 20 年代，福建的茶叶产量仅占中国茶叶产量的 4% 左右，而本地人重新选择生产木材、纸张和其他林业产品来维持生计。然而，在中国台湾，大约于 19 世纪引入的福建茶景观模式却蓬勃发展。台湾茶园生产的较淡的传统乌龙茶，主要出口到美国。[114]

虽然 19 世纪末，印度的竞争使福建茶园几乎消失殆尽，但中国茶景观最重要的空间特征却没有发生变化。大部分中国茶叶的主要目的地依然是规模庞大且结构复杂的国内市场。中国的国内消费以绿茶为主，其价格与原产地、品种、稀有程度和加工质量挂钩。虽然名贵茶叶的售价很高，但大部分茶叶都是普通茶，是家家户户的基本日常饮品。[115] 因此，人口增长支持了该行业的长期扩张。国内需求主要受到国家繁荣程度和社会秩序的影响；茶叶的国内需求量在 1911 年清朝灭亡后的多年战火中急剧下降，直到 20 世纪 20 年代末至 20 世纪 30 年代初国民政府取得控制权，才有所恢复，然后在日本侵华期间又彻底崩溃，直到 1949 年后才缓慢恢复。在中华人民共和国成立的最初时期，茶叶仍然是大众买不起的奢侈品，随着中国逐渐富强，茶叶价格再次飙升。然后，中国西南地区的砖茶经由陆路出口到中亚、西

---

[1] 1 磅约等于 453.59 克。——编者注

亚、南亚北部地区和中东。从19世纪80年代开始，中国茶产业的这一分支需要与沿线开发的越来越多的新茶区竞争，特别是在黑海周边地区。[116]此外，对西方国家的茶叶出口不是只取决于英国的需求。美国人不像英国人那样喜欢浓烈的红茶，因此中国在19世纪80年代之后继续向美国出口茶叶，但与此同时日本茶叶的竞争力也越来越强。从19世纪30年代起，加尔各答和格拉斯哥作为主要消费地就在福建茶园的地点创造中发挥了至关重要的作用，但是对于中国其他的重要茶产区来说，与喀喇昆仑山脉沿线国家和拔汗那❶的古代贸易却更为重要，现在这种贸易形式表现为与伊朗，俄罗斯和土耳其等国的商业往来。

在强调地点创造的同时，我们的茶叶故事把物质性作为分析的支点。把构建和定义印度茶景观的多个物质层次及其互动方式结合起来，从而夯实茶产业研究的劳动力、性别和经济历史基础，这些历史极大地加深了我们对帝国和民族主义的理解。与此同时，作为茶叶国家的中国和印度之间的联系和动态提醒我们，不要忽视被野心勃勃的西方竞争者污蔑为落后的社会技术和商业体系。

本节选取的实例展现了将特定农作物种植在新的地方或者将其转置到新的环境中时可能出现的困难、意外和失败。每一个例子都把农作物当作一种文化艺术品进行探索，首先将其视为地点的产物，然后将其视为地点之间的联系。我们的微观历史强调了迁移农作物所需的改造，并强调了对焦点的选择如何从根本上塑造了地点及与其相关的历史。

微观历史可以用关于地点的生动图像来吸引读者，在这些图

❶ 中亚古国，今费尔干纳盆地地区。——译者注

像中，熟悉的事物变得陌生，事物之间的邂逅或联系不仅涉及对新商品或实践的接受，还涉及关于意义的谈判。[117] 微观历史的奠基人乔瓦尼·莱维（Giovanni Levi）主张使用微观历史的方法，来阐明地点，并将地点联系起来，并在此过程中将全球史研究与全球化现象区分开来。[118] 二十年前，桑贾伊·苏布拉马尼亚姆（Sanjay Subrahmanyam）率先采用了这种方法，他认为替代现代化宏大叙事的最佳方案就是研究超越政治边界、利用多个尺度来研究多个层面的互动，并将其视为质疑国族叙事或全球叙事中“既定事实”的一种手段。[119] 对此，我们要补充一点，对现代事物的既定含义和意义提出质疑，是技术史、比较史和众多最成功的全球商品史中长期存在的诱惑。[120]

确定一种科学实践、制度、道德原则或品位发生的地点和时间，然后仔细研究（而不是简单观察）它如何在某些地点之间迁移，这已经成为科学史、消费史或全球邂逅史学家的常规做法。[121] 在这些全球交换的历史中，有时一件事物的奇遇比一个人的冒险经历更能定义一个地点，并且更具戏剧性。马西·诺顿（Marcy Norton）将烟草和巧克力描述为“文化艺术品”，其存在是建立在“西半球数千年来发展的知识和技术”之上的。她的分析既从物质文化及其含义领域出发，又采用了科学和治国方略的视角，重新审视了新世界对旧世界的影响。[122] 回顾过去，西班牙人把巧克力当作早餐饮料，或者茶景观在英属印度蓬勃发展，这些似乎都是合乎逻辑且自然而然的事情。人员、知识、资本和物品在不同地点之间的流动，正是全球化理论的内容。但是，正如奥古斯丁·塞奇威克（Augustine Sedgewick）所说，“自然流动”的概念是一种历史构建，通过模糊化偶然性和去政治化人工投入和权力行使的过程，来为经济学等学科服务。“流动”的比喻“削弱了另一种与其竞争的表示运动和变化的概念：“功”，它既指劳动，从技术上讲，又指在空间中迁移或转移物质所需的能量。[123]

我们展示了农作物植株本身在这些历史中的功用。植物被认为是一种有知觉的存在，其有能力改造环境，抵抗或者服从人类的意志，创造相互依存的生命群落，因此一些人类学家正在敦促我们把植物当作民族志的研究对象。[124] 我们并不打算在此提供全面的农作物民族志，也没有试图将植物呈现为微观历史的主人公。但在每一个地点创造的例子中，我们都系统地强调农作物的物种特征，其需求、偏好和伙伴关系，以及选择和利用它们的人类。[125]

从人类的角度来看，要使新农作物扎根到土壤中，需要付出大量且持续的努力。这通常是一种暴力行为，也是一种自然现象；维持一种“传统”农作物景观，需要始终行使权力。小麦的迁移使俄罗斯大草原上的鞑靼人失去了家园，并将美洲大草原上的原住民、动物和植物淹没在“琥珀色的谷物波浪”之下。茶园入侵了印度森林覆盖的山区，给本地大象带来麻烦，并使通过契约远距离榨取劳动力的压迫制度合法化。块茎植物维系了特罗布里恩与新几内亚成员之间联系紧密且相对同质化的社会，除了确认血缘关系，它们还服务于政治野心，为战争提供物资。

“功”当然可以具有物质、象征、政治或社会内涵。本书中所有案例，尤其是本章的各个小节，都强调了物质以及其他资源与“功”之间的相互作用。“功”有着重要作用：首先，在特定的地点生产并维护农作物需要“功”。其次，与其他地点建立联系需要“功”。我们不会将某种联系视为相遇的必然结果。塞巴斯蒂安·康拉德（Sebastian Conrad）指出，“全球史学家的独特之处在于对联系的强度、特征和影响的分析。”全球史需要解释事物的聚集和联系发生的背景——为什么是这里，为什么是现在？

作为世界体系理论的继承者，康拉德认为，“首要原因是基本的结构转型使交换成为可能”。那么，又是什么促进了互联世界的结构转型呢？我们更愿意相信影响是相互的。[126]

在我们的郁金香和茶景观中，我们将那些传统意义上的起源地整合到一个长期叙事中，而不是在农作物迁移后就抛弃它们。将作为竞争对手的中国描绘成落后和腐败的国度，并突出自身茶景观的进步性，这样符合英国的利益。但随着印度种植的茶衍生出一种全新的类型和口味，中国的茶叶产量却并未减少。这两个茶叶强国有效地瓜分了世界，而且随着市场分化，竞争逐渐减弱了。作为竞争对手，印度茶叶对中国茶叶的市场的补充丰富并连接了不以大英帝国为中心的地图北太平洋地区的国家和欧亚大陆沿线上的国家。

美国中西部的小麦种植通常被认为是典型的资本主义小麦景观。把小麦生产作为一个跨国体系来重新审视，我们可以看到，芝加哥与达科他州是怎样连接在一起，形成了一个由小麦农场和交易组成的全球网络，这是一个兼具互补性和竞争性的庞大全球小麦景观。尽管游说的政客、金融史学家或技术史学家可能会不禁想要对小麦景观进行排名，但是认为美国的谷仓升降机比阿根廷的黄麻袋更先进是毫无意义的：每种本土技术都对应着本地小麦产品进入国际市场的特定方式。

我们建议以西方和东方的郁金香为媒介，来思考资本主义运作的不同方式，及其潜在联系的复杂性。大洋洲和亚马孙地区的块茎植物种植园呈现出欧洲资本主义发展的另一面。它们与我们公认的全球史有着强大的关联，而这正是因为它们通常被认为毫不相关。这些“小型”社会很容易在历史之外的地点被忽视或被浪漫化为不受金钱和算计影响的原始世界，其中人类与自然直接接触。这些“小型”社会今天已经被社会理论家挖掘，以提供资本主义逻辑的另一种解释，这些尝试促使我们在现代自我的塑造过程中看到他者，并重新思考支撑我们日常社会交往的理性和道德。下一章我们将回到规模和美德的主题。

注释

1. Raffles, "Local Theory," 323.
2. Urry, "The Sociology of Space and Place."
3. Schama, *The Embarrassment of Riches;* Neal and Weidenmier, "Crises in the Global Economy from Tulips to Today."
4. Goldgar, *Tulipmania,* 22, 286–87.
5. *Encyclopaedia Romana*, s.v. "Carolus Clusius."
6. Neal and Weidenmier, "Crises in the Global Economy from Tulips to Today," 476.
7. Garber, *Famous First Bubbles,* 46–47.
8. Garber, 34–35.
9. Goldgar, *Tulipmania,* 248–50.
10. Schama, *The Embarrassment of Riches,* 512; Garber, *Famous First Bubbles,* 30.
11. Gelderblom, de Jong, and Jonker, "The Formative Years of the Modern Corporation."
12. 新的欧洲殖民地重塑了现有的贸易网络，比如在其中加入了历史悠久的亚洲内部香料贸易，但并没有削弱现存网络的重要性。Chaudhuri, Trade and Civilisation in the Indian Ocean；Prange, "'Measuring by the Bushel.'"。
13. Schiebinger, *Plants and Empire,* 10.
14. Schama, *The Embarrassment of Riches.*
15. 可可豆是另一个体现这一过程的作物，见 Norton, "Tasting Empire."。
16. Harvey, "Turkey as a Source of Garden Plants."
17. 这强化了我们的观点，即农作物景观方法适用于其他事物。
18. Goody, *The Culture of Flowers,* 102.
19. Salzmann, "The Age of Tulips," 84.
20. *Oxford English Dictionary,* s.v. tulip, the usage in J. Gerrard' s 1597 *Herball* (accessed 2 May 2018).
21. Salzmann, "The Age of Tulips," 86.

22. Goody, *The Culture of Flowers,* 111 n. 41.
23. Demiriz, "Tulips in Ottoman Turkish Culture and Art"; Karababa, "Marketing and Consuming Flowers in the Ottoman Empire."
24. Karababa, "Marketing and Consuming Flowers in the Ottoman Empire," esp. 285.
25. Karababa, "Marketing and Consuming Flowers in the Ottoman Empire," 284–85.
26. Harvey, "Turkey as a Source of Garden Plants," 21.
27. Karababa, "Marketing and Consuming Flowers in the Ottoman Empire," 284.
28. Harvey, "Turkey as a Source of Garden Plants," 21.
29. Black, Hashimzade, and Myles, *A Dictionary of Economics,* 50.
30. Garber, *Famous First Bubbles,* 43.
31. Weber, The Protestant Ethic and the Spirit of Capitalism; Veblen, The Theory of the Leisure Class；布罗代尔的丛书《十五至十八世纪的物质文明、经济和资本主义》的第一卷聚焦于消费，第二卷关注流通，这套书为世界资本主义史和后来的全球史中所谓的"消费转向"奠定了基础。
32. Goody, *The Theft of History.*
33. Goldgar, *Tulipmania,* 117; Lesnaw and Ghabrial, "Tulip Breaking: Past, Present, and Future."
34. Demiriz, "Tulips in Ottoman Turkish Culture and Art"; Karababa, "Marketing and Consuming Flowers in the Ottoman Empire."
35. Karababa, "Marketing and Consuming Flowers in the Ottoman Empire," 288.
36. Casale, *The Ottoman Age of Exploration.*
37. Erimtan, *Ottomans Looking West?* 23–58.
38. Erimtan, *Ottomans Looking West?*; Salzmann, "The Age of Tulips."
39. McCusker, "The Demise of Distance."
40. 在美国资本主义背景下对格里菲斯电影的讨论，见 Henderson, California and the Fictions of Capital；Olsson, "Trading Places."。
41. Postel, *The Populist Vision;* Sanders, *Roots of Reform.* Fitzgerald, *Every Farm a Factory*；这本书把小麦当作美国农业工业化的案例。
42. Cronon, *Nature's Metropolis.*
43. Olmstead and Rhode, "The Evolution of California Agriculture"; Vaught,

"Transformations in Late Nineteenth-Century Rural California."

44. Rothstein, "Centralizing Firms and Spreading Markets," 107-8. 20 世纪早期的主要小麦出口国还包括罗马尼亚、加拿大、阿根廷、澳大利亚和印度；Topik and Wells, *Global Markets Transformed,* 130。
45. Siegelbaum, "The Odessa Grain Trade."
46. 关于北美平原和俄罗斯草原历史关系的完整论证；见 Moon, *The American Steppes*。
47. Siegelbaum, "The Odessa Grain Trade."
48. O' Rourke, "The European Grain Invasion." 对经济史学家关于 19 世纪小麦和全球市场关系的论证的批判，见 Bairoch, *Economics and World History*。
49. Zarrilli, "Capitalism, Ecology, and Agrarian Expansion in the Pampean Region" ; Gallo, *La pampa gringa;* Friesen, *Canadian Prairies.*
50. Blain, "Le rôle de dépendance externe."
51. Olmstead and Rhode, "The Red Queen and the Hard Reds."
52. Olmstead and Rhode, "Biological Globalization."
53. Olmstead and Rhode, "Adapting North American Wheat Production."
54. Fullilove, *The Profit of the Earth,* 102.
55. On the peregrinations of the Mennonites in Europe and North America, see Fullilove, *The Profit of the Earth,* 99-135.
56. 在俄罗斯草原和美洲平原之间建立联系的一种方法是关注土壤。Moon, *The American Steppes*；丹尼尔·鲁德（Daniel Rood）公司通过关注麦考密克牌收割机的早期历史和不同品牌面粉的质量，以重要且出人意料的方式将弗吉尼亚州雪兰多谷的麦田与里约热内卢腹地帕拉伊巴谷的咖啡种植园联系起来；Rood, *The Reinvention of Atlantic Slavery*。
57. Fullilove, *The Profit of the Earth,* 109-19.
58. McNeill, "How the Potato Changed the World' s History" ; "组成" 一章讲述了块茎在繁育全球工业社会的工薪阶级的过程中所起到的作用。
59. 正如爱尔兰马铃薯枯萎病所展现的那样；Rival and McKey, "Domestication and Diversity in Manioc" on combining sexual and vegetative reproduction。
60. Malinowski, *Coral Gardens and Their Magic;* Rappaport, *Pigs for the Ancestors.*
61. Hildebrand, "A Tale of Two Tuber Crops," esp. 275, Table 15.1.

62. 见“组成”一章。将几内亚海岸农民种植的水稻品种视为传统品种——当地文化传统强制人们选择的品种，这是一种错误的理解。在这里，我们将通过历史和农学的证据来论证，它们应更好地被理解为用于抵制以奴隶制为基础的商品化的作物。因此，这些小农解放创新值得称道。在这里，它们将被称为“反商品”。Richards, “Rice as Commodity and Anti-Commodity,” 10 - 11。
63. 萨拉瓦认为任何与动植物生命有关的思想实验都是生物政治学；Saraiva, *Fascist Pigs,* 12。
64. Eriksen, *Small Places, Large Issues.*
65. 本章题目来自 Kahn, *Always Hungry, Never Greedy*。
66. Uzendoski, “Manioc Beer and Meat,” 883; Mosko, “The Fractal Yam,” 693.
67. Malinowski, “The Primitive Economics of the Trobriand Islanders,” 2; see also Malinowski, *Coral Gardens and Their Magic;* Malinowski, *Argonauts of the Western Pacific;* Mosko, “The Fractal Yam”; MacCarthy, “Playing Politics with Yams.”
68. Pfaffenberger, “Symbols Do Not Create Meaning”; Kahn, *Always Hungry, Never Greedy.*
69. “势力范围的交换暗示生计与财富生产的脱节，这有效约束了统治关系，促进生计资源的平等分配”；Sillitoe, “Why Spheres of Exchange?” I。由于篇幅有限，我们没有详述第二个特罗布里恩－太平洋群岛的声望交换领域，它在男性和女性商品之间具有差异性和互补性；Weiner, *Inalienable Possessions*.70. Malinowski, *Argonauts of the Western Pacific*, 60。
70. Malinowski, *Argonauts of the Western Pacific,* 60.
71. Cook, “The Obsolete ‘anti-Market’ Mentality,” 327.
72. Appadurai, *The Social Life of Things;* Norton, *Sacred Gifts, Profane Pleasures;* Bray, “Technological Transitions”; Fullilove, *The Profit of the Earth.*
73. 朱利安·斯图尔特（Julian Steward）和马文·哈里斯（Marvin Harris）可能是最有名的早期文化生态支持者，而杰里德·埃蒙德（Jared Diamond）可能被认为是其精神继承人。Steward, “The Concept and Method of Cultural Ecology”；Harris, *Cows, Pigs, Wars and Witches*; *Diamond, Collapse.* 该领域对当今的营养人类学产生了强烈影响，同时

也引发了通过最近的政治生态学领域表达的批判性反应。

74. Rappaport, *Pigs for the Ancestors;* Biersack, "The Sun and the Shakers, Again"; Filer, "Interdisciplinary Perspectives on Historical Ecology."
75. https://www.therai.org.uk/film/the-series-of-disappearing-world/the-kawelka-ongkas- big-moka (accessed June 2017).
76. 尽管拉帕波特没有提到，但这种计算不可避免地会让人想起亨利·A. 华莱士的生猪—玉米价格比，该比值于1915年被提出，作为衡量养猪盈利能力的指标。Saraiva and Slaton, "Statistics as Service to Democracy."；在公元前8000年左右的高地遗址中考古学家发现了农业活动的证据，这使高地人被认为是世界上最早从事农业活动的族群。众所周知，在欧洲人进入内陆之前，甘薯已经从南美洲到达新几内亚高地，逐渐取代了后者当地的芋头。Filer, "Interdisciplinary Perspectives on Historical Ecology," 264, 263。
77. Diamond, *Collapse,* cited Filer, "Interdisciplinary Perspectives on Historical Ecology," 263.
78. Le Roy Ladurie, *Times of Feast, Times of Famine;* Arrighi, Hamashita, and Selden, *The Resurgence of East Asia.*
79. Balée, "The Research Program of Historical Ecology"; Trischler, "The Anthropocene." See "Actants" for a critique of such uses of the biological sciences.
80. Uzendoski, "Manioc Beer and Meat."
81. Uzendoski, "Manioc Beer and Meat," 885.
82. Rival, "Amazonian Historical Ecologies"; Rival and McKey, "Domestication and Diversity in Manioc."
83. See also Ford and Nigh, *The Maya Forest Garden.*
84. Viveiros de Castro, "Perspectival Anthropology," 4, 6. See also Kohn, *How Forests Think.*
85. Descola, "Le jardin de Colibri," 80.
86. Rival and McKey, "Domestication and Diversity in Manioc," 1124; Daly and Shepard, "Magic Darts and Messenger Molecules."
87. Norton, "The Chicken or the Iegue," 29, 30. On anthropophagy, see "Compositions," "Citrus in the Ruins," and Saraiva, "Anthropophagy and Sadness."

88. Deleuze and Guattari, *A Thousand Plateaux,* 这本书讨论了“茎状”理论（非线性、非树状、没有最终原因的，等等）Mosko, “The Fractal Yam,” discusses the isomorphism of yam growth and Trobriand understanding of kinship and social bonds。
89. 关于亚马孙地区块茎社会的历史性和复原力的交叉方法，参阅 Uzendoski, *review of Making Amazonia*；在 20 世纪 30 年代新几内亚高地殖民地首次出现摩卡交易的繁荣期，这种成功伴随着商业咖啡产量的增长和议会民主的出现，并且是由独立后的新动力促成的。Strathern and Stewart，“Ceremonial Exchange”，243；尽管人们越来越担心人口压力和土地资源枯竭，但是山药和库拉文化仍然在特罗布里恩群岛蓬勃发展 Mosko，“The Fractal Yam”；Kuehling，“We Die for Kula”；MacCarthy, “Playing Politics with Yams.”。
90. Liu, *Tea War.*
91. “归化”一词最早由英国茶委会主席本廷克（Bentick）使用，以描述将茶引进印度的过程，见 Liu, “The Birth of a Noble Tea Country,” 80. 关于“技术和科学”，见 Walker, “Memorandum,” 11。
92. Gardella, *Harvesting Mountains.* 历史上的一次例外是在 11 世纪的一段短暂的时期内，茶产业曾经由国家垄断；Smith, *Taxing Heaven's Storehouse*。
93. On the East India Companies of Europe see Berg, *The Age of Manufactures;* Ellis, Coulton, and Mauger, *Empire of Tea.*
94. Ball, *An Account of the Cultivation;* Fortune, *Three Years' Wanderings;* Fortune, *A Journey to the Tea Countries.*
95. Browne, “Biogeography and Empire.”
96. Ross, “The Plantation Paradigm,” and see “Times,” “The Social Life of Cocoa.”
97. Sharma, “British Science, Chinese Skill and Assam Tea” ; Sharma, *Empire's Garden.*
98. Meegahakumbura et al., “Indications for Three Independent Domestication Events.”
99. 茶叶主管 C. A. 布鲁斯（C. A. Bruce）详细介绍了用阿萨姆茶和中国茶的综合技术来种植、驯化野生茶树并将其引入种植园的过程；Bruce, “Report on the Manufacture of Tea,” 468；Bray, “Translating the Art of

Tea," 120 - 21；大吉岭茶叶更多地保留了中国茶叶的风味和生产系统；Besky, *The Darjeeling Distinction*。

100. 就像雄心勃勃的英国种植园主詹姆斯·希尔在 20 世纪初的厄瓜多尔所建立的种植园一样，阿萨姆茶园“一直在建设中，茶叶总是生长得很艰难，并随时可能死掉。” Sedgewick, "Against Flows," 157。
101. 阿萨姆人拒绝在种植园工作，因此英国茶园主开始寻找更“温顺”的劳动力来源，此举得到殖民政府的大力支持，几十年来，殖民政府引入了一系列劳动法，以确保足够的劳动力供应并对其进行管束。这种劳工制度及其政治影响一直是后殖民时代茶叶研究的重点。Breman, Labour Migration；Behal, "Coolie Drivers or Benevolent Paternalists?"；Nitin Varma, "Producing Tea Coolies?"。
102. Behal, "Coolie Drivers or Benevolent Paternalists?"
103. See "Actants," "Seeing Like an Elephant."
104. See "Actants," "Cinchona." 关于人类内部和物种间的“作战区”，见 Nichter, "Of Ticks, Kings, Spirits"；Biggs, *Quagmire*。
105. Arnold, *The Tropics and the Traveling Gaze.*
106. Besky, *The Darjeeling Distinction,* 这本书对茶产业中价值链的产生过程分析得很到位。
107. 经典研究包括 Mintz，*Sweetness and Power*。消费研究的兴起成为解释全球史的关键，其在英国引发了大量关于茶消费的研究，包括 Macfarlane, *Green Gold*；Ellis, *Coulton, and Mauger, Empire of Tea*；Hanser, "Teatime in the North Country."。
108. 独立前，一些民族主义者反对饮茶，将其视为对殖民压迫的纵容；Lutgendorf，“印度制茶”。Lutgendorf, "Making Tea in India."。
109. Gardella, *Harvesting Mountains;* Menzies, "Ancient Forest Tea"；Zhang, *Puer Tea.*
110. Smith, *Taxing Heaven's Storehouse;* Hinsch, *The Rise of Tea Culture in China.*
111. 关于这些创新的技术史，见 Huang, *Fermentations and Food Science*。
112. Gardella, *Harvesting Mountains;* Liu, "The Two Tea Countries."
113. Gardella, *Harvesting Mountains,* 59; 61, Table 7; 62, Table 8. 流线型的快船的索具让它们能在不依赖季风的情况下快速航行，这让茶商能在季风季节前就供应新茶。

114. Gardella, 164, Table 22; 11, Table 3; 163, quoting a 1925 British observer.
115. E.g., Matthee, "From Coffee to Tea."
116. Matthee, "From Coffee to Tea," 229.
117. Robisheaux, "Microhistory and the Historical Imagination"; Laveaga, "Largo Dislocare."
118. Levi, "Microhistoria e historia global," 28.
119. Subrahmanyam, "Connected Histories."
120. See the discussion of the "Great Divergence" debate in "Times," as well as in Conrad, *What Is Global History?* 42; Levi, "Microhistoria e historia global," 33; Hahn, review of *Empire of Cotton*; Levi, "Microhistoria e historia global," 27.
121. E.g., Raj, "Introduction" ; Norton, *Sacred Gifts, Profane Pleasures;* Andrade, "A Chinese Farmer, Two African Boys, and a Warlord."
122. Norton, *Sacred Gifts, Profane Pleasures,* 4.
123. Sedgewick, "Against Flows," 143.
124. Puig de la Bellacasa, "Making Time for Soil" ; Tsing, *The Mushroom at the End of the World;* Hartigan, "Plants as Ethnographic Subjects."
125. 尽管我们涉足了美洲印第安人的种族间本体论，但本章仍将人类和人类行为作为“地方”的创造者。我们在第 4 章“行动者”中保留了对物种间联盟和斗争更系统的思考，尽管植物本身越来越多地被科学家、社会科学家和公众视为场所创造者。
126. Conrad, *What Is Global History?* 69–70.

第二章 规模

毋庸置疑，当哲学家们告诉我们，没有比较就没有伟大或渺小时，他们说的是对的。

——乔纳森·斯威夫特（Jonathan Swift）《格列佛游记》（*Gulliver's Travels*）

规模的大与小是相对的，如果没有“较小”，那么“较大”就毫无意义。因为最大的甲虫比最小的山羊要小一千倍。因此，任何程度的大小比较都是错误的，无论是整株植物还是它的一部分，例如叶子、花朵或果实，将一种植物作为衡量另外一种植物的标准，是不科学的。

——卡尔·冯·林奈（Carl von Linné）《植物学评论》（*Critica Botanica*）

小女孩葛姆兰达尔克利奇在布罗丁奈格与格列佛成为朋友，她的“身高不超过四十英尺[1]，相对于她的年龄来说，她的个子很矮小”。格列佛惊讶地发现自己在大人国布罗丁奈格是个侏儒，在小人国利立浦特是个巨人，而在家里他的身高刚好正常。不同农

[1] 1英尺约等于0.305米。——编者注

业区域的规模、规范以及理想的大小也存在巨大差异，来自某个区域的游客也许会对另一个区域的规模惊叹不已。

中国帝制晚期，在江南（中国东南部）富裕的稻米和丝绸农作物景观中，农场的理想面积不超过一公顷；专家建议，如果拥有的土地比这更多的话，可以把多出来的土地租给租户。[1] 相比之下，在 1800 年左右的英格兰，专家认为，理想的现代化农场应该占地至少 300 英亩（120 公顷），才能同时培育农作物和家畜，并以有竞争力的价格出售其产品。[2] 在美国，由于机器和其他工业生产资料的投入，更少的工人可以管理更多的土地，宅地或家庭农场的规模因此稳步增长。1935 年，美国农场的平均面积为 155 英亩。2017 年，这个数字变成了 444 英亩[3]。2018 年，美国近一半农田都被农场占据了。这些农场总面积超过 1450 公顷，主要由家庭经营，而且通常会与农业综合企业签订合同，专门种植某种农作物或养殖某种动物。虽然美国大型农场的规模越来越大，数量越来越多，但自 2000 年以来，面积在 50 公顷以下的农场的数量也有所增加，目前几乎占总数的一半。[4]

商业专家表示，农场规模增大是今后的发展趋势：以工业规模发展农业才能养活全球日益增长的人口。这种观点反映了一个更广为人知的正统说法，并得到了 20 世纪许多有影响力的历史学家、农业专家和决策制定者的支持，即大型农场能够推动创新并提高生产力，而小农场生产力较低、效率较低、更抵触创新。然而，民粹主义者、农民运动和历史学家多年来一直强烈反对这种正统观念，环境保护主义者和一些经济学家现在也加入了这场辩论。过去，联合国粮农组织和世界银行等机构提倡将大农场作为增加产量和提高效率的典范，而现在新的正统观念是重视小农在生产力、社区福利和环境管理方面的优势。[5]

那么，究竟是“大而强”更好，还是“小而美”更好呢？本章力求超越此类辩论中的二元论与目的论，同时强调关于规模的所有正统观念的政治与历史组成。林奈曾经说过，大小是相对的，我们对差异的理解，我们认为一块田地、一座农场、一个苹果或一次收获是大还是小，取决于我们的参考系以及我们所选的分析尺度。

我们在评估农场规模时采用的观察、分析和解释的尺度，以及该选择的结果，都是历史环境的产物，带有政治色彩。无论有意还是无意，对尺度的选择及其隐含的价值，反映了更普遍的目的和意识形态。[6] 将农业系统的观察范围从市场转移到生态系统，意味着利润让位于可持续性，可持续性成为评价农业系统的主要标准。与粮食主权政策相比，粮食安全政策对农场大小和农业规模的影响完全不同。对生产力、可持续性和效率的定义随我们关注的是国内生产总值还是农民生计而变化。我们的时间视域是一个农作物周期、一个五年计划、王朝的兴衰，还是一个拯救地球的计划？我们将农场视为热量生产者还是生活方式的生产者，抑或是当地生态的组成部分、商品链的环节、政府补贴的接受者、企业管理者，或者社区生活的中流砥柱？我们如何感知和评估标准和趋势也取决于我们选择的时间尺度。如果我们选择公元前1000 年到 1750 年作为一个时间段，来评估中国的小规模农业，我们就会发现自己与很多启蒙学者有着相同的观点。这些学者认为中国是一个繁荣富饶的社会，值得效仿，这个社会中的小型经营单位（农场和作坊）促进了经济的繁荣和国家的成功。但如果我们以 1950 年为终点，将时间范围延伸到 1842 年中国在第一次鸦片战争中的战败以及战后一个世纪的半殖民地状态、叛乱、内战和革命，那么中国的小农经济很容易被认为是灾难的根源。

本章尝试了历史学家可能选择的不同尺度，来研究特定的农作物景观，并将大小和规模视为历史类型。我们的研究方法是把被国际主流农业历史忽略的农作物景观研究维度集中到一起，以完善和发展有关农业轨迹和转型的现有观点。我们把农场这一经营单位作为参照系和观察点，来审视关于大小的社会规范和意识形态，探索历史行动者赋予不同大小和规模的道德和物质价值，以及塑造了相应的关于大小的文化或者意识形态的环境，和实现这些目的所需的生理或结构性暴力。我们选取弗吉尼亚州和北卡罗来纳州的烟草、埃塞俄比亚的咖啡、印度的茶叶以及中国的北方和南方的水作为案例，来验证关于大小和规模及其关系的常见迷思，这些迷思在农作物景观的构建以及它们的历史呈现中发挥作用。他们展示了几种不同的辩证法、线性关系以及经营规模与农作物景观规模之间的关系。换言之，规模固然重要，但其也具有一定的偶然性。我们先用一个小节，了解“大而强”的理念起源于哪里，以及它为什么变得如此强大。

3.1 关于规模的正统观念：越大越好还是小即是美

在科学界、商业界和政策界以及公众认知中，存在一种普遍认知，即最先进、最有生产力的农业形式是具有工业规模的农业，在这种规模下，大农场通常比小农场表现得更好。一个多世纪以来，福特主义者“越大越好”的工业理想以及他们对专业化、规模经济和从小单位到大单位的历史进步方向的设想，深刻地构建了国家的农业和粮食政策，以及农业发展、技术教育和农业相关研究的国际模式。它还经常影响农业历史的书写方式，例如，在特定背景下，农场的规模常常被当作尺度来评估历史进步或比较不同农业制度的世界历史意义。[7] 这一想法为何变得如此强大？反对意见又是如何被提出的？

农业中“越大越好”的理念在欧洲农学中根深蒂固。西班牙、利比亚、埃及和高卢地区的奴隶制大庄园受到了科鲁美拉（其在文艺复兴时期的农业实验主义者中备受推崇）等古罗马农业作家的赞扬，因为它们利润丰厚、生产力高，可以为罗马帝国的城市提供小麦、石油和葡萄酒。研究表明，罗马中心地区的稠密人口，实际上主要是由技术先进、生产力高的小农场支持的，但罗马农艺作家（本身就是庄园主，而不是农民）释放的主要信息却是：规模很重要，大庄园是值得效仿的模式[8]。若干个世纪后，依赖奴隶劳动力运转的大型专业化农场模式从地中海地区传播到大西洋彼岸的种植园内，在那里蓬勃发展至今，并被认为是生产商品作物最有效的方式[9]。历史学家注意到，种植园范式在启发殖民乃至后殖民时期的农作物科学方面具有持久的效力。[10]

3.1.1　英国农业革命

当种植园遍布大西洋世界时，英国开始出现一种不同的农业模式，一种合理且可赢利的典范。始于 17 世纪初，并在 18、19 世纪所谓的“农业革命”时期壮大声势，小农场被联合农场取代，这些联合农场的规模足够大，可以让资本在灰肥、排水和农作物轮作等方面的投资得到回报。[11] 早在 1600 年,《致富之道》（*A Way to Get Wealth*）系列丛书的作者就野心勃勃地称，只有大型农场才有能力进步。[12] 在 19 世纪中叶，有了可靠的农业机械化设备和其他工业投入要素，规模和效益的联系更加稳固，农业也被纳入了工业逻辑体系。[13] 然而，早在采用机械化设备或其他工业投入要素之前，规模、性能和质量的关联就已经成为一种广泛的理论和实践共识，英国的政治经济学家、实业家和农业改良人士一致认为，扩大生产规模可以提高效力。这种关于规模的正统观念绝不是政治中立的：对规模的计算是以阶级等级制度以及种族等级制度（就种植园而言）为基础的。

据历史学家考证，推动英国农业转型的土地保有权和相关法律变革可以追溯到1500年，当时公有土地和开放田地的旧制度首次遭到私有制的严重挑战。[14] 15世纪和16世纪的《圈地法令》允许投资者购买和兼并大片土地，这些土地通常被用来建设专门生产羊毛或谷物的商业农场，以满足不断扩大的城市市场。议会通过一系列法案，允许人们将公共田地圈为私有财产，使土地所有权逐渐集中在富人和有政治权力的人手中。被剥夺土地的农民成了农村无产者，他们要么去城镇里打工，要么留在本地当雇工。地主将土地出租给佃农，这些人接受过一定的教育，有足够的资金来租赁和投资农场。农场主雇用工人到田地里干活儿，并在不断增长的城市市场乃至全球市场上销售他们的产品。

到了1600年，教导人们如何通过在农业中应用巧妙的新方法或机械化设备来致富的出版物爆火。此后不久，塞缪尔·哈特利布（Samuel Hartlib）等博物学家开始论证，自然哲学的原理可以而且应该被用于农业。[15] 激动人心的新理论、新实践和新发明在17世纪和18世纪不断涌现，激起国内外人们的热情，营造出一种农业世界正发生骚乱的整体感觉。杰思罗·塔尔（Jethro Tull，1674—1741）发明了许多构造精妙的机器，包括播种机和马拉锄头；《新马耕法》（*The New Horse Hoeing Husbandry*，1731）一书的作者，笔名为“萝卜”的汤森德（Townshend，1674—1738）推广了新的农作物轮作制度，动物育种家罗伯特·贝克韦尔（Robert Bakewell，1725—1795）和诺福克的科克（Coke of Norfolk，1754—1842）共同提出的“新耕作法”赢得了欧洲最先进农业体系的美誉，这种耕作方法的特点是农作物产量高、农场利润丰厚、佃农富裕且受教育程度高、农作物轮作制度科学，此外，它还能改良动物育种质量。[16] 到了19世纪初，英国农场作为农业机械化的先锋，要么声名鹊起，要么声名狼藉。[17]

但是，这些说法与事实相符吗？

> 源于英国的新耕作法以书籍和文章的形式征服了世界……然而，18 世纪和 19 世纪农业理论与农业实践之间的差距非常大。在书籍和小册子中、学术团体的论文中，有各种关于改进和创新的华丽思想。如果根据这些来判断，我们对形势的看法应该非常扭曲……一些新的农业方法确实被付诸实践，并逐渐被广泛使用。即便如此，现代学派专家的“新耕作法”与普通农民的实际做法之间仍有很大的差距。[18]

在机械发明的例子中，令改良者兴奋且印象深刻的创意与它们落地后的实际情况之间的差距尤为明显。大多数研究农业革命的历史学家都认为，“席卷了英国的‘小发明浪潮’直到 19 世纪才退去”，而大量已经发表或申请专利的巧妙发明通常“只停留在绘图板或实验模型阶段”。[19]

如今的农业历史学家呼吁对英国农业的长期演变进行更细致的解释。修正后的历史淡化了绅士改良者、私有财产、优良种牛和精巧机器的作用，强调英国的“进步”在很大程度上归功于布拉班特和弗兰德斯地区的小农户开发的集约、高产的耕作方法——这是该地区“勤勉革命”的一部分。[20] 它还表明，被认为与公共土地或小块农田不相容的创新做法，实际上往往是由幸存的小农团体在英国率先采用的。[21] 以古罗马时期为例，有些史学家认为，农业生产力的实际提高是由小农场通过 17 世纪的“自耕农农业革命”实现的；18 世纪的“地主革命”只是将农民和工人的劳动所得再分配给了地主。[22]

换句话说，农业历史学家在英国农业革命的日期、关键特征和更广泛的影响方面存在严重分歧。[23] 这场革命是从 17 世纪开始的，还是直到 19 世纪才开始？有多少改良实际上是小农和平民的创新成果，却被推广性著述忽视，因为这会传递“错误的”信息？进步的制度是由有利于乡绅及其佃农积累土地和控制劳动力的农村制度和立法转变而来的吗？或者是农业方法的改进带来了要素生产率的提高？它是为食品和原材料创造了城市市场，还是对新需求作出了回应？农业改良究竟是工业化的诱因还是受益者？

农业历史学家已经表明，英国农业革命的概念是有缺陷的，它在英国工业化进程中的作用远没有这么简单。尽管如此，其基本叙事仍然具有吸引力和影响力。经济历史学家仍然用它来分析英国所谓的普罗米修斯式的科学和工业崛起，比较历史学家也用它来解释为什么西方国家的工业化领先于印度、中国和日本。他们对农业系统的评价反映了亚瑟·杨（Arthur Young，1741—1820）等著名改良家的观点。[24]

亚瑟·杨是传播农业改良动力学正统观念的主要人物。杨是一位乡绅，他在自己的土地上进行试验，并多次前往英格兰、威尔士、爱尔兰和法国观察农业实践，后来成为著名的农业专家、历史学家和政治经济学家。他于 1784 年创办了《农业志》（*Annals of Agriculture*），并于 1793 年被任命为农业委员会秘书。杨关于农业历史和实践的著作强调了大庄园的进步作用、私人圈地的优点以及科学理性和机械创新在改善农业方面的重要性。这对法国大革命时期和英国劳工大动荡时期的有产阶级来说，是个好消息。[25] 在这些支持由上层阶级拥有大型农场的正面论调的基础上，他还补充了许多对小农的诋毁。愚昧无知、懒惰、混乱无序、浪费挥霍：这些被捏造的特质成了以进步和公共利益为名将资源从一个阶级转移到另一个阶级的正当理由。加勒特·哈定（Garrett Hardin）

颇具影响力的“公地悲剧”理论不过是用现代的、技术性的方式表述一个老生常谈的论点：农民是失败者。[26]

杨的观点不仅当时发挥了巨大的影响力，而且时至今日仍然影响着我们的世界。他们观点赞扬一种规模动力，它于1600年左右首次在英国形成，在18世纪得到巩固，并因农业机械化而被彻底强化，并继续在资本主义和社会主义国家中定义技术目标和技术选择，塑造立法和政策，直至今日。虽然小农场和平民管理在英国农业发展中也发挥了作用，为养活城市工业劳动力做出贡献，但地主阶级对应该如何利用土地、劳动力和资本以获得最大利益的看法，才是无可争议的正统观点，其影响了当代评论家和后来的专家学者对农业在历史中的作用的理解，塑造了农学的价值，决定了整个20世纪的农村援助和发展政策，并且正如前文所述，它也塑造了历史学家的叙述和解释。

农业革命的故事能够经久不衰，并受到广泛关注，其中一个重要的原因是它与工业社会的纠葛。19世纪80年代，政治经济学家、激进分子阿诺德·汤因比（Arnold Toynbee）在牛津大学的演讲中首次提出，英国经历了一场土地革命，这为其后来的工业革命奠定了基础。[27]农业专家、保守党政治家R. E. 普罗西罗（R. E. Prothero，后来的厄恩勒男爵）在《英国农业的先驱与进步》（*The Pioneers and Progress of British Farming*）一书中进一步发展和普及了农业革命的概念，这本书于1888年出版，并被多次再版。厄恩勒对英雄人物和精巧设备的描述“俘获了大众的想象力”；人们认为杰思罗·塔尔、“萝卜”汤森德和亚瑟·杨等人“战胜了大批保守的乡巴佬，并凭借一己之力在几年内将英国农业体系从自给自足的农民经济转变为能够养活新兴工业城市数百万人口的繁荣资本主义农业体系。”此外，汤因比和厄恩勒还指出，农业革命通过遣散农业劳动者，成就了英国的工业劳动力。[28]

3.1.2 现代与后现代的正统观念

在以现代化为目标的地方，农业革命和工业革命的联系赋予英国模式“越大越好”的逻辑巨大的吸引力。一旦英国的经验被转变为经济学的技术术语，或者规模经济和生产要素回报递增的例子；一旦它被解释为将科学技术应用于农业和工厂生产的逻辑后果，其历史中的阶级政治性就会被抹去，进而被转化为一套中立的、普遍的原则，同时适用于强调积极进取的企业家精神的社会和雄心勃勃的无产阶级专政的社会。在社会主义国家，包括苏联和中国，越大越好的农业工业模式体现为集体农场或人民公社的形式。人们期待集体农业不但可以提高产量，而且可以将落后的农民转变成有技术能力的现代公民（图 3.1）。在 20 世纪 30 年代的苏联和 20 世纪 50 年代的中国，女性驾驶拖拉机的彩色招贴画象征着妇女完全融入新社会的现代生产中。[29]

扩大规模是一个超越政治的理想。20 世纪 20 年代，苏联的农学家呼吁美国同行和企业帮助他们规划大型小麦农场和建立拖拉机厂。但在当时，“许多（美国）农学家正在探索更新和更好的方式来组织美国农业，他们对苏联农业最感兴趣的一点是苏联人似乎正在做美国人只是嘴上说说的事情，即农业工业化”。[30] 在美国、阿根廷和欧盟，关于规模的正统观念受到两个因素驱动，其一是有效地推进了农场规模扩大的政策，[31] 其二是将农业工业化和农业综合企业视为“历史必然产物”的技术决定论说辞。[32]

殖民地农业政策和“二战”后的发展与援助计划，向世界其他地区输出了“越大越好”的农业改良理论，其以规模经济为前提条件，强制实施计划，从而将小型农场合并为更大的单位。通过种植单一作物来追求比较优势，把本地农作物景观融入全球市

图 3.1　垮掉的富农。关于农作物景观规模大小的争论，是一段充满悲剧色彩的历史。思想顽固、心胸狭隘的俄罗斯富农和他的小型农场被淘汰，取而代之的是在大转变时期，规模不断扩大的机械化集体农场及其培养出的新人。图片由斯沃斯莫尔学院和平档案馆提供

场，用廉价的进口产品取代本地食品，这样做的结果是本地和全球农作物景观的扁平化。

20 世纪 70 年代，亚洲稻米产区认为绿色革命技术不仅可以对抗这一趋势，而且对农民友好，这项计划旨在增加粮食产量，无论穷人还是富人、小农还是大农都可以平等地利用这项计划。虽然平等主义貌似得到了重视，[33] 但实际上，在试验田之外，看似与规模无关的技术方案（比如：种子 + 肥料 + 杀虫剂 + 灌溉和机械化）却总是对大农更有利，因为他们更容易获得贷款，并且更有能力承担风险。只有在当地政府的大力扶持下，小农才能平等受益。[34] 在一些人看来，这种结果进一步证明小农的失败是历史注定的，不应再人为地维持小农经济。而在另一些人看来，这意味着制度设计缺陷和存心欺骗，是技术官僚的失败。绿色革命的规划者优先考虑的是城市需要，而不是农村需要，优先追求促进粮食的商业化生产，而不是维持小农的生计。[35] 而且，历史和当前的经验表明，一旦“越大越好”的正统观念被搁置，就有机会培育适合小农的种子或者开发出适合小农的技术方案。

近年来，随着人们对环境恶化、生物多样性、气候变化、粮食主权和社会公正日益关注，20 世纪 70 年代，由 E. F. F. 舒马赫（E. F. F. Schumacher）提出的“小即是美”的理念开始与“越大越好”的意识形态抗衡，即使是曾经毫无疑问地支持这一立场的机制也受到影响。[36] 这种变化有一个重要的先驱，即 19 世纪 80 年代德国的农民友好型农作物育种项目，虽然它一直被笼罩在围绕规模经济组织的项目的阴影下，并在这一背景下努力争取认可 [37]。20 世纪 70 年代，为了对抗“越大越好”的乡村发展模式，农业系统研究（FSR）应运而生。FSR 观察和评估的对象是小农和乡村社区，而不是国民经济或全球市场；人们期待的是良性循环、多元化和灵活性，而不是通过专门化或支持赢家来提高效率。[38]

现在，在洛克菲勒基金和联合国农粮组织这样的权威机构中，规模上由大到小的转变也开始被视为一种新的正统观念，从而获得越来越多的支持。作为最主要的跨国资助机构，这些组织近来不仅接受，而且鼓励小农作为合法的“利益攸关方”和合作伙伴，为小型农场提供新的资助方式，认真对待“当地知识”，研究提高产出的劳动密集型技术，并将可持续性和小农生计置于生产和盈利之上。第二次绿色革命就在眼前，它将开发小型的、本地化的高科技应用，使小农获益，并将环境损害降到最低。[39] 将家庭农场视为企业发展引擎的赞誉变少了，同样下降的是环保人士的敏感度：小农如今被誉为自然保护主义者，他们也是知识渊博的保护者，在如何节俭地使用日益稀缺的资源（比如水）方面很有见地。人们对国民经济如何整合和调动中小规模生产，以实现粮食自给自足，甚至维持或增加国内生产总值或应对城市化和人口增长带来的挑战，产生了新的兴趣。如今，即使是在世界银行的走廊里，“小”也很美，“再小农化”一词已经颇具影响力。联合国将 2019 年至 2028 年指定为“家庭农业的十年”。[40]

历史上从大规模农业向小规模农业的转变其实十分普遍。美国在南北战争之后和其他大西洋国家一起大规模解散种植园，这一现象引起了历史学家的关注。矛盾的是，美国农业部认为，由南方的佃农或租户经营的农场，虽然是家庭经营，却不能算作家庭农场，因为农民并不拥有土地。就在同一时期，我们也发现，从大到小的转变正沿着西部边境推进。庞大的资本主义富矿农场❶在宅地运动中扮演着关键角色。《宅地法》的份地面积为 160

❶ 富矿农场是 19 世纪末在美国西部建立的大型农场。其一般由公司所有，并使用最先进的机械化设备。——编者注

英亩；而富矿地块的最小面积是 3000 英亩，平均面积甚至可达 7000 英亩。[41] 富矿公司可以在最新修建的铁路末端以极低的价钱买下一大片“处女地”，然后引进一大批管理人员和工人，并配备最先进的机械，来开垦土地。这些公司最大的收益并不来源于出售小麦，他们等到这个新区适宜耕种的名声确立后，就将土地连同宅地一起出售给农户。大型富矿农场巩固了中西部和西部地区的中型家庭农场模式。[42]

在从大规模农业回归到小规模农业的过程中，最引人注目的转变之一发生在社会主义国家。在集体经济时代，集体所有制模式下，公社成员的工作量低、消耗量高，无法实现为公共利益提高生产力水平的目标，1978 年的“家庭联产承包责任制”改革重新把土地经营权划归给家庭单位。家庭农场的确增加了农业产量，使农业生产多元化，提高了农民收入，并实现了国家为日益富裕的城镇居民提供粮食和消费品的目标。[43]1986 年，越南也效仿了这种模式。

从 20 世纪 80 年代开始，“小即是美”已经被越来越多的显要人士接受。强国之间这种颇具戏剧性的信条反转，尚未导致资本主义农业综合企业的力量或其全球贸易量出现明显下降，也没有让全世界的国家或企业放弃扩大棕榈产业或大豆产业的规模。然而，这些转变使我们认识到，在一种趋势或理想的背后隐藏着更为复杂的现实：增长不是历史命运，趋势是可以逆转的，而且仔细观察就会发现，通常表面上线性的进步（一种增长逻辑），实际上是多种共存的“大小”和“规模”的动态平衡，是稳步扩大的市场规模中的一系列波动，或是一个经过数十年才实现其规模雄心的体系。

3.2　烟草波动：规模的实地变化

农作物景观的概念让我们以新的角度来思考尺度会如何影响我们对历史的看法。在这一节中，我们回到烟草的主题，在讨论生命周期的灵活性时，我们曾提到烟草，烟草是一种多年生植物，但在弗吉尼亚殖民地被当作一年生植物种植。[44] 至少自 17 世纪至 21 世纪，弗吉尼亚州与北卡罗来纳州的交界处一直在生产烟草。我们通过固定地点，追踪三个世纪以来农场或耕作单位规模的变化。这些规模波动说明了农作物景观中的非植物要素（法律和技术变革）是如何重新配置农场面积和劳动组织的。这个单一地点的烟草农场的规模变化，呈现出一种非线性的发展历程。在过去的四个世纪里，这个地区典型的烟草种植单位的规模由小变大，再由大变小。烟草农场规模的波动表明，农作物景观无须迁移，就可以发生变化：农场规模会随着法律和技术架构的变化而变化，进而导致农作物景观内的其他变化。

弗吉尼亚烟草业的创始神话也是农作物迁移的神话，约翰·罗尔夫（John Rolfe）从西印度群岛进口了少量烟草种子，由此开始了英国殖民者在弗吉尼亚的历史之路。1617 年，种植出来的烟叶被运到英国，卖了很高的价格。殖民者为烟草的利润前景感到欣喜若狂，于是他们在殖民定居点的街道上也种植了烟草。[45] 价格并没有限制种植单位的大小，在接下来的一个世纪里，英国殖民者在任何可能的地方种植烟草，无论是小型农场，还是大型种植园。

在17世纪的大部分时间里，小型种植园都在烟草海岸❶占据主导地位。[46]但由于新殖民者和契约工都想有自己的农场，政策和文化都偏向更大的农作物景观。比如，弗吉尼亚公司❷在1618年以后推行“人头权”，将土地授予那些为契约工提供大西洋通行费用的人。这就把土地给了那些足够富有、能供养劳工（通常是契约工或奴隶）的人。[47]种植者恣意挥霍土地，年复一年地种植烟草，而不休耕，也不种植可再生但不赢利的农作物。这导致英国移民不断将农作物种植到新的土地上，并将定居点扩大到新的地方，“烟草种植和土地清洗是同时进行的”。[48]

此外，殖民政府经常干预市场，以提高殖民地出口商品的价格，同时提高货币价值（殖民地官员的工资是用烟草支付的）。他们首先试图限制进入市场的烟草数量，认为供应减少会导致价格上涨，因此他们制订了“限产法”，限制种植者只能按“人头”种植一定数量的烟草。比如，“一家之主可以种200磅❸，每个仆人可以种125磅。”还有另外一项规定，就是允许每个应缴什一税的“庄稼汉”种植3000株烟草，或者“如果家里有不在地里干活的妇女和儿童……则每人可以种不超过1000株烟草”。如果有人想要转让播种或出售的配额，那就涉及法人身份的问题——妇女、儿童、仆人和奴隶都不是法人。人头权早就将土地集中到

❶ 美国殖民地时期，在北美的大西洋海岸有一个著名的烟草海岸，它以切萨皮克海湾为中心，包括弗吉尼亚，马里兰，北卡罗来纳等几个南部殖民地，以生产和出口烟草为主要的经济形式。——编者注

❷ 弗吉尼亚公司是得到英国政府特许的在北美（弗吉尼亚）经营殖民地的公司。全称“伦敦城弗吉尼亚第一殖民地冒险家与殖民者公司”。——译者注。

❸ 1磅约等于0.454千克。——编者注

有钱进口劳动力的种植园主手中，而这些规定则赋予了他们人均种植更多烟草的权利。机遇减少造成的冲突引发了暴力，其中包括 1676 年发生在西部边界的起义，即“培根叛乱”。不同规模的种植单位代表了不同的定居者团体，他们获取资源的方式也不尽相同，但是他们之间的矛盾最终因对原住民的共同仇恨而得到缓和。[49]

3.2.1 烟草行业越做越大

18 世纪 20 年代，殖民政府并没有简单地限制烟草的种植数量，而是出台了新法规来提高烟草的出口质量。这些“监察法”只批准出口优质烟草，禁止出口二茬烟草。因此，监察法规定只有初生叶可以被合法销售，从而废除了培养根出条和截根苗的农业惯例。[50] 检验制度激励人们将初生叶种植得尽量大、尽量重。[51] 这些法律使一种特定的常规做法变得更有利可图。18 世纪，在弗吉尼亚的农业体系中，工人会定期将根出苗当作垃圾清理掉，而最重要的是夏末的一次大收获，叶子被迅速加工保存，日后再由工人进行分级、包装、检验、运输和销售。

烟叶的收获需求是由监察法决定的，其规定烟草的初生叶是唯一可以销售的产品，从而使弗吉尼亚的烟草农场迎来了规模波动的第二个阶段。在 18 世纪 20 年代，也是监察法开始生效的 10 年里，计量经济史学家察觉到烟草农场和被奴役的劳动力的规模正在“稳步上升”。这种趋势由来已久：17 世纪，西部扩张给这片领土带来了麻烦，1660 年以后的法律显示了奴隶和仆人、族长和劳工、纳税人与其妻子和继承人之间的新差异。[52] 然而，18 世纪 20 年代不断变化的法律形式显然有利于种植园主，他们可以在关键的收获节点指挥大批工人，使小农处于不利地位。培根叛乱之后，非洲人仅占弗吉尼亚州非美洲原住民人口的 7%，到 1700 年这一占比上升至 13%，但到了 1730 年，非洲人就占该州人口的 27% 了，而在 1750 年达到 40%。[53] 在农作物景观的第二个阶段，大型种植单位接纳并促进了种植园系统的父权制特性。作为生产单位，这些种植园真实反映了中世纪欧洲庄园的样貌，种植园主把庄园看作一个大家庭，工人通过责任和义务联系在一起。1846 年，一位种植园主在给一位商人的信中写道："我家里有 30 人感染了天花"，好像他的工人都是他的孩子一样。[54] 殖民地监察法、向有劳动能力的种植园主授予土地的条款以及管理劳工并对其进行分类的法律，共同改变了烟草景观的规模。虽然在 17 世纪的弗吉尼亚到处都是大大小小的农场，但在 18 世纪，传统大型种植园已经成为英属美国南部的典型烟草景观。

3.2.2 黑奴解放与种植规模下降

在美国南北战争之后，烟草农场的规模不断缩小，1863 年的《解放黑奴宣言》开启了第三阶段的规模波动，烟草农场缩小为由佃农经营的小农场。当然，土地的所有权大多仍然集中在前奴隶主和其他大资本实体手里。历史学家可以选择是把重点放在三角洲和松树种植园（面积为 9000 英亩）上，还是放在个体佃农家庭或社区的经营上。随着过去被奴役的农民掌握了自己的工作、生活和家庭，种植单位的规模下降了。种植园主普遍更愿意集中控制农业经营，但由于缺乏现金，他们无法进行农业投资或者为工人支付工资。地主和农民都必须等到收获之后，才能获得报酬，店主也同样依靠借贷来维持农作物生长。种植园主想要控制工人的工作，而工人们却在寻求最大限度的自由。即便没有其他机会，获得自由的人也起码可以拥有自己的农场——与佃农相关的小型耕作单位。[55]

黑奴解放不仅改变了生产单位的规模，也改变了种植实践的性质。佃农分成制依赖于每年的借贷：农户在收获后才能获得报酬，但他们仍然需要向地主和店主支付租金，并偿还购买粮食、种子和肥料的费用。每个小组都向其他小组提供贷款，所有账单均在年底到期——所有款项均在年底回收。为了保证各方的生存，黑奴解放后出现的收获和加工方法允许农民在一个年度周期内进行多次收获。人们不再砍倒整株植物，尽管这种做法已经沿用了几个世纪，取而代之的是一种新的制度，其关键在于采收单茬叶片。首先收获一茬叶片，然后再穿过田地采摘另一茬叶片，这样一来，一组叶片先填满谷仓，然后被拿去加工，空出来的谷仓再次被装满叶片。谷仓里装满了来自同一个地方的不同植株的叶片，这些叶片的大小和质量往往相差无几。分级也是收获工作的一部分。新技术更适用于大家庭劳动制度。[56]“星期一蒙哥马利叔叔进入谷仓工作，星期六是杜威叔叔。我们所有人一起工作。周三或周四没有人去谷仓……因为这意味着要在周日调整火力，而且，你懂的，这里是南方。”[57]这样一来，小型农场的核心家庭就形成了更庞大的劳动力安排体系和技术策略网络，而这一切都是让整个农作物景观在新的配置中发挥作用所需要的。

小型农场的佃农分成制还涉及农作物景观的其他变化。举例来说，弗吉尼亚的农场主在黑奴解放之后开始使用肥料，而内战之前的大型种植园主却没有这么做，尽管那时他们已经可以获得化肥。肥料使战后的小型农场主可以在贫瘠的沙地上种植作物，这种农作物景观生产出来的烟草，与殖民地时代相比，色泽更亮、味道更温和。在这方面，政府也协助农民运用新技术，为农作物景观添加新元素。一旦出现纠纷，政府不是通过立法，而是让化学家测试相关品牌的化肥，然后进行裁决。这些化学家在新建的北卡罗来纳农业与机械学院工作。这所大学是 1862 年莫里尔法案（Morrill Act）通过后，政府赠地修建的学院之一。该州的化学家还对收获和烘烤方法进行指导，使烟草呈现明亮的黄色，味道温和不刺激。19世纪的最后几十年，随着卷烟成为主要垄断产品，温和的烟草使烟草制造业变成大生意。过去以生产咀嚼烟草为主的小公司被一家大型卷烟综合制造商兼并，这家声名狼藉的联合体（有人称其为垄断企业，但这种说法并不准确）就是美国烟草公司。大烟草公司从小型农场的仓库里购买温和的烟叶，拍卖师也会帮助农场主销售，制造商或中间商则会购买篮子里的小捆烟叶，一次只花100英镑左右。[58]

在战后新的监管和劳动制度下，殖民地时期和内战之前的大型烟草种植园变成了小型农场。20世纪30年代开始，在长达几十年的时间里，罗斯福新政将农场规模限制在一定的范围内。联邦政府通过补贴农业生产，限制了每位农场主可以销售的烟草的数量，从而限制了农场规模。但在20世纪的最后30年里，种植单位的规模再次扩大，这一次是为了证明投资新型收获机械是合理的。战后，烟草的收获方法是采摘单片叶子，一项1971年的机械专利保留了这个方法。这些机械只适合大农场主购买和使用，他们拥有的土地比新政分配的还要多。早期的法律变迁为实现机械化打下了基础：1961—1962年，新法律允许农民将自己的烟草配额出售或出租给本县的其他农民，这使得农场规模得以再次扩大。[59]

3.2.3 农场再种植

新建的大型烟草农场开启了弗吉尼亚-卡罗来纳地区烟草农场规模波动的第四个阶段。这次转变的动因仍然是法律和技术的一系列变化：战后从南方延续下来的对农场规模限制的放松，20世纪30年代新政对这些限制的强化以及只对大型农场有益的收割机的出现。机械化还带来了其他社会技术的变革：批量烘烤免除了妇女的劳动，她们无须再把单片叶子挂在棍子上，从而让男人将它们悬挂在烤房里。随着农场规模扩大，种植方式发生了变化，核心家庭和大家庭的劳动力安排也随之改变，但收获和烘烤的机械化导致了家庭农业的回归——这是一种摆脱佃农分成制和工人的方法。[60] 大环境在烟草收割机的赢利方面发挥了作用：公民权利运动和农场主向北方城市的逃窜行为导致廉价农业劳动力流失，全国家庭农场衰落，以及郊区向农村扩张，这都使小规模农业的效率大不如前。美国农业部和北卡罗来纳州立大学的专家为机器的研发和销售做了贡献，收割机的专利很快被转让给美国雷诺兹烟草公司，这表明该地区最大的烟草买家可能会支持机械化种植和相关农场规模的扩大。

受到美国历史发展大趋势的影响，弗吉尼亚 – 北卡罗来纳边境的烟草农作物景观的规模反复变化，这在影响技术选择的法律中有所体现。作为一种既适合小农也适合大农的农作物，烟草在 18 世纪成为种植园作物，为使用奴隶劳动力的大规模生产者带来回报。内战结束之后，黑人奴隶劳工的解放和信用制度的变化使烟草生产规模缩小为小型佃农农场，20 世纪 30 年代，由于配额限制了每个农场的销售量，小规模生产成了惯例。当政府允许出售或出租配额后，生产规模再次扩大，综合农场出现了，以小型单位无法使用的方式来实现机械化。尽管生产地点保持不变，但在每一个波动阶段，农作物景观的组成都会发生巨大改变。肥料使战后农场的规模缩小；20 世纪 70 年代，为了使用收割机，农场规模扩大，这些机器需要定期注入汽油才能完成工作，从而节约劳动力。对汽油的需求把烟草农场与新市场联系起来。它还巩固了种植者与老钱（购买他们产品的公司）的关系。

烟草种植规模的波动是一段简单的历史，揭示了多种不同的影响因素在规模大小方面发挥的作用，并且这些因素之间的因果关系十分复杂。植物本身并不决定农场的规模大小，但是农作物景观作为一个整体，不仅影响了农场规模的变化，而且受到农场规模变化的影响。

3.3 咖啡拼图：多种实地规模

无论是在支持全球商品链条神话的传统故事中，还是在我们的以农作物景观为焦点的故事中，规模都是咖啡发展史中的一个重要元素。

3.3.1 咖啡：一段历史

阿拉比卡咖啡树是阿比西尼亚山区森林中的一种原生植物。在 16 世纪中叶，穆斯林商人将其带到也门，当地农民在小园地的梯田里把它和自种自食的农作物一起种植。[61] 咖啡从也门的摩卡港出口，最先传入阿拉伯，然后是北非和印度，并于 17 世纪中叶传入东欧和西欧地区。从那时起，咖啡历史就进入了帝国阶段。这种长途咖啡贸易最初由开罗商人主导，但在 20 世纪 90 年代，荷兰商人从也门引进咖啡树苗，开始在爪哇种植阿拉比卡咖啡树。荷兰人强迫爪哇农民每人照顾并收获数百棵咖啡树，再以固定价格向荷兰东印度公司出售咖啡果。这是殖民主义的典型例子：通过扩大国家领土而不是进口，来实现自给自足，因此，需要捕获和驯化的是农作物植株而不是它们的果实。

味道影响着农作物景观和农作物的迁移。爪哇的咖啡最早是供给印度洋的消费中心的，但在 18 世纪初期，阿姆斯特丹取代了开罗，成为世界主要的咖啡集散地。阿姆斯特丹的仓库里不仅有来自也门和爪哇的咖啡豆，而且来自美洲的咖啡豆也越来越多。法国和荷兰商人根据以前甘蔗种植的经验，把阿拉比卡咖啡引进海地的圣多明克、马提尼克和荷属圭亚那。18、19 世纪，从加勒比地区到巴西，美洲大型奴隶种植园主导了世界咖啡生产。圣保罗地区依靠发达的铁路网络和低廉的土地成为全球最大的咖啡生产国，这一地位至今仍然没变。[62] 该地区的大型单一农作物种植园最初依靠奴隶劳动力，1888 年废除奴隶制之后，就依靠工人。巴西的种植园主要为法国和德国的高端咖啡厅供货，但从 19 世纪末开始，美国家庭成了主要消费者，纽约成为世界主要的咖啡交易所。

传统历史似乎不可避免：咖啡从 15 世纪到 17 世纪由伊斯兰控制的地中海及印度洋市场，迁移到了 18 世纪和 19 世纪以欧洲为中心的世界市场，并在 20 世纪的美国成了霸主。在北半球市场规模不断扩大的同时，南半球生产基地的规模似乎也在增加。埃塞俄比亚的野外采集、也门的多作物小花园种植、爪哇的强迫种植、加勒比海和巴西的大型种植园：咖啡似乎是基于商品链且痴迷于全球流通的世界历史的理想研究对象。咖啡在全球商业中的地位仅次于石油，它易于长途运输，主要在南半球生产，供北半球消费，因此咖啡在再现全球化的目的论方面发挥了重要作用。

因此，对这类还原论叙事持怀疑态度的历史学家，对咖啡给予了极大的关注。由于当今“世界上有 100 多个国家出产咖啡，遍布五大洲和众多岛屿”，[63] 上述线性轨迹在现实中总是更加复杂。古吉拉特的公司控制着也门的贷款额度以及到达印度和伊朗的商业线路，这些公司在咖啡景观中所扮演的角色，动摇了市场从中东转移到欧洲（开罗至阿姆斯特丹）的通常说法 [64]。除了阿拉比卡咖啡，另一种咖啡，罗布斯塔咖啡也增加了咖啡全球史的复杂性。这种刚果的本土植物让撒哈拉以南的非洲变得重要，同时也对忽略了该地区的史学提出了挑战。[65]

但是，没有任何一种因素比规模更能有力地质疑传统的咖啡故事。虽然全球化的狂热爱好者和批评者都把巴西的大型单一作物种植园视为咖啡故事的结局，但现在我们发现，无数的拉丁美洲、非洲和亚洲小农都挑战着以大规模种植为中心的正统叙事。[66] 聚集小型农场主、佃农、妇女、儿童和商业中介的故事揭示了在尼加拉瓜、哥伦比亚、安哥拉、喀麦隆、菲律宾、越南等国家整合全球市场的替代方式。

3.3.2　埃塞俄比亚：历史的环环相扣

在此，我们想补充另外一种思考规模的方法。在烟草案例中，我们探索了从一种规模到另一种规模的历史动力，现在，我们稍做转变，通过假设不同规模同时存在，来进一步挑战大小二元论。在这方面，埃塞俄比亚的咖啡故事很有启发性。在大部分咖啡的全球历史中，埃塞俄比亚只不过是传说中的原产地。阿拉比卡咖啡是原产于埃塞俄比亚西南部山区的品种，由那里的原住民采集。虽然埃塞俄比亚目前是世界第五大咖啡生产国，也是非洲大陆上最大的咖啡生产国，不过，历史学家被跨洋旅行、金融市场和咖啡馆等全球流动史吸引，很快就把埃塞俄比亚抛诸脑后，而跟随阿拉比卡咖啡豆的足迹，来到摩卡、开罗、阿姆斯特丹、海地、爪哇或者巴西。历史学家研究咖啡原始森林的唯一理由似乎是它是一种遗传多样性来源，正是这种多样性保护了世界各地的种植园，而这些种植园经常面临病原体侵害的风险，比如臭名昭著的咖啡驼孢锈菌。[67]

这也是为什么 1936 年贝尼托・墨索里尼领导的法西斯政权残酷地入侵埃塞俄比亚之后，意大利科学家将目光投向了西南部的高海拔森林：他们希望把它作为意大利人未来的基因资源库。[68] 他们认为咖啡是这个新占领的国家唯一可靠的收入来源。咖啡会支撑起所谓的意属东非，这是墨索里尼最为看重的一次帝国征服。只要围绕咖啡树种植来规划社区，来自意大利人口过剩地区的众多勇敢移民就能活下去。

但科学家很快就明白，笼统地提及“埃塞俄比亚咖啡”并不能解决现实问题。在该国东部的埃雷尔河谷中，有一些欧洲人的大型咖啡种植园（有的面积达到 1500 公顷），其周围居住着至少 10000 名伊斯兰生产者。在西南部高地，东非大裂谷以西，西达莫、加福戈马和凯法等地，科学家则发现了不同的情况：“在这片广阔的区域里，咖啡树生长在海拔 1500 米到 2500 米的山坡和谷底……这里有全世界最美的咖啡园。”[69] 这里对咖啡种植的描述不像是农业，倒更像是奥莫人和苏丹人的一种采集形式，他们收获林下野生的咖啡灌木结出的果实。意大利科学家发现了共存的生产系统：西南部山区森林里的野生咖啡，东部的小块咖啡种植地以及分散的大型种植园，埃塞俄比亚不同咖啡景观的共存也表明了它的异时性，其保留了不同时代的层次。不过，比起把时间看作静态的、整齐叠加的历史层面，将埃塞俄比亚的咖啡景观想象为不同历史层面相互作用的具体体现，更具启发性。

至少从 14 世纪开始，埃塞俄比亚东南部的伊斯兰教徒就饮用奥莫和苏丹原住民从西南山区湿润的森林里采集到的野生咖啡了。[70] 正是从这里，喝咖啡的习惯在 15 世纪上半叶传入也门的亚丁、摩卡和扎比德港，并受到苏菲派兄弟会的青睐，因为咖啡可以让他们在严肃的仪式中异常清醒。[71] 考古学家发现的证据表明，从 15 世纪下半叶开始，也门出现了越来越多的小杯子，这表明咖啡已经从仪式性公共饮料转变为普通饮料。[72] 咖啡从也门传入麦加和麦地那的咖啡馆，到了 15 世纪末，开罗的大学生都在喝咖啡。1554 年，为了限制伊斯坦布尔的咖啡消费，苏莱曼一世开始对咖啡征税。到了 16 世纪中叶，通过商队大篷车运输到吉布提南部扎伊拉港口的埃塞俄比亚西南部森林出产的咖啡豆，成为伊斯兰世界咖啡馆热的唯一货源。直到后期，也门的农场主才开始在俯瞰沿海平原的梯田以及亚丁、摩卡和扎比德港附近种植咖啡树。[73]

根据20世纪30年代意大利科学家的描述，埃塞俄比亚东部哈拉尔附近的咖啡小农种植的品种实际上并非来自埃塞俄比亚西南部的森林，而是来自也门的梯田。埃塞俄比亚咖啡与也门咖啡一同被销往地中海、欧洲和印度市场；前者的咖啡豆较大，被称为“龙果摩卡”，这个名字源于也门的港口。尽管爪哇和美洲的咖啡将逐渐占领市场，但（包括埃塞俄比亚出产的咖啡在内的）摩卡咖啡作为鉴赏家眼中的奢侈产品，始终垄断小众市场。荷兰、英国和美国商人一直从摩卡港进口咖啡，直到1850年英国将亚丁设为自由港，亚丁才占据主导地位。英国和美国的商业机构也从摩卡迁往亚丁，不久之后伊斯兰商人、犹太商人、印度商人也纷纷效仿，他们进口的咖啡大多数产自也门，少量来自埃塞俄比亚。

在埃塞俄比亚，咖啡消费一直被局限在伊斯兰地区（即哈拉尔周围），而北部谢瓦高原的基督徒则认为咖啡“带有浓烈的、令人憎恶的伊斯兰教徒的味道”。[74]喝咖啡的仪式如今被认为是埃塞俄比亚身份的象征，其最初是由伊斯兰社区模仿基督教的圣餐仪式构建的，目的是融入主流基督教，而且直到20世纪才被全民接受。[75]事实上，直到19世纪末，不断扩张的埃塞俄比亚的孟尼利克二世（Menelik II）帝国才对咖啡产生兴趣，并促进了咖啡树的种植。19世纪80年代，谢瓦人统治的帝国征服了西南地区，导致这个地区的人口（即奥罗莫人）减少了一半：蔓延的牛瘟加剧了战争的破坏性影响。意大利科学家在20世纪30年代观察到的森林，即“全世界最美的咖啡园”，大部分并不是未开发的荒野，而是在战争和流行病的蹂躏下，在被开垦和耕种过的土地上生长的次生林。[76]

基督教征服者忽视了西南地区的土地，从而支持将咖啡作为潜在主要收入来源的北方地主，由于苏伊士运河已经开通，红海商业再次繁荣起来。此外，1917 年法国出资修建的埃塞俄比亚－吉布提铁路通车，连接了亚的斯亚贝巴和红海上的吉布提港，比起经由埃塞俄比亚内陆的高原运输，成本大大降低了。生长着野生咖啡树的西南森林，现在主要由不在籍的地主拥有，他们从租户和佃农身上获利。为了支付农田的租金，并种植粮食，租户"清空了野生树木周围的空间，降低森林密度，并在林木间隙重新种植幼小的咖啡灌木。森林提供了灌木所需的阴凉和土壤湿度。而且不需要对林地施肥，只需要雇劳动力来采摘咖啡果、修剪老树、运输幼苗和清除杂草。"[77] 这是通过与当地劳动力签订佃农分成协议来实现的，当地劳动力有权获得他们收获的一半咖啡。对于佃农来说，种植咖啡树已经很赚钱了，他们有足够的资本在森林中购买自己的土地，建立自己的小农场，将咖啡和粮食作物混合种植。[78] 到了 1925 年，西南部的咖啡产量已经超过了东部的哈拉尔地区，也就是伊斯兰小农的传统聚居区。曾经因为被贴上异教徒标签而备受冷落的咖啡，如今已经成为这个基督教王国的主要出口产品和收入来源。

在意大利殖民统治的短暂时期（1936—1941），利润增加的潜力空间不断增长。曾经 350 千米长的旧骡道被一条新公路取代，连接了埃塞俄比亚西南部的吉玛和亚的斯亚贝巴，并通过亚的斯亚贝巴的铁路入海。第二次世界大战后，国际市场上咖啡的价格居高不下，埃塞俄比亚西南部咖啡种植的规模进一步扩大。除了当地的租赁和分成协议，地主从外地承包的劳动力也越来越多。他们利用与北部的血缘关系，引入移民来开垦森林，作为交换条件，移民可以在这片土地上耕作两年时间，两年之后移民将被驱逐，农田则被改种咖啡树。

新建的咖啡农场雇用季节性劳动力来除草和采摘，这些劳动力同样来自外地。20 世纪 70 年代，从周边地区来到西南地区的季节性劳动力人数不少于 5 万，他们在 10 月到 12 月都留在那里，这几个月正值咖啡收获的高峰期。很多人选择永久留下来，用工资购买了小块土地，自己种植咖啡，这增加了该地区的非流动人口。许多新来的小农还可以选择在一些大型地主庄园里从事季节性的野生咖啡采摘工作，从而赚到足够多的钱来买牛犁地。他们大多种植玉米作为粮食，而不是埃塞俄比亚北部的传统粮食——苔麸、牛筋草和小麦。[79] 虽然这些粮食每年对劳动力的需求与咖啡树种植的需求相冲突，但玉米的成熟周期短，产量高，播种和加工的成本低，而且最重要的是收获时间灵活，因此它是最适合搭配咖啡种植的农作物。[80] 大约在 19 世纪末，玉米由伊斯兰商人（对此我们知之甚少）带入埃塞俄比亚西南地区，形成了詹姆斯·C. 麦凯恩（James C. McCann）所说的咖啡 – 玉米复合体，这其实是咖啡小农得以存在的一个必要因素。玉米也使许多小农免于在国际市场的跌宕起伏中破产，避免了单一农作物种植区黑暗故事的典型特征。玉米还指出了另外一条历史线索，它使西南部不同规模的埃塞俄比亚咖啡景观进一步复杂化。在西南地区，人们采摘野生咖啡，在大型咖啡庄园中种植咖啡，也在小农的玉米地旁边种植咖啡。对从有利于大型农场或经营的角度解释咖啡历史，或者提出相关政策与指导的主流叙事来说，上述事实构成了极大的挑战。

如果咖啡和烟草使规模的作用在历史的动态模型中变得复杂，那么印度茶叶则说明理想的规模并不总是能够被轻易地实现。

3.4　茶与意识形态：力求规模

在第二章中，我们已经讨论过，19 世纪 40 年代印度移植茶景观时，不是简单地要求对原产于中国的农作物进行改造，而是需要创造以茶为中心的新组合和新风格。本章中，我们将重点讨论影响印度茶景观发展的四个方面。

前两个方面是相互交织的意识形态。第一个方面是英式理想，即大规模、资本密集型企业是最高效、最能赢利的生产方式，这种理想很快成为自由主义规范。正是这种想象力和雄心推动了印度茶业生产的滚动式发展。当时，在殖民地的制糖厂、家庭纺织工厂以及东盎格利亚和苏格兰低地正在形成的“科学农业”系统中，规模经济的优越性已经显现。和规模经济和集中资本一起出现的第二个因素，是以机械取代人力的雄心：机械化的理想。诚然，当时还没有批量生产茶叶的机器，但这并没有让人气馁：印度茶叶种植的推广者相信“盎格鲁－撒克逊人的活力、精力和创造力‘将会很快改变’粗糙的”中国传统技艺（图 3.2）。[81]

印度茶景观中发挥作用的第三个规模因素是植物因素：阿萨姆邦本地的茶树比中国茶树更大、更有活力并且更适应当地条件。一旦印度种植者认识到它的潜力，并相应地调整技术，抛弃未能在印度茁壮生长的中国茶树，就能创造条件，将茶产业扩大到印度的新地点并制定全年采收制度，提高产量和利润，从而在竞争中超过中国，使印度成为世界上主要的红茶出口国。但是，印度茶叶成功击败中国茶叶的关键并不是价格，而是印度茶叶具有的独特风味。我们在本节中讨论的巨人主义的最后一个方面，就是销量持续增长的动力，以及种植者为创建和扩大印度浓红茶出口市场和本地市场而付出的努力。

当投资者争相购买 1839 年新成立的阿萨姆公司的股票时，

图 3.2 茶园的九个场景。这组作品专为英国观众制作，据说是为了展示印度茶园的工作，但实际上只有两个场景是在印度（阿萨姆邦）绘制的。其他场景则直接照搬中国艺术家为欧洲市场绘制的流行出口艺术画册（外销画），描绘了中国茶叶种植和生产的过程，当时英国种植园主试图在印度复制这一过程，但只取得了部分成功。T. 布朗（T.Brown）雕刻，约 1850 年，以 J. L. 威廉姆斯（J. K. Williams）命名。由惠康收藏馆提供

规模经济和技术创新的工业理想必然会转化为稳定的增长、进步和股东收益。事实上，几十年来，就像英国投资者贪婪地投资的无数其他印度茶叶企业一样，阿萨姆公司的进展不稳定也不明确。虽然得到了英国政府明确且慷慨的支持，但印度茶产业不止一次发现自己处于崩溃的边缘。正如当地的房地产经理人或工程师抱怨驻地在伦敦或格拉斯哥的董事会缺乏对当地实际情况的全面了解那样，大都市对于工业理性、创新和进步的理想被证明很难适应印度当地工作流程中固有的基础技能，在面对危及植物和人类定居者安全的意外病虫害时更是如此。

3.4.1　放大中国模式：技术阻力

第二章中提到，中国茶产业是以小规模生产为基础的。19世纪30年代，殖民政府在印度建立的试验性茶园也很小。一方面，尽管原则上英国人可以尝试在印度建立一个像中国那样的小农茶体系，然而这却对政府关注的英国所有者和管理者来说没有吸引力，而且东印度公司在中国的经验也表明，这种分散的生产方式难以给英国股东带来可靠的利润。另一方面，由政府直接管理的种植园已经充分证明了它们对整个帝国的价值；它们驯服了“荒野”，使陌生的景观得以清晰呈现，[82]并在此过程中产生了丰厚的利润。此外，荷兰政府已经开始在爪哇经营茶叶种植园，提供了一种可运行的资本主义茶景观的模型。[83]

英国统治者所设想的茶园规模决定了印度茶景观的位置。因为人们往往认为茶园经营需要大片土地，通常是500~1000英亩❶，所以印度茶叶种植园被设置在偏僻的地方，通常是森林地区，那里的大片土地更容易被转让给英国种植园主。

❶　1英亩≈6.07亩。——编者注

印度茶产业的一个特征是经营规模。从这个角度来看，典型的茶景观是在偏远地区和山坡绵延数百英亩的茶园。作为一种农作物景观，这种生产模式通过其与劳动力来源的联系而在空间上进一步延伸，通常会延伸到数百英里之外，到达平原上政府所谓的人口过剩的贫困农村社区。因为茶产业不仅规模庞大，而且是劳动密集型产业，需要工人清理土地，种植和照料茶树，以及采摘、加工和包装茶叶。20 世纪 30 年代，1000 英亩级别的庄园平均需要 1500 名工人。[84]

中国的小型茶园主要由家庭劳动力经营，也会从附近的村庄雇用季节性工人。爪哇的荷兰种植园的管理人员可以利用稠密的当地人口。但印度茶叶种植园在偏远地区，人口稀少，而且大多数当地人不愿意为英国人工作。确保充足、有纪律和温顺的劳动力从一开始就是一个巨大的挑战，即使是在独立之后[85]，这项挑战仍然存在。英国殖民政府竭尽全力支持茶园不断增长的劳动力需求。19 世纪 60 年代，印度茶园开始产生稳定的利润，这在很大程度上要归功于 1863 年通过的首部《本地劳工运输法案》，其正式确立了一项臭名昭著的剥削制度，允许掮客与来自平原地区的整个贫困农民社区签订合同，使社区中的农民成为契约工人。由于工人要在庄园里吃住，大约三分之一的土地都被用来建造工人的房屋、菜园或牧场等服务性设施。

虽然最早的茶企业也迫切需要被机械化，但事实证明，茶叶生产的工艺具有顽强的抗性。[86] 虽然印度茶产业在 19 世纪的头 50 年里进行了许多巧妙的工程试验，但是直到 80 年代，其才发明出可靠的机器，而且只能用于有限的茶加工步骤。之后，尽管茶厂里的茶叶机械化规模扩大，但对人力的需求并没有因此减少，反而增加了，因为在田间劳作的工人需要生产和运送更多茶叶来投喂“饥饿”的机器。契约制度持续存在。从 1863 年一直到第二次世界大战，其间出台的一系列劳工法案，激怒了反殖民主义活动人士。在他们看来，茶叶就如同盐和靛蓝色染料一样，是英国压迫的象征。[87]

像阿萨姆公司这样的大企业从一开始就聘请了专业工程师，这些工程师通常热情洋溢，坚持不懈地开发合适的机器。不过，印度茶产业的发展历史提醒我们，在成功创新之前要经历很多次失败。诸如揉捻、烘干等需要灵巧性和判断力的精细工序，长期以来都被证明是不适合机械化的。但是，设计上的失败并不是唯一的障碍；员工之间的身体和心理距离也是如此。一方面，工人身处偏远庄园，亲自与复杂的材料斗智斗勇；另一方面，管理人员却舒适地安坐在公司的大都市总部。以阿萨姆公司为例，该公司的伦敦董事会经常与当地工程师和管理人员闹翻。1842 年，助理工程师斯特朗发明了一种揉捻茶叶的机器，但被停止使用。1859 年，主管亨利·德·莫内（Henry de Mornay）试图用机械风扇来分选茶叶，结果因涉嫌“违规”而被解雇。同样是在 1859 年，公司工程师詹姆斯·吉本（James Gibbon）正在开发一种揉捻机器，但他却“因为酗酒和暴力而被解雇”。最终，1868 年，詹姆斯·C. 金蒙德（James C. Kinmond）成功地制造出了第一台得到官方认可的揉捻机。这种机器最初由经过专门训练的小马提供动力，后来由 3 马力的发动机提供动力。金蒙德耐用的揉捻机取得了持久的成功，并在较大的庄园中被广泛使用。但这种机器无法实现能够提高价格的“精细终极一捻”，因此很多庄园仍然选择手工揉捻或者只有在劳动力稀缺时才使用机器。[88]

19 世纪 80 年代，潮流真正地发生了变化。英国人终于不再偏爱中国的全叶茶，精细揉捻也就不再是优先考虑的事情了。茶园的标准配置先是重型揉捻机，然后是高效的干燥和分选机。靠机器终于可以赚钱了，工厂的机械化大大降低了生产成本，从而开启了一个贸易利润上涨、工业规模扩大的时代。到了 19 世纪 90 年代，大多数庄园都配备了蒸汽机来为其他机器提供动力；如果机器出现任何问题，通常需要从很远的地方找来工程师。然而，正如前文所述，虽然机械化逐渐取代了工厂里的部分工人，但工厂外的大部分工作都无法被机械化。机械化犁地或采摘的宏伟计划半途而废。锄头、剪枝刀、镰刀、斧头、象鼻，以及熟练工人的巧手继续工作。庄园对劳动力的总体需求从未减少，而劳工团体组织者的专业知识对企业的成功来说仍然重要，其作用不亚于工程师、庄园管理人员、植物学家和化学家。

3.4.2 植物功能可见性

生产单位的规模是推动印度茶产业机械化的一个重要刺激因素，但如果印度庄园坚持使用原始的中国茶品种，就永远不可能成功实现机械化。中国茶树的叶子很娇嫩，需要高度熟练的人工处理。相比之下，阿萨姆邦本土茶树的体型更大、生命力更强，其叶片面积更大、味道更浓，而且 19 世纪 30 年代在试验站被驯化过。但是，用它们的叶子泡出来的茶味道更浓、颜色更深，对习惯了清淡、芳香的中国茶的英国饮茶者来说吸引力不强。最初，公司禁止种植顽强的阿萨姆茶树，因为它们无法在国内销售。但与中国茶树相比，阿萨姆茶树叶子更多、更茂盛，明显更适合大规模生产，到了 19 世纪 60 年代，中国茶树被种植园主贬斥为“阿萨姆邦的诅咒”。然而，在英国市场上，印度茶叶仍然难以与中国茶叶抗衡。几十年来，这场旨在改变公众口味、使人们转而偏爱浓红茶的长期运动始终没有明确结果，但最终这场运动在 19 世纪 80 年代取得了胜利。到了 1890 年，印度茶叶在英国市场上彻底击败了中国对手。[89] 大规模、机械化茶园的赢利能力，以及阿萨姆茶树的韧性和生产力，致使格拉斯哥的芬利等大型殖民公司争相在印度、锡兰和肯尼亚等亚热带殖民地购买大片土地，从而导致帝国独特的茶景观被多次复制。

最后，就规模和大小而言，值得注意的是中国茶叶很容易因为机械处理而受到损伤，而稍硬的阿萨姆茶叶不仅能承受机械处理，而且如果在加工过程中受损，其浓度反而会被增强。一旦消费者被浓郁的印度茶叶吸引，生产者就会倾向于使用机械处理茶叶，以让茶的味道更浓烈，最终，20世纪30年代出现了CTC（粉碎—撕裂—卷曲）制茶机，极大地提高了茶叶加工量和加工速度并降低了价格。选择阿萨姆茶的一个重要结果就是饮茶习惯的下沉，市场因此不断扩大。在19世纪中叶，茶叶仍然是一种昂贵的消费品，只有富裕家庭才消费得起。但阿萨姆浓茶的价格从19世纪80年代开始稳步下降。英国及其殖民地上的穷人，乃至印度本土的穷人，都开始经常喝茶，而且茶越浓越好。工厂不再丢弃碎茶叶和茶末：它们都被制成可赢利的商品。20世纪30年代，CTC制茶机开始大量生产真正便宜的浓茶。而如果把时间往前推100年甚至50年，这种东西在任何地方都卖不出去。但在20世纪30年代，为了应对大萧条对大都市市场的影响，英国茶叶公司抓住机会向印度工薪阶层推销茶叶。[90] 随着伦敦拍卖市场上茶叶的平均价格暴跌，“3.5亿等待激活的喉咙”的诱惑变得不可抗拒，于是印度茶叶市场扩展委员会于1935年成立，开始了“无疑是印度历史上规模最大的营销活动”。[91] 该委员会密集的广告宣传活动包含着一个有趣的规模悖论。茶车免费分发茶水，并以可以承受的价格向满意的顾客出售小袋茶叶（“印度铜币包”），这可以被看作“发掘金字塔底层”的早期例子之一。事实证明，小包装可以有效地扩大（本地）顾客群。

英属印度的大规模茶景观并不是自然的产物，但从一开始，对于它的主要推动者来说，这似乎是一个自然目标。机械化的茶种植园代表了所有白人行动者的共同理想，这个梦想是制造业向植物世界扩张的一个缩影。英国政府及其在印度的立法机构、商业公司、贪婪的投资者、雄心勃勃的年轻人以及坚持不懈的工程师共同努力来实现他们的梦想：有朝一日可以用机器来种植和收获绵延几千英亩的茶树，而茶工厂可以几乎完全使用机器加工出质量可靠、品相均一的茶叶，供整个文明世界的茶爱好者享用。虽然梦想出现与梦想实现的速度不匹配，但其基本的意识形态和目的论是坚不可摧的。

3.5 浑水

虽然英国政府或大部分种植园主都没有质疑印度茶产业扩大规模、扩张资本和实现机械化的生产主义逻辑，但埃塞俄比亚的咖啡以及美国弗吉尼亚州和北卡罗来纳州烟草的例子表明，规模的逻辑要复杂得多。如果我们关注全球史学家很少考虑的微观尺度，即农作物景观中必不可少的线虫和水的作用，那又会开辟出什么样的新视角呢？ 在此，我们将水作为农作物景观的组成部分进行分析，水像植物一样也有很多品种，人类对待水也像对待植物一样细心。此外，我们并没有从产生诸多社会理论的巨型水坝着手，而是缩小到蠕虫的视角，或者更确切地说是农民对蠕虫的观察，这一点几乎在所有古代和当代的农业文献中都有所体现。本节重点讨论了一个所有尝试种植植物的人都很关心的问题，即种植者如何让水与土壤结合。

3.5.1 水、电和生活

说来也怪，说到水，最著名的理论是“大就是坏”。1957 年，冷战正酣，作为一名研究中国的历史学家，幻想破灭的马克思主义者卡尔·魏特夫出版了《东方专制主义》(*Oriental Despotism*)一书，他在书中提出了颇具影响力的水利社会理论：包括古埃及、美索不达米亚平原、帝制中国和被征服前的墨西哥在内的水利文明，都是建立在大规模灌溉和防洪工程之上的，其建设、维护和控制需要中央集权的专制国家的官僚管理。魏特夫认为，这些国家天生对民主辩论、个人自由或创新精神怀有敌意，因此它们的历史轨迹和基本价值观念都与西方国家截然不同。[92] 作为对"亚细亚生产方式"这一概念的阐述，魏特夫的水利学说至今仍有影响力，比如，其被用于解释为何 18 世纪中国"发展"失败，而日本却取得了成功，或者评估当代大型水坝方案中固有的权威主义。不管他们是接受还是质疑魏特夫的假设，关于水资源控制与社会组织的关系的所有解释都必须考虑规模。

我们通常认为水管理以及相关的政治权力和实体控制能力，都是从上到下、从大到小、从中心到地方逐级向下渗透的。然而(正如帝制中国的水利官员曾遗憾地认识到的)，如果当地农民拒绝疏通村里的沟渠，那么很快水渠中就会堆积大量的淤泥，导致长江沿岸发生水患；如果市场发生变化，长江上游的农民不再种植棉花，转而种植甘蔗，那么下游的稻米就会歉收。也就是说，小规模农业活动也具有决定性作用。身为史学家，灾难和危机引起了我们的关注：是什么造成了干旱或者洪水？但我们可能不太重视用于建设和维护日常用水设施的巧妙技术。如果我们不从胡佛水坝或者中国工部等顶层设计着手，而是从底层着手，关注基层的农民怎样驯化、"培育"和取用水，我们会得到什么见解呢？如果我们把水作为一种农作物来分析——这实质上也是农民对水应有的态度，我们又能学到什么呢？

水是每一种农作物景观的必要组成部分，它满足了每种农作物景观中所有生命形式和生命活动的需求：农作物需要水，人类、动物和微生物也需要水。人类还使用水来保持卫生，并且几乎所有类型的加工和制造，从烹饪、制锅到核能冷却都会用到水。水管理技术范围很广，从吴哥窟和胡佛水坝等宏伟的水利系统到收集屋顶雨水的桶，从雨神庙的祭祀仪式到提供天气预报的移动应用，从发芽前的稻种到沁入土壤的霜冻。诚然，无论是过去还是现在，农民都依靠各种规模的公共工程来获得水。当然，水系统几乎总是在多个层面或多种规模上运行：田地、农场，也许还有村庄、河流流域、河谷以及州县。但是，不管是雨水、当地的溪流、社区建造的蓄水池，还是国家修建的水库，农民都必须利用一切可以利用的水，把它当作原材料，精心照料和采集，然后把它加工成易于管理的有用形式。农民的水耕技术是当地农作物景观的一个基本组成部分。这种与水合作的方式也是我们这里要讨论的，我们将探索两种独特的水耕方式：水稻耕作及旱地耕作。

3.5.2 水稻耕种

许多农作物生长在沼泽地或者潮湿的田地里，比如芋头、甘蔗、生姜和水稻，它们由雨水或者人工灌溉。[93]水稻的种植范围最广，在生存环境和耕种技术方面的变化也最多：随着湄公河湿地洪水的节奏而自播繁殖的浮水稻、双季稻，或与冬小麦轮作的水稻，或在缓坡上的圩田中、令人眼花缭乱的梯田上或者河中围垦的堤岛上种植的水稻。稻农用石头、泥土、竹子和木材来建设自己的农田，利用简易却成熟的技术和工具把水运输到景观各处，并通过各种工具将水在田地和居民之间进行分配：锄头、木泵或铁泵、树干或竹子制成的水槽、木制水闸、香盘或给用水定时的寺院钟声。[94]

旱地农民往往会根据土壤的肥沃程度对各个地块进行评级，而种植水稻的农民会按照供水质量对土地进行评级，他们在管理和改善供水方面付出了极大的努力。为了茁壮成长，水稻在整个生长期内需要几英寸[1]深的水，而在收获前几天要把这些水排干。有时，储蓄雨季的降雨就足以种植水稻：在田里筑起堤岸，以防止雨水流失；有时，雨水被收集在个人或者集体所有的蓄水池里，然后再被逐渐释放到田里；通常，水被从溪流引向一个重力供水系统，从而使水从一片土地缓慢流淌到另外一片田地；也可以从附近的沟渠或河流中抽水。

江南人陈旉于 1149 年编写了一本农书，当时江南地区是中国的主要稻仓，我们从这本书中找到了以下关于创造可持续且有效的水景观的建议：

> 若高田视其地势，高水所会归之处，量其所用而凿为陂塘，约十亩田即损二三亩以潴畜水；春夏之交，雨水时至，高大其堤，深阔其中，俾宽广足以有容；堤之上，疎植桑柘，可以系牛。牛得凉荫而遂性，堤得牛践而坚实，桑得肥水而沃美，旱得决水以灌溉，潦即不致于弥漫而害稼。高田早稻，自种至收，不过五六月，其间旱干不过灌溉四五次，此可力致其常稔也。又田方耕时，大为塍垄，俾牛可牧其上，践踏坚实而无渗漏。若其塍垄地势，高下适等，即并合之，使田丘阔而缓，牛犁易以转侧也。[95]

陈旉强调了储水对于支持典型的江南稻桑农业组合的重要性。水池中的水被用来灌溉水稻，种植桑树和橡树，树叶不仅可以养蚕，还能防止宝贵的水蒸发，防止水牛（一种极其脆弱的动物）中暑。让蓄水池中的水按照严格控制的量进入稻田，既保证

[1] 1 英寸约等于 2.54 厘米。——编者注

了农作物的健康生长，又缓解了农田缺水和过水的问题。稻田里的水养育着大量藻类以及鱼和鸭子。鱼和鸭以藻类和昆虫的幼虫为食，还可以预防疟疾。（中国和其他地方一样，每当开辟新稻田或者当死水无人处理时，疟疾就会肆虐成灾。）[96] 当田里的水被放干以让农民收获稻子时，鱼也被一起收获了。这只是亚洲多种水耕方式中的一种，支持以水稻为基础的多种作物轮作。[97]

我们现在探讨水稻系统中另一种重要的产物：泥浆。稻种在一层柔滑的泥土中发芽，秧苗在这层泥土中茁壮成长。多年以后，稻田的土壤将分为两层：上层是泥浆，下层是不透水的硬土层（这可以有效地防止积水渗入底土）。同样，在雨后调配稠度适当的泥浆以及在收获后软化田地土壤的方法多种多样。比如，18 世纪的爪哇农民通过把牛赶到稻田里实现这一点。更典型的做法是，农民把水放进田地里，静置几天，然后用水牛交叉犁地，然后使用带有锋利尖齿的耙子把黏土搅成泥。稻种在下田之前，通常要被放在水里浸泡催芽；而且一般不是将稻种播种在大田中，而是种在受到精心照料和肥化的苗床上，等稻苗长到大约 20 厘米高时，再进行移栽。这就缩短了水稻的收获周期并提高了产量。这些操作之所以能成功全是因为泥浆。

不过，只有被放在正确的位置和时间的泥和水才是好的。从土壤中排水和向土壤中放水一样重要：水不能淹没植株，而且稻苗在快要成熟的时候，更喜欢干燥的底土。水稻生长时，浅土埂可以留住水，但是，稻农只要用家家户户常用的铁锄头敲击几下，就能挖出一个缺口，让水流入下一块田地，或是流进排水渠里。中国古代著名的农具翻车❶是必不可少的，农民会用很长的

---

❶ 翻车又名龙骨车、水车、踏车，是利用齿轮和链传动原理来汲水的灌溉农具。——译者注。

时间踩它。翻车既可以从周围的沟渠中将水引入农田，也可以将水抽出农田（图 3.3）。在许多地区，稻田一年里可以种植多种作物。在江南地区，夏季稻之后通常会种冬小麦或大麦。水稻收割之后，这些“二次成熟”的土地必须被深耕，一直耕到硬质地层，但是不能穿过硬质地层，这样土壤才能在下一次播种之前充分干燥；这之后再把地犁成垄和沟，这样春天的雨水就会从田中排出，而不会伤害大麦的根部。

我们以泥浆为中心，最后要强调的一点是，水稻种植有赖于对田地的精心照顾：对于所有植株来说，水的深度必须相同。在激光找平技术和绿色革命的土地整理计划出现之前的日子里，这意味着所有稻田的规模都非常小。它们的边缘不过几米长，紧贴着土地的轮廓，而且地势越陡峭，稻田就越小。用木犁或者锄头就足以有效地在这些田地上耕作，而且由于水稻产量很高，面积不足一英亩的农场就可以养活一个家庭，同时支撑商业种植和乡村制造业的发展。这些微小的水稻农场巩固了明朝时中国作为全球最大制成品出口国的地位。在日本德川时代，这种小农场的活力促进了日本的发展，日本史学家称之为“勤勉革命”。[98]

3.5.3　旱地农业

这里，我们再次以中国为例来说明如何利用水来创造农作物景观。中国北方的农业不容易高产。那儿冬季寒冷，夏季炎热；降雨量少，而且主要发生在春季或夏季的几个月里，并且经常是猛烈的暴风雨。内陆地区的黄土肥沃但脆弱；黄河平原的土壤通常又黏又硬，容易内涝。春雨后立即播种的谷物（粟和黍）则耐寒又抗旱，从新石器时代起就是主要谷类作物，今天对许多北方村庄来说仍然如此。[99]

《齐民要术》是一部中国农学经典著作，是北魏官员贾思勰

图 3.3　稻田里的翻车。与戽斗或桔槔等汲水设备相比，翻车被认为是一种节省劳力的工具，帝制中国的艺术家喜欢描绘工人们聊天、唱歌，甚至阅读（比如这幅图）的场面。徐光启，《农政全书（第 1 版）》，1639 年

于公元 540 年左右完成的。该书描述了一种以谷子为主食的农作物景观，记录了把种子、土壤和水相结合的复杂而精确的技术。“凡种谷，雨后为佳。遇小雨宜接湿种，遇大雨待薉生（小雨不接湿，无以生禾苗；大雨不待白背，湿辗则令苗瘦）”。[100]

《齐民要术》详细阐述了一种集约化的耕作制度，为了确保从播种的那一刻起一直到收获期，土壤保持湿润但不潮湿，其表面被粉碎成现代农学家所说的尘土覆盖物，以减少水分蒸发和土壤侵蚀。秋季收获之后，冬季霜冻来临之前，要先用钉齿耙把土块打碎，然后进行深耕，这样可以疏松土壤并杀死昆虫。冬季结束时，一车车的粪肥被倾倒到田地里，再被翻到土壤下面。积雪也都被翻到田地里。从农历正月开始（按照现在的计算方法，也就是 1 月下旬或 2 月），人们会进行一系列窄沟浅耕，每次浅耕后都会进行几次交叉耙耕，即先用灌木耙沿着犁沟耙，再与犁沟成直角耙。然后，再用杰思罗·塔尔的马耕法把田地犁成垄沟，种子不是手工撒播的，而是用条播机成行播种的。这种条播机既节省了种子，又节约了水和肥料；它还便于用手工、牛耕或骡耕来锄地。这种方法消灭了与粟争夺水分和肥料的杂草，农作物因此会长得更好。

《齐民要术》记载了大规模耕作行动。在公元 200—公元 700 年的几个世纪里，中国北方的大部分土地都集中在权贵家族的大型庄园里。地主家庭提供劳动力，包括拉犁的役畜、给农田施肥的牲口群，他们有足够的土地来实行轮作，或者留出土地种植果园或木林。对于旱地耕作制度来说，这种规模最有生产力。但是在封建统治时期的其他阶段，中国北方地区被划分成小型农场，不过，即使耕作规模要小得多，这种耕作制度仍然被采用（北方家庭一般需要 6 公顷土地才够用，而江南地区只需要 0.6 公顷就够了）。这种旱地农作物景观，因其特有的水土管理技术，在华北地区一直被沿用到现代。虽然与现在的西方农场普遍采用的机械化相比，这种农作物景观的技术含量更低，但在 20 世纪初期，它赢得了许多外国游客的赞誉，其中一些游客对它表示钦佩，认为它是一种可以替代富矿农场的园艺方法，也有人把它看作一种适合干旱地区的农业制度，可以被引进像阿尔及利亚这样的半荒漠化殖民地。[101]

在本节中我们了解到，如何管理水，从而让它沿着农作物景观的脉络流淌，连接不同的空间，滋养不同的行动者，并把种子和土壤融合起来。尽管我们已经注意到两种工作制度在一般层面上与生产方式的联系以及这种联系所涉及的历史和地理差异，但这里没有足够的篇幅来讨论水的政治学的中间尺度以及相关群体之间的联系、对抗和冲突，或者因为与水合作而形成的积极或消极身份。[102] 把水视为农田或农场层面的对象，而不是水坝或基础设施层面的对象，凸显了农民用于保持土壤和植物的良好状态的技术和经验，及其对植物的日常看护，所做的相关决策和规划。这种集约化的物质视角强调了物质层面和社会层面的劳作和维护的重要性，而在以关注大规模生产为主的历史中，这些层面往往不能得到清晰的反映。

虽然相较于世界历史的宏大叙事来说，制作泥浆和覆盖层的技术挑战似乎微不足道，但这些农业原则和实践的微观历史阐明了农民的关注点，农民拥有的资源，不同规模的水文环境和管理之间的联系，同时也阐明了使从墨西哥到斯里兰卡的“水利社会”异时波动的机制，我们也从中看到了国家层面的整体工程与自给自足的地方水利工程的交替出现。[103] 我们希望，这个从研究一滴水与一块土壤的融合开始的规模实验，能够让我们以一种新颖且富有成效的方式来思考水、规模和人类历史。

在本章中，我们以农场为框架，检视了规模的规范、准则与意识形态。我们不仅关注了不同规模形成和演变的条件，而且关注了历史行动者对它们的概括、道德化和制度化，并以回顾的方式将其编写成历史以合理化当下和预测未来。由于对历史的确定性叙事常常被用于证明政策选择的合理性，而且对农业制度的历史分析往往是由政治假设驱动的，所以本章中的历史书写与政策的联系要比其他章节更为紧密。[104]

尽管“大即是好”的观念在西方思想体系中源远流长，但它仍然只是一种本土价值观念，并没有得到世界其他地方的认同。此外，趋势的建立取决于观察的尺度，包括何时缩短时间范围。从集体化开始到至少 20 世纪 70 年代，苏联都可以声称消灭小型农场、支持大农场的政策是一种成功；相比之下，波兰在共产党统治期间保留了小农场则被认为是失败的。但在 20 世纪 90 年代之后，俄罗斯的大型集体农场就成了一个失败的例子；而波兰数以千计的小型农场（现在被认为是市场化的企业）却取得了成功。[105] 主流的规模意识形态背后往往矛盾激烈，而从一种规模转变到另一种规模的过程往往伴随着极端的阶级暴力。

在选择以多种尺度来检视农作物景观的过程中，包括对它们进行再构造，以便了解更小的单位——农场、田地、工厂、家庭——是如何嵌入其中的，我们希望读者不仅要进一步反思规模的动态，还要反思非传统的周期划分、年表以及时间性。在探索规模的共存、其持久性或短暂性、波动或迁移以及支持大规模经济体系的小规模基层经营时，我们对深深植根于政策、社会理论和历史的关于规模的有说服力的假设和神话，以及一系列二元论模型提出了质疑。同样重要的是，本书的各章节强调了由于这些假设而导致的史学空白，并提出我们可以在更广泛的历史中重新发现这些被掩盖的迁移，并评估它们的影响和相关性。我们的案例证明了农作物景观没有天然规模或者最佳规模，农作物也不存在普遍的生长逻辑。这些节还强调，要认识到“大中有小”的持久和必要性——反之亦然。当我们把视线从完整的茶叶商品链（包括伦敦总部和印度种植园）转移到偏远茶园的工程师小屋时，我们提出的问题和作出的解释会发生变化。农作物景观让我们既能两者兼顾，又能有所选择。如果我们不从水坝和专制制度入手，而从保墒、耙地等农户的日常工作着手，那么我们会对更广泛的农作物景观，特别是社会形态、技术文化以及地方与国家之间的关系有新的见解。

注释

1. 见第一章的“水稻”一节和本章的“浑水”一节。
2. Chambers and Mingay, *The Agricultural Revolution,* 173.
3. MacDonald, Korb, and Hoppe, “Farm Size,” 4.
4. USDA and National Agricultural Statistics Service, “Farms and Land in Farms, 2018 Summary,” 7.
5. 例如，见联合国粮食及农业组织发布的 “Family Farming Knowledge Platform,” 以及世界银行发布的农业综合企业倡议；World Bank, “Agribusiness.”。
6. E.g., Massey, *For Space;* Rangan and Kull, “What Makes Ecology ‘Political’?” ; Sassen, *Deciphering the Global.*
7. 农场规模的趋势已成为评估英国农业革命发生时间的一个关键标准。参见 Overton, Agricultural Revolution in England；或者参见第一章中关于近代中国早期农业规模和经济内卷化的论证。
8. Kron, “Agriculture, Roman Empire,” and “Compositions,” “Worker Cooperatives.”
9. Curtin, *The Rise and Fall of the Plantation Complex;* Follett et al., *Plantation Kingdom.*
10. Ross, “The Plantation Paradigm” ; Dove, “Plants, Politics, and the Imagination” ; see also “The Social Life of Cocoa” in “Times,” and “Tea” later in this chapter.
11. 施灰法是指把酸橙和白垩粉一起埋入重质土壤中，以提升土壤质感；见 Markham, *Farwell to Husbandry*。
12. Markham, A Way to Get Wealth. See Drayton, Nature’s Government, 51–54, 其中论证了财产、规模和进步如何在现代早期英格兰的科学和政治经济学话语中联系起来。
13. Overton, *Agricultural Revolution in England,* summarizes the copious literature on the processes that transformed English farming.
14. Chambers and Mingay, *The Agricultural Revolution;* Overton, *Agricultural Revolution in England;* Allen, “The Agricultural Revolution.”
15. Maxby, *A New Instruction;* Markham, *A Way to Get Wealth;* Hartlib, *His*

Legacy of Husbandry.

16. 塔尔提倡的马耕法及其原则与本章后面的“浑水”一节中所描述的中国北方耕作制度的原则和实践之间有惊人的相似之处。这表明，塔尔和那个时期的其他欧洲农学家一样，对耶稣会观察员最近发表的关于中国农业的报道有所涉猎。Bray, Agriculture, 558–61。
17. Hobsbawm and Rudé. *Captain Swing*. Drayton, *Nature's Government*； 英国的殖民政策中渗透了改良意识形态，其主张通过开明的庄园农业制度和大规模管理来改善社会。Arnold, “Agriculture and ‘Improvement’ in Early Colonial India”，这些原则并不能轻易地在已经存在“本土”农业系统的地方进行转化，但对于那些据称无人居住的土地，例如那些为茶种植而开垦的土地来说，情况就不同了，正如我们在第三章展示的那样。
18. Slicher van Bath, *The Agrarian History of Western Europe,* 239.
19. Chambers and Mingay, *The Agricultural Revolution,* 3; Slicher van Bath, *The Agrarian History of Western Europe,* 304.
20. See “Times” on “industrious revolution” in Japan and China.
21. Fussell, “Low Countries’ Influence” ; Overton, *Agricultural Revolution in England;* on “industrious revolution” see “Rice” in “Times.”
22. Allen, “Tracking the Agricultural Revolution.”
23. Overton, *Agricultural Revolution in England;* Allen, “Tracking the Agricultural Revolution” ; Allen, “The Agricultural Revolution.”
24. Young, *A Course of Experimental Agriculture;* Huang, *The Peasant Family;* Landes, *The Wealth and Poverty of Nations;* Mokyr, *The Lever of Riches;* Mokyr, *The Enlightened Economy.*
25. 农民对贵族地主的不满是 1789 年法国大革命的诱因之一。英国的有产阶级出于某种原因担心农村和城市的新无产阶级会效仿法国无产阶级，因此反抗的迹象被无情地、暴力地镇压。
26. Kron, “The Much Maligned Peasant.”，当时，用于描述农业劳动者的语言仍然不那么亲切。而亚瑟·杨是一个例外：他对农村穷人的困境表示普遍同情和理解。哈丁的“公地悲剧”在经济思想中仍然具有非凡的影响力——2009 年埃莉诺·奥斯特罗姆（Elinor Ostrom）凭借证明公共财产可以被成功地管理而赢得诺贝尔经济学奖，这在当时让人惊讶。

27. Toynbee, *Lectures on the Industrial Revolution in England,* 88. 杨的研究是汤因比关于英国农业现状和历史的主要引用对象。
28. Toynbee, *Lectures on the Industrial Revolution in England;* Prothero, Lord Ernle, *Pioneers and Progress;* Overton, *Agricultural Revolution in England,* 3–4; "A weapon ready forged" in "Compositions."
29. Bridger, "The Heirs of Pasha"; Landsberger, "Iron Women and Foxy Ladies."
30. Fitzgerald, "Blinded by Technology," 461–62。亨利・福特在推动工业化进程中发挥了关键作用，他在 20 世纪 20 年代向苏联出售了数千台拖拉机，并在 1924 年建立了第一家苏联拖拉机工厂；Smith, Works in Progress, 8。
31. See Smith, *Works in Progress.*
32. Hamilton, "Agribusiness, the Family Farm," 577.
33. 墨西哥早期的绿色革命更加公开地强调生产力和对资本主义的依附，其目标不是小农玉米农场，而是北部各州的大型小麦农场。该技术包随后被出口到印度旁遮普邦以启动绿色革命；Laveaga, "Largo Dislocare"；Harwood, "Was the Green Revolution Intended to Maximise Food Production?"。
34. Fischer, "Why New Crop Technology Is Not Scale-Neutral."
35. Lipton, *Why Poor People Stay Poor;* Harwood, "Was the Green Revolution Intended to Maximise Food Production?"
36. Schumacher, *Small Is Beautiful.*
37. Richards, *Indigenous Agricultural Revolution;* Harwood, *Europe's Green Revolution and Others Since.*
38. Harwood, *Europe's Green Revolution and Others Since,* 141–42.
39. Conway, *The Doubly Green Revolution.*
40. 最近有很多研究致力于重新农民化。例如，Dominguez, "Repeasantization in the Argentina of the 21st Century," 以及发布在粮农组织家庭农业知识平台上的其他出版物。
41. Nygard, "Seeds of Agribusiness," 26.
42. Friedmann, "World Market, State, and Family Farm"; McLelland, "Social Origins of Industrial Agriculture."
43. Whyte, "Introduction." 其中对这些改革的社会影响进行了敏锐而有先见之明的观察。

44. 第一章中“烟草的生命与时间”一节。
45. Morgan, “The Labor Problem,” 610.
46. Menard, Carr, and Walsh, “A Small Planter’s Profits.”
47. Galenson, “The Settlement and Growth of the Colonies,” 139–40.
48. Craven, *Soil Exhaustion,* 30–39, quotation p. 31.
49. Hening, *The Statutes at Large*, Act V of 1629, 142–43; Morgan, *American Slavery, American Freedom.*
50. See “Times,” “The Life and Times of the Tobacco Plant.”
51. 这里指出了一个烟草与印度茶叶之间有趣的相似之处，它们的培育和种植过程都以生产尽可能大的叶子为目标。
52. Menard, *Sweet Negotiations,* 4; Brown, *Good Wives, Nasty Wenches.*
53. Richter, *Before the Revolution,* 346–47.
54. Thomas W. Crowder to William Gray, 18 October 1846, William Gray Papers, Virginia Historical Society, Richmond, Va.
55. Woodman, *New South-New Law.*
56. Hahn, *Making Tobacco Bright.*
57. Waltz Maynor, 12 March 2002, oral history interview, in the possession of the author; Hahn, *Making Tobacco Bright.*
58. Hahn, *Making Tobacco Bright.*
59. Finger, *The Tobacco Industry in Transition.*
60. Beck, “Capital Investment Replaces Labor”; Beck, “The Labor Squeeze.”
61. 若要从商品链的角度了解咖啡的全球历史，参阅 Clarence-Smith and Topik, *The Global Coffee Economy.* For an alternative way of writing global narratives by following plant pathologies, see McCook, *Coffee Is Not Forever.*
62. 见第五章“废墟中的柑橘”一节。
63. Topik and Clarence-Smith, “Introduction,” 2.
64. See Matthee, “From Coffee to Tea”; Prange, “‘Measuring by the Bushel’”; Clarence- Smith, “The Spread of Coffee Cultivation.”
65. Gago, “Robusta Empire.”
66. Topik and Clarence-Smith, “Introduction,” 15. See also “Times,” “The Social life of Cocoa.”
67. McCook, *Coffee Is Not Forever;* Ameha, “Significance of Ethiopian Coffee Genetic Resources.” See also “Actants” on nonhuman agents.

68. Saraiva, *Fascist Pigs,* 144–55.
69. Quoted in Saraiva, *Fascist Pigs,* 149.
70. Schaeffer, "Coffee Unobserved."
71. Geoffroy, "La diffusion du café au Proche–Orient arabe."
72. Keall, "The Evolution of the First Coffee Cups."
73. Tuchscherer, "Coffee in the Red Sea."
74. McCann, *People of the Plow,* 53.
75. Ficquet, "Le rituel du café."
76. McCann, *People of the Plow;* Koehler, *Where the Wild Coffee Grows.*
77. McCann, *People of the Plow,* 178.
78. 这与通过滥用协议推进加纳可可边境的过程类似；参见第一章中的"可可树的社会生活"一节。
79. McCann, *People of the Plow,* 173–83.
80. 同样，葡萄牙属安哥拉的棉花工人只能花时间种植木薯，而不是传统的粮食；参见第五章中"有待锻造的武器"一节。
81. Hauser, *Tea;* Walker, "Memorandum," 11.
82. Scott, *Seeing Like a State,* 262–305.
83. 爪哇茶园由专业的荷兰品茶师和商人 J. J. L. L. 雅各布森（J. J. L. L.Jacobson）开创，他引进了中国的种子、工人和方法，于 1826 年建立了第一个茶园；Jacobson, *Handbook*。
84. Robertson, "Oral History."
85. Sharma, " 'Lazy' Natives" ; Nitin Varma, "Producing Tea Coolies?"
86. Bray, "Translating the Art of Tea."
87. Sharma, " 'Lazy' Natives," 1309.
88. See Bray, "Translating the Art of Tea,"；关于早期机械化动能来源和工作坊的记录，见 Antrobus, *A History of the Assam Company,* 289–304。
89. 关于英国人的偏好如何从绿茶变为红茶，见 Ellis, Coulton, and Mauger, *Empire of Tea;* Rappaport, *A Thirst for Empire*。
90. Gupta, "The History of the International Tea Market."
91. Lutgendorf, "Making Tea in India" , 15.1929—1932 年，伦敦拍卖的茶叶价格跌至十年前的一半；Gupta, "The History of the International Tea Market" , Figure Ⅰ。
92. Wittfogel, *Oriental Despotism.* Worster, "Hydraulic Society in California,"

这篇文章把魏特夫的理论用于分析 20 世纪的加利福尼亚，其中美国垦务局被认为和中国工部起到了同样的作用。

93. 这一部分主要参考了 Bray, *The Rice Economies.*

94. An illustrated summary of these technologies can be found in Bray, *The Rice Economies,* 68–100；巴厘岛上的农民围绕寺庙建造了一个复杂而高效的水循环系统，见 Lansing, *Priests and Programmers*。

95. Chen Fu, *Nongshu,* sec. 1, p. 2.

96. Marks, *Tigers, Rice, Silk, and Silt,* 53.

97. 2005 年，联合国教科文组织宣布江南“稻鱼”系统为全球重要农业文化遗产系统；陈旉描述的“湖州桑堤鱼塘系统”于 2017 年获得该认证。

98. See “Times,” “Rice.”

99. See “Times,” “Millet in China.”

100. Jia Sixie, *Qimin yaoshu,* 44. See Bray, “Agriculture.”

101. King, *Farmers of Forty Centuries;* Diffloth, *Les nouveaux systèmes de culture.*

102. 相关话题学界有大量文献，从关于日本的紧密社会与松散社会的理论（Bray, *The Rice Economies*；Ishii, *Thailand: A Rice-Growing Society*）到最近通过对不同环境下水的研究产生的关于群体或性别认同的思考，其中既有积极论调也有消极论调（Linares, “When Jola Granaries Were Full”；Hawthorne, “The Cultural Meaning of Work”）。

103. Leach, *Pul Eliya;* Turner and Harrison, “Prehistoric Raised-Field Agriculture in the Maya Lowlands”; Li, *Agricultural Development in Jiangnan, 1620-1850;* Shah, “Telling Otherwise”; Morrison, “Archaeologies of Flow.”

104. Hamilton, “Agribusiness, the Family Farm,” 577.

105. Thanks to Alina Cucu for this observation.

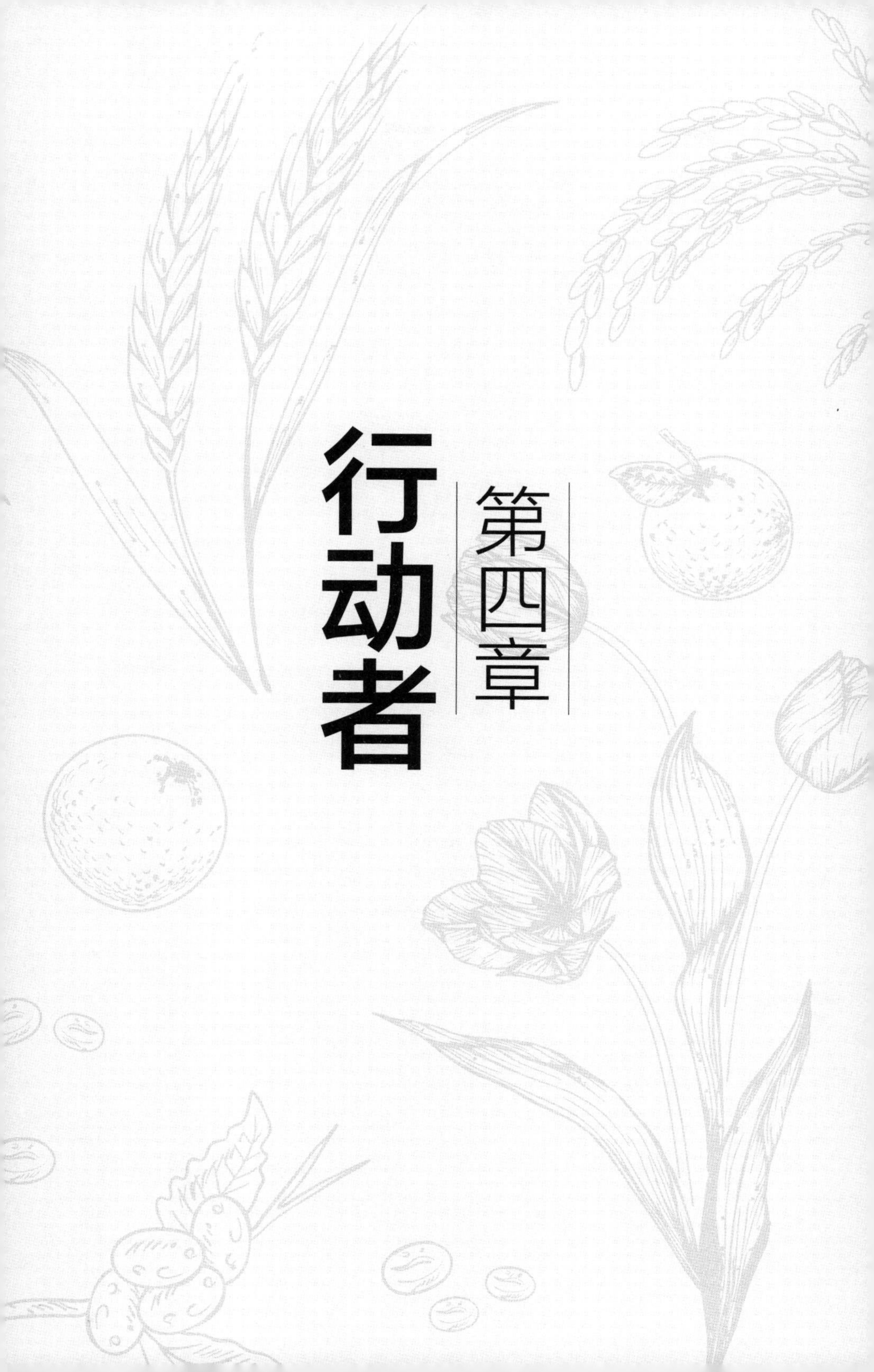

第四章 行动者

是什么让山药旺盛生长？在一次关于这个极重要的话题的对话中，特罗布里恩群岛上一位酋长的儿子凯拉伊在他的村子里“运用了园子的魔力”，人类学家马林诺夫斯基记录道：“传教士说，‘只有我们虔诚地献祭，园子才会茂盛’，而这是一个谎言。”马林诺夫斯基解释说，“当地人并没有把传教士的话当成是欺骗，而是认为他们缺乏头脑，或者像勒维·布留尔（Lévy-Bruhl）教授所说的那样，对园艺魔法有一种非逻辑思维……对于当地人而言，要想取得园艺上的成功，魔法和有效的耕种方法一样，都是必不可少的”，魔法师掌管着山药种植的每一个关键环节，每念出一句咒语，“神奇的力量就会进入土壤”“在特罗布里恩群岛上，园艺魔法是一项官方提供的公共服务”。同样地，在英国传教士家乡的教堂里，教区牧师也会带领教堂信众做祷告，祈祷耕种顺利或谷物丰收。特罗布里恩群岛的原住民和基督教的植物生长理论都将仪式专家和超自然力量纳入山药景观，其中仪式专家是参与者，而超自然力量是植物生命周期的一个不可或缺的维度。[1]

农学家则认为传教士和特罗布里恩群岛原住民关于植物生长的理论是无稽之谈。他们关于农作物景观的世俗本体论认为，促进植物健康发育的是肥料，而不是魔法或者教堂仪式；农民丰收的可靠盟友是化学家和农用化学品公司，而不是牧师或园艺巫师。农学家认识到蚯蚓对土壤健康能起到有益作用，包括“增加土壤孔隙度”和“为根系生长提供通道”。[2] 在巴布亚新几内亚的一个名为尼亚米库姆的村庄的山药园中，蚯蚓也被认为是有益的，它们能“疏松滋养用于种植山药的土壤（蚯蚓的实际农艺作用），并作为园艺行为的监察者，促进山药的生长发育”。蚯蚓能够察觉园地里任何不安分、不勤劳的行为；它们也能从工人污浊的汗水中嗅出他是否遵守在村庄祭坛上定下的山药种植仪式规则。[3] 在尼亚米库姆村的山药景观中，蚯蚓不仅是生物，也是社会和精神行动者。

我们借鉴了科学技术研究提出的概念，将农作物景观定义为人类和非人类的集合，其中某种特定的农作物在特定的地点和时间旺盛生长或者枯萎死亡。本章运用行动者的相关概念来探索“物”在历史中的力量，包括植物、动物、概念和制度。布鲁诺·拉图尔（Bruno Latour）将行动者定义为“自主行动或者按照他人授意行动的事物。它不等于人类个体行动者的特殊动机或者全体人类的普遍动机。行动者可以是任何东西，只要它有一个动力来源”。[4] 判断标准就是行动者是否改变了事物，“记住，如果一个行动者不能带来改变，那么它就不是行动者”。[5] 换言之，作为历史学家，我们可以把行动者视为对历史产生影响的人或事物。但与“行动者网络理论”❶（Actor-Network-Theory, ANT）的信徒不同的是，作为历史学家，我们不仅要拆散和重新组合我们的行动者及其集合体，还要将它们作为史实记录下来。

科学技术研究重视非人类行动者，他们打破传统，将伟人

---

❶ 行动者网络理论是20世纪80年代中期，由法国社会学家米歇尔·卡龙（Michel Callon）和拉图尔为代表的（巴黎学派）科学知识社会学家提出的理论。——译者注。

和科学学会边缘化，而把微生物、贻贝或者打印机推向舞台中央，这从根本上改变了我们构建和解释各种知识、事物和制度的方式。农作物景观，作为一个集合体，让我们可以本着科学技术研究的精神，识别出经常被忽略或者被无视的行动者，使鲜为人知的联系浮现到表面。我们在彻底重新构建历史场景与故事的过程中，试图将两种方法结合起来：第一种方法是ANT和新唯物主义者的反人文主义或后人文主义视角，其对人类没有任何分析或道德层面的偏好；第二种方法是主位观察、人类学及本体论方法，最近的科学和技术文化史对其进行了丰富的挖掘，试图重新捕捉自然而然地形成的世界。在这些世界里没有什么是预先确定的：它们的探寻和追问不应被理解为现代的预兆，它们的行动者和行为往往是极其奇怪的，它们的空间和历史规模扰乱了传统的地理学和年代学。科学技术研究常常避免“与通史学家深入探讨事物的历史意义”。[6] 相比之下，巴勃罗・戈麦斯（Pablo Gómez）、凯瑟琳・德卢纳（Kathryn de Luna）等人最近发表的“新唯物主义”作品将这些形成过程加入关于种族、权力、本体论和物质的历史争论之中。[7]

马克思曾经说，人们制造了农作物景观，但是却不能按照自己的意愿去创造。农作物景观的视角要求并允许我们拒绝将自然与人类进行二元对立。行动者的概念包含没有意向性的行动者，这使非人类行动者更容易融入历史。人类和非人类行动者的另一个重要特点是它们的不稳定性。它们通过与集合体中的其他要素联系，来在特定时间点形成自己的身份和结构，这意味着这二者都不是永恒不变的：在行动的过程中，即使一个行动者的名称（例如茶、猪、市场和实验室）保持不变，它也会被不断地拆解和重构。同样地，能动性分布在行动者之间。个体行动者所带来的变化的程度和性质取决于它的关联性，因此它们会随着时间的推移而改变，就像环境和关系网络一样，它们自己塑造了自己的力量，这种力量又围绕着它们展开。对于这种可变性和世界构建之间的生态学互动，我们将在下面的各节中探讨，我们讨论的是，围绕预期之外的行动者或者关联构建的农作物景观。在“橡胶与暴力”中，我们对明显强大和弱小的人类力量进行了重新评估；在“人类世与桉树”中，我们则追踪了一棵树迅速地扩张领土的过程，这标志着在这一乐章中非人类行动者的响度渐强。

4.1　橡胶与暴力

暴力把我们最熟悉的橡胶农作物景观联系在一起：工人被残酷的工头禁锢在原地；树干被切开、被榨干；森林被砍伐，从而为种植园腾出空间。研究橡胶的暴力历史将对关于人类、植物或土壤能动性的叙述的中立性提出质疑。对暴力的重视迫使我们进入关于能动性与权力的讨论的核心：“暴力迫使人和事物做出不受欢迎的行为。”这意味着权力的实施者也会受到限制。橡胶的故事揭露了人类行动者的可怕真面目，正是因为人类在亚马孙或者东南亚的暴力行为，欧洲的自行车和美国的汽车才能顺利行驶。他们在现代世界的流动性和对殖民地居民的无情剥削之间建立了深厚的联系。但他们也敦促我们超越纯粹的恐惧，关注那些显然被暴力的实施者剥夺了能动性的行动者。

4.1.1　森林里的橡胶

这里要讲的是在20世纪初期，关于橡胶景观的一个典型暴力故事，正如英国驻伊基托斯（秘鲁在亚马孙河流域的主要河港城市）的领事所说：“整个印第安族群都在蒙大拿州遭受奴役，那里种植着可以采胶的恶魔植物——橡胶树。印第安人越狂野，奴隶制度就越邪恶。”[8]通过将卡斯蒂利亚橡胶树描述为魔鬼，这种作物被赋予了能动性。此外，被当作割胶工奴役的无助的美洲印第安人，因为自己的悲惨处境而受到指责，他们的罪名是野蛮。不过，大多数关于这一臭名昭著的事件的记录都指向朱利奥·塞萨尔·阿拉纳（Julio César Arana），将他描述成邪恶的行动者。[9]作为当地的克里奥尔❶（Creole）精英中的佼佼者，阿拉纳于1995年当选伊基托斯市的市长和商会会长。当时，他因为获得了12000平方英里的亚马孙雨林而赚取了大量财富。他想从（亚马孙河的支流）普图马约河沿岸的大量卡斯蒂利亚橡胶树中提取天然橡胶，以供给不断扩张的欧洲和美国轮胎工业。他还用他的轮船“自由号”垄断了普图马约河沿岸的橡胶运输生意，从而确保没有人未经他的同意就从该地区提取天然橡胶。阿拉纳掌管着庞大的秘鲁亚马孙橡胶公司，该公司在伊基托斯、亚马孙盆地的主要贸易站马瑙斯（巴西）以及全球橡胶贸易中心之一的伦敦都设有办事处。

从热带丛林中提取商品并将其投放到国际市场的商业模式，非常吸引那些乐于收购此类公司股份的英国投资者，这些投资者兴高采烈地购买了该公司的股票。只是劳动力问题仍然令人苦恼，当时还没有找到合适的激励措施来说服人们在雨林尽头的工棚里安顿下来。除了从雨林中央的150多棵树中采割橡胶汁，割胶工人还要负责固化这些汁液，在自己的棚子里燃烧乌库鲁里果来熏制橡胶，这种做法会产生有毒的碳酸烟雾。割胶工人需要旋转一根涂有橡胶液的棒子，每天用三个小时的时间将棒子反复地浸入橡胶汁并旋转，从而让硬化的橡胶块越变越大，最终制造出

---

❶ 克里奥尔人指16—18世纪出生于美洲、双亲是西班牙人或者葡萄牙人的白种人。——译者注

质量为 50 磅的硬化橡胶球，为运往下游的伊基托斯做准备，然后再从那里将橡胶运往亚马孙盆地的一个跨洋港口。[10]

阿拉纳最初依靠大量的巴西流民（*flagelados*），这些工人因为 19 世纪 90 年代末厄尔尼诺现象导致的干旱而被迫离开巴西东北部的棉田和甘蔗田。[11] 据估计，截至 1912 年，这些移民中约有 19 万人在亚马孙河流域割采橡胶。在繁荣的橡胶产业的吸引之下，从踏上亚马孙之旅的那一刻起，他们就与承包人签下债务契约。除了渡河的费用，债务中还包括割胶刀、吊床、杯子、水桶和食品的费用，这些都是在公司的商店赊购的。这种典型的债奴计划对阿拉纳来说还不够。[12] 据说，他在被醉酒的巴西割胶工殴打之后，开始考虑培养更顺从的工人。他转向了当地的美洲印第安人，他从巴巴多斯引进 200 名西印度人，组成的私人军队恐吓这些美洲印第安人，这些西印度人都是与阿拉纳签订了两年合同的英籍人士，他们不受秘鲁法律的约束。英国驻里约热内卢总领事罗杰·凯斯门特（Roger Casement）发现了表面上受人尊敬的英国公司的利润，与暴力的榨取方法之间的联系：1904—1910 年，秘鲁亚马孙橡胶公司在伦敦市场上出售了大约 4000 吨橡胶，赚取了 96.6 万英镑的利润，而这意味着他们至少杀害了 3 万名原住民，而原住民的总人口为 5 万。在英国政府的委托之下，凯斯门特调查了该公司的行为，谴责了“故意枪杀、火烧、斩首或鞭打致死等谋杀行为，这些行为往往伴随着各种残酷的折磨”，折磨的对象就是那些没有完成橡胶配额的人。他直言不讳地描述了儿童身上的“大面积鞭痕”以及“只有五六岁……长着柔软、温柔的眼睛和长长睫毛的小男孩”如何经常用他们“小小的肩膀扛着至少 30 磅，甚至更重的橡胶”穿过森林。[13]

凯斯门特被当之无愧地誉为人权的早期捍卫者，他谴责了 20 世纪的头几十年里，资本主义、殖民主义和现代技术的结合导致的新形式奴隶制度："轮船和蒸汽发动机，现代军备以及现代政府的全部布局都对［奴隶制的蔓延］起到了推波助澜的作用——股票赌博和股票市场则是该布局的主要内容。"[14] 这个概括性结论不仅来自凯斯门特在亚马孙的所见所闻。在巴西和秘鲁的经历之前，他已经撰写了一份关于刚果自由邦的报告，刚果自由邦当时是比利时国王利奥波德二世（Leopold Ⅱ）的私人殖民地，也是 19 世纪欧洲分割非洲的缩影。[15] 凯斯门特所描述的暴行包括欧洲工头的惯常做法：对于那些没有从雨林中的胶藤上采集足够多橡胶以完成配额的刚果人，欧洲工头会砍掉他们的双手作为惩罚。殖民地武装警察——治安队在刚果橡胶产区实施的极端暴力导致人口灾难性减少，从 1880 年的 2000 万左右减少到 1911 年的 850 万。[16] 凯斯门特报告的内容还不是最可怕的。新教传教士详细地讲述了独木舟满载着熏制过的人手，给食人犬喂食的故事，约瑟夫·康拉德（Joseph Conrad）在他最著名的一部长篇小说中，带领读者沿着刚果河而上，给他们展示了一座比利时堡垒中装饰着人类头骨的花坛：欧洲人在刚果发现了他们的"黑暗之心"。[17]

凯斯门特既指出具体个人（比如阿拉纳和利奥波德二世等人）的罪行，也指出欧洲殖民主义是新形式奴隶制蔓延的主要原因。他并没有将暴力归咎于个人行为，而是将现代帝国的利润和榨取逻辑视为暴力的主要动机。然而，凯斯门特接触过的最爱挑衅的学者之一，人类学家迈克尔·陶西格（Michael Taussig），对凯斯门特关于亚马孙橡胶农作物景观中的暴力动态的假设提出了质疑。[18] 在仔细阅读了凯斯门特的报告之后，陶西格引用了阿拉纳雇用的残酷工头的一段话，这些工头"已经对橡胶采集完全无感了——他们只是以印第安人为食的猛兽，以暴力杀害或者伤害印第安人为乐。"这段文字表明，利润和贪婪并不能解释凯斯门特所描述的行为的残酷性。又或者，正如陶西格所说："恐怖和折磨不仅源于市场压力，还源于邪恶文明的构建过程。"[19] 为了理解这种构建，陶西格用不那么自信的行动者取代了从被奴役的印第安人那里，榨取最大价值的邪恶而强大的工头：阿拉纳雇用的来自西印度群岛的工头已经负债累累，这使他们的自由意志受到质疑。更重要的是，工头们过度担忧自己的脆弱性，而且害怕遭到被视为野蛮人的印第安人的攻击。尽管凯斯门特的言辞夸大了美洲印第安人温顺平和的个性，将他们描述为没有充足能动性，并处于权威工头的完全控制之下的幼稚生物，但陶西格呼吁人们注意阿拉纳和他的工头是如何被暴力食人者的画面困扰的。他们的邪恶在很大程度上是源于他们将土著人扭曲为野蛮的食人者。或者，正如上文引述的英国驻伊基托斯领事所说："印第安人越狂野，奴隶制度就越邪恶。"亚马孙地区和刚果地区爆发的猖獗的暴力行为与其说源于对低等人民的不受控制的权力感，不如说源于所谓的文明人在所谓的荒野中的脆弱感。

4.1.2 天然橡胶

围绕亚马孙和刚果橡胶生产的人权丑闻让欧洲控制的企业尴尬不已。但是，自从 1913 年起，东南亚就取代了上述两大区域成为全球天然橡胶无可争议的主要产区，这一切的幕后推动者就是非人类行动者。巴西有着悠久而暴力的奴隶种植园历史，即 17 世纪东北部巴伊亚州的甘蔗种植园和 19 世纪帕拉伊巴州的咖啡种植园。20 世纪初，巴西似乎应该在亚马孙地区发展橡胶种植经济。但这种情况并未出现，首先，最重要的原因是当地的叶枯病。几千年来，橡胶南美叶疫病菌和咖啡驼孢锈菌一直与生产高质量橡胶的橡胶树共同进化。森林中众多种类的树木中，低密度的三叶橡胶树是树木对真菌的最佳防御（这种树分泌的橡胶进化出了驱除有害生物的功能）。但是，在种植园系统中，单一的三叶橡胶树却被证明是真菌灾难性传播的理想土壤，并导致橡胶种植园最终失败。尽管进行了很多尝试，其中包括亨利·福特（Henry Ford）设想的著名计划，即在巴西帕拉州建立福特兰迪亚❶，但是亚马孙地区的橡胶种植园一直没有取得成功，大部分橡胶仍然是从森林中零散分布的三叶橡胶树上采集的。[20]

但是东南亚的情况就不一样了，那里不存在橡胶南美叶疫病菌这种真菌。著名的三叶橡胶树种子在19世纪70年代通过伦敦的邱园从亚马孙走私到马来亚、锡兰、印度尼西亚、泰国和越南，并在既有的甘蔗和咖啡种植园系统中进行种植。另一种同样著名的真菌——咖啡驼孢锈菌，曾经摧毁了该地区的阿拉比卡咖啡种植园，这激发了人们投资新商品的兴趣，并为橡胶农作物景观的扩张开辟了道路。[21] 在发达的商业和付酬劳动力循环的基础上，巴西三叶橡胶树的种植面积迅速扩大，从1910年的110万英亩增加到1920年的400万英亩，到了1940年已经变成1000万英亩。[22] 大多数历史叙事都指出欧洲植物猎人和植物学家在橡胶生产从南美洲转移到东南亚的过程中起到的作用，然而，虽然认识到人类在这个故事中所起的作用，但这一种叙事却荒唐地忽视了橡胶南美叶疫病菌和咖啡驼孢锈菌在橡胶树的跨越洋旅行中起到的作用。[23]

欧洲人和中国人新建的大型庄园将橡胶树带到了偏远地区，如柬埔寨的红土地、苏门答腊和马来亚的丛林以及新几内亚的内

---

❶ 福特兰迪亚是亨利·福特在巴西建立的一个工业小镇，用于生产汽车所需的橡胶，该项目始于1926年，位于于巴西帕拉州的阿威罗市。然而，这个项目以失败告终。福特于1934年离开了这个小镇，小镇被废弃。——译者注

陆。[24] 种植园的种植空间井然有序，树苗被低密度地成排种植，杂草被清除得很干净，而这些都依赖远方源源不断地补充的契约劳工。[25] 当地人不愿意生活在这样的纪律制度之下。到了1911年，已经有大约18万名“苦力”在马来亚的橡胶种植园工作，其中10万人来自印度，18000人来自爪哇，大约46000人来自中国。在第二次世界大战期间，日本入侵马来亚之前，劳工的总人数已经达到大约35万人，其中22万来自印度，8.6万来自中国。法国拥有的种植园也严重依赖进口劳动力，到了1940年，大约有10万越南工人在越南的橡胶种植园工作。自19世纪以来，工人一直是开往马来亚的船只的主要“货物”，但这种运营规模却是史无前例的。在这一区域，也有许多与凯斯门特相似的人：从来不缺少谴责大批移民劳工遭受的虐待的人。疟疾、痢疾和腹泻在马来亚橡树场的泰米尔工人中肆虐，1910年，这些人的死亡率高达千分之五十。报告还提到了过度拥挤的营房住宿、营养不良、苛刻的工作制度以及常常出现的殴打，工人们被当作“被监工恐吓的人类牲畜”。[26]

陶西格重新审视了普图马约的说法，对亚马孙地区关于橡胶采集的暴力故事中不同角色的作用提出了质疑，而安·劳拉·斯托勒（Ann Laura Stoler）对荷属苏门答腊岛上的种植区德利做出的解释同样引人注目而复杂的解释。[27] 从19世纪下半叶起，岛屿北部约100万公顷的丛林被改造成欧洲控制下的大型庄园，用于种植烟草、茶叶、油棕，当然还有橡胶树。这个地区因劳工暴力以及种族和社会歧视而出名（臭名昭著），与爪哇更为宽松的制度和当地较多的克里奥尔人形成了鲜明对比。除了深入研究这种区别的原因，斯托勒也有兴趣展示以欧洲和非欧洲为标准的划分究竟有多么不稳定。斯托勒没有接受殖民政权强加的划分方法，而是探究了这种分裂产生的原因，揭示了产生白人和非白人身份以及维持种族隔离的日常做法。斯托勒认为，德利娼妓数量的激增有助于维持种植园欧洲雇员的白人身份。考虑到仅靠种植园雇员的工资难以养家糊口，雇员宁愿接受卖淫这种社会糟粕，也不愿意组成贫穷的白人家庭，因为这种家庭的生活水平与非白人没有区别，这样就会模糊种族的界限。在对白人贫困的恐惧之上，还叠加了典型的对横行霸道的亚洲苦力的恐惧，白人雇员认为亚洲苦力会杀死他遇到的每一个白人。就像在亚马孙一样，我们在德利看到的实施暴力的人，并不是勇敢、自信的白人殖民者，而是那些总是对周围环境感到恐惧，并过分意识到自己白人地位脆弱性的人。

4.1.3 小农的能动性

陶西格和斯托勒等学者的工作凸显了普图马约森林和德利种植园的橡胶农作物景观的重要作用，它们被用于质疑关于能动性和殖民暴力的过度简化的调查分析。但看看橡胶生产的平凡数据，我们就会发现，从长远来看，这两个地点实际上都无法与其他地区的天然橡胶提取工业竞争。在东南亚，橡胶生产早期被大种植园垄断，后来本土小农的贡献越来越多。20 世纪 60 年代，马来西亚小农场的橡胶树种植面积超过了大庄园；荷属东印度群岛的统计数据表明，截至 20 世纪 30 年代，小农场的橡胶产量已经占橡胶总产量的一半以上。[28] 这就是我们在第三章中探讨过的历史轨迹。本章，我们更感兴趣的是强调这些数据如何表明橡胶历史上存在被低估的行动者。

相对于只有一种作物的大型农场，东南亚当地垦荒的农民把橡胶树添加到他们多种作物轮作的种植系统中，在刚刚清理出来的森林空地里，巴西橡胶树的种子与第一季水稻一起被密集地种植，这与大橡胶树庄园的单一农作物系统形成对比。虽然种植园一直在与害虫、水土流失或劳工抗议做斗争，但其不需要高强度的维护：3~5 年后，种植者只需要把低矮的灌木丛清除掉，就可以得到橡胶树了。一位敏锐的观察家曾经很有说服力地指出，“在小农系统中添加橡胶树不需要花费任何精力、金钱或其他东西”。[29] 因此，东南亚小农橡胶种植系统的胜利让人们不再把橡胶树与普图马约的魔鬼树联系起来。[30] 它还暗示了一种不太确定的能动性概念：与殖民公司雇用的种植园苦力相比，亚洲小农不但拥有更多能动性，而且在控制巴西橡胶树繁殖条件方面也没有那么严格。换句话说，他们认识到非人类行动者的力量，更愿意利用自己小块土地中已经存在的元素来组成新的农作物景观。

亚马孙地区橡胶的故事也没有什么不同。尽管在 20 世纪初，巴西橡胶因为东南亚种植园产量急剧增加而丧失了在国际市场上的主导地位，但是由于采取了保护主义的措施，它在国内市场的地位保持不变。巴西亚马孙河流域割胶工人的工作从来都不轻松，但也不像凯斯门特所描述的普图马约那样恶劣。来自巴西东北部贫困地区的割胶工人，虽然受到河流交汇处的仓库所创建的信用分配债务系统制约，但是比普图马约河沿岸被阿拉纳奴役的当地人拥有更多能动性。[31] 值得注意的是，阿拉纳之所以转向当地居民，是因为他发现巴西的割胶工反抗性太强。此外，以福特兰迪亚为代表的亚马孙地区的专业橡胶种植园的失败，不仅是由于真菌的肆虐，也是由于难以把森林中拥有自己工作节奏的割胶工转变为能够按照美国的科学管理技术完成任务的付酬工人。这种人类和非人类行动者结合的例子，很好地说明了当能动性被质疑时，历史写作出现的可能性。

没有哪位作家比欧几里得 · 达库那（Euclides da Cunha）更善于揭示人类与非人类之间意外交集的历史重要性。[32] 这位巴西工程师兼作家，曾在 20 世纪初调查过巴西、玻利维亚和秘鲁之间有争议的亚马孙边界，他坚持认为应该从丰富的人类存在的角度来理解该地区，而不是将其描述为空旷的荒野。像凯斯门特一样，对于秘鲁领土上掠夺性的橡胶开采，库那进行了极其严酷的描述，比如，"洗劫周围的环境，在方圆几里格❶的范围内进行杀戮或奴役。橡胶收割者要等到最后一棵天然橡胶树倒下才能离开"。[33] 库那将这种凄凉的景象与巴西东北部旱灾难民的成就进行对比，后者能够在没有官方支持的情况下，在热带雨林中建造居所，这个地区就是今天的巴西阿克里州。在其民族主义描述中，库那对小型社区在林间空地上的蓬勃发展感到高兴，这些小型社区一边收割橡胶树，一边种植玉米、豆类、马铃薯或木薯等农作物，展示出"被精心照顾的果园和精细的农耕方式"。[34] 库那的描述过于乐观了，但是他的叙述的确把割胶工从巴西历史上诸多暴行的对象——因为旱灾而被驱逐、由于棉花和甘蔗种植园歉收而一贫如洗、被当地商人和订约人剥削压榨——转变为国家历史的积极参与者，他们居住在亚马孙的橡胶田里，宣称巴西的阿克里州是自己的国家。

20 世纪 80 年代，亚马孙地区巴西割胶工社区的实践价值引起了全世界的广泛关注。[35] 奇科·门德斯（Chico Mendes）是来自东北部的旱灾难民的儿子，也是阿克里州的一名割胶工，他将当地的劳动力需求与美国和欧洲日益高涨的环保主义联系起来，后者对热带雨林的大火及其给生物多样性带来的损害表示担忧。门德斯和他的割胶工联盟提出了一个令人信服的观点，即他们收割橡胶的做法促进了森林保护，同时也使当地社区的经济得以维持，他们将这一案例在全球范围内推广，并得到了官方认可。巴

❶ 1 里格等于 3.18 海里。——编者注

西政府于1990年首次划定了“割胶保护区”，用于防止牧场边界的威胁性扩张导致热带雨林的减少。“割胶保护区”这一尴尬的概念让人们认识到，对自然区域和人造区域进行严格划分，实际上会破坏亚马孙雨林，而橡胶农作物景观有助于保护雨林。如果把亚马孙河流域看作旷野或者丛林，就无法想象该地区的树木分布模式在多大程度上是由美洲印第安人刀耕火种的耕作实践决定的，这些耕作实践促进了植物的某些联系，同时阻止了其他植物的繁殖。[36]这并没有把亚马孙雨林变成人造种植园：林间空地寿命很短。这种观点反映了门德斯和割胶工工会是如何在长期实践的基础上，拒绝将世界划分为“被动的自然”和“主动的人类”的，他们认识到了组成农作物景观的元素之间的相互依赖关系。橡胶树在保障阿克里州居民的生计方面无疑发挥了重要作用，而阿克里州居民反过来又对保证树的生存和繁殖至关重要。不幸的是，1988年，奇科·门德斯被一位下定决心要破坏森林和森林生物的农场主杀害。21世纪，这种残酷的事情只会变得越来越普遍，这证明了巴西的橡胶农作物景观仍然是一个充满暴力的地方。在这一节中，我们以维持橡胶农作物景观的暴力开始讨论，而以威胁其生存的暴力结束。

4.2　金鸡纳：能动性与知识历史

帝国赞美诗称19世纪中叶勇敢的英国和荷兰探险家在安第斯森林收集金鸡纳树标本并（通过邱园）将它们带到印度和爪哇，橡胶的故事让我们对此产生怀疑。这些故事告诉我们，西方白人男性科学家勇敢地面对热带自然环境、腐败的南美政府和顽固的美洲印第安人等危险因素，将金鸡纳树经过长途跋涉转移到东南亚种植园，从而在那大量生产奎宁，使人类免受疟疾之苦。[37]想要批判这种叙事的历史学家甚至不必深入挖掘。英属印度是 19 世纪末金鸡纳树皮的主要进口国，只要回顾一下发生在英属印度的故事，就足以解构围绕奎宁建立的关于帝国文明使命的浮夸之辞。在茶园、监狱和学校开展的抗疟运动清楚地识别出被动地等待西方医药拯救的当地人，并表明了奎宁在扩大英国在印度的殖民统治方面所发挥的作用。[38] 此外，奎宁还是一种强大的“军事技术”，使全球大部分地区都向掠夺性的欧洲殖民主义开放。[39] 欧洲军队在阿尔及利亚、刚果以及安哥拉实施多次种族灭绝行动的时候，因为奎宁而免受疟疾之苦。无论是在英雄主义还是批判主义的叙述中，奎宁是欧洲科学家打造的帝国的重要工具，这一点似乎无可争议。[40]

对于那些接受现代科学叙事而不质疑其历史的人来说，毋庸置疑，金鸡纳树在历史上的作用源于奎宁的疗效，即使人们当时并不了解生物碱等化学物质。奎宁是法国药剂师于 1820 年发现的一种生物碱，似乎是历史上金鸡纳树发挥能动性的关键。它的化学特性使其对恶性疟原虫（疟原虫这种单细胞原生动物被认为是疟疾的病原体）具有毒性，因为它会干扰疟原虫溶解和代谢血红蛋白的能力。但是，如果我们把与金鸡纳树有关的知识置于其历史背景中，并探究金鸡纳树及其树皮和生物碱的历史意义，会发生什么呢？要将一种农作物置于历史之中，了解它的历史意义，还需要研究人们如何看待这种农作物。那么，让我们先回顾一下欧洲实验室发现奎宁之前的一段时期（也就是没有奎宁存在的时期），从而使金鸡纳树的故事变得更复杂。

4.2.1 树皮和安第斯知识

对于厄瓜多尔南部洛哈地区的治疗师来说，金鸡纳树的树皮来自一种寒性植物，因此可以被用来有效地对抗发烧，其中有些导致发热的疾病是16世纪初西班牙征服者带来的，如今被确定为疟疾。[41] 植物是热性还是寒性是由该地区的特点决定的，二者呈负相关关系：生长在炎热地区（比如洛哈附近的山口，该地是安第斯山脉的海拔最低点）的植物是寒性植物，因此适用于治疗高烧。安第斯治疗师认为，健康是冷与热，人类与非人类力量之间的一种平衡状态，他们的任务就是恢复被打破的平衡，比如，由疟疾造成的个人身体和整体社会秩序的失衡。

除了强调基于体液学说的安第斯医学和欧洲医学实践的相似之处，我们关于能动性的观点还要让人们注意到这样一个事实，即美洲印第安人不仅是哥伦布大交换的被动历史主体，也是被欧洲征服者带来的病原体感染的被动客体。[42] 厄瓜多尔的沿海和低地地区无疑是按蚊滋生的沃土，按蚊是疟疾通过奴隶贸易从非洲进入美洲的主要媒介，是导致当地人口大量死亡的流行病的部分原因，16世纪当地人口至少减少了85%。[43] 洛哈地区的治疗师（一些西班牙耶稣会士更喜欢称他们为“搞偶像崇拜的牧师”），是民族植物学家所说的“从厄瓜多尔延伸到玻利维亚的旧安第斯中部文化区治疗中心”[44] 的组成部分。由于“安第斯山脉北部潮湿的山地森林向秘鲁北部低地干燥的落叶林和沙漠快速过渡”，位于亚马孙河流域和太平洋低地之间的过渡区域的生物多样性非常丰富，安第斯治疗师得以接触大量药用植物，其中包括金鸡纳树。[45]17世纪30年代，当耶稣会传教士和西班牙官员从秘鲁回到欧洲时，首次将金鸡纳树的树皮进口到欧洲，一个多世纪以来，安第斯治疗师一直在试验它的用途。他们积极利用金鸡纳树的树皮来应对殖民统治带来的环境破坏。尽管帝国档案确实揭示了树皮在美洲各地耶稣会学院的药典中普遍存在，但我们显然忽视的是，它日益成为未经批准的治疗师（即加勒比地区治疗师）的“治疗物质文化”的一部分。这些人中有所谓的“布鲁哈斯、巫师、女巫、巫医、术士或萨满”，所有这些术语都被用来诋毁加勒比地区的知识实践者，他们大多是非洲后裔，他们把金鸡纳树皮加入他们干预世界的工具中。[46]

4.2.2　奎宁如银

金鸡纳树皮，又称“耶稣会树皮”，在欧洲引起了极大的关注。18 世纪 50 年代，加的斯港（自 18 世纪初以来该港口一直垄断西班牙殖民贸易）每年进口约 242000 磅金鸡纳树皮。[47] 这种持续的贸易增长最终引起了西班牙帝国官员的关注，这些人此前支持将其他美国药用植物进口到欧洲，但直到这时才注意到金鸡纳树。1751 年，一份王室圣旨宣布奎宁（西班牙人对金鸡纳树皮的称呼）是“值得投入好奇心、兴趣和关注的物品”，其生产和销售必须由王室控制。重要的是，王室对待金鸡纳树皮的方式与对待其在南美洲最赚钱的产业——波托西的银矿如出一辙。与白银一样，王室打算收购生产出来的所有奎宁，实行垄断以保证纯度并防止走私。洛哈附近的山丘提取的奎宁最好，因此被划为王室保护区，本地的树皮采集者建议把年产量的五分之一捐献给王室，以效仿波托西银矿开采者的安排。[48] 为了满足不断扩大的市场，生产者将整棵金鸡纳树连根拔起以取得树皮，这表明与银矿开采相同，奎宁开采是一种纯粹的采掘活动。

这种堪比白银的奎宁是一种科学商品，其质量由为西班牙帝国政府服务的大量专家评估。医生、药剂师、化学家和植物学家（当然这些不同的专业角色间的区别尚未被明确划分）都参与了金鸡纳树皮商业价值的确立过程。[49] 围绕奎宁进行的科学辩论是西班牙帝国实践的一个重要且具有启发性的特征。但直到最近，它们在关于早期现代西班牙的叙述中基本上消失了，因为西班牙的历史叙事被一种名为“黑色传奇”的故事主导了，“黑色传奇”

认为西班牙是狂热的，并且抵制在欧洲其他地方得到巩固的科学思维。[50] 人们还应该记住，西班牙帝国的结构非常复杂，刚才提到的各种专家分别服务于不同的议程。这不只是一位君主将自己的意志强加给全球大部分地区，而且是一个建立在争论之上的帝国，不同的历史人物都会写信给朝廷，要求君主听取他们的意见。[51] 奎宁的情况也是如此。虽然马德里的王室药剂师专注于产品的视觉特征，这是王室所主张的树皮礼物高价值的基础，为新格拉纳达❶（洛哈所属的总督辖区）总督服务的当地专家更愿意把注意力放在味道、颜色和质地上。当王室药剂师指出抵达马德里的树皮亮度较低，因此质量低劣时，新格拉纳达的当地专家反驳说，树皮浓重的苦味证实了其治疗功效。当地代理商可能会宣称他们对马德里的专业人员所不了解的生产工艺很熟悉；因此，聪明的采集者从树上剥下树皮后会马上晾干，从而保证它的苦味。

4.2.3 金鸡纳的植物学与帝国政治

不只是处于帝国外围的人利用当地的知识来反驳欧洲宫廷的观念。这不仅是中心与外围的紧张关系。奎宁之争也为各种本地的野心提供了支持。寻找绿色黄金国❷（Eldorado）的植物学家承诺要把这些植物变成新的金银，试图将奎宁的生产扩大到洛哈地区以外，从而使 18 世纪末的西班牙帝国恢复昔日的辉煌。[52] 一些报告证实，在新地点种植来自洛哈的树木会降低树皮的治愈能力；但其他证据表明，新地点的树木长出的树皮也可以产生优质

❶ 新格拉纳达是西班牙在南美洲北部的殖民地辖区的名称。——编者注

❷ 黄金国是 16 世纪西班牙殖民时期在南美洲的印加人中流传的传说，传说中该国的国王不仅佩戴金饰，而且浑身洒满金粉。——编者注

奎宁，这证明可以把正在消失的资源扩展到帝国的新地区。植物学家的确提出一系列理由和证据来证明应该在圣达菲（今哥伦比亚）周围的山上建立一个新的保护区，他们认为当地树皮的治疗特性值得一个新的奎宁保护区，而这个保护区将成为对新格拉纳达总督的奖励。但在秘鲁总督辖区利马（大部分洛哈树皮都是从那里运来的）的精英的赞助下，植物学家很快反驳了这种说法，声称来自新地区的金鸡纳树不属于同一个植物物种。他们大胆地辩称，只有洛哈产的奎宁才是真正的奎宁。按照他们的说法，奎宁是由产生它的植物物种来定义的，而不是像新格拉纳达的专家所提出的那样，是根据其化学成分及治疗效果来定义的。虽然历史学家喜欢指出与其他让植物学为经济服务的帝国相比，西班牙的失败之处，[53] 但他们往往忽略了一个事实，即西班牙帝国的植物学家成功地服务于不同的地方计划。在这种情况下，植物学家并没有扩大奎宁的生产面积，这本可以对新格拉纳达总督有所帮助，相反地，他们坚持了奎宁的另一种定义，这种定义有助于维持洛哈的垄断，有助于秘鲁总督的帝国野心。

因此，关于 18 世纪西班牙植物学家在服务帝国经济方面的失败之处的普遍描述，是建立在简单化知识的历史作用的假设之上的。把英国邱园当作参照物，常常会使叙述更加幼稚。19 世纪 60 年代的“金鸡纳计划”，即在南美洲收集种子，并通过邱园将其转移到亚洲的英国殖民地，一直被视为科学作为帝国工具的典范。根据科学家自己的宣传，邱园被描绘为一个真正的全球种子交易所，它组织了在安第斯山脉的种子采集、在伦敦温室的种子种植，并将树苗移植到锡兰和马德拉斯的卫星植物园。1857 年的印度叛变在英国帝国主义者中引起了恐慌，这之后建立的新印度办公室尽一切努力，希望金鸡纳种植园能够增加英国政府在整个殖民帝国中的军事存在，而不必担心热病的肆虐。具有历史讽刺意味的是，19 世纪的英国植物学家并不比 18 世纪的西班牙同行更成功。事实证明，他们只是非常有效地把印度的金鸡纳农作物景观转变成一场公共关系行动，表明了邱园对于大英帝国的重要性，但是他们并没能使印度成为金鸡纳树皮的主要生产国。[54]

4.2.4 荷兰帝国对生物碱的垄断

爪哇的荷兰殖民地成了世界主要的奎宁产地（图 4.1），而英属印度则成了主要进口国。金鸡纳树就像此前的咖啡和茶叶一样，确实很好地适应了印度尼尔吉里山脉的新环境，有望通过治愈劳工的疟疾来进一步扩大印度的种植园。但移植的金鸡纳树树皮中奎宁含量很低。荷兰效仿英国，在西爪哇尝试了类似的移植行为，也取得了相似的结果。荷兰种植了一百多万棵金鸡纳树，这在荷兰殖民政府中成了一个丑闻。1875 年，荷兰派遣一位化学家到岛上来挽救这项耗资巨大的工程。为了确定树皮样本中奎宁的含量，这位化学家发明了一种能在政府种植的树木中进行快速选择的方法。如今，化学而不是植物学，成为打造珍贵的金鸡纳农作物景观的重要知识来源，并使奎宁的产量提高了 10% 以上。[55]

19 世纪末期，印度的英国金鸡纳种植园因为荷兰的成功而倒闭。来自爪哇的高奎宁含量的金鸡纳树皮被供应给欧洲的制药行业，阿姆斯特丹成为金鸡纳的主要市场。为了确保爪哇种植园主能够从奎宁的丰收中获利，并避免生产过剩，荷兰政府在阿姆斯特丹成立了奎宁局，规定了各大制药公司收购树皮的最低价格。换言之，在荷兰政府的保护下，爪哇的种植园主垄断了生产，控制了树皮的价格，现在树皮的价格由以化学术语定义的奎宁含量来衡量。[56] 这一计划贯穿了整个战间期，虽然荷兰帝国在

图 4.1　1880 年左右，爪哇的辛伊安（Cinyiruan）政府种植园内，工人正在收获和烘干金鸡纳树皮。西爪哇荷兰殖民地上的南美洲金鸡纳种植园，是围绕作为行动者的奎宁来组织的。尽管化学手段已经可以筛选奎宁含量较高的树木，但荷兰政府控制了全球的奎宁供应，以保证巴达维亚种植园主的生计。J. C. 伯恩洛特・门斯（J. C. Bernelot Moens），《亚洲的金鸡纳文化》（*De kinacultuur in Azië*），1854 年（巴达维亚：恩斯特，1882 年）

推动用金鸡纳拯救世界人口，让其免受疟疾感染方面发挥了人道主义作用，但是同时国际卫生组织谴责奎宁的价格过高是其未能覆盖全球人口的主要原因。1942 年，日本军队入侵了爪哇并控制了金鸡纳种植园，仅在两年之后，美国的化学家就急忙着手研究人工合成奎宁。金鸡纳树在 19 世纪被还原为一种生物碱，现在制药公司普遍用化学合成的药品来代替金鸡纳树皮。[57]

除了围绕奎宁在多大程度上是金鸡纳树皮历史能动性的真正基础进行辩论，我们更感兴趣的是金鸡纳知识的历史意义。[58] 金鸡纳如何被理解为草药、植物物种或生物碱的，这具有重要的历史意义，因为它决定了不同农作物景观的组成。在本节的叙事中，金鸡纳树最初是安第斯森林中的元素，其树皮被美洲印第安治疗师收集，以应对欧洲殖民者带入美洲的新疾病。当时，这种农作物景观被想象成一座银矿，目标是对耶稣会树皮或者说奎宁进行垄断，由西班牙王室控制，并由植物学家和药剂师努力维护。19 世纪，金鸡纳树被移植到英属印度和荷属爪哇，成为一种种植园作物，化学家负责提高奎宁的产量，殖民地政府则保证种植园主的利益。组成一种农作物景观的不同元素在历史上的作用与关于这些元素的历史知识形式密不可分。

4.3 像大象一样观察

与植物相比，动物更加推动了从非人类角度来书写历史的激进方法。[59] 历史学家们显然已经发现，通过重视蚊子、羊、猪、野牛、狗、马以及大象眼中的世界来挑战人类珍视的人类能动性的概念，更容易产生新的叙事。这不仅是因为这意味着人类认识到非人类的能动性，就像割胶工把橡胶树说成是恶魔一样，或者就像金鸡纳的故事所强调的那样，而且这种关于非人类能动性的认识本身就具有历史偶然性。在此，我们更进一步，大胆发问，假如我们试图像大象一样看待农作物景观，考虑大象的欲望元素和它塑造环境的能力以及它在自己的世界里生活的能力，我们会看见什么？亚洲象到底是驯养动物还是野生动物的争议，构成了令人着迷的切入点，让我们可以尝试在“人类塑造自然以满足自己的需求”这种模式之外理解历史能动性。

4.3.1 战士

战象的历史表明以大象为中心的历史具有很高的风险。公元前 1000—前 500 年，大象第一次被用于北印度的战争；象兵军团与步兵、骑兵和战车地位相同。这项战争技术首先传播到南印度，然后到了斯里兰卡，并于公元 1 世纪左右出现在东南亚的新兴王国中。[60] 战象向西方的传播也具有同样重要的意义，波斯、希腊、迦太基、罗马和土耳其的军队都使用了战象。大象也被从东方运输到了西方，但是与此同时，东南亚的统治者却开始利用当地森林中的野生大象种群。东南亚王国的形成伴随着该地区战象数量的增加，这表明这些非人类行动者与王权之间存在着深刻的联系。大象成为外交礼品和贡品的一部分，成为王室游行的主要参与者，它们不仅是“军事潜力的显著标志”，同时也是“王权至高无上”的象征。[61]

中国没有战象。这是因为为了保护耕地，人类需要摆脱大象。[62] 在印度，统治者推行保护措施，保证大象能够找到可以觅食的森林和牧场。虽然农民可能希望通过伤害或恐吓大象来扩大耕地或防止大象靠近，但政府会对威胁到大象生存的人进行惩罚。莫卧儿王朝的统治者对保护大象进行了大量拨款，其在森林中划定牧场，并保留农田用于种植饲料。[63]

人类在维护大象种群以备战时之需时面临的挑战质疑了这个故事的唯一关键因素，即人类能动性。很少有人认为战象是被完全驯服的动物。战象不是圈养的，人们认为喂养幼象的成本太高，且耗时费力。相反，战象是在野外捕获的足够成熟、可以参加战斗的成年象。即使在圈养状态下，晚上象夫也会让大象在森林里觅食：森林是这些大型动物生存的必要条件。与大多数被驯养的动植物不同，大象要求进入森林，拒绝将其繁殖和进食的完全控制权交给人类。在南亚及东南亚地区，王权与大象之间的互相依存，不仅保证了非人类能够为人类的政治目的服务，而且保证了人类通过保护森林来服务于非人类。用动物研究的启发性语言来说，我们可以肯定，在印度，大象改造了国家，以保护自己繁殖和觅食的地点；而在中国，水稻改造了国家，以扩大自己的领土，并消灭“敌人”。

4.3.2 仆人

大象的保护工作取得了历史性的成功。它们在印度的种群数量直到 19 世纪初才大幅减少，而这主要是因为英国殖民者喜爱狩猎。[64] 但如果狩猎大型哺乳动物被认为是殖民策略的一部分，目的是彰显雄性对热带自然的主导地位，那就必须承认英国在印度殖民地的存在是建立在先前存在的人类与大象的互动之上的。英国军方当然非常熟悉印度战象的习性。[65] 对于我们的讨论来说，更重要的是大象在英属印度种植园扩张中的基本作用，特别是在“地点”一章中讨论过的阿萨姆邦茶园的形成。查尔斯 · 布鲁斯（Charles Bruce）是东印度阿萨姆邦第一家茶叶种植园的负责人，他明确承认动物对于他工作的重要性。当布鲁斯在印度东北部的穆塔克地区寻找野生茶树时，他必须走过一大片“热病肆虐的丛林地区，而想要以较短的距离从一个地方到达另一个地方，只能选择步行或骑在大象背上，以每小时三英里的速度前进，骑象显然更安全，因为这个地方到处都是老虎”。[66] 大象既可以让殖民测量员从上方俯瞰丛林，获得观察地形的绝佳视野，也可以保护他们免受野生动物的伤害。事实上，阿萨姆邦丘陵地区和印度其他边境地区的大部分调查工作都是沿着森林中的小径开展的，这些小径最初由大象在觅食漫步时开辟。这些小径的密集分布模式说明大象具有为了自己的目的而改变景观的能力。测量人员从土地中转化出对殖民企业有用的数据，这项工作基本上是直接建立在大象对同一片土地的感知和转变能力之上的。[67] 于是，殖民企业与大象就形成了一种矛盾对立关系：既想要保留大象带来的好处，又想减少他们的牧场空间，并极具侵入性地渗透到它们广阔的野外森林空间中。

大象从高处观察的视野服务于殖民主义项目的国家视角。阿萨姆公司的一位来访的合伙人既感谢高级经理保留了大象，又表示这会“给他带来不便”，他明确表示，没有了大象，种植园主就会失去他们的能力，因为没有大象，来访者“不可能……迅速而且舒适地巡视公司的土地”。[68] 从森林里开辟出来的种植园在测量和砍伐过程中都使用了大象作为劳动力，种植园主在此基础上增加了监督的功能，使茶园成为一个完全可控的空间。种植园主依靠大象的身体能力到达他们庄园的每个角落。1935 年，另一位来自阿萨姆邦的茶农在回忆录中写道：“河道不断变化，无法建造永久性桥梁，水又深又急……我们不得不把大象作为连接河床之间不同地区的唯一方法。”大象在过河时，头会朝上游倾斜一个角度，“一寸一寸地向侧面移动……它的鼻子根部像船头一样划过水面”，同时“它用鼻子在河底寻找一个安全的地方来站稳脚跟”。[69]

英国种植园主动员大象，破坏它们的栖息地，为建造茶园而破坏森林，并大量使用大象来探索森林、寻找木材，以应对“当地和国际对热带硬木需求的激增”，铁路和船舶建设的需求尤其多。[70] 虽然印度的前殖民统治者保留了大片土地来维持大象的生计，但在殖民统治下，大象的栖息地逐渐缩小，现在已经沦为被不断扩大的种植园包围的森林孤岛。一直跟随着由祖先确定的路线觅食的野生大象，现在发现自己不得不穿过大片种着茶树和甘蔗的农田，因而成了危险动物，必须被消灭从而维持殖民地商品生产的赢利性。随着栖息地的减少，它们对种植园的破坏程度加剧，其造成苦力的死亡频率越来越高，大象对阿萨姆茶园的袭击，就像不愿屈服于英国统治的山民一样，对殖民地秩序构成威胁。英国殖民官员将会像射杀人类反抗者一样，射杀那些不听话的大象。[71]

4.3.3 纠缠的能动性

到目前为止，我们已经讨论了在印度殖民地时期，大象相对于外国白人精英管理者和种植园主所具有的能动性。但是，使种植园主能够得到大象的却是“本地”的能动性。大象与象夫的能动性在驯化和训练的过程中相遇，这一过程需要当地专家和知识体系的参与，以形成密切而持久的关系。“训练者的技能，大象和人类身体的相互协调以及它们所处的社会和生态世界”之间建立了共通的感情。[72] 文学作品赞扬了这种关系中的情感和忠诚。据说，在战争中，“很多大象都深爱自己的骑手”，它们“有时候会把死去的骑士从战场上带回来，或者冲上去保护他们”。[73] 在森林中，持续不断的日常互动行为使人和动物成为亲密的伴侣。[74] 在殖民种植园企业中，象夫似乎失去了主观能动性，成了一个实现种植园主目标的工具。然而，种植园主并没有建立像象夫和大象之间的那种关系，而是利用并重新规划了长久以来的共享生态。

一份最新的研究证实，象夫与大象之间的契约是“一种矛盾的亲密关系”。即使经过训练，“大象依然保留了‘天生的野性’：它们依然善变，难以捉摸，而且象夫也知道他们的非人类同伴随时可能杀死他们”。[75] 它们基本上还是“难以预料”的动物，可能会毫无征兆地攻击它们背上的人。[76] 我们必须意识到大象拥有自己的世界观，它们会根据自己的意志来决定某些行为，而这些行为在人类的世界观中可能没有明显的道理。

在这种背景下，多重的、分层的能动性和种间能动性的概念就非常容易理解了。种植园主在将责任移交给训练师时，承认了他自身能动性和权力的局限性。同样，训练师在与大象的关系中——无论是“圈养”“驯服”还是“训练”——不能完全确定大象会一直服从和合作，因此他们也承认自己的能动性是有限的，其上限取决于大象的主观能动性。

事实证明，大象对周遭环境的独特感知方式是对抗殖民统治的重要手段。1857—1859年，反叛军领袖在雨季穿过泥泞的土地进行了一场场惊险的逃亡，这可以说是19世纪对英国在次大陆统治的最大挑战，叛乱者往往利用大象的能力前往人迹罕至的地方。叛军骑着高大的大象，穿越大片水域和不稳定的土地。大象的脚掌会根据地面的平滑度而进行伸缩，这让它们能比其他役用动物更灵活地在泥泞的土地上活动；它们能用鼻子探测光滑的巨石，或清除路上的木头。通过让叛军像大象一样观察和行动，乍看起来只是轶事的动物特性实际上使大象成了全球史中的行动者。

深入研究人类与大象联盟的学者将大部分注意力集中在正规的国家架构上，例如，莫卧儿帝国和大英帝国，这也是合情合理的。但最近，他们开始揭示这种联盟对于维持遍布佐米亚的替代性社会形式的重要性。佐米亚是从印度支那北部延伸到印度东北部（阿萨姆邦）的东亚和东南亚高地，包括缅甸北部的掸邦高原和中国西南部的山区。这些地区抵御了低地国家结构（无论是前殖民时期，殖民时期还是后殖民时期）的侵蚀。[77] 从殖民叛乱到近代的游击战，大象一直是穿越边远地区的关键盟友，这些地区位于现代国家的范围以外。[78] 佐米亚之所以能够在学术界声名鹊起，很大程度上是因为詹姆斯·C. 斯科特，他赞扬了高地的替代性社区，并把它们与低地遵守严格秩序的国家（饱受指责的稻田国家）进行对比。[79] 如果我们认识到高原人民的生计有多依赖大象对环境的感知和解读，以及大象在森林中所开辟的道路，那我们就要给二分法增加一个非人类维度。

4.4 棉花市场和农作物景观：未来行动

1903年11月，在达拉斯召开的棉铃象鼻虫大会上，有一位法官就美国棉花农作物景观中作为行动者的象鼻虫进行了如下的分析：

> 这种昆虫也有一些优点。它是棉花市场上的头号买空者，只要它出现在国外的田地里，我们就再也见不到六美分的棉花了。在价格上涨方面，它的合伙人布朗先生在获利之后就退出了；但在这个小家伙的字典里，没有“退出”这个词。我们农场主一次又一次地开会，商议减少棉花种植面积，降低产量，但每一位农场主都赶回家去种植更多的棉花，以为别人会听从指示，这样他们就可以抬高价格。棉铃象鼻虫为我们做了我们自己想做但做不到的事。[80]

说这些话的法官明白，从经济角度来看，农作物景观中的行动者的位置是可以互换的。他在谈到棉花价格时，将其描述为某些行动者及其行动的结果。棉铃象鼻虫、一位名叫布朗先生的棉花经纪人、一位减少了种植面积的个体农场主：这些都可能在提高棉花价格方面发挥作用。我们通过这位发言人的视角来理解农作物景观。通过考察影响棉花价格的因素，我们得发现农作物景观中的行动者。在这一节中，我们利用棉花市场来加深我们对这些行动者及其在农作物景观中所扮演的角色的了解（图4.2）。

历史上的经济史学家都曾注意到市场力量对历史行动者的推动作用。[81] 人们的行动也助长了市场力量。交易产生价格，但价格也向人们发出买入或卖出的信号。市场力量和个人能动性之间的交互关系对技术历史学家发出了邀请，这是一个概念性时刻，

图 4.2　孟菲斯棉花交易所的黑板。棉花交易所的黑板显示着预估价格的变化，这些变化来自并影响着经纪人对供需的看法。预估价格也可能影响农场主种植的规模，而他们种植的数量又会反过来对价格产生影响。图片：玛丽昂·波斯特·沃尔科特（Marion Post Wolcott），1939 年。国会图书馆，数字馆藏，LC-USF34-052568-D［P&P］LOT 1479

其邀请该领域的学者运用自己的方法来理解复杂的、非线性的因果关系。[82] 在资本主义史的领域，只有大人物才有能动性，比如利物浦的经纪人达成的交易会影响农民当年收获的棉花的价格。[83] 而根据更定量、更实证主义的经济史学家提出的批评，这些流行的解释将太多的力量归因于个别雇主的鞭子（这一点与橡胶一节相同），而他们认为种子（新棉花品种的引进）在 19 世纪美国南部扩大棉花生产规模和提高生产力方面发挥了关键作用。[84] 与此同时，进化环境史学家告诉我们，美洲印第安人的长期选择导致新大陆的物种拥有更长的纤维，而正是这些纤维使英国工业革命在纺织品生产方面的发明成为可能。[85]

我们研究了美国南北战争之后的棉花农作物景观，并从一种不太线性的视角来审视导致这一情况发生，并在其中发挥作用的能动性。我们发现，棉花的价格和市场机制都是历史行动者将自己对棉花农作物景观的了解、猜测和预测付诸实践的手段。经济学认为是供应和需求的相互作用决定了价格，而这实质上就像自然规律一样。而在我们看来，供应、需求、价格、未来的预期以及象鼻虫、农场主、植物等一切事物都是行动者。本节重新组合了个体行动者，形成了一些新的关系。首先，我们通过价格这个透镜，来识别行动者及其在棉花农作物景观以及棉花价格制定过程中的作用。然后，我们转换视角，观察价格对其他参与者的影响。我们把能动性重新分配给不同行动者，从而重新组合发挥作用的力量。

我们先从价格开始说起。价格是由市场决定。但市场有两个含义：第一个含义是抽象的：供应和需求的相互作用创造了棉花的价格；第二个含义更加具体：在某一特定时期的特定场所，买方和卖方于此会面并以特定的价格进行交易。这个市场可能位于密西西比州十字路口的一家店铺内，佃农将其收成抵给店主，以偿还店主在这一年内供应的商品；也可能位于利物浦的易帜广场，两位棉花经纪人正在此交易进口棉包。更抽象的市场通常被视为一种机制，它根据行动者在细分市场中的交易来确定价格。具体市场和抽象市场之间的这种相互作用提醒我们，人们常常将目标委托给技术机制，以便技术为我们期望的行为提供脚本——比如体现交通规则的红绿灯，又如当象鼻虫吃掉大量棉花后，棉花价格的上涨。

市场机制就是如此，行动者将其行为委托给市场机制。象鼻虫的蔓延会使棉花产量下降，价格上涨。1903 年，经纪人经营的棉花角通过垄断新奥尔良市场来提高棉花价格。[86] 干旱期导致农作物生长受限，这也会使价格上涨。通过把农作物景观中的所有行动者组织到一起，以确定价格，市场表达了它们的等价性。美国农场经济学家亨利·华莱士（Henry Wallace）于1920年撰文指出，农场主深知“口蹄疫、铁路服务中断以及汇率下降都可能会影响价格，但它们并不会改变潜在的供给或需求”。[87]

换句话说，正如经济学家所说，价格变动传达了信息：价格上涨表明收成低于预期；或者棉花植株受到了象鼻虫的侵扰；抑或种植面积减少限制了供应；也可能是有一个大买家，即牛市经纪人的购买行为提高了价格。反之，则是帝国征服了新的棉花田（增加了供应）；或者兰开夏郡或马萨诸塞州发生了劳工骚乱（降低了需求）；抑或经纪人预计价格会下跌，因而低价买进未来的收成，这些情况都会导致价格下跌。通过对所有信息进行汇总和提炼，价格掩盖了行动者的主观能动性甚至身份。价格使市场之手隐形，而事实上，市场最抽象的概念是通过其最具体的交易（通过大量的行动者完成）来实现的。

4.4.1　传统行动者：植物、土壤和农场主

棉花是由棉属的某些植物培育而成的。这种植物的种子被包裹在棉铃中，并在外侧长出蓬松的纤维，这种纤维可以随风传播植物的种子。人类种植棉花通常是为了生产这种纤维，这个过程需要至少175天，其间没有霜冻，阳光充足，土壤肥沃，而且每年降雨量为24~47英寸。该植物适合在纬度30°~40°生长，这片区域从美国的弗吉尼亚州北部延伸到墨西哥湾。美国从英国独立后，美国种植园主的奴隶种植出的棉花为英国工业化纺织厂提供了原料。南北战争以前，南方社会与棉花一起成长。棉花农作物景观不仅包括植物和土壤，还包括种植园主和奴隶，以及用于约束奴工的整个法律和政治体系。1865年内战结束后，获得解

放的工人变成了佃农，在别人的土地上种植棉花，整个生产系统都依赖于当地店主每年向农民提供的信贷。这些是美国棉花农作物景观的特征，常见于民间传说之中，也为历史学家所熟知。在由植物、土地、农场主以及支持它们关系的结构组成的传统农作物景观中，我们记住了更多的行动者。

4.4.2 引入其他行动者：迁移中的象鼻虫

棉花在被人们种植之前，就已经受到了随着中美洲其他野生植物宿主迁徙而来的象鼻虫侵害。这种史前宿主迁徙预示了后来的迁徙。棉花种植是害虫适应并迁徙到较凉爽地区的一种手段。19 世纪末和 20 世纪初，随着棉花的商业种植在墨西哥湾流行，象鼻虫在新的农田里大批滋生。它们在炎热潮湿的夏季尤其活跃。当象鼻虫种群变得更加密集，并且在某些特定的棉花农作物景观定居下来时，一些虫子就会乘着夏末的风，去往新的地方，尚未受到侵害的田地。成虫在棉田附近的杂草丛、干草堆或西班牙苔藓中越冬。因此，象鼻虫可以从农作物景观的建立过程中获益，这个过程不但创造出棉花景观，也创造出一片位于棉田四周的边缘景观，成熟的象鼻虫就在那里越冬。1894 年，先锋象鼻虫（一种具有独特特征的孤立种群），从墨西哥东北部迁移到得克萨斯州，从而首次出现在美国的棉花农作物景观中。最终，棉铃象鼻虫在 20 世纪初蔓延到美国东南部。当象鼻虫席卷美国的棉花农作物景观时，它带来的威胁常常促使佃农在收获了最后一大批作物后，就放弃田地，有时他们甚至完全放弃农业，前往北方的工厂工作，这种现象被美国历史学家称为“大迁徙”。这种将社会割裂的害虫对农业推广人员（他们通过象鼻虫找到工作和生活目标）、佃农（包括离开的人和留下来学习新耕作方法的人）和土地所有者（其中很多人失去了一部分劳动力）产生了不同的影响。象鼻虫的行为方式对每个群体的影响都会产生不同的结果。[88]

4.4.3 行动者：未来行为与期货法令

农场主之所以在象鼻虫到来之前放弃棉花种植，是因为他对未来的看法。换句话说，未来也会影响到农作物景观。现在，把未来视为行动者，我们就可以再次解构并重新分配农作物景观中的能动性。未来是一种观念，是世界的一个影像。但如果把未来当作一个实际的行动者，我们就会发现，未来在几种不同的历史尺度上，以多种不同的方式，作用于农作物景观。

我们知道对象鼻虫侵扰的担忧影响了农民的决定，从而影响到棉花的种植面积，进而影响到棉花的供应和价格。但是，就像1903 年达拉斯棉铃象鼻虫大会上的法官所描述的那样，未来的棉花价格已经影响到农场主的棉花种植数量。预期价格还使农场主可以通过本地商店获得信贷，这样他的家庭就可以因为种植农作物而获得更好的生活。因此，价格和象鼻虫影响着棉花农作物景观的未来。未来有多种发挥作用的方式：在美国南部和世界范围内开辟新的棉花种植区，以增加未来的供应从而对价格产生影响，进而对农作物景观产生影响。由此一来，帝国的扩张行动就通过影响人们对未来的观念产生了长期影响。[89] 最后，未来也会在更加个体化的层面上发挥作用，个体农场主会制定自己的耕种策略，以满足年度贷款计划的要求。农场主在本地商店的赊账将于年底到期，其中产生的付款需求终结了农业生产周期。但是，正如上文所说，店主发放信用依赖价格预测，它决定了农民的利益。同时，年度生产计划影响了经纪人的决策，他们仔细猜测当年的棉花将会在何时收获和销售，预测每年的收获周期何时会导致价格下降。[90] 价格是对未来的预测，这意味着它只是另一个行动者。

因此，未来不仅作用于个体农场，还作用于农作物景观中更加疏离的部分，即在交易所进行交易的经纪人。每个经纪人都是参与市场机制的交易者。每一份买卖棉花的合同都会基于对未来的猜测设定一个价格，这个价格可能是当经纪人准备交付棉花时对价格的预测。经纪人对未来的预测通过市场影响着全世界，因为他从其他交易者那里买入和卖出的行为会产生价格，这会向其他行动者发出信号（尽管可能不会向象鼻虫发送信号，除非间接通过其他行动者）。更重要的是，市场作为一个机构，其开发出的金融工具使未来的行为更加明显和透明。一些棉花交易所设立并监管的期货市场，将未来的概念具体化为价格。现在签订合同，然后在未来的某个指定日期以特定价格买卖棉花，就是对未来价格的预测。个体经纪人以这种方式发挥作用，他们的预测获得全球的关注和认可：每个人都有自己的猜测，在个体猜测与其他已经变成市场交易的猜测结合之后，价格就被决定了。这些猜测变成了真实的交易，即于未来交付的合同，而该交易产生了价格，这个价格作用于农作物景观中的其他行动者。

对于大众来说，棉花交易所和期货市场的工作是不透明的，特别是对农场主来说。农场主看到他们的农作物的价格无缘无故地上下波动，芝加哥和伦敦的投机商赚得盆满钵满，而农场主却发现自己背负着银行和债权人的长期债务。这种泛泛的批评在 19 世纪末和 20 世纪初的美国具有强烈的政治影响力，推动了一场由农场主（主要来自西部和南部）领导的民粹主义运动，动摇了整个国家政治体系。在接下来的几十年里，每一位改革派政治家，无论是共和党人还是民主党人，都会尝试回应农民对市场不受监管，只为少数特权人士服务的抱怨。政治和经济历史学家理所当然地沉迷于研究联邦政府在打击垄断和提高市场效率方面越来越强的影响力，但我们还需要关注同一个联邦州如何把未来变成一个可知和可管理的实体，以保证农场主的公平市场。1923年，在美国农业部工作的农业统计学家开始发布年度展望报告，目的是为农场主提供价格信息，他们可以利用这些信息来决定某一年种植或投放市场的棉花数量。[91] 换句话说，联邦专家试图让美国农场主掌控未来，以避免生产过剩、价格下降和反复出现的农村危机。统计学家确定了决定主要农产品（其中包括棉花）价格的关键变量（也可以说是行动者），将价格形成的过程转变为对美国民主至关重要的政治问题。美国新政时期的农业部部长，也就是前文曾引用的统计学家的亨利·华莱士，就把统计数据作为 1933 年《农业调整法案》❶（Agricultural Adjustment Act）的基础，将美国农场主从大萧条的生产过剩危机中拯救出来。在所谓的美国最大的参与式民主实验中，通过由美国农业部专家举办的市民会议和政府提供的经济补偿，农场主受到动员，而减少产量从而稳定物价。[92] 补偿通常流向白人地主，他们将非裔美国佃农赶出农场。[93] 简单地说，美国的《农业调整法案》的颁布导致棉花种植面积的减少，在这一点上，华莱士的作用与棉铃象鼻虫相当。

现在我们又返回到了起点——价格总结了农作物景观中每个行动者的贡献，因此，行动者在某种程度上是可以互换的。但价格也会起作用。如果预测未来价格上涨，那经纪人就会当下买进更多产品，这将影响农民支付账单的能力及其关于未来种植量的决定。因为价格概括了农作物景观中的所有行动者及其行为，所

❶ 《农业调整法案》，是美国大萧条时期由美国总统罗斯福颁布的一项关于农业的法律，是美国历史上的重大新政计划，旨在通过削减农业生产、减少出口顺差和提高价格来恢复农业繁荣。——译者注

以当任何行为发生时，价格都会发生变化：象鼻虫的侵扰会损害农作物，减少供应，进而提高物价；新工厂的开业会增加需求。我们通过价格预测将个人决策的正当性委托给未来，同时我们也取消委托——将其重新分解为各个部分，分解为行动者。

4.4.4 重新分配能动性

棉花农作物景观中各种“行动者”的互换性可以追溯到对棉花的最初认知，也就是纤维第一次进入欧洲人视野的时候，它被视为“植物羊”的产物，即一种长在植株上的羊毛或植物毛（*Baumwolle*），这暗示着棉花可以被归入现有的布料类型中，棉花通过异国情调为大众所熟悉。我们结合了科学和技术研究方面的学术成果，这些学术研究没有把金融模式视为相机，即反映植物、人类、昆虫、机构、价格相互作用的市场影像的机制，而是把它视为一个发动机，它把行动者加入农作物景观中，让它们共同作用以产生一种有价格的产品，这种产品的价格也作用于其他商品。[94]

在棉花农作物景观中，这种分配能动性的方式是一个缩影，反映了在其他情况下，相互联系的、异常平等的行动者在多个尺度上运作的方式。农作物景观概念有助于我们理解农民、植物、害虫、地区、经纪人、价格和未来之间的关系。尽管每个行动者都在特定的空间和历史背景下行动，但乘风来到新地盘的象鼻虫也会影响经纪人的决策以及他们在利物浦易帜广场达成的交易。在较小的范围内，象鼻虫的到来会促成农场主离开田地的决定。象鼻虫的需要也使西班牙苔藓成为棉田中的行动者，苔藓处于农作物景观的边缘，成年象鼻虫在冬季喜欢栖息其中。相互关联的行动者通过这种方式揭示了尺度作用于历史分析的方式。

4.5　人类世和桉树

科学史学家米歇尔·塞雷斯（Michel Serres）在一项富有启发性的记叙人类世（当前的地质时代，人类已经成为改变地球气候的全球性行动者）的早期实验中，将注意力转向 J. M. W. 特纳（J. M. W. Turner）绘制的天空和海洋。[95] 塞雷斯首先将 19 世纪初特纳画布上“燃烧的色彩”与同一时期发生在英国的工业革命联系起来。对由煤炭、钢铁和蒸汽组成的新世界中的火、烟和雾的戏剧性描绘，暗示了艺术、机械和气候的交织，并迫使文化历史学家成为技术史学家，而技术史学家又成为环境史学家。特纳描绘出了一个由人类及其技术成就创造的新的环境，他也因此被认为是人类世的先驱。

但当塞雷斯从地质记录中收集数据时，他发现了意想不到的非人类力量的痕迹，这些力量超越了人类作为地球历史上主要行动者的线性因果关系，改变了地球的气候。格陵兰岛冰川的冰芯样本显示，北纬地区存在 1815 年印度尼西亚小巽他群岛坦博拉火山喷发产生的颗粒。火山喷发的后果是灾难性的，大气中的反射灰导致的酸雨和低温导致的农作物歉收，造成数千人死亡。特纳的画不仅简单地反映了工业革命中新人类的力量，还描绘了南部海域火山的力量，火山的灰烬为英国画家提供了“正午漆黑的阴影，酒红色的黎明和如红玉髓一般的黄昏。”[96] 虽然有太多学者将人类世理解为一个道德故事，谴责过度干扰行星系统的人类力量——当今时代的普罗米修斯神话——但塞雷斯对特纳细致入微的看法却指向了人类世的历史叙述，其中非人类的数量激增并编织出陌生的时空联系：构造板块、大气流、火山颗粒、轮船、铁路和浪漫的情感都是理解特纳画作的必要条件。

2017 年夏天，英国的天空迫切需要新的特纳。早午时分的天空之所以呈现日落时典型的橙色色调，是因为强劲的南风将撒哈拉沙漠的尘埃和肆虐欧洲南部的森林大火的碎片输送到大气层的上层。这些颗粒散射波长短的蓝光，让更多的红光通过，就像两百年前的坦博拉灰烬一样。葡萄牙内陆森林燃烧产生的灰烬向北被带到英国，因为大西洋气温上升导致飓风奥菲莉亚沿着不同寻常的轨迹向爱尔兰移动，而不是沿着惯常的飓风路径向加勒比海和美国东海岸移动。这种联系虽然听起来像是奇闻逸事，但其实只不过是人类世微不足道的小事。英国气象局在解释了大气中的灰烬对光线的影响后，冷淡地指出："奥菲莉亚的运动导致了一个有趣的现象，那就是今天早晨天空的颜色和汽车上的灰尘。"[97]

对于那些将人类世的开始等同于工业革命的人来说，这种联系更为重要。截至1850年，仅英国因为燃烧化石燃料而向大气中排放的CO_2量就占总量的60%以上。[98]英国的煤炭储量产生的"能源量相当于沙特阿拉伯累计的石油产量，这使19世纪英国的工业动力每十年就能增长50%左右"。[99]历史上的因果关系似乎是不可避免的：北方工业化国家对导致气候变化的排放负有主要责任，气候变化导致南纬地区的森林火灾越来越具有灾难性。在戏剧性的2017年，葡萄牙的气温比过去30年同期的平均气温高出10℃左右。[100]在2017年发生的一场大火中，有114名葡萄牙人死亡，这一死亡人数在葡萄牙前所未有，使英国橙色的天空不再只是"一个有趣的现象"，还促使社会对消费化石燃料以扩张资本主义所造成的废墟和耻辱进行反思。按照这种逻辑，历史学家应该把注意力集中在英国工业革命时期以蒸汽机为动力的矿区和纺织厂，以确认我们当前状况所在的谱系，根据一些学者的说法，当前的时代应该被称为“资本世”[1]（Capitalocene）。[101] 用资本世代替人类世是一个重要的提醒：人们不应该把气候变化带来的破坏归咎于整个人类种族，而应该追溯到一个非常具体的历史选择，即基于煤炭（后来是石油）建立的社会经济体系。这与塞雷斯最初的暗示如出一辙，把特纳的天空与英国的熔炉和烟囱联系起来。

4.5.1 纵火树

但正如塞雷斯所说，被较少研究的地区和时期的行动者也值得历史学家关注，历史学家很愿意研究大气中的这些灰烬。在这里，承认桉树［又称蓝桉（Eucalyptus globulus）］的历史相关性，并了解这种树如何成为葡萄牙森林中的主要树种尤其重要。目前葡萄牙森林的面积约为 80 万公顷，仅次于中国、巴西、澳大利亚和印度，但这些国家的陆地面积都要比这个欧洲小国大得多。世界上没有任何一个国家领土上的桉树林面积占比如此之大。在英国造成了“有趣现象”的灰尘主要来自葡萄牙的桉树林和松树林。桉树原产于澳大利亚的塔斯马尼亚岛，它的进化史与澳大利亚的林火动态密切相关。尽管这种树木具有很高的易燃性，也造成了葡萄牙和其他地方蔓延的无法控制的森林大火，但它并不容易被火杀死。桉树在大火中失去外层树皮，但随后其休眠枝芽会旺盛地生长；当火烧到树冠时，桉树的籽囊仍保持完整，然后种子会加速脱落，从而长出新树。桉树不仅能在大火后迅速再生，而且还加剧了火灾的影响，这是因为其树皮易燃，脱落的长条状

---

[1] 资本世指的是“这样一个历史时代，它由特权化资本无止境积累产生的诸种关系所形塑”。这诸种关系，使得资本已然成为一个地质学力量，产生行星尺度上的诸种效应。——译者注

树皮和附生地衣往往会让火烧到树冠并继续向前蔓延，而且落下的桉树叶也不会腐烂，而是形成致密、易燃的落叶层。[102] 这一切，连同枝叶分泌的易燃油和开放的树冠都表明，与其说桉树具有抗火能力，倒不如说它是一种为了繁衍生息而塑造景观的纵火树。[103]

19 世纪 50 年代中期，桉树首次作为城市改造项目中的观赏树被引入葡萄牙。在接下来的数十年里，桉树因为生长迅速而成为铁路建设的珍贵树种，它的木材被用于制作枕木，在过去的几个世纪里，这个国家砍伐了大部分森林。专门的种植园还将其叶子广为人知的药用特性商业化。桉树的种植面积不断扩大，但仍比不过松树（*Pinus pinaster*），当地居民更倾向于使用松树来稳固海岸上的沙丘，或者防止山区水土流失。[104] 从澳大利亚传入葡萄牙的桉树的年表和繁殖动机与传入其他国家的桉树相似。[105] 在南非，桉树被用于修建铁路，而且是建造德兰士瓦金矿画廊时使用的重要建筑材料。在加利福尼亚与巴勒斯坦，桉树围绕在柑橘园四周，保护果树免受大风的侵袭。在巴西，圣保罗地区的咖啡繁荣导致大西洋森林被大规模砍伐，铁路公司将会种植桉树以满足日益增长的运输基础设施需求。在殖民时期的印度，人们种植桉树是为了开垦沼泽地，从而增加商业种植园的面积，同时桉树也成了对抗疟疾的重要盟友。在 19 世纪末和 20 世纪初的所有关于桉树的故事中，桉树都是修复树种，种植桉树是为了应对因种植园、矿山或铁路扩张而出现的环境变化。换句话说，种植桉树是资本世的技术修复手段。

4.5.2 种植园政治

但资本主义的全球动态还不足以解释桉树在葡萄牙的戏剧性扩张，历史学家还必须把法西斯主义纳入考量之中。与欧洲其他法西斯政权一样，1933 年正式成立并一直延续到 1974 年的葡萄牙新政府，也对建设国家森林怀有憧憬。[106] 独裁统治不顾本国内陆地区人民的反对，打着让国民经济扎根于国家土地之上的旗号，迅速扩大森林面积，取消了土地的公共使用权。[107] 国家林业部门在山区大规模种植松树，以支撑日益扩大的木材和树脂产业，同时使牧民沦为社会贱民，他们焚烧森林为羊群开路，这使他们被谴责为树木和国家的敌人。[108] 第二次世界大战后，以该政权偏执的民族主义为基础的发展愿景提倡进口替代和能源自给自足，这推动了大型水坝的建设，再一次迫使农村人口失去土地，从内陆地区搬离，而这些土地则被淹没在被新林区包围的人工湖之下。这些用于维持国家工业但忽视当地民生的水坝和森林，将成为 20 世纪大规模野火的主要发生地。

水力发电使新产业成为可能，比如需要进一步扩大桉树等速生树种森林面积的纸浆厂。20 世纪 50 年代末，葡萄牙公司的工程师发明了一种用桉树制造纸浆的新方法，以生产优质纸张，这打破了只有来自北纬地区的针叶树的长纤维才能生产优质纸张的局限，从而得以将高污染的纸浆工业从斯堪的纳维亚国家转移到葡萄牙。[109] 虽然日益增长的环境问题使北欧的纸浆生产面临日益严重的危机，但在葡萄牙，独裁政权保证没有人会对扩大可以提高国力的纸浆公司的规模提出质疑。与智利和韩国等国一样，独裁主义为该国的快速工业化铺平了道路。葡萄牙独裁政府垮台 40 多年后，在葡萄牙依然很难找到反对这些公司以及支撑它们的大片桉树森林的批评声音。

连绵不绝的单一桉树林占据了葡萄牙的大部分土地，这可能说明林业工作者为达到工业目的而对这片土地进行的改造获得了重大成功。然而像 2017 年的大火那样的灾难性火灾，却表明这种狂妄自大有多么愚蠢。此外，仅计算与工业发展相关的风险并不能很好地解释这种多维现象。在塞雷斯的启发下，我们看到从桉树的角度来叙述人类世是多么富有历史成效：在这个故事里，塔斯马尼亚“原住民”通过火、法西斯主义和资本主义殖民了一个西欧国家。

正如本章各节所示，引入非人类行动者绝不会消除或否认人类的能动性或权力。相反，它提供了一种方法，可以让人更深入地探究塑造或引导人类能动性的可供性和阻碍，并揭示令人意想不到的、重要的权力行使方式。“行动者”一词提供了一种在历史意义上有益的替代观点，有别于认为能动性取决于意图性的传统观点，这不仅促使我们更加关注非人类对塑造人类和历史做出的贡献，同时也让我们认识到，无论历史学家像事后诸葛亮一样记下多少规划或逻辑，很多在场的人的行为都与意图性无关。一方面，植物、动物和事物都会反击，都有自己的时间性和偏好，也有自己的繁殖需求。另一方面，集合体的视角恢复了所有行动者，包括橡胶树、大象、种植园主、价格以及火灾的偶然性和历史性。

但我们如何能识别出我们的行动者呢？我们根据什么来声称谁或者什么对当时的其他行动者很重要，或者判断什么造成了历史差异？解决这个问题的一个角度是局外人（也就是我们现代的自我）向内看到的观点。当用客位模式看待集合体时，引入当代自然科学或者材料科学的知识和概念可以大大提高我们对历史行动者的理解程度。基于此，埃德蒙·罗素（Edmund Russell）提出了共同进化的历史，着眼于“人类和其他物种的种群随着时间的推移反复塑造彼此的特征”的案例。例如，罗素运用生态学和进化论的概念来追踪几个世纪以来英国人和他们钟爱的灰狗之间不断变化的关系，并在此过程中得出对资本主义和工业化历史的新见解。[110] 蒂莫西·勒凯恩（Timothy LeCain）运用材料科学和生物科学来追踪蚕、牛和铜在日本和美国得克萨斯州的景观演变中的独特主体性和本体论。[111] 罗素和勒凯恩不仅向我们展示了在生理学或物质层面纠缠的谱系，而且为再现局内人观点的主位模式而做的努力，对于他们在新唯物主义方面的实验来说也是必不可少的。他们不仅展示了物质或非人类行动者是如何反击的，还展示了它们的历史能动性如何植根于它周围聚集的人类文化中，包括隐喻的力量和通过运动实现的阶级区分。

在我们探讨什么改变了历史时，特别是作为科学史或技术史学家，我们不禁会将过去视为通往现在的道路。历史无法预示我们的现在，其结果也不是必然的，其时空边界与我们预期的时期划分或地理结构都不一致，我们需要对过去及其居民进行更加彻底的重新想象。正如“金鸡纳”一节所提出的，在这里应用今天的科学方法及其分类可能会出现一种混淆，一种回顾性殖民主义的做法，其中“基于我们自己的西方视角，我们对事物在世界上运作的原因所做的任何假设从根本上来说就是错误的”。[112]

巴勃罗·戈麦斯在《体验加勒比》（*The Experiential Caribbean*）一书中实验性地再现了加勒比本体论，在 17 世纪，知识创造的未来尚未排除其他可能性。戈麦斯对权威如何、在哪建立及其所调动的力量的描述，以自己的方式向我们展示了一个短暂存在的世界，其中的“黑人仪式实践者”使自己成为“一个被来自全球各地的思想所填充的地区的知识领袖”。为此，戈麦斯广泛利用同时代的资料，包括哥伦比亚卡塔赫纳地区宗教法庭办公室里极其丰富多样的馆藏资料。[113] 相比之下，在缺乏书面记录的情况下，凯瑟琳·德卢纳，基于人类学家扬·万西纳（Jan Vansina）开创的方法，通过将民族志研究与历史语言学相结合，检索了非洲的一些“难以被触及”的科技思想史及其重要研究对象。“语言的演变过程……诠释了一种在很大的社会、年代和地理尺度上

（对各种技术如何起作用）的理解”，与社区居民一起生活的民族志经验，使历史学家对其与人和环境之间产生的小规模亲密关系敏感，这种关系“维持了（我们研究的）历史主体和（我们生活其中的）社区的日常生活。”[114]

无论其范围如何，历史编纂学的本体论转向需要大量资料和极高的细致程度，而我们只能尽力在各个章节中偶尔实现。相反，我们更多地去努力尝试以开放的心态对待每一种农作物景观中的角色，在客位和主位方法之间进行权衡，以阐明它们的历史角色和关联，以及历史学家利用它们所讲述的故事。我们也对时间顺序和因果关系保持开放的态度：“跟随参与者”的策略往往会让故事超出我们所熟知的范围。那么，我们的各节能够取得怎样的成果呢？

“橡胶与暴力”一节主要关注人类行动者之间的关系，但通过强调用于提取橡胶的植物的物质性来限定人类的能动性，用兹苏萨·吉列（Zsuzsa Gille）的话来说，这阐明了“物质与社会之间能动性的舞蹈。”[115] 在“金鸡纳”一节中，我们考虑了知识的历史：不同的人类历史参与者是如何认识金鸡纳的。通过用同样的眼光审视荷兰、英国、西班牙和安第斯的故事，我们重新讲述金鸡纳的历史，不是把它当作一条通往现代制药科学的线性路径，而是如许多其他科学故事所讲述的那样，把它看作一系列认识上的断裂和抛弃。

关于大象、棉花市场和桉树的反复描写将焦点转移到非人类行动者身上，我们尝试按照它们自己的方式认真对待它们。我们刻意回避主要关注人类如何看待其他生物或事物的本体论，甚至回避了人类假设的非人类思维（比如亚马孙启发的“透视主义”也激励了很多人转向本体论）。相反地，我们在这里重新构建农作物景观，将非人类遵循自己的倾向或追求自己的目标所造成的结果包括其中。

唐娜·哈拉维（Donna Haraway）的跨物种研究假定了物种之间的相互关系：人类和狗互为“他者”，但它们却对彼此很重要。[116]“人类世与桉树”一节为跨物种研究的另外一种观点提供了一个有说服力的例子，这与休·莱佛士阐述的例子有根本差异，他在描写尼日尔一个蝗虫肆虐的村庄时写道“它们如此忙碌，如此冷漠，如此强大。”[117]蝗虫对人类很重要，对人类的生活产生了影响，但它们对人类的冷漠，它们的他者性是绝对的。尽管如此，我们仍然可以反驳蝗虫享受人类劳动成果的说法，因为蝗虫并不是有意地去寻找农作物的。桉树在人类创造的种植园中以新的方式繁衍生息。这些是非人类行动者之间的共性和有利可图的关系形式，属于物种与事物之间的关系，我们将在下一章“组成”中探讨这些关系。

注释

1. Malinowski, *Coral Gardens and Their Magic*, 63.1。在《原住民如何思考》（*How Natives Think*，1910）中，哲学家吕西安·列维–布留尔提出人类社会的思维从不遵循逻辑以及不区分超自然与现实的原始思维方式，发展到抵制以神秘学解释世界的合逻辑的、现代思维方式。
2. 美国农业部自然资源保护服务官网。
3. Coupaye, "Ways of Enchanting," 447.
4. Latour, "On Actor–Network Theory," 373.
5. Latour, *Reassembling the Social,* 130.
6. Saraiva, *Fascist Pigs.* "Introduction," n. 80.
7. Gómez, *The Experiential Caribbean;* de Luna, *Collecting Food, Cultivating People*; Mukharji, "Occulted Materialities."
8. Quoted in Tully, *The Devil's Milk,* 86.
9. Taussig, *Shamanism, Colonialism, and the Wild Man;* Pineda Camacho, *Holocausto en el Amazonas.* 略萨在两本小说中对这个话题进行了绝佳的讨论：Vargas Llosa, *La casa verde;* Vargas Llosa, *El sueño del celta*。
10. Hecht, *The Scramble for the Amazon.*
11. Davis, *Late Victorian Holocausts.*
12. 人类学家曼努埃拉·卡内罗·达库那（Manuela Carneiro da Cunha）对错综复杂的信贷计划提供了最初的描述，该计划通过位于亚马孙河支流上的无数中介机构将森林中的采掘者与英国的金融体系联系起来。*Cunha, Cultura com aspas*。
13. Casement, *The Amazon Journal.*
14. Quoted in Tully, *The Devil's Milk,* 97.
15. Taussig, *Shamanism, Colonialism, and the Wild Man;* Mitchell, *Roger Casement;* Goodman, *The Devil and Mr. Casement.*
16. Hochshild, *King Leopold's Ghost.*
17. Conrad, *Heart of Darkness.*
18. Taussig, "Culture of Terror-Space of Death-Casement, Roger."
19. Taussig, "Culture of Terror-Space of Death-Casement, Roger," 479.

20. Grandin, *Fordlandia;* Garfield, *In Search of the Amazon;* Dean, *Brazil and the Struggle for Rubber.*
21. McCook, "Global Rust Belt."
22. Ross, *Ecology and Power.*
23. Brockway, *Science and the Colonial Expansion: The Role of the British Royal Botanic Gardens;* Drayton, *Nature's Government;* Galeano, *Las venas abiertas de América Latina,* 118–21.
24. Bonneuil, "Mettre en ordre et discipliner les tropiques" ; Aso, *Rubber and the Making of Vietnam.*
25. Ross, *Ecology and Power.*
26. Tully, *The Devil's Milk.*
27. Stoler, *Carnal Knowledge and Imperial Power;* Stoler, *Capitalism and Confrontation.*
28. Ross, *Ecology and Power.*
29. Ross, "Developing the Rain Forest," 208, quoting Bauer, *The Rubber Industry.*
30. Dove, "Smallholder Rubber."
31. Cunha, *Cultura com aspas.*
32. Hecht, *The Scramble for the Amazon.*
33. Hecht, "The Last Unfinished Page of Genesis," 62.
34. Hecht, "The Last Unfinished Page of Genesis," 60.
35. Hecht and Cockburn, *The Fate of the Forest;* Revkin, *The Burning Season;* Souza, *O empate contra Chico Mendes.*
36. Cunha, *Cultura com aspas.*
37. 对于这种叙事的批判性分析，见 Philip, "Imperial Science Rescues a Tree."。
38. Deb Roy, *Malarial Subjects.*
39. Headrick, *The Tools of Empire: Technology and European Imperialism in the Nineteenth Century;* Curtin, "The End of the 'White Man' s Grave.' "
40. Deb Roy, *Malarial Subjects.*
41. Crawford, *The Andean Wonder Drug.*
42. Estrella, "Ciencia ilustrada y saber popular."
43. Newson, *Life and Death in Early Colonial Ecuador;* McNeill, *Mosquito Empires.*

44. Crawford, *The Andean Wonder Drug,* 31–32.
45. Crawford, *The Andean Wonder Drug,* 31–32; Newson, *Life and Death in Early Colonial Ecuador,* 55–58.
46. Gómez, *The Experiential Caribbean.*
47. Crawford, *The Andean Wonder Drug.*
48. Crawford, *The Andean Wonder Drug;* Puig–Samper, “El oro amargo.”
49. Nieto, *Remedios para el imperio;* Frías, *Tras El Dorado vegetal;* Marcaida and Pimentel, “Green Treasures and Paper Floras”; Puerto, *La ilusión quebrada;* Lafuente, “Enlightenment in an Imperial Context.”
50. 对于“黑色传奇”的批判性概述，见 Pimentel and Pardo–Tomás, “And Yet, We Were Modern.”。
51. Bouza, *Corre manuscrito;* Cañizares–Esguerra, “Bartolomé Inga’s Mining Technologies.”
52. Crawford, *The Andean Wonder Drug;* Puig–Samper, “El oro amargo”; Frías, *Tras El Dorado vegetal;* Bleichmar, *Visible Empire.*
53. 对于这种趋势的批评，见 Saraiva, “A relevância da história das ciências.”。
54. Drayton, *Nature’s Government,* 206–11.
55. Goss, *The Floracrats.*
56. Goss, “Building the World’s Supply of Quinine.”
57. 尽管化学家在 1944 年取得了成功，但直到 2001 年才完全合成奎宁。第二次世界大战期间，美国组织了一项重大项目：在南美洲开发金鸡纳种植园。Cuvi, “The Cinchona Program (1940–1945).”。
58. For a similar approach to indigo, see Kumar, *Indigo Plantations and Science.*
59. 例如，在爱德华多·科恩（Eduardo Kohn）的《森林思维方式》（*How Forests Think*）中，亚马孙的“森林”不是由植物组成的（这本书只有两页是关于植物的），而是由美洲虎、猴子、可以变成美洲虎的人和探矿者组成。它们是狩猎的场所，而不是采集或园艺的场所。在这篇文献中，植物逐渐消失在栖息地的一般背景中。“这意味着植物离我们太远了，无法像动物一样打扰我们的信仰。一只盯着德里达的猫令人不安，而天竺葵则不然”；Dove, “Plants, Politics, and the Imagination”, 309。
60. Trautmann, *Elephants and Kings;* Kistler, *War Elephants;* Nossov and Dennis, *War Elephants;* Ison, “War Elephants.”。

61. Trautmann, *Elephants and Kings,* 46.
62. 1171 年，在华南一处沿海地区发现“数百头吃稻苗的野象”；Marks, *Tigers, Rice, Silk, and Silt*, 42。关于气候和人类对中国大象的影响的经典长期研究见 Elvin, *The Retreat of the Elephants*。
63. Trautmann, *Elephants and Kings,* 286.
64. Lahiri, *The Great Indian Elephant Book.*
65. Sivasundaram, “Trading Knowledge.”
66. Weatherstone, “Historical Introduction,” 11.
67. 英属印度殖民地的地理学家和地形学家也依靠大象为他们“看”世界。Baker, “Trans–Species Colonial Fieldwork.”。
68. Antrobus, *A History of the Assam Company,* 224.
69. Shell, “When Roads Cannot Be Used,” 66.
70. Trautmann, *Elephants and Kings,* 489.
71. Orwell, “Shooting an Elephant.”
72. Locke, “Explorations in Ethnoelephantology,” 87.
73. Nossov and Dennis, *War Elephants,* 8.
74. Münster, “Working for the Forest,” 431.
75. Münster, “Working for the Forest,” 435–36.
76. Nossov and Dennis, *War Elephants,* 8.
77. van Schendel, “Geographies of Knowing, Geographies of Ignorance.”
78. Shell, “Elephant Convoys beyond the State.”
79. Scott, *The Art of Not Being Governed.*
80. “The Boll Weevil Convention,” 2, quoted in Baker and Hahn, *The Cotton Kings*, 75–76.
81. Eltis, Morgan, and Richardson, “Agency and Diaspora in Atlantic History.”
82. Callon, *The Laws of the Markets;* Callon, Yuval, and Muniesa, *Market Devices.*
83. Beckert, *Empire of Cotton,* 201.
84. Baptist, *The Half Has Never Been Told;* Olmstead and Rhode, “Cotton, Slavery, and the New History of Capitalism.”
85. Russell, *Evolutionary History.*
86. Baker and Hahn, *The Cotton Kings,* chap. 4, “Cornering Cotton.”
87. Wallace, *Agricultural Prices,* 13.

88. Lange, Olmstead, and Rhode, "The Impact of the Boll Weevil" ; Giesen, *Boll Weevil Blues.*
89. Woodman, *New South—New Law;* Robins, *Cotton and Race.*
90. Baker and Hahn, "Cotton."
91. Saraiva and Slaton, "Statistics as Service to Democracy."
92. Gilbert, *Planning Democracy.*
93. Daniel, *Breaking the Land.*
94. MacKenzie, *An Engine, Not a Camera.*
95. Serres, "Science and the Humanities."
96. Serres, "Science and the Humanities," 12.
97. Khomami, "Apocalypse Wow."
98. Malm, "The Origins of Fossil Capital," 17.
99. Mitchell, *Carbon Democracy,* 14.
100. Camargo and Pimenta de Castro, *Portugal em chamas.*
101. Haraway, "Anthropocene, Capitalocene"; Moore, "The Capitalocene, Part I."
102. Esser, "Eucalyptus Globulus."
103. Pyne, *Burning Bush.*
104. Radich and Alves, *Dois séculos da floresta em Portugal.*
105. Bennett, "A Global History of Australian Trees" ; Tyrrell, *True Gardens of the Gods;* Beattie, "Imperial Landscape of Health" ; Silva-Pando and Pino-Pérez, "Introduction of Eucalyptus into Europe."
106. On forests and fascism see, Brüggemeier, Cioc, and Zeller, *How Green Were the Nazis?*; Armiero and von Hardenberg, "Green Rhetoric in Blackshirts" ; Saraiva, "Fascist Modernist Landscapes."
107. 另见第五章中关于莫桑比克棉花和木薯的部分。
108. The best account of these processes is the novel by Ribeiro, *When the Wolves Howl.*
109. 20 世纪下半叶，桉树在南半球其他国家（如智利和巴西）的扩散也与纸浆生产对桉树的使用有关。
110. Russell, "Coevolutionary History," 1515; Russell, *Greyhound Nation.*
111. LeCain, *The Matter of History.*
112. Gómez, "Caribbean Stones and the Creation of Early-Modern Worlds," 16.
113. Gómez, *The Experiential Caribbean,* 3, xvii-xix.

114. de Luna, "Inciteful Language," 47; de Luna, "Compelling Vansina," 172.
115. Gille, "Actor Networks, Modes of Production, and Waste Regimes," 1060.
116. Haraway, *The Companion Species Manifesto;* Haraway, *When Species Meet.*
117. Raffles, *Insectopedia,* 4.

第五章 组成

蝗灾不但摧毁了尼日尔的田地，也劫掠了中国的土地，蝗虫无情地吞噬着宝贵的农作物，而农民们只能“无助地哭泣和咒骂”。[1] 16世纪90年代，一位才华横溢的青年官员徐光启（1562—1633）梳理了王朝的档案，对能够找到的所有历史和当代蝗群记录进行了系统研究。[2] 这样一来，徐光启就能确定这些蝗虫的来源（沼泽地区）、最容易让它们聚集成群的气候环境以及它们成群出现时的行为。通过这些研究，他提出了在蝗灾初期定位和消灭蝗虫的方法，从而避免了大部分的损害。蝗灾不再是不可知、无法控制的灾难，而成了一种可预测的、可管理的风险。为此，传统上被归类为野生植物、野兽和野生场所的沼泽地，与被精心照顾、控制的农场及其中井然有序的居民形成了鲜明的对比，这些沼泽地作为国家观察和管理的对象被纳入了中国的农作物景观之中。[3] 虽然徐光启相信蝗虫是由虾子变态发育而成的❶，但除此之外，他的蝗虫学说还是有可取之处的，他的方法也被广泛采用。他对蝗虫的研究体现了他在处理各种规模的灾害时的指导原

---

❶ 徐光启在《农政全书·卷四十四》中认为“或言是鱼子所化，而臣独断以为虾子”，并在后面给出了四个论据。在《除蝗疏》中他也持相同观点。此处原文为青蛙，疑有误。——编者注

则：“先事修备，既事修救。”[4]

徐光启对苦难和风险有切身体会，无论是冰雹、洪水、棉价下跌还是蚕病暴发。他在中国生产稻米和棉花的中心城市松江长大，这是一个富裕、商业发达却脆弱的地区，经常遭到海盗洗劫。他的父亲穷困潦倒，在菜园做工，他的母亲靠织布赚钱，他们的生活风雨飘摇。等到他的俸禄足以购买土地时，他尝试种植了各种他认为有助于避免粮食短缺的农作物。他的心中牢记灾年的风险，希望鼓励农民和政府官员将本地的农作物景观多样化，以提高现代所谓的抗灾能力。他提倡采用综合形式的混合农业，利用商业种植来应对饥荒的威胁：农民混合种植主要谷物和经济作物，同时使用树篱、农田的边缘和种植园种植多用途植物。比如，甘薯在不那么肥沃的土地上长得很好，在年景好的时候可以用来喂猪，在年景不好的时候则可以供人食用，而且它们生长在地下，不会受到蝗虫的侵害。[5]乌桕树（*Sapium sebiferum*）丰富的果实可以产生优质的蜡和照明用油，是可靠的收入来源，而且它们不同于大麻和油菜等其他油料作物，不会与粮食谷物争夺宝贵的耕地。稗草（*Echinochloa crusgalli*）是粮田里常见的杂草，通常会被无情地铲除。而徐光启则主张在收获第二季春大麦之后，在贫瘠的土地上播种稗草，虽然它们产量低，但却耐涝抗旱。

徐光启着眼于围绕短缺和逆境打造一个复合型多功能的农作物景观，他的这种愿景模糊了早期农学家和政府政策对耕地与荒地，田地作物、杂草和饥荒食物以及主食谷物和补充作物或经济作物的范畴所做的区分。新的农作物景观表面上的变化不大：只需要给予篱笆树更多照顾，将边缘地块与农场结合起来，诱导野生植物和杂草生产出粮食或商品。但视野的扩大，对照顾未被正式归类为农作物的植物的倡导，以及对新关联和潜力的关注，标志着官方农学，从遵循固定优先级（主食谷物和纺织纤维作为不可或缺的常量）转变为具有灵活性和偶然性的农学，徐光启认为这对在危机中生存和应对时代挑战来说至关重要。[6]

对于徐光启来说，重新配置当地的农作物景观是巩固王朝政治的战略基础。他设想在不同的行政层面同时实施一种多层次的协调和多样化战略，从宫廷和中央的各个部门，通过地区和地方官员，传播到基层工人。[7]虽然他的建议来不及挽救明政府（1368—1644），但他留下的见解在清朝的风险管理制度及其为了将边缘地区纳入国家土地管理制度框架下而付出的努力中有所体现。[8]

徐光启从不同尺度对农作物景观的组成结构的关注为本章的论述做了铺垫。无论在哪种尺度上，农作物景观都由很多元素组成：从种子和土壤到法律和市场，再到土地产品集合的文化内涵和意义。为了生存和运行，也为了供养人类以及提供罗安清（Anna Lowenhaupt Tsing）及其同僚们所说的“超越人类的宜居性”，农作物景观必须维持复杂的、相互依存的生命、制度和意义网络。[9]即使在当今的世界经济中也是如此，当前的世界经济由资本主义，工业化规模的农业和将消费与生产分离的全球商品链条所支配。对组成的强调使我们能够更加细致地观察各种不同的方法，人类与非人类行动者就是根据这些方法的倾向及其提出的议程来相互作用，从而保持或破坏农作物景观的。

第四章我们关注的是变化，是能够带来改变的事物。“组成”这一章将农作物景观视为生态或集体，探索其保持稳定或走向毁灭的动因。这需要承认任何农作物都只是社区或集体中的一员。集合体的方法也使我们对农作物景观的“斑块性”更敏感：即使是同质性最明显的种植园或单一的工业农作物景观，当被近距离观察时，它也会分解成地形和实践的复杂拼图，“不平坦的景观……被塑造和再造”。[10]沿着生态学（或者后人类主义）的脉络，我们对柑橘、块茎、杂草、万寿菊的混养案例进行研究，探讨农作物如何与其他生物一起在自身周围建立一个世界，并探讨人类是如何理解并试图推动或阻止这些合作或对立的。我们想要知道特定农作物的倾向性和联系如何在迁移的过程中发生变化以及农作物景观的组成对其流动性的影响。本章的关键词包括协同作用和照顾、干扰和不相容性、控制和自发性（或称“驯化”和“野性”）、简化和异质性，明确的类别和模糊的界限。

5.1 废墟中的柑橘

1848 年，赫丘勒·弗洛伦斯（Hercule Florence）为巴西圣保罗腹地的卡克索埃拉种植园画了一幅水彩画（图 5.1）。[11]画作的构图看起来很简单：蓝天白云，笔直的大树，横向耕种的农田，田边的小人。组成种植园农作物景观的不同元素被一位致力于科学客观性的艺术家忠实地表现出来了：弗洛伦斯是一位地理学家，在 19 世纪早期探索巴西内陆的探险中积累了展现巴西景观的经验，后来他与富有的种植园主的千金结婚，正式成为本地的种植园精英。巴西当之无愧是种植园系统首先登陆美洲的地方，由葡萄牙殖民者引入，他们在 17 世纪把这个国家的东北部地区变成了欧洲市场的主要食用糖生产国，在荷兰、英国、法国和西班牙控制下的加勒比群岛紧随其后。[12]制糖产业带来了来自非洲的奴隶，使巴西成为臭名昭著的跨大西洋人口贸易的第一个目的地。尽管弗洛伦斯的水彩画中没有明显地体现暴力，但他承认，他在意识到工头用鞭子抽打奴隶只是为了向记录整个场景的尊贵观察者展示他的勤奋时，感到非常不安。

图 5.1　卡克索埃拉种植园，1920 年（基于弗洛伦斯原创水彩画的复刻布面油画）。这幅复刻画再现了赫丘勒·弗洛伦斯“忠于自然”的绘制方法，其揭示了通过焚烧大西洋森林而成长起来的一系列商品农作物（比如糖、咖啡、橙子）给圣保罗腹地带来的转变。弗洛伦斯展示了种植园世（Plantationocene）的破坏性影响。艺术家：阿尔弗雷多·诺菲尼（Alfredo Norfini，1868—1944）。名称：Fazenda Cachoeira，Canavial，1840 年。圣保罗大学保利斯塔博物馆收藏（CC-BY-4.0）。摄影：José Rosael/Hélio Nobre/Museu Paulista（USP）

奴隶制确实是弗洛伦斯所描绘的农作物景观的核心。始于 1794 年的海地奴隶革命导致该国于 1804 年脱离法国独立。这意味着巴西种植园将出现新一轮繁荣，以及经济作物的生产将开放新领域。19 世纪初期，圣保罗腹地开始大规模种植甘蔗，从前在帝国时期，这里只不过是大海与巴西米纳斯吉拉斯州金矿之间的通道地带。画中第一排辛勤劳作的奴隶实际上是在砍甘蔗，成捆的甘蔗正被搬到右边的骡车上。

令人不安的是，奴隶们正在高大的枯树间劳作，这些枯树是大西洋森林被焚毁后的残骸，腾出的空间被用来种植甘蔗。在遥远的地平线上，观察者可以看到一片原始森林，但那也即将被种植园势不可挡地深入巴西腹地的“西进”动力所征服。种植园的农作物景观不仅由甘蔗和奴隶组成，还包含所在地的森林残骸。换言之，巴西的甘蔗农作物景观的历史包含焚烧和砍伐大西洋森林的历史，这是美洲环境史上最为激烈的事件之一。[13]

弗洛伦斯画作中的其他元素暗示了农作物景观的额外时间维度。左边整齐排列的灌木丛表明这片土地上种植着除甘蔗外的其他农作物。这些灌木是咖啡树，在咖啡树经过法属圭亚那，被成功引入里约热内卢以南的帕拉伊巴谷之后，现在圣保罗地区也尝试种植咖啡。19 世纪 30 年代，卡克索埃拉种植园的 200 名奴隶每年生产约 140 吨糖和 30 吨咖啡：甘蔗种植在地势较低、较为潮湿的地区，而咖啡种植在丘陵地区，这表明这两种经济作物的历史应该被结合起来讲述。[14]

19 世纪上半叶的画作所描绘的次要元素，在几十年后成了这幅画的主要元素。圣保罗地区建立在围绕糖业形成的商业网络、道路基础设施以及奴隶制度之上，后来这一地区成为世界顶级咖啡产地，而且到现在仍然保持着这一地位。其实早在 19 世纪，该地区就已经是美洲主要的奴隶经济体之一了。[15] 在 1888 年废除奴隶制之前，大约有 285000 名奴隶负责巴西 350000 吨咖啡的生产。那时，随着为运输这种有利可图的商品而开发的约 7000 千米的密集铁路网络逐渐展开，咖啡边境一步步深入圣保罗地区的内部。[16] 当地的数百个家庭拥有大片种植园，数十万到数百万棵咖啡树主导了这个利润丰厚的行业。这些家庭的成员成了政治和文化精英，直到 20 世纪 30 年代他们一直控制着这个国家。

在牢记弗洛伦斯的构图及其对大西洋森林残骸的关注的同时，人们不应该忘记圣保罗咖啡农作物景观的资本主义扩张导致的环境退化。20 世纪初期，弗洛伦斯描绘的那个地区，也是他的农场坐落的地方，被称作“旧西部”，其在西部新边界或“新西部”面前失去了重要性。圣保罗的咖啡种植业需要无情地掠夺新的土地，以取代被贪婪的种植园系统快速侵蚀的土壤，这些种植园“通过消耗它所吞噬的东西来推动发展”。[17] 圣保罗咖啡农作物景观是资本主义不断制造废墟的典型案例。

大萧条让这种情况变得更为突出。国际市场波动一直是导致圣保罗咖啡种植者焦虑的因素，但是 1929 年纽约（美国是巴西咖啡的主要进口国）咖啡价格的暴跌，对他们来说意味着史无前例的灾难性损失。为了阻止商品价格进一步下跌，政府在令人印象深刻的篝火中焚烧了数吨咖啡豆。尽管咖啡世界似乎已经走到了尽头，但弗洛伦斯画作中的最后一个元素却救赎了这种农作物景观，那就是位于水彩画右侧的柑橘树。[18]

虽然很难确定画中描绘了哪些果树，但弗洛伦斯提到了自己的咖啡农场中种植的巴西葡萄树（*jabuticaba*）、石榴、波罗蜜、鳄梨和常见的果树。有趣的是，1930 年保利斯塔博物馆为表示对该地区文化遗产的重视而委托创作的这幅画的新版本，在原本难以区分的果树上添加了柑橘。圣保罗的第一批柑橘园只不过是该地区经济作物的补充，甘蔗以及后来的咖啡才是圣保罗的主要经济作物。但如今巴西是世界上最大的柑橘出口国。柑橘从主屋周围的果蔬园向外拓展，逐渐遍布较为贫瘠的边远地区，也就是被认为不适宜种植咖啡的沙质土壤区。[19]

柑橘种植最初是为了支撑种植园内部的家庭食用，但在 19 世纪的最后几十年里，它借助为咖啡开发的运输网络滋养了圣保罗不断增长的城市人口。[20] 到了 20 世纪前几十年，利用咖啡开辟的路线，圣保罗的柑橘被从桑托斯的港口运输到伦敦和汉堡的码头。值得注意的是，主要的柑橘种植中心是位于“旧西部”的利梅拉和阿拉拉斯，贪婪的咖啡种植园耗尽了那里的土壤中的养分并导致那里成为不毛之地。柑橘园的第一批所有者是欧洲劳工，他们攒下足够的积蓄，买下了大型咖啡农场被分割后产生的中小规模地块，这些土地之前的所有者将其出售以实现资产变现，从而在更远的西部购置新土地。[21] 将土地赎回以种植柑橘也预示着一种新的社会秩序，其战胜了大型咖啡种植园主的霸权。

5.2 “有待锻造的武器”：全球资本主义漫长历史中的块茎

我们在圣保罗柑橘园的组成中重写一系列农作物的历史。我们现在来谈谈在种植园或类似的地方生产商业作物的劳动力的生计问题。在“地点”一章中，我们探讨了一种本体论，即其中当地块茎循环塑造了被西方理论家视为原始的和“位于历史之外”的地区的本土物质性和社会凝聚力。在此，我们把块茎当作世界历史的引擎，重点关注三种新大陆上的驯化植物（甘薯、木薯和爱尔兰马铃薯）以及它们所维持的农作物景观和商品链。

70 多年前 R.N. 萨拉曼（R. N. Salaman）提出不起眼的马铃薯扮演了伟大的历史角色。萨拉曼是如今广受欢迎的食品与粮食作物史（研究范围从鳕鱼覆盖到咖啡）研究的先锋，其植物社会学研究追溯了爱尔兰马铃薯的历史：从安第斯山脉被征服前的文明到 19 世纪 40 年代中期爱尔兰饥荒的余波。[22] 萨拉曼记述了一种最初不受重视的外来农作物是如何逐步改变英国农业制度、劳动关系以及乡村和城镇穷人的饮食的，它取代面包成为主食并推动了城市移民和廉价食品政策，从而驱动了英格兰工业革命，同时使爱尔兰的小农破产。

萨拉曼注意到，马铃薯在贫瘠的土地上产量很高，而且几乎不需要工人照顾，“可以而且往往发挥双重作用：它既一种是营养丰富的食品，也是一件可以剥削社会中弱势群体的有待锻造的武器”。[23] 50年后，著名的世界历史学家威廉·麦克尼尔（William McNeill）在全球范围内阐述了萨拉曼的论点，认为马铃薯两次“改变了世界历史”。印加政府曾用安第斯高原生产的经过冷冻和干燥的马铃薯为军队和工人提供补给。西班牙征服者利用这种冻干马铃薯来养活被奴役的矿工，他们的劳动使新世界的白银涌入旧世界，引发了全球贸易额的迅速增长。麦克尼尔说，这是马铃薯第一次改变世界。第二次发生在1750年至1950年的欧洲，当时马铃薯的种植面积的迅速扩大维持了人口增长、大规模移民和工业化的步伐，“使得少数欧洲国家得以统治世界大部分地区”。[24]

马铃薯的变革力量继续吸引着历史学家的注意力。目前的研究重点不是阶级形成的动态，而是生物权力，即作为统治手段与价值观念的食物。人们一致认为马铃薯在塑造科学、意识形态以及启蒙运动后现代欧洲的饮食及其全球影响力方面发挥了关键作用。[25] 但欧洲历史上马铃薯的故事只不过是现代世界形成过程中块茎植物复杂故事的其中一条线索。类似的故事也发生在中国，甘薯是中国欣欣向荣的早期现代农作物景观中的增长引擎，可以说，中国的甘薯对现代世界经济的贡献不亚于欧洲的马铃薯。不过，中国的增长模式与欧洲自治领的增长模式截然不同，中国进行的是日本历史学家所说的“勤勉革命”而非工业革命（参见第一章“时间”和第三章“规模”）。与此同时，木薯“对热带国家的历史演变具有重要意义”，如同马铃薯在欧洲的地位。[26]

5.2.1 喂养和培养劳动力

在殖民世界中，块茎通常在甘蔗、水稻和橡胶等“主要作物”的阴影下传播。如果说马铃薯、甘薯和木薯改变了世界，那是因为它们具有非凡的繁殖能力而且易于种植。在殖民地种植园和工厂的广阔景观中，块茎园地是不起眼、被忽视的存在，但从巴西到爱尔兰，它们都是殖民地至关重要的农作物景观。块茎是停留在原地的作物，是迁移的商业作物和劳动力的催化剂。自给自足的菜园和工人所有的小块田地提供的廉价热量养活了他们的家庭并维持了残酷的劳动力榨取体系，其为现代早期不断扩大的白银、小麦和糖浆、原棉和黄色棉布、海军和苦力的流动规模提供了动力。

块茎以独特的方式将劳动力与世界经济联系起来。谷物是人类饮食中另一个主要的淀粉来源，可以被保存多年，因而理所当然地适合商品化。它们可以批量储存，长距离运输，根据需要储存或发放。小麦和稻米等谷物的种植区和长途市场发展得较早，这种发展使生产和消费脱节，并经常使生产者（农民或农场主）的利益与不太富裕的消费者（工匠或工人）的利益对立。块茎由于沉重、笨拙且不易保存，通常被当作园艺作物。直到最近，得益于植物病理学，植物加工、运输以及烹饪技术的发展，它们才得以被商业化生产，并作为商品参与中长距离运输。[27]

块茎类农作物是本地种植业底层劳动力的廉价食品保障，这些劳动力生产了新兴世界经济中的出口农作物以及其他商品，块茎类农作物是一种寄生商品，是全球商品链条中至关重要的一环（见第二章“地点”），但它没有正式进入全球商品链。块茎的商品化起步较晚，而且其作为寄生商品的角色从未被完全取代。使用块茎景观来反思商品和寄生商品之间的相互作用，阐明了全球史的替代性动态及关于地理和时期划分的叙事。让我们先从帝制中国后期甘薯农作物景观的故事以及它所隐含的替代性地理和现代性轨迹说起。

穆素洁（Sucheta Mazumdar）对中国华南地区的糖产业进行了研究，论证了自1600年左右起，甘薯在加强中国生产和贸易制度建设方面的关键作用。[28]其他块茎作物，比如芋头和山药，自从史前时代起就在中国被当作食物，但不是主食。被称为“洋山药”的南美甘薯于16世纪80年代经吕宋岛到达中国东南地区的沿海省份。[29]它的种植面积迅速扩大，就像欧洲的马铃薯一样，在农民之间迅速传播。政府鼓励民众种植甘薯充饥，这也促进了甘薯的传播。[30]对于生活富裕的中国人来说，甘薯是一种“粗粮”，只适合猪和穷人吃；据说食用这些东西会导致胀气和头脑迟钝。即使在饥荒期间，城市人口也拒绝用甘薯代替大米。[31]然而，中国南方省份的农村贫困人口开始依赖甘薯，把它当作一种可靠的主食，一种寄生商品。甘薯种植成本低，可以在边缘地块上生长，这让农民能在日益严重的地主剥削下参与日益激烈的商业经济竞争。

块茎植物的供应（无论是甘薯还是白薯）让家庭可以养育许多孩子。在爱尔兰，有些孩子继承了家庭的马铃薯田，这使他们能够留在当地，并去附近的农场做工，以生产用于出口的小麦或者供给皇家海军的亚麻布。但随着获得土地的机会不断减少，很多人不得不离开家乡，去加勒比地区做契约劳工，或者去英格兰当海军、工厂工人或妓女。华南地区也有很多家庭把儿子送到国外做苦力。但中国农村吸纳劳动力的能力要大得多。与几乎不使用现金的爱尔兰社区不同，中国的村庄是商业活动的中心，可以生产茶叶、糖、丝绸和棉花等出口商品，其规模虽小，但产量持续影响世界市场的形态和波动，这种情况一直持续到20世纪。[32]

如果我们孤立地看待中国，也许可以理解某一派历史学家用内卷化形容中国农业的长期轨迹。如果我们把爱尔兰的农业与其对英格兰帝国建设和工业化的贡献分开来看待，那么它似乎也是内卷化的。时间或空间尺度的变化可以改变我们对历史进程的理解；焦点转移也是如此。

虽然中国的部分出口产品销往欧洲，但其中大部分的贸易都涉及其他海运或陆运路线。例如，1750—1840年，用于织造南京布或出口到欧洲的原棉，大部分是由广东和厦门的商人从孟加拉国进口的，他们用原棉来交换当地出产的糖。[33] 正如穆素洁所说，历史学家对历史主要引擎的定位通常取决于他们认为哪些地点是中心地点。如果我们专注于广州这个唯一允许欧洲人停靠的港口，我们难免会倾向于将中国与欧洲的贸易放在中心位置。中国在鸦片战争中的失败仿佛标志着一个时代即将终结。但是，如果我们将注意力转移到厦门和宁波等港口以及跨越中国海、印度洋和太平洋的中国帆船贸易，我们就会发现，即使到了蒸汽时代，中国仍然持续与英美在贸易方面相抗衡。

作为日本历史学家所称的“勤勉革命”中的一种历史增长的推动力，中国的块茎景观对一些以欧洲为中心的关于规模、时间性、地理和主导地位的假设提出了质疑。非洲的木薯是块茎使全球史的时期和类别划分复杂化的另一个好例子。

像木薯和山药这样的热带块茎植物是巴西和加勒比地区殖民地种植园奴隶的主食，在奴隶制被正式废除很久以后，这些块茎植物仍然是欧洲工业全球化集合体中的关键寄生商品。[34] 新世界的农作物早在1500年就到达西非的奴隶港口。它们的传播历史零散参差，而且常常相互矛盾，其中许多农作物，比如玉米、花生和辣椒，似乎较早地传播到新地区。[35] 木薯在往返于非洲和巴西之间的葡萄牙奴隶贸易中尤为重要，因为它可以被加工成粉状，木薯粉像谷物一样易于储存或运输。在非洲奴隶港口附近的内陆地区，木薯被引进后很快就成为一种常见作物。[36] 然而，木薯种植似乎直到 19 世纪后期才出现在港口附近，不过，位于“中非偏远内陆”的隆达帝国（约 1600—1887）是一个惊人的例外，17 世纪初期，木薯成为这里的重要农作物和人们的主食。这种农作物的传播是由后来欧洲瓜分非洲内陆领土引发的。[37] 随着采掘行业（由移民劳工从事）的爆炸式增长，以及橡胶、棉花和咖啡等出口农作物的大规模生产，木薯以及与木薯热量相当、种植方便的玉米和大蕉迅速替代了传统的高粱、粟或山药，成为农村腹地以及工业和城市劳动力的主食。[38]

莫桑比克的棉花木薯综合体是殖民政府在解放后控制和再生产廉价劳动力一个典型例子。[39] 为了支持大城市的纺织工业，葡萄牙政府于 1915 年强制要求莫桑比克领土上的大部分非洲小农家庭种植棉花。每个家庭的每位成年成员至少要清理、种植、采摘和运输至少一公顷的棉花。这些棉绒被特许公司以极低的价格购买并运送到大城市。棉花是一种要求很高的农作物；安保部队和服务于公司、国家或地方首领的监督人员强制推行疯狂的工作节奏，这导致非洲农民工没有时间种植他们的传统作物。作为葡属非洲休眠了四个世纪的资源，事实证明，木薯是唯一一种需求低、风险低并且成熟快的农作物，足以与棉花种植的新劳动制度相适应。它在短短几年内就取代粟和高粱成为“食物”。

5.2.2 痛苦之源还是幸福之源：廉价淀粉政治经济学和道德

对于亚马孙人而言，块茎象征着宇宙的归属感。在大洋洲，它们是财富和声望的根源。但是当西班牙人在秘鲁遇到马铃薯时，“他们马上意识到马铃薯的重要经济价值，并立即将其降级为奴隶的食物。”[40] 在阶级社会中，从印加秘鲁到加勒比种植园，再到康诺特和加利西亚海岸，块茎被视为低等、不文明之人食用的劣质食品。巴西的食物园或者爱尔兰的马铃薯田都是另类的土地，似乎完全存在于另一个世界，与它所维系的复杂的资本主义形态完全不同。无论在国内还是国外，上流社会精英都把食用根茎的人贬低为野蛮人，甚至批评资本主义积累的学者也对此表示赞同。1844 年，即爱尔兰大饥荒来袭的前一年，弗里德里希·恩格斯写道，贫困的爱尔兰工人以马铃薯为食，他们带来的竞争“逐渐迫使英国人的工资水平以及文明下降到爱尔兰人的水平”。（图 5.2）[41]

如今，殖民地的廉价劳动力再生产制度所造成的苦难无可争议。但是，历史学家认为，在某些情况下，提供食物的土地构成了一小片“自由”的天地，赋予当地人依照惯例，甚至世袭权利使用特定土地的权力，或者使那些非自由之身、没有工资报酬的工人拥有了生产商品的经济能动性：他们可以自行决定是否出售这些商品，有时甚至能攒下足够的钱来为自己赎身。[42] 也有人认为，在家庭菜园中组织工作，将全家人聚集在一起种植、除草或收获，这为种植园主提供了一种取代残暴的隔离和管教制度的重新人性化选择，“在一个社会化的舞台上，童年和养育子女对我们来说具有熟悉的意义。”[43] 从这个角度来看，作为寄生商品的块茎承担着反商品的角色：日常抵抗剥削性商品化的解放实践的工具。[44] 但如果这就是幸福，那也是不为人知的幸福。

那么，我们应该如何理解启蒙运动不仅狂热追捧马铃薯，而且认为它是大众的幸福源泉呢？从 18 世纪后期开始，欧洲各地的君主、农业社会、政治经济学家和慈善家纷纷赞扬马铃薯并将其作为一种优质食品推广，声称食用马铃薯可以为穷人带来安慰，为国家带来幸福。[45] 在英国，在谈到国家财富的根源时，亚

图 5.2　伟大的阿吉塔特的素描（*A Sketch of the Great Agi-Tater*）。在这幅画中，爱尔兰天主教解放运动人士丹尼尔·奥康奈尔（Daniel O’Connell）被描绘成一个巨大的马铃薯，靠四个新芽支撑在地上，这些新芽分别被称为“邪恶的根源：教皇”（两个）、“狭隘”和“偏执”。手工上色蚀刻版画。亨利·希思（Henry Heath）印刷，托马斯·麦克莱恩（Thomas McLean）出版，伦敦，1829 年，© 大英博物馆托管人

当·斯密指出了爱尔兰穷人的力量和美感，他们以马铃薯为食并涌入英格兰寻找工作。亚瑟·杨认为，如果在遭受压迫的情况下，爱尔兰佃农仍然能如此强壮和英俊，那么马铃薯一定是一种有益健康的食物。[46]

多种因素结合在一起，共同使马铃薯的名声及其所带来的财富发生了翻天覆地的变化。[47] 对于北欧的大部分地区来说，这是一个圈占公共耕地比较普遍的时代，同时人们对科学或者“改良”农业产生了浓厚的兴趣。新型作物轮作轻松地将马铃薯和萝卜等“根茎”纳入一个能够减少休耕同时提高小麦和牲畜产量的周期中。[48] 按照当时政治经济学家的看法，小麦出口是国家财富的重要来源。作为小麦生产的推动者以及面包的替代品，马铃薯被视为国家繁荣的催化剂。作为商品，马铃薯给不断增长的城市劳动人口提供便宜又可靠的食品，从而推动国民经济的发展。专家们现在宣称马铃薯不仅能填饱肚子，而且营养丰富、味道可口——是工薪贫困人群舒适和快乐的根源。在这里，马铃薯是幸福和公共利益的来源。

精英阶层的推动并不总能成功地让人们转而崇拜马铃薯。在处在工业化进程中的英国，许多从农村涌入工厂和城市的工人已经开始食用马铃薯，并且很高兴能够得到马铃薯。法国的情况则有所不同。法军药剂师安托万·奥古斯特·帕门蒂埃（Antoine Auguste Parmentier，1737—1813）是最著名的马铃薯推广者，鉴于在旧秩序和大革命时期的法国，小麦供应不稳定，他拥有许多有影响力的支持者。在 1794—1796 年这段令人兴奋的岁月里，督政府宣称马铃薯彰显了一个真正拥护共和政体的爱国者的所有品质：谦虚、自力更生、健康、精力充沛、不囤积，马铃薯是上天的恩赐，也是革命公民的主食。然而事实证明，法国公众并未受这种观点影响，仍然忠于面包。1796 年国家食品政策发生变化之后，马铃薯逐渐淡出人们的视野，只有法国北部和东部的部分地区例外，而这些地区种植马铃薯已经有一段时间了。[49] 圈地和快速工业化推动了马铃薯在英国的崛起。革命、小农农业的生存和缓慢的工业化进程阻碍了马铃薯在法国的发展。

启蒙运动的马铃薯幸福论，将不同的阶级利益轻松地瓦解为“公共利益”。穷人要吃马铃薯，这样集体才能繁荣。正如丽贝卡·厄尔（Rebecca Earle）指出的，欧洲政府第一次不再仅仅关心食物的数量，而且尝试引导国民在饮食方面的选择，并通过实验证据和科学理论使其建议合法化。[50]

我们继续讨论商品和寄生品之间的长期联系，在19世纪的英格兰，作为进步的现代经济的缩影，城镇中出售的马铃薯是由农场的工人种植的，他们通常靠自家种植的农作物维持生计。[51]一直到第二次世界大战，菜园或小块田地中种植的马铃薯仍然是英国农业工人的必备主食，这使农场主可以支付给他们远低于城市工人的薪水。[52]但自家种植的马铃薯对于英国工业工人阶级的再生产来说也至关重要。尽管成本高昂，但无论是城市还是乡村的家庭都急切地想要租用小菜园。就像加勒比地区提供食物的田地一样，小菜园构成了一片自由的天地，人们可以在那里聊天、抽烟、种植花卉以及马铃薯和蔬菜等必需品。像劳工之友协会这样的家长式组织认为，可以租赁的小菜园培育了维多利亚时代的价值观：责任、独立、勤奋和清醒。“当（劳动者）可以说‘我的马铃薯’、‘我的豌豆’和‘我的豆子’时，他们的思维里出现了新的浪潮，而且这往往是自我尊重的开始，人们通常希望自己拥有这样的性格品质。”[53]从马克思到萨拉曼，社会批评家一直在强调依赖马铃薯的可耻后果。但从1750年开始，这个主题与马铃薯能培育公民美德的新愿景交织在一起。虽然出于不同的原因，但法国革命部部长，维多利亚时代的自由主义者和纳粹自给自足主义者都认为马铃薯具有提高道德和社会性的潜能。

在许多现代历史著作中，块茎农作物（爱尔兰马铃薯除外）很少见，但在这里我们把它们当作历史的引擎。重新关注甘蔗种植园和兰开夏郡棉纺厂，把它们视为块茎景观的一部分，将块茎及其流通置于新兴的和不断变化的世界商品生产体系的中心，为世界资本主义的谱系提供了全新的线索。这让我们发现另外一种历史重叠和交叉的形式：工人合作社，其在现代主义视角下通常是隐形的。

5.3 工人合作社

在上一节中，我们探讨了人类劳动再生产与商品生产之间的联系。这一节中，我们强调的不是联系，而是合作，是农作物景观中非人类居民之间自然或人为的合作形式，这种合作汇集了能源和资源以实现互惠互利，并使集体蓬勃发展。审视有助于农作物景观繁荣的各种各样的种间协同作用，也会引起人们对相反进程和趋势的关注，即对物种和过程的人为分类和分离，而这从一开始就是农业的一部分。[54]

确定一种植物比其他植物更有用，选择相似的穗子作为种子，给一块地除草，在一块田地里只种植一种作物，用白牛繁育白牛，用黑牛繁育黑牛：这些都是人类简单而且显而易见的农作物景观净化技术，其出现可以追溯到农业起源时。[55]不过，谷物需要施肥，动物需要饲料，脆弱的植物需要遮阴树的保护，提高产量和品种质量需要农作物轮作和混养：一直到最近，种间的交流与合作仍然是农业成功的关键。

然而，随着工业化、商业化和科学农作物育种以及化学投入的兴起，现代农学已经把种间相互作用降低到最低限度，这使许多长期存在的、根深蒂固的相互依赖自然断开。首先是鸟粪产业的兴起，然后是化学肥料产业的兴起，最后是拖拉机的普及，这些变化有效地使畜牧业与农作物种植脱钩，改变了当地和全球的土地利用和专业化模式。如今，为了实现高产和可赢利的农业，人们开始大规模种植单一的农作物，用化学品除草杀虫，并且以化学形式添加营养物质。一旦粪便和役畜不再被需要，牲畜就会从农作物景观中消失。而一旦使用了化学杀虫剂，昆虫也同样会消失。今天的许多主要农作物，包括小麦、水稻、玉米和大豆，都是自花授粉的；但那些依赖传粉媒介的农作物则有所不同，在加利福尼亚州大片的杏仁园或缅因州的蔓越莓和蓝莓田，到了开花季节，工业养蜂人会用卡车运来数十亿只蜜蜂。[56] 与此同时，“畜牧业的功能（已经）被简化为提供空间，最好带有篷顶，在这个空间里，进食机器吃掉提供的饲料并尽快将其转化为鸡蛋、鸡肉或牛排”。[57]

如今专业化的农作物景观及其产品，基本上都是外部投入的集合体，结合了商业种子、机械、燃料、化学品和传粉媒介，可以轻松地在全球范围内流动。然而，单一种植和工业化畜牧业的一致性和规模使它们变得脆弱，同时事实证明，它们对化学品和化学燃料的严重依赖，会对环境造成破坏而且不可持续。

农作物景观的简化和标准化是近两个世纪以来农业生产力取得的惊人进步以及使农业生产力合法化的哲学内在因素。[58] 但它们对土壤、生物多样性和环境造成的破坏现在正在发出警报。农学家和政府正在紧急重新考虑基本的农艺原则，研究幸存的小规模的、带有当地特色的混合农作物景观，以了解它们平衡人类需求和环境需求的潜力。[59]

5.3.1　照顾与分享

公元540年左右，中国的农业著作《齐民要术》“种瓜篇”中写道：

> 良田，小豆底佳；[60] 黍底次之。[61]……然后掊蒲切沟。

> 坑，大如斗口。纳瓜子四枚、大豆三个于堆旁向阳中。瓜生数叶，掐去豆。瓜性弱，苗不独生，故须大豆为之起土。瓜生不去豆，则豆反扇瓜，不得滋茂。但豆断汁出，更成良润。勿拔之，拔之则土虚燥也。[62]

这段文字很好地解释了混合栽培或伴生栽培的流程，这是一种广泛存在的植物间种制度，通常被现代观察者称为“园艺”。[63]稀缺的水肥以及耕种资源都集中在坑、丘或苗床中，其中几种不同习性的农作物品种在农场工人的仔细观察、精心照顾下相互帮助、茁壮成长。

这种观察与理解、行动与适应之间的关系，正是女权主义科学技术研究理论家所定义的照顾概念的核心。[64]照顾者必须有耐心、足智多谋，能注意细微的征兆和反应，能够整合不同的技能和资源，努力种植、维持或修复种植那些有生命的、脆弱的、有反应的生物，这些生物是被照顾的对象。利益互惠是照顾的一个基本维度：作为道德主体，照顾者与被照顾者之间存在联系，愿意接受和给予。照顾创造了相互依存和共同进化，正如唐娜·哈拉维指出的，驯化是一个双向过程。它可能涉及严厉的爱与暴力：我们修剪藤蔓、给生菜间苗、杀死蛞蝓以保护草莓，并消灭细菌以治愈伤口。[65]

在亲密尺度上，照顾更容易进行。费尔南多·奥尔蒂斯在《古巴复调》中发表了打破美帝国主义轨道、实现真正独立的宣言，他从规模、照顾、道德和政治经济角度对比了20世纪30年代古巴两种主要的农作物景观——甘蔗种植园和烟草农场。他认为烟草需要精心照顾，而甘蔗可以自己照顾自己；前者需要持续关注，而后者需要季节性工作；烟草需要集约化种植，而甘蔗只需要粗放化种植；烟草能为少数人提供稳定的工作，而甘蔗可以为许多人提供间歇性工作……一个代表自由，一个代表奴役；一个需要熟练劳动力，一个需要非熟练劳动力；一个需要人类的手，一个需要机械臂；一个需要人，一个需要机器；一个代表巧妙，一个代表蛮力。烟草种植导致了小农场的涌现，而甘蔗带来了大规模土地授予。[66]

奥尔蒂斯用烟草和甘蔗农作物景观来比喻对比鲜明的道德和文化景观的特质。他将二者的关系想象为对立关系，一种二重唱，就像是诙谐的辩论或者性别之争。奥尔蒂斯就烟草本质上是男性物质，而糖是女性物质（他关于古巴问题的理论不带任何女权主义色彩）进行了详尽的论证。不过，奥尔蒂斯并未就农作物决定论进行论证，因为在每一个阶段，他都把古巴的烟草种植，其种族、社会和历史演变以及它所维持的政治和道德经济与弗吉尼亚的烟草产业进行比较，将其描述为发展迅速并一直保持其地位的"大型资本主义奴隶企业"，而没有选择关注其战前和战后的多重转变。[67]

奥尔蒂斯认为，农民对农作物的照顾的规模和质量会转化为人与人之间的关系的规模和质量。今天，照顾的范围已经扩展到保护环境健康和维持物种间联盟。理论家提出，照顾的逻辑是现代主义理性抽象工具主义及其在生产主义农业中的应用的对立面。[68] 玛丽亚·普伊格·德拉·贝拉卡萨（María Puig de la Bellacasa）表示，集约化农业实践冷酷的速度与节奏，超过了植物对大量养分的吸收能力以及土地更新其结构的能力。整个系统的设计目的是"以牺牲所有其他关系为代价，提高土壤为人类生产的效率"。如果我们要转向更可持续的农业，即对土壤进行修复以使其继续生产，就必须摒弃自私和破坏性的人类中心主义，认真地"把生物多样性当作土壤肥力和系统稳定性的一个因素进行研究"，并且认识到人类只不过是与"土壤群落"有利害关系的众多物种之一。[69]

由于农业是为人类造福的活动，所以它必然要以人类为中心。虽然我们最近才发现土壤群落中存在菌根真菌和细菌等重要成员，或者最近才充分认识到昆虫和其他传粉媒介的重要性，但历史上的人对种间联盟的必要性和好处的认识比今天的农业综合企业经营者更多。他们设计了无数种种间共生系统，这些系统可以使特定土地上的果实产量倍增，并使其收获季节延长。

我们已经关注了两种历史农作物景观的种间协同作用。第一种是西亚和北非的椰枣树绿洲网络，其中果树、谷类作物和其他作物在椰枣树的树冠下繁荣生长，骆驼在运输可在绿洲间重新种植的椰枣树枝条方面发挥了至关重要的作用。第二种是中国华南地区的稻田，其中藻类和蚕粪使水体养分增加，鱼类和鸭子以害虫的幼虫为食，稻米收获、稻田干燥后，田地可被用来种植大麦或蔬菜。[70]我们无法穷尽数百年来所有设计巧妙的协作组合方式，但接下来我们会介绍调动种间协作效应的三个原则，每一个原则都在全球范围内转化为多种当地种植实践。

5.3.2 混合栽培

第一个原则是多品种混合栽培或伴生栽培，典型的例子有中世纪中国的瓜田。瓜田的例子非常简单，只涉及两种一年生植物。第一章“时间”中讨论的椰枣树林则更为复杂，其中包括高树、矮树、灌木和一年生植物，这些植物分别占据了土壤和空气的不同空间层次。

中美洲的米尔帕园地（图 5.3）是一种特别复杂的刀耕火种的多种栽培形式，它结合了园艺耕作与长期森林管理技术。[71]园地每年都会由专业的“风力照管人”进行焚烧，他们甚至设计了不会损害树木或珍贵灌木的低温焚烧方法。土壤在被用灰烬施肥

图 5.3　米尔帕园地，恰帕斯州，1977 年。米尔帕中种植的农作物包括为贸易生产的烟草（前景）。照片：© 詹姆斯·D. 内申斯（James D. Nations）

后被锄头锄成土堆或畦，用于种植玉米；随后，豆类和南瓜种子被播撒在玉米幼苗之间。这种集合体被称为“三姐妹”集合体，玉米为豆类提供了可附攀爬的茎，豆类的根通过固氮增加了土壤的肥力，南瓜的叶子则为土壤遮阴，锁住水分；三姐妹作为食物，共同为人类提供了淀粉、蛋白质和维生素。[72] 米尔帕园地中经常种植的作物还包括鳄梨、番石榴、辣椒、可可、棉花和烟草。园艺工作停止三四年后，土壤会得到恢复，得到精心照顾的森林再生了，其不仅生产水果、纤维、药物和建筑材料，而且为野生动物，比如蝙蝠和昆虫等为农作物和树木授粉的动物提供了庇护。最终，这个地区低矮的植物会被清理掉，园艺活动重新开始，这一周期可以持续 16~30 年。

如今，中美洲的米尔帕园地是机械化现代农业的穷亲戚，其中耕作的主要是贫穷的原住民农民，且耕作区域仅限于不适合使用拖拉机的沼泽、森林和山区。现代农学家认为轮作耕种是一种生产力低下的土地利用形式。但事实上，米尔帕与大多数其他临时性农田系统一样，可以非常高效地生产食物和其他商品。根据地区的不同，米尔帕玉米产量目前在每公顷850千克到2800千克，这还不包括米尔帕社区中其他植物的产量；考古学家计算出，在古典时期（约公元250年至900年），玛雅城市周边地区的米尔帕农田支持的人口密度达到每平方千米140~390人。[73]与此同时，米尔帕园地所需的投入极少：肥料来自覆盖、焚烧和伴生种植，手动工具是常态，而劳动力投入是决定产出的关键因素。与水稻农业一样，米尔帕园地是一个技能密集型小规模系统，具有多样性、韧性和灵活性。它已经被实践了至少三千年，横跨中美洲海平面至海拔两千米的范围。虽然今天的米尔帕园地只为偏僻农村的村民提供了微薄的生计，但在被征服之前，它为玛雅文明提供了大量的劳动力、食物和材料，从而建设和维护了大城市、名胜古迹以及贸易网络。

主流的现代主义农学偏爱整齐的边界和狭隘的功效衡量标准，中美洲拥有千年历史的米尔帕园地在其中几乎没有立足之地。然而今天，米尔帕连同其他本土特有的混合栽培系统，如中国传统的坑种或的的喀喀湖盆地古老的台田，已经成为具有全球雄心的替代农业运动——如永续农业——的实践和哲学源头，同时它们也为像萨帕塔主义这样反资本主义的、支持原住民的运动提供物质和象征性支持。[74]

5.3.3 农作物轮作

《齐民要术》还提到了农作物群落中另一种强大的协同作用：轮作。有些农作物，比如小麦或棉花，贪婪地吸取养分，使土壤耗竭。而其他作物，比如豆类，则可以滋养土壤，以减少对肥料的需求。轮换种植消耗型农作物和滋养型农作物，可以让农民不用休耕，每年在同一块土地上种植，甚至可以进行多种作物轮作。这种制度使田地的产量成倍增加，同时减少对肥料的需求，并通过更加频繁地翻耕、锄地和除草，来保持土地良好的耕作状态。

汉代的中国农业著作已经记载了复杂的多种作物轮作制度，使住在城市附近或沃土地区的农民能够连续耕种田地。[75] 公元150—700 年，中国北方饱受战火摧残，但在和平时期，大型农场生产出过剩的谷物、时令蔬菜、木材、肉类以及布料以供销售，选择种植哪种作物通常取决于农场与城市的距离。[76] 大致在同一时期，罗马帝国出现了更加持久的集约化商业种植趋势。

公元前 2 世纪至公元前 1 世纪，加图、瓦罗和维吉尔撰写的罗马农业著作表明，在种植谷物和休耕之间进行轮换是当时意大利农场的典型做法。肥料短缺严重限制了产量，但组合种植可能会有帮助。普林尼和科鲁梅拉（公元 1 世纪）的著作经常提到豆类和谷物轮作，以及在橄榄树、葡萄园和果园中进行有利可图的谷物混合种植。[77] 不过，在罗马帝国建立后，罗马农业才真正腾飞。

罗马对伊比利亚、高卢和北非的征服导致了“集约化混合农业的极大繁荣”，其在领土上生产谷物、橄榄油和葡萄酒，并出口到大都市。[78] 众所周知，面包是罗马建立城市秩序的代价。正是因为安达卢西亚、埃及和西西里岛的别墅庄园农产品带来的巨大盈余，帝国政府才能向罗马、君士坦丁堡和其他大城市的平民分发免费或廉价的面包和其他食物。一种新型混合农业或可转换农业制度的发展，使畜牧业与可耕地充分结合。田地可被连续耕作多年，交替种植谷物和豆类（包括苜蓿等饲料），随后休耕数年，成为牧场。农场可以饲养更多、更健康的牲畜，从而为农作物提供更多粪便肥料；其产量通常是中世纪和早期现代欧洲的

10~15 倍。直到 1600 年左右，新耕作法在布拉班特公国和佛兰德斯地区兴起，这种生产力才再次在欧洲出现。[79]

5.3.4 玉米田里的牛

像罗马人一样，布拉班特和佛兰德斯的农民成功地将集约化轮作与种植牲畜饲料结合起来，提高了产量。他们通过种植萝卜或三叶草来改善土壤并为动物提供饲料，以取代传统的三田轮作（两块田种植谷物，一块田休耕放牧），而无须休耕。17 世纪 50 年代，英国的狂热分子敦促政府采用布拉班特系统中的轮作和饲料作物种植法；到了 1750 年，新耕作法在英国被正式确立为未来的发展方向。

在中世纪时期，对于大部分欧洲农民来说，牲畜曾是“必要之恶”。[80] 饲料短缺意味着许多动物必须在年底前被屠宰；春天，少数被选中的动物会被带到牧场，有些非常虚弱，只能被抬着走。但是玉米田必须被犁，而且施肥越多，结出的玉米就越多。农场主们巧妙地设计了饲养牲畜并将其粪便转移到土地上的方法。庄园主强迫农奴在私有田地上放牧，因此在林地里放牧的权利通常会受到激烈的竞争。[81] 牧羊人赶着成群的羊从一个村庄走到另一个村庄，以放牧换取肥料，其旅程一年可达几百英里。[82] 还有一种方法是季节性迁移放牧，即在夏季把牲畜赶到山上茂盛的牧原上，这种做法在今天仍然很常见，欧洲一些最著名的奶酪就是通过这种方法生产的。[83]

饲养牲畜的负担扩大了中世纪的粮食景观，而且往往会远远超出村子的界限。[84] 新耕作法将食物和饲料、田地和草地、作物和肥料等重要的互补成分重新聚集到一个“自给自足的生产单位中，其生产循环是一个闭合的回路”。[85] 在一个示范农场中，谷物产量可以增加 1~3 倍。[86] 这些牲畜也不像早期那样瘦弱。罗伯特·贝克韦尔（Robert Bakewell）等实验人员按照新标准来饲养牲畜；例如，养牛者不再追求役牛所需的强壮肩膀，转而关注肉牛丰满的臀部和腰部。经过挑选的牛群产奶量是普通奶牛的3倍，而优等公牛的体重可以达到普通品种的2倍。[87]

尽管典型做法往往远远落后于示范做法，但新耕作法使英国农业能够保持与工业革命催化的城市化和制造业相同的增长步伐。[88]到1800年，“每名农场工人生产的产品都足够养活制造业和服务业的两名工人”。[89]新耕作法体现了一种综合混合农业的理想，这种农业在今天极具吸引力：人类、植物和动物彼此协作，使基本上自给自足的农作物景观产出大量谷物、肉类、乳制品或羊毛等农产品剩余。[90]

不过很可惜，到了19世纪50年代，英国先进的农场已经突破了封闭的农作物景观，并将其经营模式转变为制造业模式，奏响了田园生活的挽歌。购买投入物，特别是肥料（鸟粪和硝酸盐）和饲料，消除了混合农场的相互依赖性。[91]新出现的专业化分工更具竞争力，并再次扩大了农作物景观的“集水区”。英国先是垄断了从欧洲进口的动物骨头，后来又垄断了从智利和秘鲁进口的鸟粪（由中国输出的契约劳工在地狱般的条件下进行提取，观察人士称这“比奴隶劳工还糟糕”），最后是从东欧进口的硝酸盐，尤斯图斯·冯·李比希（Justus von Liebig）谴责英国农业“掠夺了土壤的养分，然后企图通过掠夺其他国家来补充土壤养分”。卡尔·马克思在《资本论》中指出，这种新型农业“在对劳动力进行工业划分（和降级）的同时，也对自然进行工业划分（和降级）。”[92]

在这些帝国主义的农作物景观中，不管是物种之间、种族之间还是阶级之间，几乎没有空间来容纳复杂的照顾和相互依存网络。相比之下，在每一块田地里，照顾的范围逐渐缩小到只针对特定农作物，由于有了化肥，农作物轮作已经不再必要了，所以这些农作物会被年复一年地种植。连续种植滋生了害虫和杂草，但针对这个问题，化学品提供了一个立竿见影的解决方案。这种照顾范围缩小的极限例子是美国化学公司孟山都[1]，其自 1996 起开始对大豆、玉米、油菜、棉花和甜菜品种进行营销，这些品种经过基因改造，可以承受大剂量的草甘膦——一种广谱除草剂，孟山都公司生产的草甘膦的商品名是农达。转基因种子和除草剂组合可以降低植物对用水量和耕作条件的要求，减少水土流失和农业成本。它立即吸引了被微薄利润困扰的商业化农场主，也吸引了许多对免耕农业的好处印象深刻的环保主义者。但是除草剂损害了农场工人和传粉昆虫的健康，并且长期使用它会导致“超级杂草”。抗草甘膦农作物和其他转基因农作物受到严格的专利保护：农民被禁止重新种植从许可植物中收获的种子，哪怕自用也不行，而且，油菜等农作物的花粉可以随风自由飞翔，污染附近的田地，这意味着没有种植转基因品种的农场主可能会因为涉嫌侵犯知识产权而被起诉，或是被迫放弃将其农作物或蜂蜜作为有机产品来营销。[93]

农达对抗草甘膦品种来说非常有效，但它不仅会消灭竞争性的野草，而且会影响附近农作物的健康和多样性。这种情况很极端，但所有除草行为都是通过暴力实现的选择性照顾行为，是在生存和淘汰之间进行的选择。除草行为在创造和照顾农作物景观中的重要性值得进一步反思。

---

[1] 孟山都公司是美国的一家跨国农业公司，创始人是约翰·奎恩伊，总部设于美国密苏里州圣路易斯市。其生产的旗舰产品农达（Roundup）是全球知名的草甘膦除草剂。该公司也是全球转基因种子的领先生产商。——译者注

5.4　杂草

农作物景观中不但隐含了各种集合体，也排除了“地点之外的植物”——杂草。农作物景观的维护依赖于对栽培植物和野生植物、人工播种物种和自播种物种之间的二元管理，而对栽培作物进行定期照顾需要清除杂草。但区分杂草和农作物的方法显然是复杂的，其具有历史偶然性和文化特异性。而“科学家……倾向于认同‘杂草’‘入侵者’‘害虫’可以用相对客观的方式来衡量”，农作物景观的概念使情况复杂化。没有绝对的杂草。一个地点的杂草，在另一个地点或时间，可能是农作物。[94] 所以让我们的概念更宽泛一点。

杂草是想象的产物，是关于秩序与野性之间界限的特定概念的产物。正如迈克尔·多夫（Michael Dove）指出的，为了建立他们想要的商业种植园农作物景观，东印度群岛的荷兰殖民定居者必须“想象一些不存在的东西，并且与任何已存在的东西都不相似。这是定居者殖民主义的核心项目，与之对抗的是替代方案”。[95] 为了给种植园准备“一片空白”，并强制推行科里·罗斯（Corey Ross）所说的种植园范式中的思维方式和地形（参见第一章“时间”中“可可的社会生活”一节），本土农作物需要被清除，来给甘蔗或橡胶让路，本土的土地利用方式也是如此。原住民小农场主所照顾的杂草丛生、杂乱无章的田地或菜园，被视为原始的、低生产力的，而且阻碍进步，这种观念在后殖民世界中一直存在。而那些生活在森林深处的群体则被想象成野生物种，或者应该被驯化或消灭的“野人”。然而，正如多夫所示，殖民地国家或后殖民国家很少能够成功地消除这些人类“杂草”或压制他们对另一种现实的想象。仅就橡胶行业而言，印度尼西亚本土小农仅用了一代人的时间，就“夺走了殖民种植园主导的市场份额”；亚马孙河流域的小规模橡胶采集得以幸存，而种植园却灭亡了。[96]事实证明，巴西橡胶树需要人类的尽心照顾，而这种照顾是种植园的规模种植方式无法提供的。

定居者农场主眼中的杂草，在历史学家或另类全球主义者[1]（altermundialista）看来，可能是在收复失地的本土物种。野生大象在侵入其领地的茶园里觅食。松果菊（麋鹿喜欢的杂草，紫锥花属）等珍贵的本土药材又悄悄出现在19世纪美国大草原上种植的一排排小麦中。尤里·劳埃德（Uri Lloyd）等美国白人草药师买断松果菊的收成，并在城市中销售这些草药。但随着大规模单一农作物种植的方法及其想象中的秩序逐渐普及，麦田先消灭了平原印第安人、水牛和野草，现在又消灭了小麦生长带农作物景观中的松果菊及其近亲，以及早期白人定居者的小型自给农场。[97]

显然，一种农作物景观中的宝藏，却是另一种农作物景观中的垃圾。多夫列举的例子中，包含一种产自东南亚的菖兰白茅（*Imperata cylindrica*），其具有古老的文化意义——爪哇有句传统谚语道：“上帝躺在白茅的茎尖上”，因为在印度教的仪式中，它的叶子被用来洒圣水；白茅茎也被置于新郎和新娘跪坐的席子下面。关于杂草的定义的核心是模糊的。在印度尼西亚和菲律宾的高地农作物景观中，稻田中的白茅被视为有害物，而牧场山坡上的白茅则被视为宝贵的饲料和可以促进重新造林的地被植物。[98]但爪哇和婆罗洲种植园生产用于出口的糖或橡胶的决心，使白茅明确地被归类为杂草，它会造成“无产出的荒地”，甚至造成

---

[1] 另类全球主义化运动是一个成分复杂的社会运动，它以社会价值与环境议题为诉求，并反对它们所谓“新自由主义的全球化经济逻辑”。——编者注

“环境危害”，成为“政府持续镇压的目标”。西方科学家认同种植园的观点，将这种本土植物归类为“主要威胁”和“世界热带和亚热带地区最麻烦、最成问题的杂草物种之一”。[99] 真是个野人！农作物景观通过清理、控制和赋予合法性变得易于辨认和转移，变得更平坦，但同时野草也更容易成为野草，被从秩序井然的田地中驱逐和妖魔化。

一种杂草是在被引入的农作物景观中不合时宜地存在的本土植物，这让当代农业专家尤为震惊。还有一种杂草，是藏匿在偷渡客的行李中传播的野草——可怕的“入侵物种”，它被认为会威胁生物多样性。但定义入侵物种是一项政治工程。根据美国内政部入侵物种咨询委员会的说法，入侵物种是跨越多重障碍的非本地物种。要想达到这个标准，外来物种不仅必须跨越地理边界，而且必须存活、站稳脚跟并大力传播。只有当一个物种对环境、经济和人体健康造成负面影响，而且这种负面影响超过一切有益影响时，才能被定义为入侵物种。[100] 我们不难把藏匿在舷外支架中偷渡太平洋的老鼠归为入侵物种，但是我们该如何权衡桉树的地位呢？[101]

像玛雅米尔帕园地这样的农作物景观模糊了园地和森林，农作物、套种植物和杂草，耕作和采集之间的界限。多层次的种间照料方式交织在一起，与西方人对美好农作物景观的想象相比，米尔帕显得杂乱无章。然而，在米尔帕的想象中，几乎没有什么是野蛮的，也没有什么被归类为绝对的杂草。在墨西哥的托卢卡河谷，社会科学家发现农民从玉米地里收获了 74 种“杂草”，并将其作为蔬菜、药材或饲料使用或出售。自播植物贡献了 55% 的田地净收成；它们没有降低玉米产量，因为它们是在玉米关键生长期之前被收获的；它们增加了田地中的生物量，提高了农场主的饮食多样性和收入，并帮他们养活了在西班牙征服时期引进的大量牲畜，这些牲畜为农场生产和家庭生计做出了重大贡献。了解这一切后，科学家决定把它们称为“自生植物”而不是杂草。[102]

即使某种杂草对主要农作物造成了明显的干扰，很多农场主仍然喜欢给杂草一个证明自己的机会。在欧洲，燕麦和黑麦都是从小麦田和大麦田的杂草中培育出来的。日本有农场主利用类似杂草的野生稻培育新品种的记载。在泰国，被称为“类似于杂草的稻米”的植物近来已经给一些农场主造成了困扰，这些农场主采取条理清晰的绿色革命模式种植经过批准的 IRRI 品种；但对于在边缘环境中种植漂浮稻的农场主来说，他们会检测杂草稻以确定将其混入他们惯于种植的品种中的可能性。这需要密集的观察、实验和照顾，而在主流农业的责难下，整个过程根本无法实现，也毫无意义。[103]

在现代单一的农作物种植中，效率是根据单一品种的产量计算的，植物无权自由选择何时何地生长。这种系统毫不犹豫地识别杂草，并无情地消灭它们。人们很容易认为，意义也在这些资本主义农作物景观中耗尽了。在我们这个时代，金钱和意义经常被视为对立面。因此，当农作物成为商品时，它们是否会失去作为植物、食物或其他象征的光环呢？显然，人们想要从植物中得到什么，或者他们在植物中看到什么，会随着时间推移或者植物迁移而发生变化。金盏花的漫游史就凸显了农作物景观组成的意义。

5.5 迁移中的万寿菊和意义

西班牙人在阿兹特克墓地周围第一次遇到金黄色和猩红色的万寿菊。艳丽的花朵确保了这种植物能够与可可和其他外来植物一起在早期穿越大西洋和旧世界。阿兹特克万寿菊、法国万寿菊、非洲万寿菊、墨西哥万寿菊、印度万寿菊、摩洛哥万寿菊或者中国万寿菊❶：就像火鸡和玉米等美洲物种一样，这些明亮、芳香浓郁的花朵的名称暗示了它们从未知的异国跋涉而来的迷人之旅。[104]

万寿菊最常因为它们的花朵而受到人们喜爱，但也有人因为其浓烈的香气、仪式作用和花瓣中的黄色色素而栽种它们。[105] 在旅途中，万寿菊有时会传播意义，有时会丧失意义。在这一节中，我们将了解万寿菊在长达五个多世纪的环球旅行中，如何将新的联想编织在一起，并融入不同的农作物景观之中。

在起源地墨西哥，万寿菊生长在家庭园地和米尔帕园地中。就像米尔帕农作物景观中的许多其他植物一样，万寿菊既是农作物又是杂草。它们自行在玉米和其他植物间生长；较小的幼苗被除去，较大的幼苗被留下；它们的花朵被用于观赏、熏香或制药。万寿菊是在中美洲被广泛使用的草药：万寿菊茶是一种温和的兴奋剂，它常被混合在其他药物制剂中，用于治疗由蛇咬伤和疟疾等疾病引发的痛苦。[106] 但它们最重要的功效是宗教用途——它们被认为是联通不同世界的解调器。阿兹特克人视万寿菊为逝者之花。在墨西哥和整个拉丁美洲，这种为人们所熟悉的死亡之花如今仍然被用于亡灵节❷的纪念活动，亡灵节正值深秋，是植物最繁盛的季节。人们会去祭祀已故亲友，为他们祈祷，送去食物、礼物和鲜花，尤其是万寿菊。他们相信亡灵会苏醒，参加庆

---

❶ 原文中上述 4 种花名并非英文，故此保留。——编者注

❷ 亡灵节类似中元节，家人和朋友团聚在一起，纪念亡者。在墨西哥，亡灵节是一个重要的节日。庆祝活动时间为 11 月 1 日和 2 日。传统的纪念方式为搭建私人祭坛，摆放有糖骷髅、万寿菊和逝者生前喜爱的食物，并携带这些物品前往墓地祭奠逝者。——译者注

祝活动，甚至认为万寿菊的强烈气味引导着逝者的灵魂走向生者。墨西哥的墓地都装饰着万寿菊，为死者建造的私人祭坛也是如此。[107]

万寿菊于16世纪初传入欧洲。它们穿越大西洋的确切路线尚不清楚。植物地理学观察和林奈时代之前的命名法指出了几条同时存在的路径：从墨西哥或巴西直接到伊比利亚；途经大西洋的岛屿和非洲海岸抵达伊比利亚；甚至可能是通过东印度群岛上的伊比利亚殖民地。与新世界引进的其他植物一样，万寿菊吸引了欧洲草药学家和植物学者的注意。他们给万寿菊起了各种各样的拉丁名字，均以*africanus*或*indica*结尾，这表明他们没有意识到这些植物起源于美洲。万寿菊在故乡最被珍视的东西也被剥夺了：它的精神力量和治疗功效。莱昂哈特·福克斯（Leonhart Fuchs）在其1542年编写的《植物志》（*De historia Stirpium*）中将万寿菊归类为辛辣植物，其他草药学家则将它们列为有毒植物；但没有人注意到它的药用价值，这表明"万寿菊之所以在整个欧洲和南亚迅速传播，是因为它们在被引入旧世界之前就已经成为成熟的观赏植物。"[108]

19世纪以前万寿菊在欧洲的历史很难追溯，部分原因是同时代的和后世的植物学者和历史学家很容易把它们与各种开着明黄色花朵的本地植物混淆。更令人迷惑的是，万寿菊的英语名称（marigold）和西班牙语名称（*maravilla*）在很早以前就被人们用来称呼金盏花（*Calendula*），金盏花自古以来就在欧洲广为人知。从文字记载中，我们似乎发现万寿菊是一种很受文艺复兴时期及后来的职业花园设计师喜爱的植物，但有时他们对这种植物习性的描述表明他们实际上指的是向日葵。[109]因此，很难说万寿菊在19世纪晚期作为边护植物兴起之前在欧洲的知名度和使用范围有多么广泛。

似乎没有证据表明欧洲的基督教仪式曾经使用过金盏花或万寿菊。但在墨西哥，作为虔诚的象征，万寿菊在旧宗教和天主教提出的新信仰之间架起了一座象征性的桥梁。万寿菊与天主教万灵节仪式密切相关，该仪式模仿阿兹特克亡灵节的习俗，在墓地里摆满万寿菊；它与天主教的天使报喜节也联系紧密，人们会在圣母像的脚下堆满万寿菊。

万寿菊的宗教用途似乎跳过了欧洲，直接在印度扎根。到了 1600 年，西班牙和葡萄牙天主教会的传教活动从日本传播到秘鲁直至遍及全球。教堂就像大型贸易公司一样，是东西方物质文化传播的有效渠道。人们推测，天主教的神父把万寿菊带到印度，它们很快就装点了那里基督教皈依者的教堂。几个世纪以来，印度人一直将金盏花用于制作食物、装饰和举办仪式。庄重、芬芳的金盏花环和茉莉花环被挂在神像和仪式参与者的脖子上。万寿菊的花朵比金盏花更鲜艳，很快就被纳入印度的花卉文化，象征着黄金与火焰的花环很快就被用来装饰基督教和印度教的教堂、寺庙、家庭和街道。[110] 万寿菊不仅在印度的宗教文化中占有一席之地，而且也立足于其艺术、医疗实践和日常物质文化。万寿菊与玫瑰、石竹和郁金香一起出现在莫卧儿王朝的肖像画中，以及织物的装饰图案里，阿育吠陀医学欣然地将这种芳香的油性植物纳入其治疗方法，工匠们把这些花朵当作黄色或绿色染料的廉价来源。[111]

在墨西哥，万寿菊顺利地从阿兹特克人的墓地进入天主教教堂：它不仅是对死者灵魂的召唤，也是对圣母崇敬的象征。在印度，万寿菊很快走出教堂，来到印度教寺庙和印度街道，并在此过程中吸收了金盏花的象征性意义。在墨西哥，万寿菊将宗教意义、视觉愉悦性和治疗功效结合在一起。在印度，这一集合体又被增添了艺术资源和染料植物的属性。此外，在印度和奥斯曼帝国，农场主为满足市场需求种植万寿菊。

直到最近，印度万寿菊市场都几乎完全被万寿菊的花朵而不是万寿菊的植株占据。但在 19 世纪晚期的欧洲和北美，植物育种家、种子公司和园艺师为私人花园和公园提供万寿菊作为一年生花坛植物，这些植物现在非常受欢迎，价格也越来越便宜。根据一位万寿菊的主要培育者的说法，在美国，万寿菊从 1900 年左右开始可以与紫菀和甜豌豆等受欢迎的品种相媲美。1915 年，刚刚担任公司董事的大卫·伯比（David Burpee）决定将万寿菊纳入产品目录并资助相关研究。[112] 迄今为止，成百上千个新品种已经被研发出来。具有讽刺意味的是，中美洲万寿菊用了四个世纪才到达北美，而只用了短短几年就到达了印度洋。

从 19 世纪开始，随着中产阶级园艺文化的兴起，万寿菊的种植规模和覆盖范围迅速扩大。今天，万寿菊产业的价值及其种植面积再次爆发式增长：提取食用色素、叶黄素、驱虫剂的工艺使万寿菊成为食物加工工业和农业化学品的宝贵资源。墨西哥、印度、中国和秘鲁都是出口国；为了满足市场需求，这种花卉通常通过订单农业的方式进行大规模种植。[113]

在旅行的最后阶段，万寿菊的象征性内涵被剥夺了。对于园丁来说，它们色彩鲜艳、易于种植，而且价格低廉；对于人造黄油制造商来说，它们是经过批准的“天然”添加剂。[114] 被祛魅的万寿菊在宾夕法尼亚和曼彻斯特被完全当作花坛植物，这与万寿菊在墨西哥恰帕斯州和印度瓦拉纳西所象征的文化完全不同，不过，墨西哥与印度都是万寿菊的世界领先商业出口国，尤其是墨西哥出口了大量的万寿菊着色剂。万寿菊的历史说明，一种植物可以是多种意义、交换方式、市场循环以及生产规模的萌芽。同一种植物在不同的农作物景观中所处的地位和意义是完全不同的。作为全球史学家，如果我们在追踪植物轨迹的过程中，忽略了植物的可塑性和多样性，就会出现严重后果。

徐光启关于如何构建不同规模农作物景观的想象，是为了建立一个能够抵御冲击并保持繁荣的弹性农业系统。这是一项围绕中国治国之道的核心原则而制订的计划，中国政府认为改善农民的生活水平是国家的责任，也是国家实力的基础（图 5.4）。正如前文所述，尽管徐光启的构想在他生前并未实现，但其中许多内容都在清政府的政策中有所体现。在社会底层，徐的多用途耕作方式体现了中国农业特有的对单株农作物的关注，并辅以典型的中美洲米尔帕耕作中边界模糊的方式。在行政层面也是如此，

图 5.4 《祭神图》：出自《耕织图》，1742 年钦定版。对于徐光启等中国官员来说，这幅农民家庭庆祝丰收的形象代表了善政的最终目标：农村家庭是国家的基石，确保他们安居乐业是封建王朝统治的道德和物质基础。奥托·福兰阁（Otto Franke）的《耕织图：中国农业和丝绸生产》（*Keng Tschi T'u: Ackerbau und Seidengewinnung in China*）中的复制插图，汉堡市，福里德里希父子出版公司，1913 年

其政策并没有像各种早期农业政策一样追求理想化的统一规则，徐光启的首要原则是协调复杂性，调动多样性和互补性。他的理想是像盒子一样嵌套而成的农作物景观，规模从帝国到跨区域贸易，再到个体小农农场及其树篱。这种农作物景观虽然复杂，但仍然是透明的，并且完全融入国家。徐光启并不主张中国的乡村脱离现实、遁入佐米亚。与之相反，他所设想的农作物景观组成在几乎所有方面，都与其他国家在殖民时期及之后的想象中所青睐的简化风格相反。

种植园主从来没有设法提高农民的福祉，而是要扫除小农户来建立自己的企业。然而，种植园范式的许多基本原则已经成为农学正统观念，并因此被纳入“二战”后的农业发展计划中，其中包含旨在改善农民生计和效率的绿色革命。很快人们就发现，随后简化本地农作物景观复杂性的做法破坏了社会和环境。我们曾多次提及针对此类现代主义计划而作出的各种批判，其中包含农业系统研究和农业生态学。人们坚持认为，发展战略应该承认、研究和促进社会、农业和环境的多样性。虽然人们很容易将这些项目视为对人类世困境作出的具体回应，但我们在“组成”一章中呈现的案例，邀请我们从其历史先例出发来评估当今关于关怀和复杂性的争论，将其框架与人类用以构建农作物景观并确定其组成的其他模型进行比较，并从长远的视角来看待我们所讨论的种植园与米尔帕想象之间的协作或对抗。

近几十年来，关于简单与复杂的农作物景观的对立理念，在关于大与小、归驯与照顾、计划与自发性、效率与产出和利润与可持续性、多样性与宜居性的争论中，蓬勃发展。从来都是如此。[115] 我们可以想象，当代单一种植的工业规模或者畜牧业的极度简化程度是前所未有的。当然，大多数人类世理论家都认为，它们代表了一种历史趋势的顶峰，这种历史趋势把科技创新和资金积累的逻辑交织在一起。[116] 本章介绍了一些关键创新，包括物质和概念上的创新，这些都促进了现代农作物景观分解为单独的、独立的部分。然而，正如詹姆斯·C. 斯科特在《作茧自缚：人类早期国家的深层历史》中所指出的，对“琥珀色的麦浪”的不懈追求是有古老的历史先例的。[117] 当一种谷物成为主食时，农场主和政府都将优先考虑这种至关重要的食物来源；如果糖是经济的支柱，那么其他农作物都需要适应其需求。

尽管人类世加速发展，资本家在制造毁灭，但我们并不希望暗示简单性总建立在暴力之上，而复杂性则促进和谐。位于殖民地种植园边缘的提供食物的园子，可能是，也可能不是奴隶工人享受家庭生活乐趣的避难所；不过，这些园子生产的食物却是世界经济的必要组成部分，这样的世界经济因为无情的剥夺而更加繁荣。圣保罗农作物景观中的柑橘、咖啡和甘蔗集合体重新组织了植物行动者，但基本上没有改变压迫性的人类生产关系。农业系统研究人员认识到，家庭和社区内部以及家庭和社区之间极其严重的社会不平等往往是多样的农村生活不可或缺的部分：贫穷的村民在田地里拾穗不是为了防止浪费，而是不这样做他们就得挨饿。生态可持续性意味着一些人的生存和的另一些人死亡。

因此多样性不一定是良性的。相反，表面上的简化往往是以复杂和谨慎为基础的。在一些对农作物景观的想象中，这一点被否认或掩盖了，而在另一些想象中，这一点则得到了承认。古巴和弗吉尼亚的烟草生产也应用了类似的技能和照顾手段，虽然古巴的小型烟草农场主将他们的技能作为一门艺术来颂扬，认为它关乎民族自豪感，但在弗吉尼亚州，产品的质量，而不是劳动力的质量，才是公众引以为豪的事情。关于联盟可以降低简单化的危险以及主要农作物往往需要帮助才能茁壮成长并达到最高产量的认识，不仅限于小规模农业。例如，轮作可以在私用园地或土地庄园的规模上实施。在欧洲，轮作和混合农业在罗马帝国时期蓬勃发展，然后消失，几个世纪以后随着新耕作法的出现而重新兴起：这两种情况都是将轮作或混合农业整合到大型集中管理的庄园中，使该系统得以实现。与此同时，中世纪中国大型庄园的管理者一方面思考如何在不同的田地上分配轮作的农作物，另一方面思考如何用大豆来破土种瓜。

也许我们可以利用奥尔蒂斯的另一个概念——跨文化——来重新塑造关于规模和感情的辩证法，以解释古巴错综复杂的历史。古巴的历史将原住民和移民草草拼凑在一起：本土泰诺人、被奴役的非洲人、不同阶级和血统的西班牙人，然后是来自欧洲各地的移民，最后是来自美国的入侵者。在这种不平等的权力关系下，被压迫者和压迫者被锁定在一个不平等但却不可避免的交换的“痛苦过程”中，这导致“新文化现象出现”。[118] 奥尔蒂斯认为烟草的历史转变是古巴跨文化实践的核心案例，“由此，一种基于宗教的社会现象继而成为一种经济现象。”[119] 烟草、金盏花和可可在发源地美洲都具有神圣意义。烟草和可可向东跨越大西洋到达西班牙，只有在被重新发现药用价值时才受到青睐。这种世俗的轨迹使他们从昂贵的药物转变为流行的消费品，进而成为种植园作物。它们必须摆脱神圣光环，才能成功地完成旅程。[120] 但万寿菊最初能够传播正是因为它的神圣光环，宗教属性将它从阿兹特克人的坟墓推向传教士教堂和印度教寺庙。这种光环确保了它可以作为花朵生存下去，同时又不妨碍它在其他背景下彻底转变意义，成为花坛植物或者被用于提取食物染料。万寿菊的意义和它的组成部分以不同的方式传播，并作为不同元素进入新的农作物景观组成中。

万寿菊的情况也适用于农作物景观：当它们迁徙传播时，会抛弃一些元素并获得新的元素。诚然，无论是在历史上还是在现代，简化的农作物景观都能相对轻松地迁移，但它们很少能够成功地彻底转化。为了在新环境中发挥作用，一定得建立复杂的新联盟（无论自愿与否）以及稳定的集合体。

现在，种植园范式已经跨越全球，并将世界各地的农作物景观都转变为大规模商业化的单一种植模式。然而，虽然在强大的政治、经济和社会利益以及科学影响力的帮助下，种植园模式度过了殖民时代，进入了国际发展和全球农业综合企业时代，但它既没有保持一成不变，也没有在进入新时代后提供一种完备的方案。

例如，种植园或工业农场的技术逻辑，虽然未必会产生更加良性的结果，但很适合被用于与商业资本主义截然不同的意识形态。在“规模”一章中，我们注意到，在 20 世纪 20 年代，最热衷于追求农业工业化是苏联人。其结果有时让人震惊，有时令人失望。在半合法的小型农场的帮助下，这种制度跌跌撞撞地一直维持到苏联解体。[121] 另一种不同的情况是，在 20 世纪 60 年代至 20 世纪 70 年代，马来西亚和印度尼西亚政府颠覆了在殖民时期殖民种植园的采掘原则，建立了大片国有油棕树种植园，并以此作为减贫和国家发展项目。没有土地的家庭被从贫困地区迁到这里，不是作为被雇用的劳动者，而是土地所有者，每个家庭都被分配了一块土地或一定的种植园名义面积以及一块宅基地。如今，国家移民安置计划仍然发挥着关键作用，在农业综合企业和独立小农农场中占有一席之地。[122]

苏联国有农场和东南亚国营油棕种植园对种植园模式的挪用是跨文化的好例子。但由此产生的农作物景观“斑块”及其对边界分明的、对抗的生产形式的持续依赖，并不是从原始的“纯粹”模式的偏离，而是其存在中固有的特点。即使是一致性最高的种植园或单一种植区，也远远不是同质的农作物景观或平坦的地形，而是由在其间隙、边缘，或远处的相互依存、互补或对立的农作物景观拼凑出来的。作为一种工作组合，种植园或者工业农场利用了其他农作物景观的资源，这些农作物景观通常被认为是原始的、低效的，注定要消失的。然而，正如长期以来依赖理论学者一直认为的那样，这些替代性板块与所谓的先进农作物景观相比，并不是处于边缘地位的落后小区域，而是与其共生的，并功能至关重要的组成部分。[123]

“斑块分布”是社会科学家最近从生态学中借用的一个术语，用于反驳许多人类世理论的单线性和同质化。罗安清和尼尔斯・布班特（Nils Bubandt）等学者认为，更加精细的空间和时间分析是理解人类世造成的变化、趋势或者临界点的基础，也是理解人类在他们想要改变的领土上所进行的购买行为的差异化本质的基础。他们提出将斑块性作为一种概念工具来识别存在于这些斑块中的变化、不均匀性和意想不到的参与者（幽灵、宇宙学、想象或蜗牛以及页岩开采地点、杀虫剂或金融工具）并演绎它们的相互纠缠。[124] 事实上，许多批评使人类世的年表和过程复杂化，讲述了剥削和保护自然之间深刻的对立历史。[125] 这些批评并没有关注简单的让人类世模式得以建立的历史断层和转变，而是揭示了历史的分层和编织、纠缠和冲突，同时不否认人类世进程的加速势头和影响范围。这与我们的农作物景观方法有着惊人的相似之处。

我们在第五章“组成”中从生态层面对集体、分层和斑块分布的关注，指出了循环、衰落、复兴以及对位❶和跨文化的过

❶ 一种复调音乐的写作方法，即从一定的规则，将不同的曲调同时结合，使各声部既独立又相互联系。——编者注

程，无论我们将“现在”定义为全球现代性还是人类世的毁灭，其都构成了看似宽阔、平坦和不可避免地通往现在的道路。与此同时，本地案例中的长期模式使我们能够追踪替代谱系，例如照顾的基础原则和不同规模和时代的农业系统的实践方式；农作物景观或其组成部分在旅途中摆脱或者承载意义的路径；甚至是被认为可能濒临灭绝的农作物景观重新绽放的方法。20 世纪 80 年代，工业化农业的胜利似乎是必然的。如今，我们看到大与小、农业综合企业与米尔帕、孟山都公司与农民之路[1]之间重新对立，这是一场关于世界上和历史上的农业的争论，我们将在第六章“繁殖”中对其进行重点讨论。

[1] 农民之路是一个国际性的农民运动网格，成立于 1993 年，并独立于一切政治、宗教或经济组织。此网格由来自各个国家和地区的成员团体构成，并尊重每位成员的自主性。——译者注

注释

1. *Suoshan nongpu* (Account of the agriculture of Suo Mountain), quoted Bray, *Agriculture,* 1984, 506.
2. Bray and Métailié, "Who Was the Author of the Nongzheng quanshu?"。徐光启在今天作为博学的政治家而闻名，他"曾担任内阁次辅，领导天文改革，翻译西方科学书籍（包括欧几里得的《几何原本》），整修军队，编写重要的农业论文，并且是基督教教徒"；Jami, Engelfriet, and Blue, "Introduction," Ⅰ。
3. 我们在乔治·华盛顿·卡弗对南部沼泽的修复中发现了一个奇怪的相似之处。参见第六章中"乔治·华盛顿·卡弗与废物回收"一节。
4. Xu Guangqi, *Nongzheng quanshu,* 1299.
5. 到了 16 世纪 90 年代，甘薯在中国的华南地区已被广泛接受，但在长江流域仍然受到怀疑。
6. 1400 年以后关于救荒食物的论文得到广泛传播，这在李约瑟和鲁桂珍的论文《中世纪中国植物学方面食用植物学家的活动——关于野生（救荒）食用植物的研究》中得到了讨论。关于农业政策和概念如何演变，见 von Glahn, Economic History. 关于徐光启的耕农模式以及他如何看待农业对经济和国防的贡献，参见 Bray and Métailié, "Who Was the Author of the Nongzheng Quanshu?"。
7. Bray and Métailié, "Who Was the Author of the *Nongzheng Quanshu?*" 338.
8. 关于清政府的风险管理政策及其对农作物景观的边缘地带的关注，见 Marks, "It Never Used to Snow"；Elvin and Liu, *Sediments of Time*。
9. Bubandt and Tsing, "Feral Dynamics of Post-Industrial Ruin," 6.
10. Tsing, Mathews, and Bubandt, "Patchy Anthropocene," S186.
11. The discussion of Hercule Florence' s watercolor follows Marquese, "Exilio escravista."
12. Schwartz, *Segredos internos;* Alencastro, *O trato dos viventes;* Curtin, *The Rise and Fall of the Plantation Complex.*
13. Dean, *With Broadax and Firebrand;* Pádua, *Um sopro de destruição.*
14. Marquese, "Exilio escravista."

15. Marquese, "Capitalismo, escravidão e a economia."
16. Matos, *Caféе ferrovias.*
17. Lévi-Strauss, *Tristes tropiques,* 93.
18. Saraiva, "Anthropophagy and Sadness."
19. For a similar dynamic in the Rio de Janeiro area see Pereira, *Cana, caféе laranja.*
20. Hasse, *A laranja no Brasil.*
21. Pereira, *Cana, caféе laranja;* Saraiva, "Anthropophagy and Sadness"; Hasse, *A laranja no Brasil.*
22. Salaman, *The History and Social Influence of the Potato.* 萨拉曼不是专业的历史学家。他对作物植物学的社会维度的强调源于作为剑桥马铃薯病毒研究所所长的长期经验；Berry, "Plants Are Technologies."。
23. Salaman, *The History and Social Influence of the Potato,* 206, emphasis added.
24. McNeill, "How the Potato Changed the World' s History," 67.
25. Spary, *Feeding France;* Saraiva, *Fascist Pigs;* Earle, "Food, Colonialism and the Quantum of Happiness"; Earle, "Promoting Potatoes in Eighteenth-Century Europe"; Earle, *Feeding the People.*
26. Karasch, "Manioc," 186.
27. 由于薯条的流行，如今白心马铃薯的全球贸易量巨大，且几乎全部以加工品形式出口。而木薯等其他块茎植物则主要被加工为动物饲料或工业淀粉，从而获得全球市场。
28. Mazumdar, *Sugar and Society.*
29. Ho, "The Introduction of American Food Plants into China"; 甘薯同样通过陆路运输，从中国西南部的云南省进入中国。
30. 早在 15 世纪 90 年代，徐光启就种植了实验田，并写了一篇关于甘薯的论文（徐光启,《农政全书》, 688-695）。
31. Cheung, "A Desire to Eat Well."
32. 关于作为中国小农产业的茶种植活动，参见第二章。关于糖的部分，参见 Mazumdar, *Sugar and Society*；Daniels, *Agro-Industries*；Marks, *Tigers, Rice, Silk, and Silt*；Sabban, "L' industrie sucrière." 1640 年左右，日本从中国进口了近 3000 吨糖，由中国船只运输，其中约 1000 吨中国糖被运往阿姆斯特丹。荷兰人看到其中丰厚的利润，因此在中国台湾地区投资了糖产业，中国台湾地区于 1636 年开始向欧洲出口糖，而巴达维亚则在 1650 年后开始用糖代替胡椒；Mazumdar, Sugar and Society, 80–86。

33. Mazumdar, *Sugar and Society,* 100–105.
34. Barickman, *A Bahian Counterpoint;* Carney and Rosomoff, *In the Shadow of Slavery.*
35. Alpern, “Exotic Plants of Western Africa” ; McCann, “Maize and Grace.”
36. 安哥拉地区的木薯种植行为于 1608 年被首次记录，见 Karasch, “Manioc,” 183–84; von Oppen, “Cassava, ‘the Lazy Man’ s Food’ ?” 19. 莫桑比克的政府官员于 1768 年将木薯引进，见 Bastião, “Entre a Ilha e a Terra: Processos de construção do continente fronteiro à Ilha de Moçambique (1763–c. 1802).” 。
37. von Oppen, “Cassava, ‘the Lazy Man’ s Food’ ?” 环境条件、气候不确定性和频繁的冲突可能是隆达帝国最初采用木薯的原因，书中解释了 19 世纪当地木薯种植如何将该地区整合到长途贸易路径中，以运输“奴隶、象牙、用于出口的蜂蜡和野生橡胶”。
38. Carter et al., *Introduction and Diffusion of Cassava in Africa;* Juhé-Beaulaton, “De l’ igname au manioc dans le golfe de Guinée” ; Bradbury et al., “Geographic Differences in Patterns of Genetic Differentiation among Bitter and Sweet Manioc (*Manihot esculenta* subsp. *esculenta*; *Euphorbiaceae*)” ; Domingos, “Na pista da mandioca colonial e pós-colonial.” On railroads and the spread of cassava in West Africa see Iwuagwu, “The Spread of Cassava.”
39. Isaacman, “Peasants, Work and the Labor Process” ; Domingos, “Na pista da mandioca colonial e pós-colonial.” 该领域的经典著作是 Richards, *Land, Labour and Diet in Northern Rhodesia*；其中记录了采矿业，移民劳动力和女性化的自给农业的相互依赖关系。
40. Salaman, *The History and Social Influence of the Potato,* 101; Earle, *The Body of the Conquistador;* Domingos, “Na pista da mandioca colonial e pós-colonial,” 332.
41. Engels, *The Condition of the Working Class in England in 1844,* 88–89.
42. Barickman, “A Bit of Land, Which They Call Roça” ; Carney and Rosomoff, *In the Shadow of Slavery.* 块茎和其他经济作物能使逃脱的奴隶和其他

抵抗殖民侵略的群体逃避当局的追捕。例如，在莫桑比克，据说在 18 世纪后期葡萄牙人引进木薯后不久，反抗的黑奴就利用这种作物建立了用于交易黄金和象牙的自治区。 Domingos, “Na pista da mandioca colonial epós–colonial,” 326。

43. Mintz, *Tasting Food, Tasting Freedom,* 43.
44. Hazareesingh and Maat, *Local Subversions of Colonial Cultures.*
45. Spary, *Feeding France;* Earle, *Feeding the People.*
46. Smith, *The Wealth of Nations,* vol. 1, 161–62; Young, *A Tour in Ireland,* vol. 2, 32.
47. 有学者认为马铃薯的推广是一项由上至下的创新，由腓特烈大帝等君主牵头完成，目的是应对饥荒和战争对庄稼的破坏；McNeill, “How the Potato Changed the World’s History.” 但其他学者反驳道，马铃薯虽然得到广泛种植，但几乎没有受到精英阶层的青睐；这种变化在很大程度上是有关食品和治理的新观念带来的；Earle, “Promoting Potatoes in Eighteenth–Century Europe.” 。
48. Curtler, *A Short History of English Agriculture.*
49. Spary, *Feeding France.*
50. Earle, *Feeding the People,* 5–6.
51. Fussell, review of *The History and Social Influence of the Potato*, 263.
52. 约瑟夫·阿奇（Joseph Arch）为了解决这种不公平现象于 1872 年建立了国家农业工人工会。
53. *The Labourers’ Friend,* n.s., 86 (1851), 113, quoted Burchardt, “Land and the Laborer,” 682; Leivers, “The Provision of Allotments in Derbyshire Industrial Communities.”
54. 物种间的协同作用是近期人类学关于“斑块状人类世”中“景观”动态研究的主要焦点；Tsing, Mathews, and Bubandt, “Patchy Anthropocene.” 。
55. 詹姆斯·C. 斯科特认为，这些对谷物驯化来说至关重要的分类和标准化实践也驯化了人和植物，塑造了国家体系的形式和制度。Scott, *Against the Grain*。
56. 美国商业蜜蜂运营商可能拥有超过 8 万个蜂箱，被全国各地的农场全年租用，以为一系列作物采蜜。
57. Thompson, “The Second Agricultural Revolution,” 65.
58. Thompson, “The Second Agricultural Revolution”; Thirsk, *Alternative*

Agriculture; Harwood, *Europe's Green Revolution and Others Since;* and see "Reproductions," "Crop Diversity and Pure Lines."

59. 我们将在第六章的“乔治·华盛顿·卡弗与废物回收”一节继续讨论这个话题。
60. 众所周知，豆科植物，包括小豆和大豆，可以增加土壤肥力并改善其质地。我们现在知道这是因为在豆科植物根系上形成的根瘤含有根瘤菌，即固氮细菌。
61. 正如第一章讨论的，耐寒的粟子是华北地区的主要粮食。糜子也很受欢迎，但产量较低。虽然谷物中的所有糯性品种都可被用于酿造，但糜子被认为是最好的酿酒材料。
62. Jia Sixie, *Qimin yaoshu,* 111.
63. King, *Farmers of Forty Centuries;* Ford and Nigh, *The Maya Forest Garden.*
64. Mol, *The Logic of Care;* Puig de la Bellacasa, " 'Nothing Comes without Its World.' "
65. Haraway, *When Species Meet;* van Dooren, "Invasive Species in Penguin Worlds."
66. Ortiz, *Cuban Counterpoint,* 6–7, emphases added. And see "Orientations."
67. Ortiz, *Cuban Counterpoint,* 60, 303–4.
68. “种植园创造了单一作物景观，使得威胁和异化劳动力，以及机械化成为可能，而无须再用传统农业的方式照顾作物”；Tsing, Mathews, and Bubandt, "Patchy Anthropocene," S189。
69. Puig de la Bellacasa, "Making Time for Soil," 699, 700, 703; Hartigan, "Plants as Ethnographic Subjects."
70. 第一章对此进行了讨论。Tsai, "Farming Odd Kin in Patchy Anthropocenes," 这篇文章讨论了一个鸭－蜗牛－鱼－米共生的当代案例。
71. Ford and Nigh, *The Maya Forest Garden.* 在米尔帕园地，“‘劈砍’和打顶、平茬、疏枝是一样的”(Ford and Nigh, 18)。
72. Landon, "The 'How' of the Three Sisters."
73. Ford and Nigh, *The Maya Forest Garden,* 121, 112–13.
74. 见 "Reproductions," "Wastings"; Radio Zapatista, "Los rostros (no tan) ocultos del mal llamado 'Tren Maya.' "
75. Bray, *Agriculture,* 1984, 429–33.
76. Bray, "Agriculture," 2019.

77. White, “Fallowing, Crop Rotation, and Crop Yields in Roman Times.”
78. Kron, “Agriculture, Roman Empire,” 217.
79. Kron, “Agriculture, Roman Empire,” 217–19.
80. Slicher van Bath, *The Agrarian History of Western Europe,* 282.
81. 在法国大革命之前收集的《陈情书》(*Cahiers de doléance*)中的主要诉求就是允许人民在封地中放牧。
82. Still common practice in Spain and Catalunya.
83. Brisebarre, *Bergers des Cévennes;* Daugstad, Mier, and Peña–Chocarro, “Landscapes of Transhumance in Norway and Spain.”
84. 我们在这里使用“粮食(corn)”作为一个地区主粮的总称。在中世纪和现代早期的欧洲，这些作物包括小麦、大麦、黑麦、燕麦以及谷物和豆类的混合作物，这些作物经常被混种以降低歉收风险。当英国人遇到美国玉米时，他们称其为“印度玉米”。
85. Thompson, “The Second Agricultural Revolution,” 64.
86. Slicher van Bath, *The Agrarian History of Western Europe,* 281.
87. Slicher van Bath, *The Agrarian History of Western Europe,* 296, 284.
88. Chambers and Mingay, *The Agricultural Revolution,* 54–76.
89. Allen, “The Agricultural Revolution,” 60.
90. 支撑新耕作法的阶级关系在今天已经不那么吸引人了。关于圈地的影响及其对农场工人的剥削，见 Devine, *The Scottish Clearances*。
91. Thompson, “The Second Agricultural Revolution,” 65.
92. Quoted Clark and Foster, “Ecological Imperialism and the Global Metabolic Rift,” 322, 316, 315.
93. 标准植物专利(例如某种商业杂交种专利)允许购买者重复使用种子，只要种子不在市场流通或被出售。关于转基因作物、农达公司和孟山都公司的斗争，见 Bray, “Genetically Modified Foods.”。
94. Beinart and Middleton, “Plant Transfers in Historical Perspective: A Review Article,” 17–18. 燕麦和黑麦是典型案例；Harlan and de Wet, “Some Thoughts about Weeds.” 同样参见 Beinart and Wotshela, *Prickly Pear,* 这本书的第 3 页解释了为什么一种来自墨西哥的野生植物对非洲妇女很重要。
95. Dove, “Plants, Politics, and the Imagination,” S310.
96. Dove, “Plants, Politics, and the Imagination,” S311, Figure 1.
97. Fullilove, *The Profit of the Earth,* 2017, 151.

98. Dove, "Obituary: Harold C. Conklin," 3.
99. Dove, "Plants, Politics, and the Imagination," S314.
100. U.S. Department of the Interior, Definitions Subcommittee of the Invasive Species Advisory Committee, "Invasive Species Definition Clarification and Guidance."
101. 见 McNeill, "Of Rats and Men."
102. Vieyra-Odilon and Vibrans, "Weeds as Crops."
103. Morita, "Multispecies Infrastructure," 748–49. Richards, *Indigenous Agricultural Revolution*；这本书是这一领域的经典著作，其讨论了小农实验性育种过程中常出现的野生品种和驯化品种杂交的行为。
104. Kaplan, "Historical and Ethnobotanical Aspects of Domestication in Tagetes." 万寿菊、墨西哥龙蒿叶和孔雀草是三种最常见的品种。
105. Neher, "The Ethnobotany of Tagetes," 321; Vasudevan, Kashyap, and Sharma, "Tagetes."
106. Neher, "The Ethnobotany of Tagetes," Table 1, 318–21.
107. Kaplan, "Historical and Ethnobotanical Aspects of Domestication in Tagetes," 201.
108. Kaplan, "Historical and Ethnobotanical Aspects of Domestication in Tagetes," 200–201.
109. Hyde, "Cultivated Power," 173, 328.
110. Herbert, *Flora's Empire,* 2–6; Goody, *The Culture of Flowers,* 327–46.
111. Neher, "The Ethnobotany of Tagetes," 321.
112 Curry, "Making Marigolds."
113. Šivel et al., "Lutein Content in Marigold Flower," 521.
114. Lim, "Tagetes erecta."
115. See Uekötter, *Comparing Apples, Oranges, and Cotton,* for global examples, and Bonneuil and Fressoz, *The Shock of the Anthropocene,* 170–79, chap. 8, "The Phronocene," for European cases of this debate.
116. Moore, "The Capitalocene Part II."
117. Scott, *Against the Grain;* Fullilove, *The Profit of the Earth,* 2017.
118. Ortiz, *Cuban Counterpoint,* 102–3, xli.
119. Letter to Malinowski, 9 April 1940, quoted Santí, "Towards a Reading of Fernando Ortiz' s Cuban Counterpoint," 10.

120. Norton, *Sacred Gifts, Profane Pleasures.*

121. Fitzgerald, "Blinded by Technology"; Smith, *Works in Progress.*

122. Li, *Land's End;* Dove, "Plants, Politics, and the Imagination"; Abazue et al., "Oil Palm Smallholders and Its Sustainability Practices in Malaysia"; Pakiam, Khor, and Chia, "Johor' s Oil Palm Industry."

123. Meillassoux, *Maidens, Meal, and Money;* Palat, "Dependency Theory"; Dove, "Plants, Politics, and the Imagination," S319.

124. Tsing, Mathews, and Bubandt, "Patchy Anthropocene"; Bonneuil and Fressoz, *The Shock of the Anthropocene;* Haraway, "Anthropocene, Capitalocene"; LeCain, "Against the Anthropocene: A Neo–Materialist Perspective."

125. Bonneuil and Fressoz, *The Shock of the Anthropocene;* Haraway, "Anthropocene, Capitalocene"; LeCain, "Against the Anthropocene: A Neo–Materialist Perspective."

第六章 繁殖

尊贵的椰枣树，你也是这片土地的流放者。

西风轻抚你的叶子；

你的根须深深扎根于沃土；

可是，你却和我一样悲伤，

如果，像我一样，你记得！

我已经用泪水沾湿了

沐浴在幼发拉底洪流中的椰枣树。[1]

被流放到遥远的安达卢西亚的阿卜杜勒·拉赫曼，想要在科尔多瓦的新宫殿花园里种一棵椰枣树，以重建他心爱的大马士革家园。这株优美的树木，结满了果实，唤起了这位穆罕默德后裔对失去的友谊、情感、珍贵的景象和声音的回忆。它是在叙利亚常见但尚未被在西地中海地区种植的众多植物之一，现在它被种植在鲁萨法王宫的花园中，希望能在新领土上重现失落的文明。继 711 年最初的穆斯林征服之后，包括糖、大米和橙子在内的新的农作物使西班牙乡村焕发了新活力，并使穆斯林西班牙牢固地融入地中海商业和文明的潮流中。种子和枝条是新作物景观扎根生长的关键，水分也是一样。[2] 在穆斯林统治下，被忽视的罗马水渠和灌溉系统得到了恢复和扩展，并出现了新的灌溉技术。坎儿井很可能是直接由中东引入的，其对于旱地区的农业开发尤其有用。[3] 从这个角度来看，研究鲁萨法的枣椰树历史需要关注植物跨越地中海的迁移过程以及罗马工程的长期变化。农作物景观包括植物和滋养植物的灌溉基础设施，这给历史学家带来了挑战，他们需要讲述种子和枝条在不同地点之间迁徙的历史以及建立在以前的繁殖实践基础上的技术历史。

本章完成了我们的结构循环，并回到许多学者眼中农作物景观的开端——植物的繁殖以及它如何塑造与该植物有关的农作物景观。它强调所有再生产过程中固有的生产要素，突出了不同的技术与知识创造实践的重要性，这些技术和实践在适当的地点重现了一种农作物景观，并扩展了其在空间和时间方面的影响范围。我们考虑了三个连续的阶段：种子的选择和重组，通过对作物进行混合处理来传播它们的过程，以及农作物景观废物的产生或回收（废物，比如杂草，是一种观点或实践的结果，并不是一个稳定的范畴）。这是最能体现我们作为技术和科学历史学家敏感性的地方。[4]

在本章第一节中，我们将种质视为农作物景观中最能体现其社会物质组成的部分。例如，斯瓦尔巴全球种子库选择了能够全面覆盖农作物多样性的种子，而苏联和纳粹帝国的谱系揭示了国家历史对于了解全球基础设施的重要性。种子保存技术体现了保持“自然”所需的工作（人工、混凝土和温度控制）。然后，“混合”一节将重点从田地转移到收获行为，提供了关于商品生产的深层谱系以及关于它们如何融入现代全球市场的两种非传统叙述。它研究了混合料和发酵如何最终延伸到现代食品加工过程中，延长了农作物产品的寿命并通过转移市场和创造新市场扩大了农作物景观的影响范围。最后一节将“废物”视为一种关于流动范畴的问题，它的概念通过不同的制度、要求和观点在不同的地点被不断地构建和重建。“回收废物”一节通过区分有价值与无价值的历史案例来探讨技术和品味、种族正义的政治和科学以及文化遗产作为后工业化救赎的护身符（全球重要农业文化遗产）如何逆转了现有的废物分类标准，并探讨了在农作物景观的历史上，这些循环往复如何一次又一次地破坏物质变化、未来模型和历史讲述中的线性趋势。本章的最后一个小节讲述了中国华北的粟景观，让我们重温了“时间”一章中古代粟的故事。展示了历史怀旧情绪如何在千年里沿着从古代阿拉伯到伊斯兰科尔多瓦再到当代加利福尼亚的路径再造了椰枣农作物景观。

6.1　育种

全球种子库位于挪威斯瓦尔巴特群岛的山峰内，于 2008 年建立，给为期 30 年的世界种子库运动画上了一个成功的句号。[5] 现在，不稳定的农作物多样性似乎被安全地保存在这个先进的绿色版挪亚方舟中（图 6.1）。基于当前人类世常见的灾难言论，该种子库承诺在发生从海啸到恐怖袭击、从核战争到国家功能失调等重大灾难时，保护农业生物多样性，从而造福人类。[6] 种子库存储了约 450 万个种子样本，可以作为在全球范围内分布的多种农作物的安全银行。发起人给出了建立种子库的正当理由，指出如果无法获得栽培植物为了适应不断变化的环境而需要的农作物多样性，那么人类的粮食供应将面临危险。[7]

被反复提及的濒临灭绝的人类共同遗产——农业遗产计划的说辞呼应了这个概念——让人们联想到需要被保护以抵御工业化和全球化压倒性力量的前现代世界。[8] 斯瓦尔巴特群岛基础设施的设计初衷是抵御重大灾害，但其主要功能是保护全球范围内因农业标准化而濒临灭绝的农作物多样性。[9] 如今，人们普遍惋惜

图 6.1　斯瓦尔巴特全球种子库。在遥远的北极深处，在挪威的一个被冰雪覆盖的岛屿上，全球农作物多样性信托基金从世界各地收集种子，保护地球的生物多样性。斯瓦尔巴特群岛的起源可以追溯到 20 世纪中叶苏联和德意志第三帝国的民族主义自给自足经济政策。照片来源：农作物信托基金

的是农民之间的种子交换带来的多样化当地品种的消失，这是一种维持传统公地模式的礼物经济，取而代之的是工业化农业经营的单调操作。[10] 这种哀叹是建立在有说服力的数据基础上的：20 世纪 80 年代，一种黑麦品种占据了德国一半的耕地面积；20 世纪 90 年代，荷兰农民将近 90% 的土地用于种植不超过三种高产的主要谷类（小麦、大麦和燕麦）。[11] 本节主张，在斯瓦尔巴特群岛设施中实现的全球农作物多样性保护不仅是工业化进程对公地的简单围封。斯瓦尔巴特群岛种子库的精密技术暗示着，农作物多样性不仅是"人类的共同遗产"：一米厚的钢筋混凝土墙；经过热封、层压的防潮铝箔种子包装；对藏品的标准化描述——所有元素都强烈暗示了全球农作物多样性的技术基础。[12]

这种从技术史角度研究农作物多样性的方法，也指向全球尺度之外的其他历史尺度。本节将详细讲述，促成斯瓦尔巴特群

岛种子库的种子收集行为首先是为了维持国家和帝国的野心。农作物多样性作为一种全球性资源，其概念与帝国梦息息相关。

6.1.1　农作物多样性和纯系

我们首先需要确定农作物多样性在植物繁殖和更广泛的农业愿景中的重要性。19 世纪下半叶，欧洲植物育种家创办了第一批种子公司，他们的业务基于法国植物育种家路易斯・德・维尔莫兰（Louis de Vilmorin）最先研发的系谱选择技术。[13] 农场主的传统大规模选育方法只选择来自最好的植物的种子并在次年一气播种，而根据维尔莫兰的谱系选择方法，所有种子都来自自体受精培育出的同一个体。植物育种家效仿动物育种者及其马种登记薄的做法，使用详细的记录来确定田地里培育的每一株植物的谱系。育种者的主要工作内容包括在农场主的田地里漫步，识别出有趣的植物，通过自体受精对它进行繁殖，并仔细记录后代的特征。通过血统选择，育种者培育出了后来遗传学家所说的纯系，即为了得到抗虫性、早熟和研磨特性等关键性状而选择的稳定纯合子品种，这些是基础工作。然后，他们通过纯系杂交把不同的特性结合起来，从而获得种子市场上知名的杂交品种。

育种者的试验田中培育出来的标准化纯系农作物景观，有望实现将农业转变为工业化活动的梦想。据称，纯系农作物景观将终结由不可靠的传统农作物品种（所谓的地方品种）组成的不可预测的农作物景观，这些地方品种是经过农民大规模选择产生的不稳定杂合植物。[14] 具有讽刺意味的是，育种者的首要资源正是地方品种种群，他们通过反复近交从中分离出纯系。任何成功的育种者都无法避开传统地方品种提供的遗传变异性。因此，1911 年维尔莫兰公司收集了大约 1200 个小麦品种，成为整个欧洲最大的种子库之一，这也不足为奇了。[15] 这种多样性是通过探险航行、国际展览会，以及向巴黎附近的维尔莫兰总部输送地方品种的高密度国家和国际通信网络积累的。

为了维持经营，维尔莫兰家族利用了典型的传统本地公地，这种公地是由许多代农民开发而成的，通过邻里之间的种子交换来管理，这种行为拥有关于传统公地的文献所确定的礼物经济的特征。非正式的农民对农民的交流机制使创新技术得以传播，并由其他人测试其适应性和可行性，从而扩大了公地范围。[16] 植物育种者所做的是将这些公地转化为用于维持私人或国家目的的资源。同时，通过用新的标准生命形式取代地方品种的多样性，他们也在摧毁公共资源。

1914 年，最杰出的德国遗传学家之一、凯撒威廉植物育种研究所的未来所长欧文·鲍尔（Erwin Baur）开始呼吁人们关注收集和保存原始品种的必要性，特别是东方、亚洲、北非和埃塞俄比亚的小麦和大麦。[17] 考虑到采集和保存农作物多样性的高昂成本，鲍尔毫不犹豫地要求国家干预植物育种业务。育种者之间的通信和偶尔拜访不足以支撑新的运营规模。只有国家才有办法推动系统性的收集考察，将全球农作物多样性转化为可供国家植物育种者利用的资源。[18]

全苏应用植物学与新作物研究所是苏联第一家为了有计划地收集和保存地方品种及其野生近缘种而建立的机构，成立于 1924 年。该机构后来更名为全苏植物产业研究所。[19] 它的前身是圣彼得堡植物管理局，自 19 世纪末以来一直对俄罗斯领土进行调查，记录当地的品种。局长罗伯特·雷格尔（Robert Regel）负责对来自帝国不同地区的俄罗斯大麦进行综合处理。但自尼古拉·I. 瓦维洛夫（Nikolai I. Vavilov）于 1920 年担任该局的领导起，该机构转变为全球影响力机构，从而更好地服务于布尔什维克政权发起的快速工业化政策。

我们很难低估瓦维洛夫在农作物多样性讨论中的重要性。他的两种理论使他在国际遗传学家中名声大噪，这两种理论对于指导如何在全球尺度上处理遗传多样性问题来说十分重要。他的“遗传变化同源系列理论”预测了相似的突变如何出现在相关物种中。让我们引用瓦维洛夫自己的一段话来理解这个理论对种子库的意义，他在 1920 年这样描述自己的工作：“野豌豆、小扁豆和豌豆不能杂交，但它们的一系列变异，我们可以说，几乎是一样的。这些天我们收到了来自哈尔科夫的野豌豆新样品，至此这个系列的所有空白都被填满了。三年来，我们一直在尝试其他形式的栽培植物……做同样的事情，我们没有足够的例子。我们有必要吸引世界上存在的一切。我将尽我所能在 1921 年秋天派人出国收集植物样本。”[20]

收集变异性是为了使之系统化，并避免商业化植物收集中典型的“形式、种类繁多的混乱”，并填补“系列中的所有空白”，如有必要，还可以通过搜寻“整个世界”来收集植物材料。瓦维洛夫提议采用由国家资助的调查，而不是维尔莫兰建立的通信网络，来确认世界上每一种农作物的谱系。通过这种积累方法，可以采集全世界的农作物，把全球所有农作物多样性资源都带到圣彼得堡（也就是当时的列宁格勒）。

这还不是全部。这些调查不会随意地覆盖地球的每一寸领土。根据瓦维洛夫关于栽培植物起源中心的理论，在驯化植物多样性最丰富的区域，即其起源区域，相对的野生品种应该仍然存在。[21]20 世纪 20 年代初在访问了伊朗和蒙古之后，他在 1926 年提出了五个主要的变异区域：最重要的栽培植物的起源和类型形成区，同时也是其种类最丰富、最集中的区域，包括亚洲的喜马拉雅山脉及其系统，非洲东北部的山系，欧洲南部的比利牛斯山脉、亚平宁山脉和巴尔干山脉，美洲的科迪勒拉山脉以及落基山脉的南部支脉。[22]

尽管这些中心的数量和范围在很大程度上被后来的文献修改了，但瓦维洛夫的见解对每个国家的植物育种计划都至关重要。1927 年，瓦维洛夫在罗马举行的第一届国际小麦大会和在柏林举行的第五届国际遗传学大会上展示了他的发现后，对全世界的育种工作者起到了激励作用。但让我们暂时抛开他的国际地位，关注他与苏联政权的关系。

瓦维洛夫表示，他的世界采集样本将成为苏联植物工业的发动机，为农民提供由 VIR 遗传学家生产的改良种子。1931 年，他敦促国家采取控制措施用新品种替代农场主的地方品种，而不是等待"过去一直依赖的自发进程"。同年，他夸耀说，一种新引进的玉米品种目前已经被在 150 万公顷的土地上种植，再过几年"苏联的所有种子都将实现标准化。"[23] 瓦维洛夫的承诺很明确：遗传变异是斯大林于 1928—1930 年实施的"大突破"政策的关键资源，它将农民集体化、快速工业化和计划经济结合起来。全苏植物产业研究所（其名称恰如其分地体现了这项事业的性质）的种子，将促进一种新型农业，按照斯大林的说法，在这种农业中，"规模小、落后和分散的小农农场（将被）统一的大型公共农场所取代，后者拥有机器和科学数据，能够使粮食产量达到最大限度。"

由于瓦维洛夫后来在政权中失宠以及李森科主义[❶]的胜利，他在 20 世纪 20 年代至 30 年代与苏联领导层的亲密关系一直被忽视。[24] 只有将瓦维洛夫置于斯大林大突破政策的背景下，我

---

❶ 李森科主义：苏联 20 世纪 30 年代到 60 年代的一种技术和理论研究体系。指的是在指导农业生产上不依靠严格的科学实验，而借助于浮夸言论和弄虚作假。——译者注

们才能理解描述他的科学事业的惊人数字。1929 年，他被任命为新成立的列宁农业科学院的院长，该学院是在“用科学为社会主义建设服务”的目标下创建的。1932—1933 年，由列宁农业科学院管理的研究系统包括不少于 1300 个机构，雇用了大约 26000 名专家，这在全世界都是独一无二的。[25] 在这些中心里，有 185 家负责植物育种工作。这些机构中规模最大和最重要的是位于列宁格勒的全苏植物产业研究所，当然，这个研究所是由瓦维洛夫本人领导的。将权力集中在一个独特人物身上是苏联科学组织的典型特征，少数被选中的科学家可以直接接触布尔什维克领导层，从而能够将资金从强大的国家机构输送到他们的研究帝国。就瓦维洛夫而言，这个机构就是农业人民委员会。

农业人民委员会资助了在列宁格勒安排的世界植物采集的大部分工作。为了建立第一个世界种子库，瓦维洛夫和他的助手在全球组织了不下 40 次探险活动。截至 20 世纪 30 年代末期，列宁格勒的金属箱中储存了 25 万份栽培植物及其野生近缘品种的样本，其中还包括从在苏联内部进行的 140 次探险中得到的材料。苏联政府的这种“资源”挪用（瓦维洛夫喜欢这样称呼它），不仅是为了提高苏联农业的产量，也是为了能够在新的土地上定居，这些土地以前被认为条件过于严酷，因而无法维持人类生存。全苏植物产业研究所种子库的目的是提供抗寒或高产的基因，从而实现苏联人定居于北极北部地区和西伯利亚广大地区的梦想[26]。

现在，瓦维洛夫的理论和机构为任何愿意争夺世界植物遗传资源的国家提供了清晰的路线图。世界主要大国派出探险队前往喜马拉雅山脉、埃塞俄比亚、土耳其和秘鲁，以获得新的保留遗传多样性的宝贵资源。20 世纪 20 年代至 20 世纪 30 年代的探险热潮立即让人们联想到 18 世纪启迪性的探险活动，这些探险活动通过将外来动物和植物置于自然历史博物馆和植物园中，来使其成为公共遗产。[27] 如果说在 18 世纪末，没有哪个欧洲强国可以不依靠植物园来维持自己的帝国雄心，那么，在第二次世界大战发生前的几年里，拥有一个资源丰富的种子库已经成为任何表露出大陆雄心的国家的重要特点。不仅苏联是这样，纳粹德国同样如此。

6.1.2 植物育种和纳粹帝国雄心

纳粹于 1934 年通过的《种子法》的目的是消除德国地方品种，强迫商品化育种者用产量更高、抗病虫害的品种取代价值较低的品种。[28] 以小麦为例，454 个小麦品种中有 438 个被淘汰。而至于马铃薯，20 世纪 10 年代德国农场主曾经种植的品种大约有 1500 个，而到了 1937 年，这一数量不超过 74 个。[29]

作为瓦维洛夫的忠实支持者，德国的植物育种者深知，现代品种想要的传统地方品种，需要世界农作物的多样性。因此，德国探险队被派往位于拉丁美洲、土耳其、西班牙和埃塞俄比亚的瓦维洛夫遗传多样性中心。虽然自 20 世纪 10 年代以来，德国植物育种者已经注意到培育欧洲以外的原始植物品种的重要性，但直到纳粹时期，国家政府才仿效苏联的做法，开展了举世闻名的探险活动。[30]1935 年，植物猎人被派往印度、阿富汗和伊朗，参与备受赞誉的德国兴都库什山探险。1938 年至 1939 年，由纳粹党卫军资助恩斯特·谢弗（Ernst Schäfer）的西藏探险队，收集了小麦、大麦以及考古材料和人类学数据，以寻找雅利安人的遗迹。[31] 在这些探险之后，党卫军和凯撒·威廉学会❶都成立了新的植物育种研究所，其首要任务是储存和管理种子采集样本并探

---

❶ 马克斯－普朗克学会前身，于 1911 年成立，1948 年改为现名。此协会有 64 个研究所，主要从事基础科学研究。——译者注

索其遗传多样性，从而为德意志帝国的扩张做贡献。举足轻重的纳粹德国农业部部长赫伯特·巴克（Herbert Backe）将帝国的扩张称为“营养自由”行动。

这些新研究所包括位于维也纳的凯撒·威廉栽培植物研究所和位于格拉茨附近的安纳内尔贝植物遗传学研究所。[32] 前者成立于 1943 年，被认为是“从极地海洋到地中海地区，从大西洋到极端大陆区，从海岸到阿尔卑斯山”的采集网络的中心。[33] 该网络将确保德国对整个欧洲大陆上植物遗传资源的控制。除了上述探险发现外，该研究所从纳粹对欧洲东南部的统治中获利，借此开发了巴尔干半岛（即希腊北部和阿尔巴尼亚）的遗传资源。[34]

然而讽刺的是，在纳粹侵占苏联期间，德国科学家以拯救濒临灭绝的农作物多样性资源为借口，掠夺了瓦维洛夫研究所。当时，为了补充凯撒·威廉植物育种研究所和栽培植物研究的采集样本，几火车的种子被运回德国和奥地利。此次接管清楚地表明，育种者的科学公共资源已经转变为国家资源。从苏联搜刮来的采集样本使德国育种者能够基于橡胶草的特性开展一项针对人造橡胶的调查。这种橡胶草是蒲公英的一种，最初是由瓦维洛夫赞助的天山探险队采集到的。由于德国无法进入世界橡胶生产中心，这种重要原材料的潜在短缺成为纳粹战争机器的主要担忧。1943 年，杰出的党卫军领导人海因里希·希姆莱（Heinrich Himmler）被任命为“负责与植物橡胶有关的一切问题的全权代表”。虽然从事大屠杀研究的历史学家确实没有忽略法本公司合成橡胶工厂对于奥斯维辛扩张的重要性，但人们对这个由党卫队管理，作为集中营综合体一部分的农业实验站肯定不太熟悉。它的主要研究任务是培育橡胶含量较高的橡胶草。

1943 年至 1944 年，党卫军管理的橡胶草种植园占据了东部（即波兰和乌克兰）的大片土地，那里的妇女和儿童被当作奴隶劳工。少数纳粹德国历史学家曾对此进行了研究，他们倾向于通过强调利用橡胶草生产的橡胶很少，来淡化这个故事的严重性。因此，他们错过了这种种植所揭示的纳粹帝国愿景在全球史中的地位：奥斯维辛集中营的种子，来源于苏联的机构，供应着东欧纳粹党卫队的橡胶奴隶种植园。换句话说，详尽地描述橡胶草的繁育历史需要和第三帝国的历史相联系，而正是这段历史导致了欧洲殖民扩张及全球掠夺以寻找橡胶的黑暗故事。[35]

大多数关于“绿色革命”影响的批判性文献都以现代北美农业模式的种子本质主义为焦点。在这个故事的简化版本中，洛克菲勒基金会在冷战期间资助的育种计划造成的种子全球化被认为是全球作物多样性丧失的主要原因，这种全球化的目的是充分利用化学肥料。[36] 因为美国科学家在建立全球技术基础设施来保护濒危物种方面也发挥了突出作用，所以理所当然地，这种叙述产生了一种全球化谱系也不足为奇，其起源可以追溯到美国的全球活动。[37] 通过呼吁人们关注植物育种者如何导致了至少可以追溯到 20 世纪初的早期版本绿色革命，本节将当前的全球治理形式归因于欧洲各国的民族和帝国野心，尤其是苏联和纳粹德国。不仅在全球范围内收集农作物多样性合理化了苏联和纳粹帝国的想象，而且把农作物多样性理解为一种全球现象也是随着暴力的帝国计划而产生的。与此同时，在第二次世界大战之后，东西方的欧洲育种者必须开发新的农作物多样性共享形式，并对采集的种子编目进行标准化，从而重建育种者的共享资源。[38]

6.2 混合

在“工人合作社”一节中，我们考虑了复杂耕种系统中的种子，包括混养、轮作、动植物集合体和使用化学投入的单一栽培系统，以探索种间联盟如何有效地扩大当地农作物景观的面积，延长其可耕种时间并提高其产量。这里，我们对农产品而不是田间作物采取了类似的方法。收获成为出发点而不是目的地。我们关注各种不同类型的混合过程，这些过程扩展了农作物景观中的产品在社会、时间或空间上的影响范围。我们从发酵开始说起，某些主要成分在与酵母混合之后，发生了化学改变；再到滴定，人们把不同品质或年份的加工食品混合在一起，以保证时间上的一致性。由于原材料在加工过程中发生了物理或化学变化，因此它获得了新的用途、规模、范围，以及意义和力量。因此，就像育种和排出废物一样，混合为跨越历史地反思农作物景观的动态和规模以及反思农作物产品的本体论提供了一个良机。

6.2.1　酱油之国

发酵转化，将乏味的大麦变成令人陶醉的麦芽啤酒简直就是奇迹。在酿造、腌制或面包制作过程中，酵母或细菌中的酶会分解谷物、乳制品或其他食物中的糖分子，将葡萄、粟、牛奶和卷心菜等乏味且易腐烂的基础食物转化为令人胃口大开的美味葡萄酒、啤酒、奶酪和泡菜。发酵科学在整个19世纪缓慢但始终稳定地发展着，但在此之前，发酵被广泛认为是一种神秘或神奇的过程，受到仪式和禁令的限制。以下是公元540年前后，中国的农业专著《齐民要术》中对于用不同的谷物制作一款发酵糕饼的方法的详细说明。这个过程涉及复杂的宗教仪式和严格的程序，以保证发酵物不被污染：

> 作三斛麦曲法[39]：蒸、炒、生，各一斛。生麦择治甚令精好种各别磨。磨讫，合和之。
>
> 七月取中寅日，使童子著青衣，日未出时，面向杀地

> 汲水二十斛。勿令人泼水，水长亦可写却，莫令人用。其和曲之时，面向杀地和之，令使绝强。团曲之人，皆是童子小儿，亦面向杀地，有污秽者不使。不得令人室近。[……]屋用草屋，勿使瓦屋。地须净扫，不得秽恶；勿令湿。画地为阡陌，周成四巷。作曲人各置巷中，假置曲王。王者五人，曲饼随阡陌比肩相布讫。与王酒脯之法：湿曲王手中为碗，碗中盛酒脯汤饼。主人三徧，读文，各再拜。其房欲得板户，密泥涂之，勿令风入。至七日开，当处翻之，还令泥户。[……]至四七日，穿孔绳贯日中曝，欲得使干，然后内之。[40]

在早期和中世纪的中国，发酵饼被用来制作啤酒、葡萄酒、醋、泡菜和酱油膏。随着时间推移，发酵豆制品的范围不断扩大；在盐价昂贵的社会里，它们因为能够增强咸味而备受赞赏。大豆也是优质的蛋白来源，尽管当时这一点显然还没有受到认可。到了1000年左右，酱油、豆腐和各种酱油膏已经成为中国人饮食中的常见食物。日本也以其种类繁多的味噌酱和日本酱油而闻名。这一节解释了酱油是如何滋养和定义现代日本民族的。

据说日式酱油是于13世纪首次在日本发现的，它是用来发酵味噌酱的锅底残留的一种深色、芳香的物质。到了江户时代（1603—1868），各种酱油都经过改良，有的颜色较浅、有的颜色较深，用大米、大麦或大豆的发酵物制成。[41]

江户时代，日本经济持续快速增长。得益于工程和水利技术的创新，以及水稻品种和耕作设备的改进，灌溉水稻产量稳步增长。这使得封建贵族大名阶层富裕起来，其收入来自作为租金的大米。它也支持了城市、制造业和商业的发展，促进了经济的全面繁荣。

早期，除富人之外，人们大多用单人锅烹制大麦或豆粥。然而，到了德川时代中期，由于大米廉价且供应充足，我们现在看到的典型日本料理和餐桌礼仪（如怀石料理）已成为城市家庭的日常习惯。主菜以蒸白米饭为主，辅以配菜、酱料、开胃小菜和绿茶。

随着白米成为城市的日常饮食，一种与大米有关的消费文化逐渐形成，并塑造了制造业的发展模式。不仅碾米厂和米店的数量激增，一系列相关产业也蓬勃发展，其中包括制作餐具和筷子的陶瓷业和漆器制造业以及酱油、清酒和泡菜行业。[42] 这些发酵产品的专业制造商扩大了他们的生产规模，并开始向德川统治下开发的运河和道路网络的沿线城市出口。其中一项重要技术创新是桶。16 世纪后期，日本从中国引进了长锯和更好的木工刨。这使得木匠能够制作盛放清酒和大豆的木桶，以取代更小、更重、更易碎的陶瓷罐。1724—1730 年，大阪与江户城之间的年均货物运输量中包括 980 万升酱油和 1500 万升清酒。[43] 到了江户时代末期，酿造业已经是日本最有价值的制造业，“轻松超越纺织和生丝生产等产业”。[44]

酱油是近代早期日本著名城市文化的关键组成部分：它不但激发了白米的活力，而且还出现在小酒馆、艺伎屋或酒会上，作为与清酒搭配的小吃。最初，女性按照母女相传的食谱，使用当地种植的大豆，在家里制作味噌和酱油，因此各地风味差异很大，地方偏好也很强烈——此时，酱油还没有走远。但不久之后，小规模的酱油作坊就成了江户乡村的典型特征。为了满足日益增长且利润丰厚的城市需求，不适宜种植稻米的地区的大名迫使其领地内的农场主种植商业大豆，这往往会造成环境后果，而且农民自身也得不到什么好处；生大豆被从内陆运出，大豆加工区在交通要道沿线或靠近大城市的地区发展起来。[45]

1868 年，明治政府（1868—1912）向世界开放日本，并开始了一项雄心勃勃的军事化、工业化和国家建设计划。偏远地区的农村人口被纳入国家项目。年轻女性在远离村庄的纺织厂打工，寄钱回家，几年后再回来结婚。年轻男性被征召进工厂或军队。食堂提供的食物包括白米饭，配上泡菜和酱油。由于肉鱼价格昂贵，所以廉价的工业化酱油是食堂饮食的重要组成部分。尽管看上去很寒酸，但对于那些从小就把白米视为奢侈品的年轻人来说，这些食物很美味，并且能够吃到米饭象征着他们被视为有价值的国民。返乡后，他们中有很多人拒绝了母亲制作的酱油，并坚持购买商业品牌的产品。[46]

与此同时，在日本明治时期的乡村，虽然杂粮粥仍然是常规主食，但随着国家对外贸易开放，对生丝等某些传统农村产品的需求急剧增加。女性花更多的时间在家里或附近的丝厂中养蚕或缫丝，以此大幅增加家庭收入。由于时间压力增加，许多农村妇女便不再费时费力地制作酱油，转而使用商业品牌的酱油。在日本现代化、工业化的城镇中，城市无产阶级的扩张为工业生产的酱油提供了更多客户，对于那些买不起用于搭配精细碾磨的大米的配菜的人来说，酱油是一种必要的补充品。

饮食的逐步同质化是现代日本民族形成的关键。政府先是在日本本土，然后又从 1895 年开始在日本的殖民地扩大水稻生产，重塑了日本的主食农作物景观，尽可能用稻米代替其他谷物。日本向满洲的扩张极大地扩大了大豆的种植面积，而大豆制品补充了贫乏但受社会认可的白米饮食习惯。消费者的口味、烹饪风格、公民习惯和对日本性的看法都围绕着这种大米与大豆的搭配形成，其被描述为“传统”日本饮食的新习惯。[47]

随着社会流动性增加和对现代生活的渴望，越来越多的日本人失去了对具有本地特色且村村不同但缺乏稳定供应的酱油的兴趣。他们开始偏爱龟甲万等大品牌的味道。1850—1900年，许多著名食品品牌出现了，比如，在19世纪50年代走向国际的凯勒牌邓迪橘子酱，于1876年首次进入市场的亨氏番茄酱。龟甲万公司成立于1917年，是由八个家族经营的酱油公司组成的协会，这些酱油公司的历史可以追溯到1603年。[48]与世界上许多现代食品公司一样，这种深厚的公司传统和对当地根源的强调是品牌形象的重要组成部分，这使产品能够远销海外。

让日本酿造业规模扩大和品牌化的一个关键因素是发酵与酿造的后期步骤的分离，这是一个有着深厚历史根源的专业分工领域。《齐民要术》中所记载的复杂步骤表明，发酵物极易受到污染，并且和谷物一样，很难年复一年地保持相同的品质。[49]在中世纪的日本，专门生产发酵饼（清酒曲）并将其出售给酱油和清酒酿造商的公司垄断了可观的利润。在德川时期，专门生产干燥孢子（*moyashi*，即酵母）的特许生产商实行"私人寡头垄断"制度，此外，政府频繁禁止未经许可的公司制作清酒曲，进一步加强了垄断。越来越多的酿酒商选择将难度大、成本高、风险大的优质干燥孢子和清酒曲的生产繁育工作交给专家。明治时期，干燥孢子被科学鉴定为微生物，这给专业分工带来了新的动力和威信。从19世纪90年代开始，政府实验站、技术学校实验室和大型酿酒公司都致力于将科学方法引入酿造行业。从1910年左右开始，用于识别、分离和繁殖优质微生物（比如大豆中的曲霉）的技术发展促成了一种新型专业公司的兴起，这些公司向酿酒商提供纯培养的微生物（*tanekōji*）。[50]

正如维多利亚·李（Victoria Lee）指出的，用科学术语对酿造剂和工艺进行再界定虽然并未改变行业内长期确立的趋势和劳动分工，但增加了其价值。纯培养酵母的稳定性意味着像龟甲万这样使用自己专有酒曲的公司的产品拥有均一质量，产品经过几个月的加工后可以直接装瓶。[51] 这就是用 IR8 奇迹稻制作清酒曲方法，当然也存在一群反主流文化的倡导者，他们主张保留古老的地方清酒曲。作为小豆岛上第五代酱油酿造商，山本保尾欣然接受寄居在他酿造棚的木梁上和木桶中的孢子与他自制的清酒曲相互作用；为了缩小但是不完全消除年度批次之间的差别，他将酱油混合使其进一步成熟（图 6.2）。[52] 过去，本地酱油味道难以预测，且很少走出村庄。山本的大师级酱汁带着本土风味像龟甲万一样遍布全球，只不过像陈年单一麦芽威士忌或稀有年份的波特酒一样产量很少。

图 6.2　日本大豆桶。两个巨大的旧雪松木桶被保存在日本小豆岛上的山六酱油公司入口处。图中酿造商正与一位来自中国的食品历史学家合影留念。山本保尾（右）和梁其姿。照片来源：中山和泉（Izumi Nakayama），已经获得许可

6.2.2　波特酒：混合和品牌化

波特酒的混合很好地展示了现代世界的加工食品如何实现稳定、同质化、标准化和市场化。对杜罗河谷地区的葡萄、烈酒，木桶和玻璃瓶，法规和消费市场进行的各种巧妙操作，生产出一系列经久不衰的美酒，这些葡萄酒可以被运送到全球而不会变质。对此，我们感兴趣的是波特酒农作物景观及其中的程序如何混合时间和地点，从而为消费者提供相同的品质。

食品加工一般会延长原材料的寿命和使用范围，但也会引起使用者对腐败、掺假或者造假问题的担忧。官方对成分和生产过程进行监管，目的是保护消费者免受无良生产者的侵害。它还可以通过保护某些生产者或生产地区来保证质量和特性，比如AOC 标签（受保护的原产地名称）。特定产地认证不能保证不同生产商的产品品质相同，甚至不能保证同一生产商每年的产品味道相同，但它为懂行（通常比较富裕）的消费者提供了鉴赏的乐趣。根据定义，特定产地的产量是有限的。我们在“金鸡纳：能动性与知识历史”一节了解到，洛哈的捍卫者围绕原产地展开了争论，他们主张这个小区域生长着最好的树，而西班牙帝国的其他代理人则认为，质量应该通过被运送到马德里的树皮的特征来判断。第二种方法基于成品的质量，引用了真实性原则，与混合种植法的原则类似。

生产多种不同类型和等级的波特酒涉及从特定产地到品牌的一系列不同组合。但是不管生产商如何吹嘘某种波特酒的品质或其他特性，所有定义波特酒的标准都与原材料有关：波特酒必须用种植在葡萄牙北部杜罗河谷的葡萄制成。杜罗河谷这个 AOC 名称可以追溯到 1756 年的王家宪章，该宪章确定了特定产地的边界，把它限制在横跨杜罗河大片河道的片岩斜坡上。[53] 对波特酒产区的限制是对生产过剩危机的直接解决方案，生产过剩威胁到原本可观的产业利润。地主贵族支持立法，以禁止来自国内其他地区的小种植户加入英格兰建立的商业版图，这也将他们的产品与肆无忌惮的外部竞争对手区分开来，这些竞争者并不避讳使用土耳其葡萄干生产波特酒。

尽管自此之后产地定义了波特酒，但这一定义却抹去了它在杜罗河谷的起源，而是以波尔图市（Porto）给它命名，也就是英国商人进口葡萄酒的地方。直到19世纪，占据市场主导地位的波特酒品牌都是英国品牌：科普克（1638）、华莱仕（1670）、珂珞芙（1678）、泰勒·弗拉德盖特·耶特曼泰勒（1692）、奥芬妮（1737）、山地文（1790）等。[54]强调商人的角色有助于解释《牛津英语词典》中“波特酒”一词的第一个词条，它指的不是来自杜罗地区的葡萄酒，而是1692年经由波尔图港口从波尔多运输到英国的葡萄酒，这么做是为了让法国酒得以进入轮船的载货清单，从而打破对法国产品的禁运。[55]这则故事基本上将波特酒解释为一项当代英国的发明：英国商人通过在波尔图和伦敦的仓库中进行的强化和调配，将当地的杜罗葡萄酒制成闻名全球的波特酒。尽管一开始在每桶葡萄酒中添加20升左右的白兰地是为了让杜罗葡萄酒在漂洋过海时不变质，但最终混合技术被用于针对不同的口味和消费水平生产出不同年份的葡萄酒，从而形成分级市场。

葡萄牙统治精英在描述1756年使波特酒扎根于杜罗河谷的特许状时，称赞它阻止了“贪婪的英国商人毁掉杜罗葡萄酒所有的本味和声誉，他们向杜罗葡萄酒中添加淡味的、无色的、劣质的葡萄酒或用未成熟的葡萄酿造的酒并试图通过添加接骨木果实、胡椒、糖和其他物质来遮盖品质低劣的缺点，这些做法非但没能提高葡萄酒的品质，反而让它们在到达北方时变成平淡、乏味、无色、低劣的葡萄酒”。[56] 波特酒的质量在这里由纯度来定义，通过控制葡萄酒的产地和防止勾兑来实现。在这个版本中，葡萄牙政府干预能力的增强是保证波特酒纯度的重要因素。波特酒能否维持高价取决于监管状态，监管可用防止划定区域外的农民向区域内走私葡萄，迫使违反规定者毁掉葡萄园并改造为玉米田。鉴于波特酒是 18 世纪和 19 世纪葡萄牙的主要出口产品，也是 20 世纪之前该国的主要收入来源，因此，更为极端的解释会声称波特酒实际上造就了近代葡萄牙。[57]

杜罗河地区的环境特点无疑对其葡萄酒在英国市场上的成功起到了决定性作用。杜罗河谷的形状造就了该地区的微气候是地中海式的，不然这个地区将主要受北大西洋和欧洲大陆气候的影响，微气候保证了夏季时在 40℃的温度下成熟的葡萄含有极高的糖分，葡萄藤深入片岩层下的土壤中以汲取水分。19 世纪最著名的英国波特酒商人詹姆斯 · 福雷斯特（James Forrester）通过援引 1820 年酿造的葡萄酒的卓越品质，来解释为何标准程序要求在发酵过程中而不是发酵后（像酿造雪利酒那样）向杜罗葡萄酒中添加白兰地，“这些葡萄酒天然就浓郁且甘甜可口”。[58] 福雷斯特可能夸大了一次成功的酿造对塑造英国人波特酒品味的影响，但他的观察结果与杜罗葡萄酒酿造业广泛流传的做法精准吻合，即加入酒精使葡萄酒在所有糖分被消耗完之前停止发酵，从而增加甜度。这种“新酿酒工艺”与“旧工艺”形成鲜明对比，旧工艺是先让葡萄汁在酿酒厂中发酵 3 天左右，然后再添加酒精，从而制成“干葡萄酒”。虽然多娜 · 安东尼娅 · 阿德莱德 · 费雷拉（Dona Antónia Adelaide Ferreira）等大地主拒绝采用新方法并坚持酿造干葡萄酒，但新型甜葡萄酒将成为 19 世纪下半叶的主导趋势。“新工艺”及其强制结束发酵的做法把时间冻结在 1820 年。

弗雷斯特在 1862 年的一次海难中不幸身亡，溺死在杜罗河的漩涡中，而费雷拉的裙子使她可以漂浮在水面上，从而获救。这戏剧性的一幕并没有缓和卡米洛·卡斯特罗·布兰科（Camillo Castello Branco）的态度，他是最著名、最具争议的葡萄牙浪漫主义小说家之一，他欣喜若狂地将这“可怕的死亡”称作“杜罗河对其葡萄酒贬低者实施的最引人注目的报复之一”。[59] 对这位浪漫主义作家来说，弗雷斯特拥有“英国人的野蛮无礼”，因为他屡次谴责把低劣的葡萄酒卖给英国商人的杜罗农场主。他认为弗雷斯特的批评只是英国对葡萄牙国民生活所具有的霸权的另外一种表现形式，甚至他的死也不值得同情。事实上，很多人指责保证波特酒在进入英国港口时支付的关税低于其欧洲竞争对手的商业条约，导致了葡萄牙的去工业化，因为该政策使葡萄牙的制造业面临与英国工业的竞争。[60] 换句话说，波特酒把葡萄牙变成了另一个英国控制的种植园。

至于费雷拉，她代表了以葡萄酒为核心的替代国家发展项目。她既是商人又是地主，她于 1887 年建造了一座示范农场（种植园），把葡萄酒生产向杜罗河上游的葡萄牙东部扩展。杜罗河上游传统上被认为是一个交通不便的地区，居住着野蛮人，直到铁路带来了文明，这些人才有资格成为葡萄牙人。费雷拉精心规划了她购置的新地产经过精心规划，“种植了嫁接的葡萄藤、橄榄树和杏树。”[61] 火车不仅为现代事业的劳动者从波尔图带来了大米、咸鳕鱼、面粉等食品，还带来了由距离波尔图仓库不远的一家波尔图化工厂生产的农药和化肥。弗雷斯特的溺水和费雷拉的幸存意味着，在波特酒被指责导致葡萄牙对英国的依赖之后，它现在可以通过火车和化工厂来实现现代化梦想，使葡萄牙的工业化扎根在该国的土壤中。

无论是弗雷斯特还是费雷拉都不愿意让波特葡萄酒的口味在

1820 年定格：他们都是甜波特酒的激烈批评者，且都青睐干型优质葡萄酒。这就是说，他们作为波特酒商人赚取的财富量还取决于通过复杂的混合技术实现的其他时间控制方式。他们的生意成功与否可以通过他们无视好年份和坏年份的能力来衡量，即不管某一年的收成状况如何，他们都能赚取利润的能力。事实上，波特酒商人的仓库里储存着来自各种不同收年份和不同产地的木桶，里面装有不同风格的加强型葡萄酒。这样做的目的是生产出均衡的混合物，而不会让酒因瓶而异或因年份而异。红宝石波特酒是最便宜的波特酒，是用来自不同地域、不同年份（年份都很短）的红宝石风格的葡萄酒混合而成的。混合液被重新装入大桶中，以尽量降低氧化速度，并被静置两年，然后被装瓶销售。酒瓶的标签上有发货人（品牌）的名称和“红宝石波特酒”字样，但没有年份和产地。该款酒的市场形象是年轻、活泼、清新。

茶色波特酒同样是来自不同年份和产地的葡萄酒的混合物，经过精心挑选和陈酿，形成坚果和橡木的风味。混合液被重新装桶，通常每桶装 100 加仑。在整个成熟阶段，茶色波特酒都在分馏混合系统（和雪利酒的熟化系统相同）中被进一步混合以确保液体浓度。[62] 木桶按行排列，年份最新的酒放在顶部，最老的放在底部。瓶子是用最下面一排酒桶里的酒装满的；在这些酒桶里的酒被倒出后，就用上面一排的酒来补充，依此类推。这种费力的程序每年可能要进行 2~4 次。因为这个过程是分阶段的，所以一个五架的索莱拉[1]桶里的波特酒不会含有五年以下的葡萄酒；混合酒液中的一些年份较老的葡萄酒可能会与索莱拉系统本身一

[1] 索莱拉是西班牙语 solera 的音译，其愿意为“在地上”，在配制葡萄酒时，葡萄酒的橡木桶会按照年份排列于架上，最底层的那一排就被称为索莱拉。——编者注

样古老。在索莱拉架上存放多年以后，有些波特酒会被立刻装瓶并作为茶色波特酒出售，有些则会被再次装入小桶中继续熟化，然后才装瓶并作为珍藏波特酒出售，即所谓的 10 年、20 年或 40 年的茶色波特酒。如果是陈酿，标签上也会标出品牌和年份。

换句话说，波特酒混合了时间，将不同年份的葡萄酒混合在一起。[63] 就算是那些被标注为 10 年或者 20 年的波特酒也是混合酒，尽管它们的平均年份与瓶子上标注的年份相近。对于市场上的大部分波特酒来说，从优质波特酒到廉价混合波特酒，瓶子上的年份表示的都是平均值，是对特定品质的主观判断，而不是精确的时间衡量。对陈年茶色波特酒的描述细致而感性：黄玉色、金色或绿色的酒液是视觉盛宴；散发着蔷薇、烟草、杏子或茴香的诱人香气；雪松、焦糖或橘子果酱的天鹅绒般的味道；优雅的平衡，复杂的余味——无数难以捉摸的细节让鉴赏家的味蕾流连忘返。但并非所有的波特酒都被英国的俱乐部和大学、吕贝克[1]的商人家庭以及葡萄牙精英阶层用于按照古老的男性礼仪绕着桌子顺时针传递。几个世纪以来，甜蜜而轻松的红宝石波特酒先在巴西找到了大市场，后来又在法国作为开胃酒，并在第一次世界大战后的英国酒吧中成为廉价的女士休闲饮品（波特酒配柠檬）。

波特酒混酿法的一个令人着迷的特征是它与时间的相互作用过程。另一个特征是它的节俭特性：混合可以丰富和改善坏年份的葡萄酒，而为了强化葡萄酒而添加的烈酒是用被压坏的葡萄制成的，这些葡萄在其他情况下可能会被视为废料。

---

[1] 汉萨同盟的核心城市。——编者注

6.3　回收废物

就在安东尼娅·费雷拉承诺通过向河流上游扩张葡萄园以给葡萄牙东北部的“野蛮”人带去文明的同一年，葡萄牙殖民统治下的非洲人也将通过扩大葡萄酒消费而受到教化。要想保持波特葡萄酒的利润，就必须把大量葡萄酒当作废物来看待。在世纪之交，杜罗河地区的农场主要求完全自由化与葡萄牙属非洲之间的葡萄酒贸易，为无法在“旧（欧洲）市场”占有一席之地的产品“开辟新市场”。[64] 用于滴定低劣葡萄酒的葡萄烈酒也在全国范围内大量生产。非洲殖民地有望将欧洲的废物转化为利润。但是向非洲人出售葡萄牙产的葡萄酒需要压制与之竞争的当地酒精来源，例如被莫桑比克总督称为“罪恶和毁灭之树”的腰果树。[65]

葡萄酒与腰果酒地位对抗的流动性表明了一个超出人们共识的历史编纂学观点，即“废物只存在于旁观者眼中”。兹苏萨·吉列将废物定义为“我们未能成功使用的任何物质”，他认为，分析一个社会在某一特定时刻如何解释、制造和管理废物（其“废物制度”）以及这种废物制度随着时间推移而发生的演变，需要一种将宏观与微观、物质性、专业知识和意识形态联系起来的强大方法。在对社会主义和后社会主义匈牙利的废物历史的研究中，吉列展示了围绕钢铁生产的物质现实和专业知识制定的战后工业政策如何支持和重视再利用和回收的废物文化。当化学工业取代钢铁生产成为国家的支柱产业时，关于废物的性质、潜力和暂时性的观念发生了根本性变化，专业知识的阶级定位也是如此。[66] 我们在这里讨论的三个案例同样涉及废物制度的演变以及促进这些变化的技术专长或政治愿景的转变。讲述腰果的小节展示了跨农作物景观的运动如何重新定义了植物的哪些部分是废物、哪些部分有价值，从而推动了技术创新。有关华盛顿·卡弗的小节着重阐述了废物的种族政治，重点关注未被充分重视的农作物景观的重建过程。全球重要农业文化遗产一节展示了曾经被忽视或贬低的农作物景观现在如何被当作保护或挑战政治秩序的潜在幼苗。

6.3.1 腰果苹果和坚果：腰果的（再）生产

1893年，莫桑比克总督怒斥“腰果树是一种罪恶和毁灭的树”，并补充说，这些树都应该被连根拔起。1910年，另一位总督宣称：“在为期三个月的腰果季节里，任何人类已知的力量都无法让本地人工作。”在葡萄牙的殖民地国家眼中，腰果是一种强有力的反商品，其滋养了底层民众对经济进步的抵制，浪费了国家资源。然而，到了1952年，腰果已被重新塑造为一种有价值的商品，经济学家预测它甚至可能会超越棉花和糖，成为莫桑比克最重要的产品。1974年，这一预测成真，腰果占该国出口总额的21.3%。[67] 莫桑比克腰果是如何从有毒废物转变为良好投资品的呢？

答案之一就是腰果部位的不同。用于酿酒的腰果苹果激起了莫桑比克殖民者的愤怒和厌恶。而腰果的果仁则激发了他们的野心。然而，为了使腰果的前景更加明朗，必须首先打开出口市场。这个市场是由印度的技术革新创造的，新技术将腰果仁和腰果壳油转化为高价值的出口商品。随着第二次世界大战后需求增加，印度的腰果产业开始从东非进口生坚果进行加工；而随着腰果壳和腰果仁价值增加，之前被认为是腰果果实中最有价值的腰果苹果沦为废物，因为尚未发现它有任何工业用途。

人类已经发现腰果树每一部分的用途，包括它的树皮、叶子和木材。腰果树原产于巴西及其大西洋邻国，生长在沿海的轻质沙壤地区。它令人惊叹的外形实际上主要是它气味香甜、味涩、鲜红色或黄色的可食用“苹果”（花梗）部分，其上悬挂着的才是真正的果实，一种肾形的核果，其坚硬、辛辣的外壳包裹着种仁（也就是现在通常被称为“腰果”的部分）。1577 年，方济会修士安德烈·特维特（André Thevet）发表了一篇关于“食人者之地”（巴西海岸沿线的图皮人领地）的记述文章，其中指出腰果对当地美洲印第安人的重要性：“这片土地……长着丰富的果子、药草和饱满的块茎，还有大量被称为腰果（Acajou）的树木，其果实大如拳头，状如鹅卵。有人用它酿酒，因为果实本身并不好吃，味道类似半熟的海棠果。果实的末端有一种坚果，大如栗子，形似兔肾。里面的果仁在火上稍微烤一下就很好吃。果壳里油脂丰富，味道很苦，野蛮人从中提取的油比我们从核桃中提取的油还多。”[68]

神父维森特·萨尔瓦多（Vicente Salvador）于 1672 年写道，12 月，巴西巴伊亚州的腰果大量成熟，足以为当地的图皮印第安人提供所需的食物，腰果苹果、果汁和坚果相当于葡萄牙人的主要水果、酒和面包。其他作家则认为美洲印第安人群体会为了争夺腰果的种植地而发动战争，获胜者留在原地，直至所有的果实都被吃光。[69] 腰果确实是游牧群体的理想食物，因为小规模加工腰果的不同部分只需要很少的时间和设备。腰果苹果很容易被碰伤，而且很快就会变质，但把它们变成啤酒又快又简单。特维特的记叙文章中有一幅插图，其中一名男子正从树上扔下腰果果实，而其他人则将核果摘下（放在地上）并用双手压碎腰果苹果，让大量的汁液流入一个大锅里（图 6.3），然后将其发酵，几个小时或几天之后就可以饮用了。因此，将腰果苹果变成“酒”只需要一双手，一个锅和一点耐心，而烹饪用火就足以烘烤核果，得到美味的坚果。

似乎葡萄牙人刚在巴西站稳脚跟，就将腰果树带到了他们在

图 6.3　将腰果苹果榨汁。这幅插图来自安德烈·特维特对其美洲之旅的记叙，展示了巴西的图皮印第安人收割腰果果实并将腰果苹果榨汁的画面。被收获的坚果散落在地上。安德烈·特维特,《法国南极的奇点》(*Les singularity aritez de la France antarctic*，1557)，第 319 页

果阿和莫桑比克的印度洋据点。[70] 但这是为什么呢？20 世纪 50 年代以来发表的大多数论文给出的理由是这些树木可被用来防止水土流失，但文中没有支持性证据。这一假设的批评者指出，这有“将 20 世纪的概念应用于 15 世纪事件的嫌疑”。腰果迁徙的一个更加合理的原因是巴西的葡萄牙人很快从美洲印第安人那里学会了重视腰果树皮、果实和叶子的各种药用功效和美容特性，

这是有据可查的事实。欧洲殖民者欣赏带有涩味的腰果苹果（特维特认为它令人不快），认为它解渴、气味清甜、有益于消化并可以治疗各种常见疾病。[71] 最重要的是，它们是一种快速简便的绝佳酒精来源。大量证据证实，在印度、非洲和南美洲，人们喜欢把腰果苹果当作水果或制成果汁和酒精。

在长达几个世纪的时间里，腰果苹果这种简单的美味使腰果树得以在殖民世界的热带地区稳步传播。[72] 植物学家认为蝙蝠、猴子、大象以及人类都在新树的播种中发挥了作用，它们沿途咀嚼美味的腰果苹果并丢弃坚硬辛辣的核果。果仁被紧紧地包裹在令人不快的外壳中，至多只是一种副产品：例如，一位观察家在20世纪60年代注意到，在地中海地区，“抢夺‘腰果苹果’而抛弃坚果的情况相当普遍”。[73] 但是腰果苹果的果肉极易腐烂，而且除非经过强化或蒸馏，否则腰果酒无法保存。腰果苹果不容易被商业化，这种树一般都是小规模种植，甚至在野外种植。另外，腰果仁很难提取，并且像所有坚果一样，它们在运输过程中容易变质，这些都限制了它们的旅行。技术上的创新使腰果仁成为北方消费者可以享用的美食，这创造了两个新的贸易和竞争的商业循环。其中一个是在热带国家之间，特别是印度、莫桑比克和巴西，这些国家对腰果种植和加工进行投资；另一个是在全球南方的腰果生产国（因为仿效了印度的加工和种植模式，所以其数量不断增加）和全球北方的消费市场之间。直到现在，随着腰果消费文化的国际化，果仁才取代了腰果苹果成为腰果及其产品的代名词。

果仁作为出口商品的历史始于20世纪20年代。印度是当时带壳腰果的唯一出口国，很久以后巴西和莫桑比克才崭露头角[74]。腰果的主要市场在欧洲和美国，在那里，需求的出现与具有类似用途的流行商品（如榛子）的命运有关。[75] 当榛子的供应下降时，腰果就填补了缺口。但进口腰果引发了人们对质量和虫害的担忧，尤其是在美国。有时，经过美国食品药品监督管理局严格检查的货物中有一半会被认为不适合人类食用。出口美国的规格要求果仁“发育完全，颜色为象牙白色，无虫害，无黑褐色斑点”；根据《美国联邦食品、药品和化妆品法案》（United States Federal Food, Drug, and Cosmetic Act）的规定，“变质或不健康的果仁”的百分比应不超过5%。此外，“该法案中有关卫生条件和人类食品适宜性的所有其他一般条款”均得到了严格执行。[76]

美国食品药品监督管理局的严格标准使印度出口的腰果核中很大一部分成为“废物”。印度腰果仁从废物转变为可被接受的商品是通过“维他包装”这种新技术实现的，这种技术由美国大型联合企业通用食品公司开发，可以将食物封装在惰性气体中。通用食品公司于20世纪20年代末在奎隆（位于现在印度南部的喀拉拉邦）成立了一家“印度坚果公司”，将“维他包装”技术引入印度，并与美国技术人员一起检查和批准使用新包装的腰果。[77]进一步的创新巩固了奎隆作为印度腰果加工中心的地位（目前仍然如此）。比卫生包装更大的技术挑战是从带壳坚果中提取果仁。19世纪20年代初期，一位定居在奎隆的锡兰人罗氏·维多利亚（Roche Victoria）发明了先进且便捷的方法来去除腐蚀性、有毒的腰果壳油。与此同时，在英国皮尔斯·莱斯利公司（一家在印度拥有多种商业利益的英国公司）的腰果分公司工作的威廉·杰弗里斯（William Jefferies）不仅发明了一种滚转炉，取代了更原始的平底锅烘烤方法，彻底改变了腰果加工流程，而且首创了“热油厂”，用于分解腰果壳油并提取其中的苯酚，“从而将这种液体从不受欢迎的角色转变为世界油漆、清漆和树脂行业的基石”。[78]腰果壳从有毒废物转化为宝物。

以奎隆为中心的印度腰果产业取得了惊人的增长，这部分得益于皮尔斯·莱斯利等外资公司的资金和技术投入，部分得益于当地腰果企业家阶层的出现和日益壮大，这些被称为“腰果国王”的企业家的家族至今仍然统治着印度大部分腰果产业。[79] 奎隆新兴的腰果产业对企业家和发明家的吸引并非巧合。这座城市属于特拉凡科（Travancore）诸侯国❶，并未建立英属印度某些地区已经引入的劳动法规和保护（包括生育福利）制度。腰果加工是极度劳动密集型的产业，每单位资本所需工人数量大约是棉花或椰壳纤维纺织的 10 倍。[80] 但特拉凡科拥有大量的廉价劳动力。正如皮尔斯·莱斯利公司的历史专家所说，“马拉巴尔（特拉凡科，现喀拉拉邦）没有垄断（腰果），腰果原产于巴西，在东非分布更加广泛；但马拉巴尔拥有美丽女性的灵活手指和无与伦比的处理技巧，只靠她们就能将马拉巴尔的优点推向世界市场。”[81] 当时和现在一样，在奎隆或洛伦索马克斯（今天的马普托），国家出口经济的增长引擎是收入微薄的妇女，这些妇女被划分为不需要“养家糊口”的无技能附属者，尽管女性充分意识到被剥削的地位，但是她们迫于养幼扶亲的压倒性需求而不得不顺从。在印度和莫桑比克，许多腰果女工都在工会成立后成为激进的工会成员；在令人绝望的环境中，她们用耳语或歌唱表达愤怒或痛苦。[82]

印度已经成功把生腰果的废料变成能够带来出口收入和公司财富的黄金，这引发了全球对腰果生产的兴趣热潮，把腰果视为可以促进国家经济增长和地区减贫的催化剂。一如既往地沉迷于种植园模式的莫桑比克殖民政府也鼓励欧洲人建立腰果种植园，先是从 1945 开始向印度出口生坚果，后来从 20 世纪 60 年

---

❶ 当时由英国控制的君主国之一。——编者注

代开始为马普托激增的加工厂供货。这些大型种植园产生了大量的统计数据和科学研究成果，然而，正如珍妮·玛丽·潘维娜（Jeanne Marie Penvenne）粗略地指出的，它们只占总数的3%：莫桑比克97%的腰果都是由小农户种植或采摘的，而其中大多数是妇女，她们不得不承担所有农活儿，她们的丈夫则在南非的矿井或田地里做雇佣工。[83] 在农场的田地里，腰果树为附近的主要谷物、块茎、蔬菜和其他农作物提供了阴凉。腰果在贫瘠、半干旱的土地上快乐地成长，那里的人们很难维持生计。腰果树不需要要太多照顾，而且与种植园相比，它们点缀在其他植物中能够保持更加健康的状态。事实上，这在过去是，现在仍然是世界各地（包括印度）大部分腰果的种植方式。虽然在20世纪60年代和20世纪70年代，各种国家项目在贫穷的乡村地区（比如巴西东北部）建立种植园并设立自己的加工厂，但是小农模式在全世界范围内仍然保有一席之地。[84]

在印度，几乎所有的腰果加工工作都是由女工负责的；在莫桑比克，照顾腰果树也是妇女的责任。在另一个变废为宝的例子中，女性学者做了细致的研究，她们走访家庭、农场和档案室，收集口述历史、歌曲和统计数据，拯救了这些被忽视但又必不可少的基层现代化和全球化故事。多亏了她们，我们才能对腰果在这些社会中的再生产作用有所了解。[85] 销售腰果坚果所得的现金和从事腰果加工得到的工资对于支付儿童的衣食和教育、医药费或者帮扶亲属来说不可或缺。我们还从这些研究中发现，腰果行业的工作如何再现和重新配置当地的阶级和种姓关系、有关性别的意识形态和话语、能动性和公民身份，以及加强全球价值链中的权力关系和压榨制度。对有偿工作场所的关注肯定了腰果仁生产是体现资本主义榨取和竞争模式中的再生产矛盾和不平等的教科书案例。将注意力转回到村庄里的腰果树上，我们看到不同的再生产特征在发挥作用。这里，腰果苹果不是作为废物，而是作为一种珍贵的资源重新出现：果实或酿成的酒可以用于换取田间的帮助，酒既可以与亲友分享，也可以进行物物交换或者出售以换取必需品或者额外的东西——虽然腰果的官方形象不佳，但它是维持乡村生活和城市生产的重要润滑剂。

正如我们所见，20 世纪前后，当葡萄牙启动其非洲殖民地开发计划的时候，积极热心的殖民当局试图说服人们选择用葡萄牙本土葡萄酿造的酒，而不是用当地腰果果实酿造的酒，从而教化人民并将他们整合为经济现代化的有效贡献者。殖民官员描绘了一幅鲜明的农作物景观对比图，一边是人们感知的当下：一片混乱无序的小农场（*machamba* 或 *shamba*），一位在农场工作的非洲农民正在饮用用自己后院种植的腰果苹果酿成的酒，并且抵制在殖民农场的工作；另一边是他们所期望的未来：一片受管制的（有组织的）多产的商业种植园，在种植园中工作的非洲劳工用工资购买大都市的葡萄酒。后来象征着通过纪律严明的本土劳动力获取经济进步的腰果仁，此时还不是腰果果实的重要组成部分。然而，野生的或者生长在小农场中的腰果苹果象征着非洲人内心的野人，醉酒的当地人恢复了野蛮和不服从的本性。早在技术创新和新的贸易循环确立腰果的霸权地位以前，腰果苹果就已经在殖民话语中与废物而非价值联系在一起了。

6.3.2　乔治·华盛顿·卡弗与废物回收

1896 年，当乔治·华盛顿·卡弗抵达美国亚拉巴马州的塔斯基吉研究所开启其农业实验站时，他的前景一片黯淡（图 6.4）。[86] 这所历史悠久的黑人学院所矗立的土地曾经是一片棉花种植园；它的贫困状况集中体现了维持西部工业化的集约单一作物种植造成的环境退化。卡弗的首要任务是恢复被侵蚀的

图 6.4 乔治·华盛顿·卡弗手捧泥土。弗朗西斯·本杰明·约翰斯顿（Frances Benjamin Johnston），“乔治·华盛顿·卡弗的肖像”，美国国会图书馆印刷和照片部，LC-USZ62-114302［P&P］LOT 13164-C，编号 104

沙质土壤，侵蚀的严重性已经到了“人们把一头牛扔进沟里……必须低头才能看到它”的程度。[87] 卡弗面临的土壤贫瘠的挑战在美国南部的黑人佃农农场中普遍存在。他们通常租用白人不太肥沃的土地。南北战争废除了奴隶制度，但尽管在重建时期[1]（1863—1877）初期各界提出要建立一个支持黑人雄心的公平社会，新型种族隔离还是出现了，再现了美国民主特有的种族断

[1] 重建时期，指的是美国历史上，在南方邦联与奴隶制度一并被摧毁后，努力解决南北战争遗留问题的时期。——译者注

层线。黑人没有成为自由人，也没有因获得“四十亩地和一头骡”❶而重新开始生活的独立黑人农民，他们成了对白人土地所有者不断欠债的佃农。卡弗对土地重建的关注有望使田地变得更加肥沃，其产量足以使黑人家庭摆脱对前奴隶主的依赖。

卡弗正在将塔斯基吉研究所所长布克·T. 华盛顿（Booker T. Washington）的愿景转化为农业实践，即黑人的自力更生应该建立在颂扬“共同劳动”的基础上。正如华盛顿在1895年发表的著名演讲《亚特兰大种族和解声明》中所说的那样，“我们必须从生活的底层开始，而不是从顶层开始”。[88] 华盛顿作为黑人领袖享有的国家声誉大部分归功于他向焦虑的白人听众所作的保证，他认为如果黑人有机会走上独立的社会进步之路，那么保持种族等级制度和隔离在道义上是正确的。正如他的许多批评者指出的那样，华盛顿实际上是在用黑人的公民权和政治权利换取白人对塔斯基吉研究所的慈善支持。W.E.B. 杜波依斯总是比他的对手华盛顿更激进，他用一种更加直白的表述指责华盛顿“让南方和北方的白人将黑人问题的负担转移到黑人的肩上。”[89] 杜波依斯还谈到了南方的土地，解释了白人精英如何错误地将世纪之交南方农业毁灭性的状况归咎于黑人佃农：他（前种植园主）向北方的访客展示了他伤痕累累的土地；被毁坏的宅邸，贫瘠的土壤和被抵押的土地，并说，“这就是黑人自由！”[90] 在吉姆·克劳法的种族主义解释中，黑人的自由是南方的土壤变成荒地的原因。

卡弗的工作通过重建贫瘠的土地和保留南方不平等的财产制度来配合华盛顿的种族计划。黑人不会对迫使他们在该地区贫瘠

---

❶ “四十亩地和一头骡”出自1865年美国林肯政府的《战区特别训令》，承诺给解放了的黑奴每人40英亩地和一头骡子，同年该政令被约翰逊政府否决。——译者注

的土地上耕种的结构性种族主义提出质疑；相反，他们必须自己找到改善土壤的方法。利用"松树冠、干草、树皮、旧棉秆、树叶等，实际上是任何最终会变成土壤的废弃物，"卡弗填满了他在塔斯基吉实验站的十英亩土地上的沟壑和沟渠，几年后他自豪地公布，"有害的水土流失几乎已经完全被克服了。"[91] 卡弗使底层追求有了尊严，把废物处理成表层土壤，让华盛顿确信："我们民族中最有智慧的人知道，煽动社会公平问题是非常愚蠢的行为。"[92]

卡弗将农作物景观的残存物转化为一种资源，展示了如何以低成本改善黑人佃农耕作的被侵蚀的土壤，从而保证产量和经济安全。虽然全国大多数的实验站都建议增加化肥的使用量以提高农民的生产力，但卡弗认为黑人佃农缺乏资金，因此向塔斯基吉所在的选区提出了可行的替代方案。[93] 卡弗的工作可以被理解为不断恳求黑人农场主学习如何富有想象力地解读他们所生活的农作物景观，从通常被视为荒地的土地中找到有价值的元素。棉田之外的沼泽和森林应该被理解为农作物景观的一部分，因为沼泽淤泥、树叶和松针都可以被当作肥料，以逐渐增加佃农田地中缺少的腐殖质。根据卡弗的说法，树林不亚于一个"天然肥料工厂"，其中腐烂的"树叶、草和各种残骸"产生了"无数吨最好的肥料，富含钾、氮和腐殖质"。种植园影响范围之外的树林和沼泽地区在奴隶制时期曾经承载着逃离和自由的梦想，现在它们被卡弗用土壤科学转变为维护黑人尊严愿景的空间。

当然，提高经济作物——棉花——的生产力不是卡弗唯一关心的问题。虽然他在实验站重建的土壤中用棉花做了实验，但他也将注意力转移到了其他被忽略的作物上，证明对棉花的痴迷是想象力和知识的双重失败，妨碍了黑人的进步。这毫不奇怪，他可以算作棉铃象鼻虫的众多狂热研究者之一，这种棉花害虫曾经迫使许多农场主关注替代作物（参见“行动者”）。卡弗坚定不移的推广豇豆、甘薯和花生，因为这些被忽视的南方作物不仅可以固定土壤中的氮，有助于土壤重建，而且还可以食用，提高贫穷佃农的粮食安全。通过开发农作物新的用途和新食谱，他希望让“体贴的家庭主妇”能参与到他不懈的反浪费运动中。他对人为地将许多可食用植物的地位贬低为杂草的行为提出批评，同时对“一盘上好的蒲公英绿叶……或者……经过调味和油炸的野洋葱”大为赞赏。

卡弗对农作物景观的独到见解，在第一次世界大战之后吸引了新的受众。战争年代对农产品的高需求及其造成的高价格导致了此后多年的产量过剩，这导致美国各地农场主的收入下降。突然之间，主要经济作物似乎与卡弗过去种植的被忽略的农作物没有太大区别。棉花、玉米和小麦的低价造成了这些经济作物的大量浪费。认识到卡弗为探索被忽视为废物的植物的新用途所付出的努力的价值后，一场自我吹捧的“农业化学运动”（原名源于希腊语）承诺“让化学在农场发挥作用”，从而通过化学为美国农作物找到新的工业价值，从而解决生产过剩问题。[94] 卡弗的身份也因此从一名为亚拉巴马州贫穷的黑人农民服务的农业科学家转变为一名为美国工业寻找新原材料的实验室化学家。

亨利・福特始终致力于让他庞大的胭脂河工厂与美国小镇的神话愿景相匹配，他因此成为最臭名昭著的农业化学运动的支持者，于 1935 年成立了全国农业化工委员会。基于美国的立国文件，尤其是其中激进的民族主义观点，大约三百名实业家、科学家和农业领袖发表了一项《依赖土地和自我维护权利的宣言》，承诺充分就业、国民经济独立和“维护美国的命运”。[95] 如果考虑到我们在“育种”一节中提到的纳粹德国为实现自给自足所做的努力，那么人们会毫不奇怪地发现农业化工运动的许多领袖赞扬欧洲的法西斯政权。两年后，福特邀请卡弗参加化学会议，两人显然成了亲密的朋友。当时，福特公司每生产 1 辆汽车就需要 1 蒲式耳❶大豆。1941 年，福特展示了他的大豆汽车原型，《纽约时报》（*New York Times*）也向其读者保证，该原型车使用“一种由 50% 的南方湿地松纤维、30% 的稻草纤维、10% 的大麻纤维和 10% 的苎麻纤维组成的纤维素纤维”。[96] 这种新材料是由 29 名福特化学家组成的团队开发的，他们受到委托用“来自农场种植的材料”制成的塑料代替金属部件。具有讽刺意味的是，在寻找利用农作物废物的新方法的过程中，人类将它们纳入典型的无用物品——汽车中。

尽管卡弗被公开称赞为“第一位也是最伟大的化学家”，但他在塔斯基吉的化学实验室的研究与福特工厂进行的工业研究规模完全不同。与美国的主要科学中心相比，他的实验室具有典型的资金不足的特点，但他现在享誉全国，成为黑人进步的象征。他是黑人科学家的形象典范，展示了黑人只要遵守塔斯基吉倡导的道德行为并克制“煽动社会平等问题”，就可以得到机会。如果说美国大学中黑人科学家和工程师的数量过少，那么白人，比如农业化工运动领导层的白人，总是可以显示卡弗成功地转移了指责，并把黑人缺乏成就的责任归咎于黑人自己。卡弗懂得怎样把荒地改造成丰饶的农作物景观，但他的典范故事和工作都是为白人至上主义者服务的，这些人希望永远把黑人视为废物。

20 世纪 30 年代，美国参议院中最支持美国南方种族隔离制度的议员莫过于密西西比州的西奥多·比尔博（Theodore Bilbo）。他在反对 1938 年的一项反私刑立法中，毫不迟疑地引用了希特

---

❶ 在美国，1 蒲式耳相当于 35.238 升。

勒的《我的奋斗》（*Mein Kampf*），声称“将一滴黑人血液注入最纯洁的高加索白人的血管中，就会摧毁他头脑中的创造天赋，麻痹他创造的能力”。[97] 比尔博是贫困农村白人的捍卫者，把他的政治生涯建立在密西西比州，作为南方民粹主义者，他不仅攻击北方资本家，而且还攻击传统种植园主。1935 年，他提议在密西西比州建立一个耗资 25 万美元的农业化工实验室，研究棉花和棉籽的工业应用，以增加其选民主要作物的价值。比尔博希望通过农业化工把他的选民从“白色垃圾”的境地中拯救出来。他显然对于他所热心支持的农业化工运动把卡弗视为鼓舞人心的“发明天才”这一事实没有任何疑问。正如杜波依斯在同年激动地写道，他认为黑人的同化和“成就（可以）打破偏见……是无稽之谈”。[98]

比尔博是富兰克林·罗斯福总统的重要政治盟友。他确保了南方政客阵营对罗斯福的支持，使罗斯福旨在让美国摆脱大萧条的新政政策得以在国会通过。这些政策包括 1933 年的《农业调整法案》，该法案提议对农民产量减少的情况进行补偿，目的是提高美国主要农产品的价格。[99] 在该法案被发现违宪后，新政政策制定者将其转变为一项水土保持计划，从而慷慨地向农民支付费用，让他们把农作物从受到侵蚀的土地上转移走，然后这些土地就成了土壤修复的对象。比尔博一直担心新政的进步政策可能会损害南方的种族等级制度，他确保联邦援助不会惠及该地区的大多数黑人农民：只有地主才有权参与由美国农业部实施的土壤保护计划，而不拥有耕种土地的大量黑人佃农则被排除在福利之外。

美国农业部土壤保持局因挽救大片土地免于被永久浪费而闻名，正如其自豪的领导人所说，这具有重大的社会意义：“土壤保护不仅意味着阻止山坡上的侵蚀。它也意味着保护人类以及土地资源。”[100]20 世纪 30 年代，那些因国家支持土壤保护而受到保护、免于沦为废物的人全部都是白人，这加剧了美国社会的种族裂。当卡弗在大约 30 年前抵达亚拉巴马州时，曾经希望通过利用被忽略的农作物景观元素来重建被侵蚀的土壤，从而帮助黑人摆脱依赖。他通过重视黑人农作物和黑人空间证明了黑人的命也是命。

6.3.3 农业遗产：从历史的垃圾堆到未来的驱动力

过去的二十年见证了一场加速的全球运动，呼应了卡弗对荒地、农作物和人类的创造性恢复，并体现了对保护由斯瓦尔巴世界种子库封存的生物多样性的强烈渴望。这场运动的目的是恢复被现代农业经济学和国民政府抛弃并视为废墟的农业系统和社区。

通过联合国粮农组织于 2002 年启动的全球重要农业文化遗产计划，人们致力于保护马赛的农牧系统、中国的稻田养鸭体系或墨西哥的浮田技术中的“传统知识和耕作方式”。[101] 撂荒耕作制或者游耕曾经被农学家贬低为生产力低下而且对环境造成破坏的耕作法，现在也仍然被大多数政府认为是非法的，原始的和浪费的做法，阻碍了对国家资源的营利性开采。但是现在，联合国称赞临时性农田为“生物多样性保护和可持续利用作出了重要贡献”。[102] 联合国粮农组织认为这种做法不仅为生活在现代国家山区边缘的小社区提供了相对安全的生计，而且通过与经济作物明智且审慎地结合，这些孤立和弱势的社会群体可以融入更广泛的经济系统中。[103] 正如我们在之前的橡胶、咖啡和米尔帕混养等小节中所提到的那样，临时性农田耕种者几个世纪以来一直在供应商业网络，但直到现在它的潜力才获得官方认可。

除了颠覆生产力主义的农艺原则，今天“小既是美”的新农业理念也动摇了在专业知识、性别、种族和阶级等方面的既定认识论等级制度。比如，人们经常注意到，殖民地管理者和独立后的发展专家都努力实施一套“男性化”社会准则，他们理所当然地认为农业主要是男性的活动，而农业专业知识也是男性的专属领域。[104] 因此，直到最近，人们惊奇地发现女性往往被排除在拓展课程以外，而本地男性则通过这些课程接受现代农业技术的指导，并获得贷款、种子或工具。如今，在全球重要农业文化遗产或参与式植物育种等项目中，无论是性别比例还是专业知识的流动都是反过来的。本地女性已经成为（或者至少被描述为）受人尊敬的当地知识来源，这些知识本身就很有价值，而且具有普遍应用的潜力。在津巴布韦的奇雷济开展了一个全球重要农业文化遗产的农作物重新引入计划：

> 依赖于女性根据一系列的环境指标，包括树木物候、野生动物行为以及最近的气候模式，比如迁移的鹳鸟……做出的天气预报。女性天气预报被认为比国家天气预报更准确，因为后者往往覆盖更广泛的区域，因此不太具体。重视女性对当地环境条件、种子系统和农作物多样化战略的特定知识能促进农场主之间的创新转移，提高（女性）农场主在独立自主地识别传统食品和农业实践、知识和生物多样性中的新应对机制方面的能力。[105]

这里，女性对当地社会和自然（“生物文化”）复合指标的特殊敏感性被认为是可促进新型农业（可持续、赋权、流动）的认识论资源。奇雷济的例子还表明研究人员愿意研究传统农作物景观中高度复杂的成分。这种农业系统既包含社会生态，也包含自然生态，其中环境、生计和文化关切相互交织。20 世纪 70 年代，农业生态学和农业系统研究对绿色革命倡导的扁平化农作物景观进行批判。[106] 如今，这两个学科都成为农业遗产系统研究的组成部分。

中国是推进农业遗产项目最积极的国家之一，为反思该项目的潜台词、背景和议程提供了一个很好的案例。[107] 在第一章中，我们看到，曾经作为古老帝国的生产力中心和先进农业实践的典范的中国华北粟产区，如何被晚期的帝国政府和农学家贬低为生产力低下的落后地区。我们还看到，20 世纪 90 年代以后，中国作为一个繁荣和富有成效的消费社会的自我形象得到巩固，这促使中国重新重视落后地区：像王金庄这样条件恶劣、生活艰苦的村庄，原本应该是死水一潭，现在却被重新包装为遗产地，游客可以在这里品味历史，同时又能为村庄的生计做贡献。

正如第一章中指出的，王金庄所谓的质朴简单其实是长期地域劣势遗留下来的产物；中华人民共和国成立后的基础设施改造；1978 年后从人民公社回归家庭小农经济；越来越多的市场参与机会；以及最近官方为了将其重新塑造为遗产保护地而做的努力。过去，贫穷和孤立限制了王金庄村民参与国家农业改良计划，但现在他们的“落后”做法却成了生态友好的致富方式。本地的农场主在网上把“农户种植、驴粪施肥”的粟卖给渴望有机食品的城市中产阶级家庭。保持这一传统农作物景观运转的最重要的新技术不是拖拉机、农用化学品或灌溉设备，而是互联网（旅游部门通过网络宣传景点，农场主在网上销售农产品）以及完善的交通运输网络（能够带来大批游客）。[108]

在中国众多的欠发达村庄中，只有少数几个村子的驴比拖拉机更有技术价值。自 1949 年以来，一系列建设社会主义新农村的运动（虽然其政治目标和方式各不相同）都试图通过用拖拉机代替驴或水牛、整合农田和其他资源、基础设施现代化、进行科学教育和农民技术培训来建设更加现代化、更高效的农作物景观。[109]但农村人口正在老龄化，而将农田划分给小农家庭的做法限制了发展。以扩大生产为目的的政策包括允许农业综合企业（“龙头”）承包土地，将农民转移到利润丰厚但有风险的猪肉生产或酿酒葡萄种植等集约化大规模生产商品的产业等。[110]

随着农业现代化的推进，中国的领导人、科学家和公众越来越关注环境后果。自20世纪90年代末以来，政府推动了基因组学和其他生物技术研究项目，以开发更可持续的农作物品种，有针对性地适应当地生态系统和小农的需求。[111]2005年夏天，中国根据联合国粮农组织的新计划，建立了首个全球重要农业文化遗产试点项目。地点选在浙江丽水市的青田县，这里至今仍然实行我们在第一章“时间”中描述的“稻鱼共生系统”。随后，中国政府正式提出推进“生态文明”理念以追求工业现代化，生态农业是其中的关键组成部分。[112]《全国农业可持续发展规划（2015—2030年）》启动了众多保护和恢复项目，包括确定一千多个村庄为“生态农业示范村”。[113]“青田稻鱼共生系统”在众多地点中第一个获得了全球重要农业文化遗产地位；“时间”一章中提到的种植粟的王金庄于2014年获得了中国重要农业遗产系统认证。

在某种程度上，中国和其他地方的国家重要农业遗产项目的目标是保护现有系统。一个农作物景观必须被评估为在当地环境中具有环境和社会可持续性才符合要求。[114]据说，由生态学家、经济学家、农学家、历史学家、考古学家、社会科学家和民俗学家组成的中国跨学科研究团队与当地人合作研究当地生态社会系统的动态，评估威胁（贫困、脆弱的环境、城乡迁移）并制定解决方案。从某种意义上说，这些遗址和其他地方的遗址一样，代表着纯粹的风土人情：入选全球重要农业文化遗产的“江西万年稻作文化系统”面积只有两百公顷；得益于当地的泉水和特殊的微气候，其特殊的水稻品种无法在其他任何地方成长。[115] 此外，这些小生态环境的再生产潜力也被仔细研究。比如“青田稻鱼共生系统”显然已经存在于华南两百万公顷的土地上，并将被推广到亚洲、非洲和拉丁美洲的其他水稻种植区。[116]

农业遗产及其对处于危险之中的地球的救赎潜力，将中国政府、联合国粮农组织、环保主义者、另类全球主义者、慢食理论家❶、种子保护主义者、粮食主权运动❷和原住民权利保护团体联系在一起，形成一个松散的联盟。正如在乔治·华盛顿·卡弗的项目中，占主导地位的农作物景观的公认价值被颠倒了。工业化农业的生产力被重新定义为资源浪费，且对社会和环境具有破坏性——是对地球生存的威胁，而不是和平与富足的保障。被进步所忽视的落后农作物景观被重新解读为宝贵的知识库，掌握着公正和可持续未来的关键。它们的居民（通常是穷人、少数族裔或原住民群体）从历史的失败者转变为地球未来的管理者。

尽管农业文化遗产的概念与许多其他现代主义价值观相悖，但其核心是活力。有人认为，这些系统能够幸存下来是因为它们具有韧性。赋予它们韧性的要素和系统动态可以被识别并在其他地方培育成农作物景观。但因为它们是物种、环境、人类实践和制度的复杂集合体，它们无法在其他环境中被完全复制：即使在

---

❶ 慢食运动是一项号召人们反对标准化、规格化生产的快餐食品的运动，其提倡有个性、营养均衡的传统美食，目的是“通过保护美味佳肴来维护人类不可剥夺的享受快乐的权利，同时抵制快餐文化、超级市场对生活的冲击”。——编者注

❷ 粮食主权是指农民自己决定自己的食物构成，并确保粮食安全的权利。——编者注

它们的家乡，它们也不是纯粹的，而是会随着时间推移而不断变化。传统农业体系被视为与地方品种类似的资源，是在现代全球工业农作物景观的间隙中存活下来的农作物景观的宝贵遗传物质，不太可能在冷冻的铝箔包中长期存活。

生产主义农学的规模和价值的倒置是促进农业文化遗产保护的一系列团体和机构共同的依据。但是，他们关于传统农作物景观的政治思想体系和立场存在巨大的分歧。例如，联合国粮农组织计划认为它们是“地球新愿景”的贡献者，通过“农村发展动力引擎”项目实现。[117] 作为一个将中国、瑞士和沙特阿拉伯等政治多元化国家囊括在内的组织，我们可以推断，这里的生态激进主义并不是为了破坏社会秩序。中国的案例再一次凸显了其中的利害关系。

中国的农业文化遗产遗址中有很大一部分是由少数民族居住的。因此民俗学家出现在研究团队中并非偶然：传统歌曲、舞蹈、手工艺、服饰甚至仪式在面向游客开放的景点中占据重要地位，而无论是在中国还是其他地方，生态旅游几乎都是每个国家重要文化遗产遗址的重要民生保障。正如人类学家斯蒂文·郝瑞（Stevan Harrell）所说，以营利为目的的文化表演未必不真实：过去，礼仪专家和音乐家也因为提供服务而获得报酬，这种传统的市场化维持了文化的生存和当地的发展。[118]

另外，萨帕塔人的公共米尔帕园地旨在为革命者提供食物，以持续积极抵抗墨西哥中部国家的入侵。恰帕斯州的萨帕塔以及美洲各地涌现的其他农业遗产运动所创造的历史，都突出了反殖民和反资本主义的斗争以及民族主权的主张：粮食主权和种子主权使政治和经济独立自主成为可能；中美洲米尔帕的玉米、南瓜和豆类象征着集体行动和照顾；园子里的公共工作提高了公民意识；每年精心挑选的地方种子体现了原住民社区千年来控制自己土地和命运的权利——“收获叛乱的时候到了”[119]

本章我们关注的再生产技术并不惊心动魄：种子收集、发酵、包装和脱壳。在痴迷于将发明和创新视为经济繁荣关键的技术史上，这些都不是宏大叙事的焦点。但是，我们的技术选择具有识别重大历史动态的优势。聚焦于收集全球作物多样性的做法将纳粹帝国与在热带地区殖民以开发其农作物景观的欧洲企业联系起来。对发酵过程的研究揭示了日本民族再生产的物质与文化记录，以及关于葡萄牙在国际资本主义中的地位的基本辩论。包装和加工技术改变了腰果产业的规模和范围，也改变了腰果的本体。施肥技术改造了贫瘠的土壤和黑人历史。互联网和驴犁使被忽视的中国农作物景观重新成为世界遗产。

这是在邀请我们探索历史上的技术，更多地研究技术在人类、帝国和文化繁衍过程中扮演的角色，而不是关注它们的创新性和复杂程度。[120]我们确实对波特酒的混合工艺很感兴趣，但是我们详细讲解的是索莱拉工艺如何通过冻结时间来实现农作物景观的扩展，以及它如何通过稳定不同年份的波特酒的特性来形成消费者层次结构。关于波特酒酿造过程的讨论吸引了许多品酒爱好者。对于历史学家来说，它们展示了加工技术如何演化，以重现特定年份的品质以及技术如何复制时间。

在农业历史上，繁殖通常指植物的生命周期，也就是本书开篇的介绍和其他相关部分。在这里，从育种的角度考虑，通常的定义得到了应有的重视。当然，在本章第一节中经常提到的育种者的承诺也是从创新的角度表述的：他们培育出了维持农作物景观工业化愿景的纯系和杂交品种。但这个叙述还揭示了，从一开始，这种育种实践就需要获得地方品种和野生物种中所蕴含的变异性。设计出新型农作物多样性保护形式（即种子库）的科学家和生产出占据欧洲田地的新品种的科学家是同一批人。育种既是为了保护全球农作物多样性，也是为了创造新的生命形式。或许，令人意想不到的是，研究全球种子库的历史学家最终与研究联合国粮农组织全球重要农业遗产系统的历史学家使用了相同的文献。在解释历史动态时，与其执着于“新与旧”或者“有用与废物”的对立，不如在十字路口停下脚步，关注那些总是让一个品种依靠另一个品种的技术，这可能会更有成效。

我们把技术作为连接关于农作物繁殖的各节的红线，其不仅包括生物繁衍技术，而且包括更广泛地扩大或重新定义农作物的影响范围、意义和社会影响的工具和知识。我们考虑了现代种子库所用的混凝土和银箔，酿酒方法和品牌技术，土壤覆盖法或石油开采技术——所有这些技术都不同于从避孕药到基因编辑等一系列“新繁育技术”，近年来，这些问题激发了公众的想象力和激进的学术批判。[121]

我们没有忽视从生物繁殖的视角进行农作物研究的趣味和重要性。但是，农作物景观作为农作物和人类通过劳动、供养和斗争相互塑造的舞台，为调和遗传或生殖本质主义提供了一个框架。农作物景观是探索多种再生产的、社会的、象征的以及生物和物质的形式之间纠缠关系的理想场所。我们在其他作品中，讲述了因为将棉花种植和加工技术引入长江三角洲而被尊崇为“棉农第一人”的黄道婆的故事，其揭示了元朝的性别再生产过程；使烟草颜色明亮的技术维持了美国南部的民粹主义运动和身份政治；法西斯意大利培育的矮立多小麦将意大利农民转变为凶猛的敢死队。[122] 凯瑟琳·德卢纳将她对非洲中南部丛林生存技能的长期研究描述为“关于耕种的故事——种植粮食并培养生者与死者之间的个体差异和群体联系”。[123]

这里，我们看到杜波依斯通过结合土地所有权、植物和劳动力分析美国南部的种族繁衍过程，并故意避免提及任何与人类生物学有关的内容。[124] 他将美国南北战争期间的奴隶制解放斗争描述为“大罢工”，模糊了奴隶与工人、种植园与工厂之间的差异，这对我们的论证同样重要，其他激进历史传统的杰出成员紧随其后，他们重新书写了大西洋的黑人历史，同时将历史写作去殖民化。[125] 在解释种族形成的过程时，这些历史学家并没有只专注于人类的生物繁殖，而是顾及甘蔗景观以及其中的甘蔗田和沸腾炉。在他们的叙述中，白人种植园主和黑人奴隶地位的再生产与糖、棉花或烟草的（再）生产密不可分。

注释

1. *The Palm Tree* (770 c.e.), translation after Poitou, *Spain and Its People,* 506.
2. 正如第一章所述，枣椰树实际上主要是通过分枝而不是种子来完成繁殖的。
3. Watson, "The Arab Agricultural Revolution and Its Diffusion, 700–1100"; Decker, "Plants and Progress"; Avni, "Early Islamic Irrigated Farmsteads and the Spread of Qanats in Eurasia," 329.
4. 关于将技术史的视角整合进生物史的益处，见 Berry, "Historiography of Plant Breeding and Agriculture."。
5. 关于这一部分更详尽的内容，见 Saraiva, "Breeding Europe."。
6. 关于种子库的功能和目的，见 Fowler, "The Svalbard Global Seed Vault."。
7. 关于保存生物多样性的重要性的批判史，见 Fenzi and Bonneuil, "From 'Genetic Resources' to 'Ecosystems Services'"; Curry, *Endangered Maize*。
8. 关于使用"农业遗产"指代作物多样性的问题，见 Ash, "Plants, Patents and Power."。
9. Plucknett and Smith, *Gene Banks and the World's Food,* 8–12.
10. 关于欧洲传统农业多样性所面临的挑战，见 Veteläinen, Negri, and Maxted, *European Landraces*。
11. Vellvé, *Saving the Seed,* 53–59.
12. Curry, "From Working Collections to the World Germplasm"; Fullilove, *The Profit of the Earth.* 种子保护网络通常依赖"纸袋、罐子、冰淇淋桶和用于标记的铅笔"作为"基本交易工具"; Turner, "Plotting the Future."。
13. Gayon and Zallen, "The Role of the Vilmorin Company"; Bonneuil, "Mendelism, Plant Breeding and Experimental Cultures."
14. 地方品种目前被定义为具有历史起源、独特身份，且未被正式改良过的栽培植物种群。它们通常具有遗传多样性、能够适应当地环境并与传统农业系统相关; Hammer and Diederichsen, "Evolution, Status and Perspectives."。
15. Bonneuil, "Mendelism, Plant Breeding and Experimental Cultures," 17.

16. Vellvé, *Saving the Seed,* 30–31.
17. Lehmann, "Collecting European Land–Races."
18. 关于这种考虑的全球史，见 Flitner, *Sammler, Räuber und Gelehrte*。
19. Lokustov, *Vavilov and His Institute;* Pringle, *The Murder of Nikolai Vavilov.*
20. Lokustov, *Vavilov and His Institute,* 82–83.
21. Lokustov, *Vavilov and His Institute,* 84–90.
22. Lokustov, *Vavilov and His Institute,* 85.
23. Flitner, "Genetic Geographies."
24. 瓦维洛夫于 1940 年因间谍罪被捕入狱，并于 1943 年在狱中死亡；Joravsky, *The Lysenko Affair*。
25. Roll–Hansen, *The Lysenko Effect.* For a general view of the Soviet organization of scientific research see Krementsov, *Stalinist Science.*
26. Harris, "Vavilov' s Concept of Centers of Origin."
27. Lafuente and Valverde, "The Emergence of Early Modern Commons."
28. Harwood, "The Fate of Peasant–Friendly Plant Breeding."
29. Saraiva, "Breeding Europe," 194.
30. Baur, "Die Bedeutung der primitiven Kulturrassen" ; Flitner, *Sammler, Räuber und Gelehrte.*
31. Kater, *Das Ahnenerbe der SS.*
32. On these institutions see Deichmann, *Biologists under Hitler,* 214–18 and 258–64; Gausemeier, "Genetics as a Modernization Program."
33. Quoted by Susanne Heim in Elina, Heim, and Roll–Hansen, "Plant Breeding on the Front," 167.
34. Knüpffer, "The Balkan Collections 1941–42 of Hans Stubbe."
35. Saraiva, *Fascist Pigs* (2016); Heim, *Kalorien, Kautschuk, Karrieren.*
36. Kloppenburg, *First the Seed.* 关于绿色革命叙事的批判研究，见 Kumar et al., "Roundtable." 。
37. Curry, "From Working Collections to the World Germplasm."
38. Saraiva, "Breeding Europe."
39. 酵母由发芽的大麦、蒸过的小米、大米和大豆以及酿酒留下的醪制成。
40. Jia Sixie, *Qimin yaoshu,* 358, translated Huang, *Fermentations and Food Science,* 170–71.
41. Huang, *Fermentations and Food Science,* 376–77.

42. Francks, "Consuming Rice," 152; Francks, *The Japanese Consumer.*
43. Morris–Suzuki, *The Technological Transformation of Japan,* 32.
44. Lee, "The Microbial Production of Expertise," 174.
45. Walker, "Commercial Growth and Environmental Change in Early Modern Japan"; Francks, "Consuming Rice"; Victoria Lee, "The Microbial Production of Expertise."
46. Cwiertka, *Modern Japanese Cuisine.*
47. Ohnuki–Tierney, *Rice as Self.*
48. Shurtleff and Aoyagi, "History of Kikkoman."
49. Lee, "Mold Cultures," 233–34。日本酿酒商传统上将他们与霉菌的合作视为种间合作的一种形式，这一事实"有助于形成一种相对自主和持久的科学传统，即在日本，人们既将微生物视为有生命的'工人'，又将其视为一种病原体"。
50. Lee, "The Microbial Production of Expertise."
51. 2011 年，龟甲万公司的科学家与三个公共机构合作，对他们的酒曲的基因组进行了测序。
52. OISHISO JAPAN 官网。
53. Pereira, *O Douro e o vinho do Porto: De Pombal a João Franco*; Jacquinet, "Technological, Institutional and Market Structure Changes as Evolutionary Processes." 最早的资料可以追溯到十七世纪中叶。有记载的一个重要变化是瓶子形状的演变，它在 1800—1820 年确定了最终的形状（Jacquinet，191–92）。早期记载的大部分技术信息都涉及栽培和压榨技术。
54. Martins, *Tudo sobre o vinho do Porto.*
55. Duguid, "Networks and Knowledge," 520.
56. Marquis of Villa Maior, 1876, quoted by Domingues and Sotto Mayor, *Douro à la carte,* 86.
57. Andrade Martins, *Memória do vinho do Porto;* Barreto, "O vinho do Porto e a interven– ção do Estado."
58. Pereira, "O vinho do Porto," 185–91.
59. Castello Branco, *O vinho do Porto, processo d'uma bestialidade ingleza,* 10.
60. Macedo, *A situação económica no tempo de Pombal;* Pereira, *Livre câmbio e desenvolvim- ento económico.*

61. Macedo, *Projectar e construir a nação.*
62. 尽管技术程序不同，但许多著名品牌的香槟、雪利酒或威士忌也使用不同年份或产地的葡萄酒或烈酒来确保同质化。
63. 年份波特酒除外，这种高档酒的瓶子上标有年份和原产地（通常产自一个酒庄）。这些未经混合的优质波特酒将以收获年份为标志被高价出售。
64. Capela, *O vinho para o preto,* 24.
65. Correia, *A industrialização da castanha de cajú,* 27.
66. Gille, "Actor Networks, Modes of Production, and Waste Regimes"; Gille, *From the Cult of Waste to the Trash Heap of History.*
67 Quoted Penvenne, *Women, Migration and the Cashew Economy,* 34.
68. Thevet, *Les singularitez de la France antarctique,* 318–19.
69. Correia, *A industrialização da castanha de cajú,* 21.
70. 关于水土流失的案例见 Morton，Morton, "The Cashew' s Brighter Future," 1961；Asogwa, Hammed, and Ndubuaku, "Integrated Production and Protection Practices of Cashew (Anacardium occidentale) in Nigeria.", 2008；对篡改时间的批评来自 Johnson, "The Botany, Origin, and Spread of the Cashew," 5。
71. Meaney-Leckie, "The Cashew Industry of Ceará, Brazil," 318; Blazdell, "The Mighty Cashew," 221–22 and Table 1.
72. Johnson, "The Botany, Origin, and Spread of the Cashew," 5–6; Correia, *A industrial- ização da castanha de cajú,* 45.
73. Morton, "The Cashew' s Brighter Future," 68.
74. Deepa, "Industrial Crisis and Women Workers: A Study of Cashew Processing in Kerala," 34, 35.
75. Cantrell, *Cashew Nuts,* 1.
76. Cantrell, *Cashew Nuts,* 22.
77. Langley, *Century in Malabar,* 58; Cantrell, *Cashew Nuts,* 1–2.
78. Langley, *Century in Malabar,* 56; Abeyagunawardena, "Lessons for the Cashew Industry"; Blazdell, "The Mighty Cashew," 222.
79. Lindberg, *Modernization and Effeminization in India*, 28; Harilal et al., "Power in Global Value Chains," 14.
80. Harilal et al., "Power in Global Value Chains," 14.
81. Langley, *Century in Malabar,* 54, quoted Lindberg, *Modernization and*

Effeminization in India, 33.

82. Lindberg, *Modernization and Effeminization in India*; Harilal et al., "Power in Global Value Chains"; Penvenne, *Women, Migration and the Cashew Economy.*
83. Penvenne, *Women, Migration and the Cashew Economy,* 40.
84. Harilal et al., "Power in Global Value Chains," 12; Meaney–Leckie, "The Cashew Industry of Ceará, Brazil," 320.
85. 例如，Deepa, "Industrial Crisis and Women Workers: A Study of Cashew Processing in Kerala"; Lindberg, *Modernization and Effeminization in India*; Harilal et al., "Power in Global Value Chains"; Penvenne, "Seeking the Factory for Women"; Penvenne, *Women, Migration and the Cashew Economy.* Penvenne, *Tarana.*
86. Hersey, *My Work Is That of Conservation.*
87. Hersey, *My Work Is That of Conservation,* 126.
88. 有关塔斯基吉研究所全球意义的讨论，参见 Zimmerman, *Alabama in Africa*；关于乔治·华盛顿·卡佛对美国黑人技术教育的意义，参见 Slaton, "George Washington Carver Slept Here."。
89. Du Bois, *The Souls of Black Folk,* 46.
90. Du Bois, *The Souls of Black Folk,* 117.
91. Carver, *How to Build Up Worn Out Soils,* 4–5.
92. Address at the Atlanta Exposition, 1895.
93. Rossiter, *The Emergence of Agricultural Science;* Ferleger, "Uplifting American Agriculture"; Whayne, "Black Farmers and the Agricultural Cooperative Extension Service."
94. Finlay, "Old Efforts at New Uses." 今天，农业化学项目仍然作为一项"绿色"研究继续存在，致力于把"农业废料"转换为"生物资源"；见 Mgaya et al., "Cashew Nut Shell."。
95. Finlay, "Old Efforts at New Uses," 34.
96. "Ford Shows Auto Built of Plastic," *New York Times,* 14 August 1941.
97. Katznelson, *Fear Itself,* 86.
98. Du Bois in the April 1934 issue of his journal *Crisis* quoted Kendi, *Stamped from the Beginning,* 339.
99. 在约瑟夫·海勒（Joseph Heller）对该政策的讽刺漫画中，"(少校的父亲）的专长是种植苜蓿，他通过不种植苜蓿赚取利润。政府为他不种植的每一蒲式耳苜蓿支付了丰厚的报酬。他不种的紫花苜蓿越多，政府给他的钱就越多，他把赚不到的每一分钱都花在新的土地上，以增加他不种的紫花苜蓿数量”；Heller, *Catch-22*, 86。

100. Bennet and Pryor, *This Land We Defend,* 80; Maher, “A New Deal Body Politic.”
101. FAO, *The State of the World's Biodiversity;* http://www.fao.org/giahs/en/ (accessed 22 February 2019).
102. Scott, *The Art of Not Being Governed;* FAO, *World Food and Agriculture,* vii.
103. FAO, *World Food and Agriculture.*
104. Boserup, *Woman's Role in Economic Development.*
105. FAO, *The State of the World's Biodiversity,* 373. On the gendered expectations of participatory plant breeding, see Galié, “Empowering Women Farmers.”
106. Harwood, *Europe's Green Revolution and Others Since,* 141–42.
107. 中国目前拥有 15 个全球重要农业文化遗产系统，是拥有该系统最多的国家，且还有 5 个正评估中。[1]
108. Bray, “The Craft of Mud-Making.”
109. Schmalzer, *Red Revolution, Green Revolution;* Perry, “From Mass Campaigns to Managed Campaigns.”
110. Schneider, “Dragon Head Enterprises”; Luo, Andreas, and Li, “Grapes of Wrath.”
111. Zhang, Chen, and Vitousek, “An Experiment for the World”; Xue et al., “Rural Reform in Contemporary China.”
112. Chang, “Environing at the Margins,” 4–5.
113. Third World Network.
114. Guo, García-Martín, and Plieninger, “Recognizing Indigenous Farming Practices for Sustainability.”

---

[1] 截至 2023 年 11 月 11 日，中国的全球重要农业文化遗产增至 22 项，数量继续保持世界首位。——编者注

115. FAO.
116. Fletcher, "The Time Is Ripe for Rice-Fish Culture."
117. 关于1个世纪以来通过种子和它们所依赖的农业系统来保护生物多样性的项目一直充满内生性政治矛盾，见 Fenzi and Bonneuil, "From 'Genetic Resources' to 'Ecosystems Services.' "。
118. Harrell, "China' s Tangled Web of Heritage," on the ambiguities of heritage preservation.
119. Hernández, Perales, and Jaffee, " 'Without Food There Is No Resistance' "; "Los rostros (no tan) ocultos."
120. Bray, *Technology and Gender* (1997); Edgerton, *The Shock of the Old;* Slaton, *Reinforced Concrete;* Saraiva, *Fascist Pigs* (2016); Jones-Imhotep, *The Unreliable Nation.*
121. 该领域最具影响力的两部著作为 Strathern, *Reproducing the Future;* Clarke and Haraway, *Making Kin Not Population.* 关于现当代东亚繁育技术的政治研究，见"导论"。
122. Bray, *Technology and Gender* (1997), 212-25; Hahn, *Making Tobacco Bright,* 2011, 129-47; Saraiva, *Fascist Pigs* (2016), 21-42.
123. de Luna, *Collecting Food, Cultivating People,* 1.
124. Williams, *Capitalism and Slavery;* 这本书后来回应了杜波依斯，用农作物景观的方法研究种族和阶级的形成。Mintz, *Sweetness and Power;* Sharma, " 'Lazy' Natives, Coolie Labour, and the Assam Tea Industry" ; and many others。
125. Du Bois, *Black Reconstruction.* 关于黑人的激进传统，见 Robinson, *Black Marxism;* Jenkins and Leroy, *Histories of Racial Capitalism*。

结语
作物之外

本着爵士音乐家的精神，我们重新设计了全球史歌曲集的标准，并进行了新的诠释。每个章节都包含一组描述了历史分析的关键框架的主题。每一节都探索了一个特定的处于迁移状态的历史农作物景观，它们用不同的音阶和音调表现主旋律的变化。总而言之，每章中的各节都突出强调了历史学家所做的架构工作。在一个特定的历史时刻，在所有顽固的物质性农作物景观中，我们反复提及迁移中的农作物景观，是为了清晰直接地看见我们对尺度的选择如何决定我们讲述的故事，包括故事的开头、中间和结尾，叙事、高潮和结局，还让我们认识到在讲述故事时作者在选择重要内容方面发挥的作用。我们提出了象鼻虫对棉花市场的看法和大象对茶园的看法，这不仅是为了引入陌生的叙述者，也是为了挑战关于现代世界起源的传统全球史叙事：历史已经从局部走向全球，从小尺度单位走向大尺度单位；行动和对象的中心已经从东到西，从南到北，从外围地区走向大都市；社会结构的特征已经从西方社会理论家描述的前现代走向了现代。

我们需要一种新的方法以削弱全球史的线性叙事，这种方法体面地植根于当地，同时揭示包含了所有历史叙事的全球进程。基于此，我们选定了农作物景观：非人类与人类、物质、社会和象征元素的不断变异的集合体，其中一种或一组特定的农作物在特定的地点和时间长势良好或未能存活。通过训练，我们成为农作物和技术方面的历史学家和历史人类学家，以及科学和技术研究方面的学者，这意味着我们都在研究过去的物质世界。我们运用了反现代的方式来审视技术史，因为这些元素被视为故事的一部分，它们的组合与并列削弱了当今线性的传统与分类法。相反地，我们的方法和手段通过具有多重意义的对象和解释框架来理解历史的分层和碎片。[1] 我们将每组元素中的研究对象、指标和尺度进行分层，并邀请历史学家（不仅包括农业历史学家，还包括所有研究全球史和物质过程的历史学家）对自己的叙事进行同样的操作。农作物景观分析超越了农作物本身，问题化了全球史的组成因素：周期、地理、传统规模、边界和方向性。

在《世界文明中的作物迁徙》中，我们不仅讲述了农作物景观的新历史，而且遭遇并重新阐述了我们曾经讲述的关于它们的历史，或者我们与它们一起讲述的历史。我们并不是通过深入钻研新的档案来做到这一点的，而主要是通过与现有历史文献接触并探索它们的潜力。全球史往往沉迷于西方的胜利、中国的崛起、连贯的流动以及从太空中看到的地球规模，这种历史因为在学术界重现了全球化趋势批评中常见的忽视现象而受到批评。敏锐的历史学家已经通过增加西方中心主义以外的档案资料来做出纠正，以揭示此前未被充分认识的多个尺度上的联系和纠葛，这些尺度包括区域、跨国、海洋，当然还有全球。[2] 不过，这种趋势不仅导致了长篇累牍的成果，其中列出了大量来自各大洲的资料和档案；更麻烦的是，它还导致了不被优待的体制中的历史学家的写作权利被进一步剥夺。[3] 很少有学者有足够的经费和研究生来编写令人印象深刻的尾注，但丰富完整的尾注已经成为全球史的标准。我们的案例来自对不同史学的深入研究，包括国家史、地方史、环境史、技术和科学史以及历史人类学，通过积累案例我们提出了编写更具包容性的历史的可能，这种历史认真对待我们所描写的地点，不仅把它们当作历史知识的对象，而且还将其视为历史生产的场所。

对于国家与帝国史学的合理批判指出了历史专业化与民族

国家和帝国合法性之间可疑的联系。或许，现代化宏大叙事的最佳替代方案就是研究超越政治界限的，多尺度、多方面的互动，并以此质疑国家或全球叙事的“既定事实”。[4] 但我们必须谨慎，不能通过重新（生产）维护这些事实的学术等级制度来实现我们的目标。为了将全球史计划从全球化现象中分离出来，在各小节中，我们利用微观历史来阐明地点的意义并把它们联系起来。我们将每一种农作物都视为文化艺术品，首先将其作为地点的产物和生产者进行探索，然后作为地点的纽带进行探索。本书作者的共同特点，以及反复出现的关于我们的历史编纂学观点的局限性与潜力的反思指向了“生产历史”的另一种形式。

历史写作的自反性促使很多人开始研究元历史及其对历史学家可用的情节化形式的分类：浪漫、悲剧、喜剧和讽刺，以黑格尔、兰克（Ranke）、米什莱（Michelet）、托克维尔、马克思或尼采为代表。[5] 我们在这里采用的方法并不那么宏伟，没有依赖欧洲伟大历史思想家如此条理分明的谱系，而是倾向于以各种案例和史学方法为依据，为读者提供错综复杂的元历史。我们的主题章节的重点，以及它们所包含的案例是为了将我们从对一个案例进行历史编纂学反思的层面，提升到对概念和元叙事或元框架进行历史编纂学批判的层面。我们纠缠在一起的元历史与很多其他研究流动性和物性的学者的工作相结合，同时我们借鉴他们的工作，改写了全球史中具有重要意义的地形图。[6] 我们加入这些作者的行列，将核心和外围、市场和品味、农作物和杂草等旧概念复杂化。但是我们的路径，通过农作物景观方法和不同的小节，呈现了多种全球性与地方性、多循环、多种对周期的重新切割或扩展方法、惊人的联盟与结合、出人意料的穿越时空的路径。我们的研究工作不是围绕着一个单独的历史文物或区域来组织的，它的地点、时间和参与者的范围更加开放。我们不会提供一个反叙事，因为这是对我们的意图的误解。我们的内容碎片（包含其模糊性和不完整性）在某种意义上是用于激发而不是满足好奇心的。在某些小节中，比如万寿菊一节，我们只能建议如何把所有的节点联系起来。与此同时，这种策略也具有解放性，它忽视了传统界限，为历史学家提供了新的见解和提出新想象的可能性。

我们相信，我们所使用的通过农作物景观来理解和呈现新历史的方法也适用于农作物之外的领域，我们期待了解它们如何破解全球史学家用于写作的档案，这些历史书写不仅来自全球北方的富裕机构，也来自全球南方的一些地点。[7] 我们希望，这是一部可以从任何地点书写的全球史。我们在“植物共和国”项目和网络上的合作者证明了在世界各地、跨越历史研究的不同领域并在学术界之外广泛应用这种方法的可行性。[8] 许多项目正在共同努力以建立新的区域和全球的学术和非学术网络，这些网络以农业为基础并从农业延伸到更广泛的物质文明，比如次等种子故事项目及其对牙买加非洲后裔种子保存者的关注，或者印度的农村和农业研究网络，或者松茸世界研究小组的“合作实验”。[9] 这些当然不限于农作物：阿纳普尔那·马米迪普迪（Annapurna Mamidipudi）和手摇纺织机期货信托基金采用农作物景观方法来支持纺织工。[10]

然而，随着我们结束这个项目并反思孕育了这本书的农作物景观方法和农作物景观时（这些因素使我们的努力成为现实），我们必须考虑马克斯·普朗克科学史研究所的资助和支持，让我们和其他学者能够来到柏林对这些问题进行为时数年的探讨，为我们提供客房和甜点作为我们项目的“温床”和“肥料”。还有Skype、谷歌文档和微软文字处理等技术，使我们能够将农作物景观讨论移植到网络空间并使其成熟以待收获。

注释

1. 加泰罗尼亚语或伊比利亚语用 *Sala Polivalent* 来表示可以进行多种运动的多功能空间。
2. Conrad and Osterhammel, *An Emerging Modern World;* Parker, *Global Crisis;* Beckert, *Empire of Cotton.*
3. 全球历史学家也强调了历史编纂学的政治问题，比如 Conrad, *What Is Global History*? 214–19； Subrahmanyam, *Faut-il universaliser l'histoire*?。
4. Subrahmanyam, *Faut-il universaliser l'histoire?*
5. White, *Metahistory.*
6. Chen, "The Case of Bingata" ; Shen, "Cultivating China' s Cinchona" ; Norton, *Sacred Gifts, Profane Pleasures;* Gómez, *The Experiential Caribbean;* de Luna, *Collecting Food, Cultivating People;* Green, *A Fistful of Shells.*
7. Smith, "Amidst Things," 853.
8. 此系列的第一个成果已被发布于官网。
9. Tsing, *The Mushroom at the End of the World.*
10. Chatterjee, "Our Past as Our Future."

参考文献

Abazue, C. M., A. C. Er, A. S. A. Ferdous Alam, and Halima Begum. "Oil Palm Smallholders and Its Sustainability Practices in Malaysia." *Mediterranean Journal of Social Sciences* 6, no. 54 (2015): 482-88.

Abeyagunawardena, Chandani Dias. "Lessons for the Cashew Industry." *Daily News,* 17 March 2003.

Akrich, Madeleine. "A Gazogene in Costa Rica: An Experiment in Techno-Sociology." In *Technological Choices,* edited by Pierre Lemonnier, 289-337. London: Routledge, 1993.

Alder, Ken. "Thick Things: Introduction." *Isis* 98, no. 1 (1 March 2007): 80-83.

Alencastro, Luiz Felipe de. *O trato dos viventes: Formação do Brasil no Atlântico Sul, séculos XVI e XVII.* São Paulo: Companhia das Letras, 2000.

Allen, Robert C. "The Agricultural Revolution." In *The British Industrial Revolution in Global Perspective,* edited by Robert C. Allen, 57-79. Cambridge: Cambridge University Press, 2009.

———. "Tracking the Agricultural Revolution in England." *Economic History Review* LII, no. 2 (1999): 209-35.

Alpern, Stanley B. "Exotic Plants of Western Africa: Where They Came From and When." *History in Africa* 35, no. 1 (2008): 63-102.

Ameha, Mesfin. "Significance of Ethiopian Coffee Genetic Resources to Coffee Improvement." In *Plant Genetic Resources of Ethiopia,* edited by J. M. M. Engels, J. G. Hawkes, and Melaku Worede, 354-60. Cambridge: Cambridge University Press, 1991.

Andrade, Tonio. "A Chinese Farmer, Two African Boys, and a Warlord: Toward a Global Microhistory." *Journal of World History* 21, no. 4 (2010): 573-91.

Andrade Martins, Conceição. *Memória do vinho do Porto.* Lisbon: Instituto de Ciências Sociais, University of Lisbon, 1990.

Antrobus, H. A. *A History of the Assam Company, 1839-1953.* Edinburgh: T.

and A. Constable, 1957.

Appadurai, Arjun. *Modernity at Large: Cultural Dimensions of Globalization.* Public Worlds, vol. 1. Minneapolis: University of Minnesota Press, 1996.

———, ed. *The Social Life of Things: Commodities in Cultural Perspective.* Cambridge: Cambridge University Press, 1986.

Armiero, Marco, and Wilko Graf von Hardenberg. "Green Rhetoric in Blackshirts: Italian Fascism and the Environment." *Environment and History* 19, no. 3 (2013): 283-311.

Arnold, David. "Agriculture and 'Improvement' in Early Colonial India: A Pre-History of Development." *Journal of Agrarian Change* 5, no. 4 (2005): 505-25.

———. *The Tropics and the Traveling Gaze: India, Landscape, and Science, 1800-1856.* Culture, Place, and Nature. Seattle: University of Washington Press, 2006.

Arrighi, Giovanni, Takeshi Hamashita, and Mark Selden, eds. *The Resurgence of East Asia: 500, 150 and 50 Year Perspectives.* Routledge, 2003.

Asante, Winston Adams, Emmanuel Acheampong, Edward Kyereh, and Boateng Kyereh. "Farmers' Perspectives on Climate Change Manifestations in Smallholder Cocoa Farms and Shifts in Cropping Systems in the Forest-Savannah Transitional Zone of Ghana." *Land Use Policy* 66 (2017): 374-81.

Ash, Lindsay. "Plants, Patents and Power: Reconceptualizing the Property Environment in Seeds in the 19th and 20th Centuries." M.A. thesis, University of Vienna and Leipzig University, 2009.

Aso, Michitake. *Rubber and the Making of Vietnam: An Ecological History, 1897-1975.* Chapel Hill: University of North Carolina Press, 2018.

Asogwa, E. U., L. A. Hammed, and T. C. N. Ndubuaku. "Integrated Production and Protection Practices of Cashew (*Anacardium occidentale*) in Nigeria." *African Journal of Biotechnology* 7, no. 25 (2008).

Austen, Ralph A. *Trans-Saharan Africa in World History.* Oxford: Oxford University Press, 2010.

Avni, Gideon. "Early Islamic Irrigated Farmsteads and the Spread of Qanats in Eurasia." *Water History* 10, no. 4 (2019): 313-38.

Bairoch, Paul. *Economics and World History: Myths and Paradoxes.*

Chicago: University of Chicago Press, 1993.

Baker, Bruce E., and Barbara Hahn. "Cotton." *Essential Civil War Curriculum* (blog), n.d. Accessed 7 April 2018.

———. *The Cotton Kings: Capitalism and Corruption in Turn-of-the-Century New York and New Orleans.* Oxford: Oxford University Press, 2016.

Baker, Julian. "Trans-Species Colonial Fieldwork: Elephants as Instruments and Participants in Mid-Nineteenth Century India." In *Conflict, Negotiation, and Coexistence,* edited by Piers Locke and Jane Buckingham, 115-36. Oxford: Oxford University Press, 2016.

Balée, William. "The Research Program of Historical Ecology." *Annual Review of Anthropology* 35 (2006): 75-98.

Ball, Samuel. *An Account of the Cultivation and Manufacture of Tea in China: Derived from Personal Observation with Remarks on the Experiments Now Making for the Introduction of the Culture of the Tea Tree in Other Parts of the World.* London: Longman, 1848.

Banaji, Jairus. "Islam, the Mediterranean and the Rise of Capitalism." *Historical Materialism* 15, no. 1 (2007): 47-74.

Baptist, Edward E. *The Half Has Never Been Told: Slavery and the Making of American Capitalism.* New York: Basic Books, 2014.

Barickman, B. J. *A Bahian Counterpoint: Sugar, Tobacco, Cassava, and Slavery in the Recôncavo, 1780-1860.* Stanford: Stanford University Press, 1998.

———. " 'A Bit of Land, Which They Call Roça': Slave Provision Grounds in the Bahian Recôncavo, 1780-1860." *Hispanic American Historical Review* 74, no. 4 (1994): 649-87.

Barreto, António. "O vinho do Porto e a intervenção do Estado." *Análise social* 24, no. 100 (1988): 373-90.

Bastião, Maria Paula Pereira. "Entre a Ilha e a Terra: Processos de construção do continente fronteiro à Ilha de Moçambique (1763-c. 1802)." M.A. thesis, Faculty of Social Sciences and Humanities, New University of Lisbon, 2013.

Bauer, P. T. *The Rubber Industry: A Study in Competition and Monopoly.* London: Plastics and Rubber Institute, 1948.

Baur, E. "Die Bedeutung der primitiven Kulturrassen und der wilden

Verwandten unserer Kulturpflanzen für die Pflanzenzüchtung." *Jahresbericht Deutsche Landwirtschaft Gesellschaft* 29 (1914): 104-9.

Beattie, James. "Imperial Landscapes of Health: Place, Plants and People between India and Australia, 1800s-1900s." *Health and History* 14, no. 1 (2012): 100-120.

Beck, John. "Capital Investment Replaces Labor." *Flue-Cured Tobacco Farmer,* March 1968, 6-7.

———. "The Labor Squeeze." *Flue-Cured Tobacco Farmer,* June 1968, 20-21.

Beckert, Sven. *Empire of Cotton: A Global History.* New York: Random House, 2014.

Behal, Rana P. "Coolie Drivers or Benevolent Paternalists? British Tea Planters in Assam and the Indenture Labour System." *Modern Asian Studies* 44, no. 1 (2010): 29-51.

Behm, Amanda, Christienna Fryar, Emma Hunter, Elisabeth Leake, Su Lin Lewis, and Sarah Miller-Davenport. "Decolonizing History: Enquiry and Practice." *History Workshop Journal* 89 (2020): 169-91.

Beinart, William, and Karen Middleton. "Plant Transfers in Historical Perspective: A Review Article." *Environment and History* 10, no. 1 (February 2004): 3-29.

Beinart, William, and Luvuyo Wotshela. *Prickly Pear: The Social History of a Plant in the Eastern Cape.* Johannesburg: Wits University Press, 2011.

Bender, Barbara. "Landscapes on-the-Move." *Journal of Social Archaeology* 1, no. 1 (2001): 75-89.

———. "Theorising Landscapes, and the Prehistoric Landscapes of Stonehenge." *Man* 27, no. 4 (1992): 735-55.

Bennet, Hugh Hammond, and William Clayton Pryor. *This Land We Defend.* New York: Longmans, Green, 1942.

Bennett, Brett M. "A Global History of Australian Trees." *Journal of the History of Biology* 44, no. 1 (2011): 125-45.

Bennett, Jane. *Vibrant Matter: A Political Ecology of Things.* Durham, NC: Duke University Press, 2010.

Berg, Maxine. *The Age of Manufactures, 1700-1820: Industry, Innovation and Work in Britain.* 2nd ed. Routledge, 1994.

Bergson, Henri. *Creative Evolution.* Mineola, NY: Dover, 1998.

Berlan, Amanda. "Child Labour and Cocoa: Whose Voices Prevail?" *International Journal of Sociology and Social Policy* 29, nos. 3-4 (2009): 141-51.

Berry, Dominic J. "Historiography of Plant Breeding and Agriculture." In *Handbook of the Historiography of Biology,* edited by Michael R. Dietrich, Mark E. Borrello, and Oren Harman, 499-525. Historiographies of Science. Cham: Springer International, 2021.

———. "Plants Are Technologies." In *Histories of Technology, the Environment and Modern Britain,* edited by John Agar and Jacob Ward, 161-85. London: UCL Press, 2018.

Besky, Sarah. *The Darjeeling Distinction: Labor and Justice on Fair-Trade Tea Plantations in India.* Berkeley: University of California Press, 2013.

Biersack, Aletta. "The Sun and the Shakers, Again: Enga, Ipili, and Somaip Perspectives on the Cult of Ain: Part Two." *Oceania* 81, no. 3 (November 2011): 225-43.

Biggs, David. "Promiscuous Transmission and Encapsulated Knowledge: A Material-Semiotic Approach to Modern Rice in the Mekong Dalta." In *Rice: Global Networks and New Histories,* edited by Francesca Bray, Peter A. Coclanis, Edda L. Fields-Black, and Dagmar Schäfer, 118-37. Cambridge: Cambridge University Press, 2015.

———. *Quagmire: Nation-Building and Nature in the Mekong Delta.* Seattle: University of Washington Press, 2011.

Black, John, Nigar Hashimzade, and Gareth Myles. *A Dictionary of Economics.* Oxford: Oxford University Press, 2012.

Blain, Marc-A. "Le rôle de la dépendance externe et des structures sociales dans l'économie frumentaire du Canada et de l'Argentine (1880-1930) ." *Revue d'histoire de l'Amérique française* 26, no. 2 (1972): 239-70.

Blazdell, P. "The Mighty Cashew." *Interdisciplinary Science Reviews* 25, no. 3 (2000): 220-26.

Bleichmar, Daniela. *Visible Empire. Botanical Expeditions and Visual Culture in the Spanish Enlightenment.* Chicago: Chicago University Press, 2012.

Bloch, Marc. *Apologie pour l'histoire, ou, Métier d'historien.* Cahiers des Annales 3. Paris: Armand Colin, 1949.

———. *Les caractères originaux de l'histoire rurale française.* Paris: Belles Lettres, 1931.

Blue, Gregory. "China and Western Social Thought in the Modern Period." In *China and Historical Capitalism: Genealogies of Sinological Knowledge,* edited by Timothy Brook and Gregory Blue, 57-109. Cambridge: Cambridge University Press, 1999.

"The Boll Weevil Convention." *Southern Mercury.* 12 November, 1903.

Bonneuil, Christophe. "Mendelism, Plant Breeding and Experimental Cultures: Agriculture and the Development of Genetics in France." *Journal of the History of Biology* 39, no. 2 (2006): 281-308.

———. "Mettre en ordre et discipliner les tropiques: Les sciences du végétal dans l'empire français 1870-1940." Ph.D. dissertation, Paris 7, 1997.

Bonneuil, Christophe, and Jean-Baptiste Fressoz. *The Shock of the Anthropocene: The Earth, History and Us.* Translated by David Fernbach. London: Verso Books, 2015.

Boserup, Ester. *Woman's Role in Economic Development.* London: Allen and Unwin, 1970. Bouza, Fernando. *Corre manuscrito: Una historia cultural del Siglo de Oro.* Madrid: Marcial Pons, 2001.

Bradbury, E. Jane, Anne Duputié, Marc Delêtre, Caroline Roullier, Alexandra Narváez-Trujillo, Joseph A. Manu-Aduening, Eve Emshwiller, and Doyle McKey. "Geographic Differences in Patterns of Genetic Differentiation among Bitter and Sweet Manioc (*Manihot esculenta* Subsp. *esculenta*; Euphorbiaceae)." *American Journal of Botany* 100, no. 5 (2013): 857-66.

Braudel, Fernand. *Civilisation matérielle et capitalisme (XVe-XVIIIe siècle).* 3 vols. Paris: Armand Colin, 1967.

———. *Civilization and Capitalism, 15th-18th Century. Volume I: The Structures of Everyday Life.* Translated by Siân Reynolds. London: William Collins, 1981.

———. *Civilization and Capitalism, 15th-18th Century. Volume II: The Wheels of Commerce.*

Translated by Siân Reynolds. London: William Collins, 1982.

———. *Civilization and Capitalism, 15th-18th Century. Volume III: The Perspective of the World.* Translated by Siân Reynolds. London: William Collins,

1984.

Bray, Francesca. "Agriculture." In *The Six Dynasties 220-581,* edited by Albert E. Dien and Kenneth Knapp, 2:355-73. Cambridge History of China. Cambridge: Cambridge University Press, 2019.

———. "The Craft of Mud-Making: Cropscapes, Time, and History." *Technology and Culture* 61, no. 2 (2020): 645-61.

———. "Feeding the Farmers, Feeding the Nation: The Long Green Revolution in Kelantan, Malaysia." In *Handbook of Food and Anthropology,* edited by James L. Watson and Jakob A. Klein, 173-99. London: Bloomsbury, 2016.

———. "Genetically Modified Foods: Shared Risk and Global Action." In *Revising Risk: Health Inequalities and Shifting Perceptions of Danger and Blame,* edited by Barbara Herr Harthorn and Laury Oakes, 185-207. Westport, CT: Praeger, 2003.

———. "Health, Wealth, and Solidarity: Rice as Self in Japan and Malaysia." In *Moral Foods: The Construction of Nutrition and Health in Modern Asia,* edited by Angela Ki Che Leung and Melissa L. Caldwell, 23-46. Honolulu: University of Hawaii Press, 2019.

———. "Instructive and Nourishing Landscapes: Natural Resources, People and the State in Late Imperial China." In *The Wealth of Nature: How Natural Resources Have Shaped Asian History, 1600-2000,* edited by Greg Bankoff and Peter Boomgaard, 205-26. London: Palgrave Macmillan, 2007.

———. "Introduction." In *Gender, Health, and History in Modern East Asia,* edited by Angela Ki Che Leung and Izumi Nakayama. Hong Kong: Hong Kong University Press, 2017.

———. *The Rice Economies: Technology and Development in Asian Societies.* Berkeley: University of California Press, 1994. (1st ed. 1986.)

———. *Science and Civilisation in China: Volume 6, Biology and Biological Technology, Part 2, Agriculture.* Cambridge: Cambridge University Press, 1984.

———. "Science, Technique, Technology: Passages between Matter and Knowledge in Imperial Chinese Agriculture." *British Journal for the History of Science* 41, no. 3 (2008): 319-44.

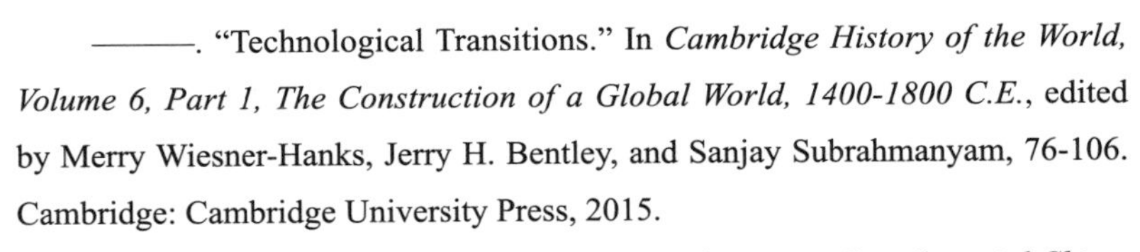

———. "Technological Transitions." In *Cambridge History of the World, Volume 6, Part 1, The Construction of a Global World, 1400-1800 C.E.*, edited by Merry Wiesner-Hanks, Jerry H. Bentley, and Sanjay Subrahmanyam, 76-106. Cambridge: Cambridge University Press, 2015.

———. *Technology and Gender: Fabrics of Power in Late Imperial China.* Berkeley: University of California Press, 1997.

———. *Technology, Gender and History in Imperial China: Great Transformations Reconsidered.*

London: Routledge, 2013.

———. "Translating the Art of Tea: Naturalizing Chinese Savoir Faire in British Assam." In *Entangled Itineraries: Materials, Practices, and Knowledges across Eurasia,* edited by Pamela H. Smith, 99-137. Pittsburgh: University of Pittsburgh Press, 2019.

Bray, Francesca, Barbara Hahn, John Bosco Lourdusamy, and Tiago Saraiva. "Cropscapes and History: Reflections on Rootedness and Mobility." *Transfers* 9, no. 1 (2019): 20-41.

Bray, Francesca, and Georges Métailié. "Who Was the Author of the *Nongzheng Quanshu*?" In *Statecraft and Intellectual Renewal in Late Ming China: The Cross-Cultural Synthesis of Xu Guangqi (1562-1633)*, edited by Catherine Jami, Peter Engelfriet, and Gregory Blue, 322-59. Leiden: Brill, 2001.

Bray, Francesca, and A. F. Robertson. "Sharecropping in Kelantan, Malaysia." In *Research in Economic Anthropology,* edited by George Dalton, 3:209-44. Greenwich, CT.: JAI Press, 1980.

Breman, Jan. *Labour Migration and Rural Transformation in Colonial India.* Amsterdam: Free University Press, 1990.

Bridger, Sue. "The Heirs of Pasha: The Rise and Fall of the Soviet Woman Tractor Driver." In *Gender in Russian History and Culture,* edited by Linda Edmondson, R. W. Davies, and E. A. Rees, 194-211. Studies in Russian and East European History and Society. London: Palgrave Macmillan, 2001.

Brisebarre, Anne-Marie. *Bergers des Cévennes.* Espace des hommes. Nancy: Berger-Levrault, 1979. Brockway, Lucile. *Science and the Colonial Expansion: The Role of the British Royal Botanic Gardens.* New York: Academic Press, 1979.

Brook, Timothy. "Capitalism and the Writing of Modern History in China." In *China and Historical Capitalism: Genealogies of Sinological Knowledge,* edited by Timothy Brook and Gregory Blue, 110-57. Cambridge: Cambridge University Press, 1999.

Brown, Kathleen M. *Good Wives, Nasty Wenches, and Anxious Patriarchs: Gender, Race, and Power in Colonial Virginia.* Chapel Hill: Omohundro Institute of Early American History and University of North Carolina Press, 1996.

Browne, Janet. "Biogeography and Empire." In *Cultures of Natural History,* edited by Nicholas Jardine, James A. Secord, and Emma C. Spary, 305-21. Cambridge: Cambridge University Press, 1996.

Bruce, C. A., Superintendent of Tea Culture. "Report on the Manufacture of Tea, and on the Extent and Produce of the Tea Plantations in Assam: Transactions of the Agricultural and Horticultural Society of India, Vol. Ⅶ ." Report to the British Parliamentary Tea Committee. London, 1839.

Brüggemeier, Franz-Josef, Mark Cioc, and Thomas Zeller, eds. *How Green Were the Nazis? Nature, Environment, and Nation in the Third Reich.* Athens: Ohio University Press, 2005.

Bubandt, Nils, and Anna Tsing. "Feral Dynamics of Post-Industrial Ruin: An Introduction."*Journal of Ethnobiology* 38, no. 1 (2018): 1-7.

Burchardt, Jeremy F. S. "Land and the Laborer: Potato Grounds and Allotments in Nineteenth-Century Southern England." *Agricultural History* 74, no. 3 (2000): 667-84.

Burke, Peter. "The Annales in Global Context." *International Review of Social History* 35, no. 3 (1990): 421-32.

Callon, Michel. "Some Elements of a Sociology of Translation: Domestication of the Scallops and the Fishermen of St Brieuc Bay." *Sociological Review* 32, no. 1 suppl. (1984): 196-233.

———, ed. *The Laws of the Markets.* Oxford: Blackwell, 1998.

Callon, Michel, Millo Yuval, and Fabian Muniesa. *Market Devices.* Malden: Blackwell, 2007.

Camargo, João, and Paulo Pimenta de Castro. *Portugal em chamas: Como resgatar as florestas.*Lisbon: Bertrand, 2018.

Canales, Jimena. *The Physicist and the Philosopher: Einstein, Bergson and the Debate That Changed Our Understanding of Time*. Princeton: Princeton University Press, 2015.

Canet, Gerardo, and Erwin Raisz. *Atlas de Cuba*. Cambridge, MA: Harvard University Press, 1949.

Cañizares-Esguerra, Jorge. "Bartolomé Inga's Mining Technologies: Indians, Science, Cyphered Secrecy, and Modernity in the New World." *History and Technology* 34, no. 1 (2018): 61-70.

———, ed. *Entangled Empires: The Anglo-Iberian Atlantic, 1500-1830*. Philadelphia: University of Pennsylvania Press, 2018.

Cantrell, Georgia. *Cashew Nuts*. Washington, DC: War Food Administration, Office of Marketing Services, 1945.

Capela, José. *O vinho para o preto: Notas e textos sobre a exportação do vinho para África*. Porto: Afrontamento, 1973.

Carney, Judith A. *Black Rice: The African Origins of Rice Cultivation in the Americas*.Cambridge, MA: Harvard University Press, 2001.

Carney, Judith A., and Richard Nicholas Rosomoff. *In the Shadow of Slavery: Africa's Botanical Legacy in the Atlantic World*. Berkeley: University of California Press, 2009.

Carter, S., L. Fresco, P. Jones, and J. Fairbairn. *Introduction and Diffusion of Cassava in Africa: IITA Research Guide, No. 49*. Ibadan, Nigeria: IITA (International Institute of Tropical Agriculture), 1997.

Carver, George Washington. *How to Build Up Worn Out Soils*. Alabama: Tuskegee Institute, 1905.

Casale, Giancarlo. *The Ottoman Age of Exploration*. New York: Oxford University Press, 2010.

Casement, Roger. *The Amazon Journal of Roger Casement*. Edited by Angus Mitchell. London: Anaconda, 1997.

Castello Branco, Camillo. *O vinho do Porto, processo d'uma bestialidade inglesa, exposição a Thomas Ribeirlo*. Porto: Livraria Lella-Chardron, 1903.

Chambers, J. D., and G. E. Mingay. *The Agricultural Revolution 1750-1880*. London: B. T. Batsford, 1966.

Chang, Chia-ju. "Environing at the Margins: *Huanjing* as a Critical Practice." In *Chinese Environmental Humanities: Practices of Environing at the*

Margins, edited by Chia-ju Chang, 1-32. Cham: Springer International, 2019.

Charbonnier, Julien. "La maîtrise du temps d'irrigation au sein des oasis alimentées par des aflâj." *Revue d'ethnoécologie* 4 (2013).

Chatterjee, Ashoke. "Our Past as Our Future: Weaving Tomorrow at Chirala." *Asia InCH: Thinkers, Creators, Makers, Doers* (blog), December 2018.

Chatterjee, Indrani. "Connected Histories and the Dream of Decolonial History." *South Asia: Journal of South Asian Studies* 41, no. 1 (2018): 69-86.

Chaudhuri, Kirti (K. N.). "O imperio na economia mundial." In *Historia da expansao portu- guesa,* edited by Kirti (K. N.) Chaudhuri and Francisco Bethencourt, 248-73. Lisbon: Circulo de Leitores, 1998.

———. *Trade and Civilisation in the Indian Ocean: An Economic History from the Rise of Islam to 1750.* Cambridge: Cambridge University Press, 1985.

Chen, BuYun. "The Case of Bingata: Trafficking Textile Art and Technique across the East China Sea." In *Knowledge in Translation: Global Patterns of Scientific Exchange, 1000- 1800 CE,* edited by Patrick Manning and Abigail Owen, 117-33. Pittsburgh: University of Pittsburgh Press, 2018.

Chen Fu. *Nongshu* (Agricultural treatise). Beijing: Zhonghua, 1956.

Chen, Ruikun, Ayako Shimono, Mitsuko Aono, Nobuyoshi Nakajima, Ryo Ohsawa, and Yosuke Yoshioka. "Genetic Diversity and Population Structure of Feral Rapeseed (*Brassica Napus* L.) in Japan." *PLOS ONE* 15, no. 1 (16 January 2020): e0227990.

Cheung, Sui-Wai. "A Desire to Eat Well: Rice and the Market in Eighteenth-Century China." In *Rice: Global Networks and New Histories,* edited by Francesca Bray, Peter A. Coclanis, Edda L. Fields-Black, and Dagmar Schäfer, 84-98. Cambridge: Cambridge University Press, 2015.

Clarence-Smith, William Gervase. "The Spread of Coffee Cultivation in Asia, from the Seventeenth to the Early Nineteenth Century." In *Le commerce du café avant l'ère des plantations coloniales: Espaces, réseaux, sociétés (XVe-XIXe siècle)*, edited by Michel Tuchscherer, 371-84. Cairo: IFAO, 1997.

Clarence-Smith, William Gervase, and Steven Topik, eds. *The Global Coffee Economy in Africa, Asia and Latin America, 1500-1989.* Cambridge: Cambridge University Press, 2003.

Clark, Brett, and John Bellamy Foster. "Ecological Imperialism and the

Global Metabolic Rift: Unequal Exchange and the Guano/Nitrates Trade." *International Journal of Comparative Sociology* 50, nos. 3-4 (2009): 311-34.

Clarke, Adele E., and Donna Jeanne Haraway, eds. *Making Kin Not Population.* Chicago: Prickly Paradigm Press, 2018.

Cohen, Deborah. *Braceros: Migrant Citizens and Transnational Subjects in the Postwar United States and Mexico.* Chapel Hill: University of North Carolina Press, 2011.

Conrad, Joseph. *Heart of Darkness.* New York: Signet Classics, 1997.

Conrad, Sebastian. *What Is Global History?* Princeton: Princeton University Press, 2016.

Conrad, Sebastian, and Jürgen Osterhammel. *An Emerging Modern World, 1750-1850.*Cambridge, MA: Belknap Press of Harvard University Press, 2018.

Conway, Gordon. *The Doubly Green Revolution: Food for All in the Twenty-First Century.* Ithaca, NY: Cornell University Press, 1999.

Cook, Scott. "The Obsolete 'Anti-Market' Mentality: A Critique of the Substantive Approach to Economic Anthropology." *American Anthropologist* 68, no. 2 (1966): 323-45.

Cooper, Frederick. *Africa since 1940: The Past of the Present.* Cambridge: Cambridge University Press, 2002.

Cornejo-Polar, Antonio. "Mestizaje, transculturación y heterogeneidad." *Revista de critica literaria latinoamericana* 40 (1994): 368-71.

Coronil, Fernando. "Introduction to the Duke University Press Edition." In *Cuban Counterpoint: Tobacco and Sugar,* by Fernando Ortiz, ix-lvii. Translated by Harriet de Onís. Durham, NC: Duke University Press, 1995.

Correia, António Balbino Ramalho. *A industrialização da castanha de cajú.* Lourenço Marques: Direcção dos Serviços de Economia e Estatística Geral da Provincia de Mocambique, 1963.

Coupaye, Ludovic. "Ways of Enchanting: *Chaînes opératoires* and Yam Cultivation in Nyamikum Village, Maprik, Papua New Guinea." *Journal of Material Culture* 14, no. 4 (2009): 433-58.

Craven, Avery Odelle. *Soil Exhaustion as a Factor in the Agricultural History of Virginia and Maryland, 1606-1860.* Champaign: University of Illinois Press, 1926.

Crawford, Matthew James. *The Andean Wonder Drug: Cinchona Bark and Imperial Science in the Spanish Atlantic, 1630-1800.* Pittsburgh: University of Pittsburgh Press, 2016.

Critz, José Morilla, Alan L. Olmstead, and Paul W. Rhode. " 'Horn of Plenty': The Globalization of Mediterranean Horticulture and the Economic Development of Southern Europe, 1880-1930." *Journal of Economic History* 59, no. 2 (1999): 316-52.

Cronon, William. *Nature's Metropolis: Chicago and the Great West.* New York: W. W. Norton, 1991.

Crosby, Alfred W. *The Columbian Exchange: Biological and Cultural Consequences of 1492.*Westport, CT: Greenwood, 1972.

———. *Ecological Imperialism: The Biological Expansion of Europe, 900-1900.* 2nd ed.Cambridge: Cambridge University Press, 2004. (1st ed. 1986.)

Cunha, Manuela Carneiro da. *Cultura com aspas e outros ensaios.* São Paulo: UBU, 2017.

Curry, Helen Anne. *Endangered Maize: Industrial Agriculture and the Crisis of Extinction.* Berkeley: University of California Press, 2022.

———. "From Working Collections to the World Germplasm Project: Agricultural Modernization and Genetic Conservation at the Rockefeller Foundation." *History and Philosophy of the Life Sciences* 39, no. 2 (2017).

———. "Making Marigolds: Colchicine, Mutation Breeding, and Ornamental Horticulture, 1937-1950." In *Making Mutations: Objects, Practices, Contexts,* 259-84. Berlin: Max Planck Institute for the History of Science, 2010.

Curry-Machado, Jonathan. *Cuban Sugar Industry: Transnational Networks and Engineering Migrants in Mid-Nineteenth Century Cuba.* New York: Palgrave Macmillan, 2011.

Curtin, Philip. " 'The End of the' White Man's Grave? Nineteenth-Century Mortality in West Africa." *Journal of Interdisciplinary History* 21, no. 1 (1990): 63-88.

———.*The Rise and Fall of the Plantation Complex: Essays in Atlantic History.* Studies in Comparative World History. Cambridge: Cambridge University Press, 1990.

Curtler, W. H. R. *A Short History of English Agriculture.* Oxford: Clarendon

Press, 1909.

Cuvi, Nicolás. "The Cinchona Program (1940-1945): Science and Imperialism in the Exploitation of a Medicinal Plant." *Dynamis* 31, no. 1 (2011): 183-206.

Cwiertka, Katarzyna Joanna. *Modern Japanese Cuisine: Food, Power and National Identity.* London: Reaktion Books, 2014.

Dale, Stephen Frederic. *The Orange Trees of Marrakesh: Ibn Khaldun and the Science of Man.* Cambridge, MA: Harvard University Press, 2015.

Daly, Lewis, and Glenn Shepard. "Magic Darts and Messenger Molecules: Toward a Phytoethnography of Indigenous Amazonia." *Anthropology Today* 35, no. 2 (2019): 13-17.

Daniel, Pete. *Breaking the Land: The Transformation of Cotton, Tobacco, and Rice Cultures since 1880.* Champaign: University of Illinois Press, 1986.

Daniels, Christian. *Science and Civilisation in China: Volume Ⅵ, Biology and Biological Technology, Part 3: Agro-Industries: Sugarcane Technology.* Cambridge: Cambridge University Press, 1996.

Daston, Lorraine. *Things That Talk: Object Lessons from Art and Science.* Cambridge, MA: Zone Books, 2002.

Daugstad, Karoline, Margarita Fernández Mier, and Leonor Peña-Chocarro. "Landscapes of Transhumance in Norway and Spain: Farmers' Practices, Perceptions, and Value Orientations." *Norsk Geografisk Tidsskrift—Norwegian Journal of Geography* 68, no. 4 (2014): 248-58.

Davis, Mike. *Late Victorian Holocausts: El Niño Famines and the Making of the Third World.*London: Verso, 2002.

Davis, Natalie Zemon. "Decentering History: Local Stories and Cultural Crossings in a Global World." *History and Theory* 50, no. 2 (2011): 188-202.

Dean, Warren. *Brazil and the Struggle for Rubber: A Study in Environmental History.*Cambridge: Cambridge University Press, 1987.

———. *With Broadax and Firebrand: The Destruction of the Brazilian Atlantic Forest.*Berkeley: University of California Press, 1995.

Deb Roy, Rohan. *Malarial Subjects: Empire, Medicine and Nonhumans in British India, 1820- 1909.* Cambridge: Cambridge University Press, 2017.

Decker, Michael. "Plants and Progress: Rethinking the Islamic Agricultural

Revolution."*Journal of World History* 20, no. 2 (2009): 187-206.

Deepa, G. L. "Industrial Crisis and Women Workers: A Study of Cashew Processing in Kerala." Ph.D. dissertation, Jawaharlal Nehru University, 1994.

Deichmann, Ute. *Biologists under Hitler.* Cambridge, MA: Harvard University Press, 1996.

DeLanda, Manuel. *A Thousand Years of Nonlinear History.* Cambridge, Mass: MIT Press, 1997.

Deleuze, Gilles, and Félix Guattari. *A Thousand Plateaux: Capitalism and Schizophrenia.* Translated by Brian Massumi. Minneapolis: University of Minnesota Press, 1987.

De Luna, Kathryn M. *Collecting Food, Cultivating People: Subsistence and Society in Central Africa.* Yale Agrarian Studies. New Haven: Yale University Press, 2016.

———. "Compelling Vansina: Contributions to Early African History." *History in Africa* 45 (2018): 161-73.

———. "Inciteful Language: Knowing and Naming Technology in South Central Africa."*History and Technology* 34, no. 1 (2018): 41-50.

Demiriz, Yıldız. "Tulips in Ottoman Turkish Culture and Art." In *The Tulip: The Symbol of Two Nations,* edited by Michiel Roding and Hans Theunissen, 57-75. Utrecht and Istanbul: M.Th. Houtsma Stichting and Turco-Dutch Friendship Association, 1993.

Descola, Philippe. *Beyond Nature and Culture.* Chicago: University of Chicago Press, 2013.

———. "Le jardin de Colibri: Procès de travail et catégorisations sexuelles chez les Achuar de l'Équateur." *Homme* 23, no. 1 (1983): 61-89.

Devine, T. M. *The Scottish Clearances.* London: Penguin, 2019.

De Vries, Jan. "Industrious Peasants in East and West: Markets, Technology, and Family Structure in Japanese and Western European Agriculture." *Australian Economic History Review* 51, no. 2 (2011): 107-19.

———. *The Industrious Revolution: Consumer Behavior and the Household Economy, 1650 to the Present.* New York: Cambridge University Press, 2008.

Diamond, Jared. *Collapse: How Societies Choose to Fail or Succeed.* New

York: Viking, 2005.

———. *Guns, Germs and Steel: The Fate of Human Societies.* New York: W.W. Norton, 1997.

Diffloth, Paul. *Les nouveaux systèmes de culture: Dry-farming: Méthodes chinoise et russe, système Jean—système Devaux.* Paris: Librairie Beillière, 1917.

Domingos, Nuno. "Na pista da mandioca colonial e pós-colonial: Das formas de representa- ção do global." In *Estudos sobre a globalização,* edited by D. R. Curto, 319-51. Lisbon: Edições 70, 2016.

Domingues, Álvaro, and João Paulo Sotto Mayor. *Douro à la carte.* Edições de Risco, 2009.

Dominguez, Diego. "Repeasantization in the Argentina of the 21st Century." *Psicoperspectivas: Individuo y sociedad* 11 (2012): 134-57.

Dooren, Thom van. "Invasive Species in Penguin Worlds: An Ethical Taxonomy of Killing for Conservation." *Conservation and Society* 9 (n.d.): 286-98.

Dove, Michael R. "Obituary: Harold C. Conklin (1926-2016)." *American Anthropologist* 119, no. 1 (2017): 174-77.

———. "Plants, Politics, and the Imagination over the Past 500 Years in the Indo-Malay Region." *Current Anthropology* 60, no. S20 (2019): S309-20.

———. "Smallholder Rubber and Swidden Agriculture in Borneo: A Sustainable Adaptation to the Ecology and Economy of the Tropical Forest." *Economic Botany* 47, no. 2 (1993): 136-47.

Drayton, Richard. *Nature's Government: Science, Imperial Britain, and the "Improvement" of the World.* New Haven: Yale University Press, 2000.

Drayton, Richard, and David Motadel. "Discussion: The Futures of Global History." *Journal of Global History* 13, no. 1 (2018): 1-21.

Du Bois, W. E. B. *Black Reconstruction in America 1860-1880.* New York: Harcourt Brace, 1935.

———. *The Souls of Black Folk.* New York: Penguin, 2018. (1st ed. 1903.)

Duguid, Paul. "Networks and Knowledge: The Beginning and End of the Port Commodity Chain, 1703-1860." *Business History Review* 79, no. 3 (2005): 493-526.

Dunn, Ross E. "The Trade of Tafilalt: Commercial Change in Southeast Morocco on the Eve of the Protectorate." *African Historical Studies* 4, no. 2

(1971): 271-304.

Earle, Rebecca. *The Body of the Conquistador: Food, Race and the Colonial Experience in Spanish America, 1492-1700.* Cambridge: Cambridge University Press, 2012.

———. "The Columbian Exchange." In *The Oxford Handbook of Food History,* edited by Jeffrey M. Pilcher, 341-57. Oxford: Oxford University Press, 2012.

———. *Feeding the People: The Politics of the Potato.* Cambridge: Cambridge University Press, 2020.

———. "Food, Colonialism and the Quantum of Happiness." *History Workshop Journal* 84 (2017): 170-93.

———. "Promoting Potatoes in Eighteenth-Century Europe." *Eighteenth-Century Studies* 51, no. 2 (2017): 147-62.

Edgerton, David. *The Shock of the Old: Technology and Global History since 1900.* Reprint ed. London: Profile, 2008.

Elina, Olga, Susanne Heim, and Nils Roll-Hansen. "Plant Breeding on the Front: Imperialism, War, and Exploitation." *Osiris* 20 (2005): 161-79.

Ellis, Markman, Richard Coulton, and Matthew Mauger. *Empire of Tea: The Asian Leaf That Conquered the World.* London: Reaktion Books, 2015.

Eltis, David, Philip Morgan, and David Richardson. "Agency and Diaspora in Atlantic History: Reassessing the African Contribution to Rice Cultivation in the Americas." *American Historical Review* 112, no. 5 (2007): 1329-58.

Elvin, Mark. *The Pattern of the Chinese Past: A Social and Economic Interpretation.* Stanford: Stanford University Press, 1973.

———. *The Retreat of the Elephants: An Environmental History of China.* New Haven: Yale University Press, 2006.

Elvin, Mark, and Ts'ui-jung Liu, eds. *Sediments of Time: Environment and Society in Chinese History.* Cambridge: Cambridge University Press, 1998.

Engels, Friedrich. *The Condition of the Working Class in England in 1844.* London: S. Sonnenschein, 1892.

Eriksen, Thomas Hylland. *Small Places, Large Issues: An Introduction to Social and Cultural Anthropology.* London: Pluto Press, 1995.

Erimtan, Can. *Ottomans Looking West? The Origins of the Tulip Age and Its*

Development in Modern Turkey. London: I. B. Tauris, 2010.

Esser, Lora L. "Eucalyptus globulus." In *Fire Effects Information System*. Rocky Mountain Research Station, Fire Sciences Laboratory: U.S. Department of Agriculture, Forest Service, 1993.

Estrella, Eduardo. "Ciencia ilustrada y saber popular en el conocimiento de la quina en el siglo XVIII ." In *Saberes andinos: Ciencia y tecnología en Bolivia, Ecuador y Perú, ed. Marcos Cueto,* 35-57. Lima: Instituto de Estudios Peruanos, 1995.

FAO. "Family Farming Knowledge Platform." Accessed 4 January 2021.

———. *FAO Statistical Pocketbook, World Food and Agriculture, 2015*. Rome: FAO, 2015.

———. *Perennial Crops for Food Security. Proceedings of the FAO Expert Workshop*. Rome: FAO, 2014.

———. *The State of the World's Biodiversity for Food and Agriculture*. Edited by J. Bélanger and D. Pilling. Rome: FAO, 2019.

Farmer, B. H. *Green Revolution? Technology and Change in Rice-Growing Areas of Tamil Nadu and Sri Lanka*. London: Macmillan, 1977.

Fenzi, Marianna, and Christophe Bonneuil. "From 'Genetic Resources' to 'Ecosystems Services': A Century of Science and Global Policies for Crop Diversity Conservation." *Culture, Agriculture, Food and Environment* 38, no. 2 (2016): 72-83.

Ferleger, Lou. "Uplifting American Agriculture: Experiment Station Scientists and the Office of Experiment Stations in the Early Years after the Hatch Act." *Agricultural History* 64, no. 2 (1990): 5-23.

Ficquet, Éloi. "Le rituel du café, contribution musulmane à l'identité nationale éthiopienne." In *O Islão na África Subsariana,* edited by A. C. Gonçalves, 159-65. Porto: Centro de Estudos Africanos da Universidade do Porto, 2004.

Filer, Colin. "Interdisciplinary Perspectives on Historical Ecology and Environmental Policy in Papua New Guinea." *Environmental Conservation* 38, no. 2 (2011): 256-69.

Finger, William R. *The Tobacco Industry in Transition*. Washington, DC: Lexington Books, 1981.

Finlay, Mark R. "Old Efforts at New Uses: A Brief History of Chemurgy and the American Search for Biobased Materials." *Journal of Industrial Ecology* 7, nos. 3-4 (2004): 33-46.

Fischer, Klara. "Why New Crop Technology Is Not Scale-Neutral—A Critique of the Expectations for a Crop-Based African Green Revolution." *Research Policy* 45, no. 6 (2016): 1185-94.

Fitzgerald, Deborah. "Blinded by Technology: American Agriculture in the Soviet Union, 1928-1932." *Agricultural History* 70, no. 3 (1996): 459-86.

———. *Every Farm a Factory: The Industrial Ideal in American Agriculture.* Yale University Press, 2003.

Flemming, Højlund. "Date Honey Production in Dilmun in the Mid 2nd Millennium BC: Steps in the Technological Evolution of the Madbasa." *Paléorient* 16, no. 1 (1990): 77-86.

Fletcher, Rob. "The Time Is Ripe for Rice-Fish Culture." The Fish Site, 14 December, 2018.

Flitner, Michael. "Genetic Geographies. A Historical Comparison of Agrarian Modernization and Eugenic Thought in Germany, the Soviet Union and the United States." *Geoforum* 34, no. 2 (2003): 175-85.

———. *Sammler, Räuber und Gelehrte: Pflanzengenetische Ressourcen zwischen deutscher Biopolitik und internationaler Entwicklung 1890-1994.* Frankfurt: Campus, 1995.

Flynn, Dennis O., and Arturo Giráldez. "Born with a 'Silver Spoon': The Origin of World Trade in 1571." *Journal of World History* 6, no. 2 (1995): 201-21.

Follett, Richard, Sven Beckert, Peter A. Coclanis, and Barbara M. Hahn. *Plantation Kingdom: The American South and Its Global Commodities.* Baltimore: Johns Hopkins University Press, 2016.

Ford, Anabel, and Ronald Nigh. *The Maya Forest Garden: Eight Millennia of Sustainable Cultivation of the Tropical Woodlands.* Walnut Creek, CA: Left Coast Press, 2016.

Fortune, Robert. *A Journey to the Tea Countries of China and India.* London: John Murray, 1852.

———. *Three Years' Wanderings in the Northern Provinces of China, Including a Visit to the Tea, Silk and Cotton Countries.* London: John Murray,

1847.

Fowler, Cary. "The Svalbard Global Seed Vault: Securing the Future of Agriculture." The Global Crop Diversity Trust, 2008.

Francks, Penelope. "Consuming Rice: Food, 'Traditional' Products and the History of Consumption in Japan." *Japan Forum* 19, no. 2 (2007): 147-68.

———. "Rice and the Path of Economic Development in Japan." In *Rice: Global Networks and New Histories,* edited by Francesca Bray, Peter A. Coclanis, Edda L. Fields-Black, and Dagmar Schäfer, 318-34. Cambridge: Cambridge University Press, 2015.

———. *Technology and Agricultural Development in Pre-War Japan.* New Haven: Yale University Press, 1984.

———. *The Japanese Consumer: An Alternative Economic History of Modern Japan.* Cambridge: Cambridge University Press, 2009.

Frank, André Gunder. *ReOrient: Global Economy in the Asian Age.* Berkeley: University of California Press, 1998.

Frías, Marcelo. *Tras El Dorado vegetal: José Celestino Mutis y la real expedición botánica del Nuevo Reino de Granada (1783-1808).* Seville: Diputación de Sevilla, 1994.

Friedmann, Harriet. "World Market, State, and Family Farm: Social Bases of Household Production in the Era of Wage Labor." *Comparative Studies in Society and History* 20, no. 4 (1978): 545-86.

Friesen, Gerald. *The Canadian Prairies: A History.* University of Toronto Press, 1987.

Fullilove, Courtney. *The Profit of the Earth: The Global Seeds of American Agriculture.* Chicago: University of Chicago Press, 2017.

Fussell, G. E. "Low Countries' Influence on English Farming." *English Historical Review* 74, no. 293 (1959): 611-22.

———. Review of *The History and Social Influence of the Potato,* by R. N. Salaman. *English Historical Review* 65, no. 255 (1950): 262-63.

Gago, Maria do Mar. "Robusta Empire: Coffee, Scientists and the Making of Colonial Angola (1898-1961)." Ph.D. dissertation, University of Lisbon, 2018.

Galeano, Eduardo. *Las venas abiertas de América Latina.* Mexico: Siglo XXI, 1971.

Galenson, David W. "The Settlement and Growth of the Colonies: Population, Labor and Economic Development." In *The Cambridge Economic History of the United States,* edited by Hugh Rockoff, Stanley Engerman, and Robert Gallman, 1:135-207. Cambridge: Cambridge University Press, 1996.

Galié, Alessandra. "Empowering Women Farmers: The Case of Participatory Plant Breeding in Ten Syrian Households." *Frontiers: A Journal of Women Studies* 34, no. 1 (2013): 58-92.

Gallo, Ezequiel. *La pampa gringa: La colonización agrícola en Santa Fe 1870-1895.* Buenos Aires: Edhasa, 1983.

Gambino, Megan. "Alfred W. Crosby on the Columbian Exchange." *Smithsonian Magazine*, October 4, 2011.

Garber, Peter M. *Famous First Bubbles: The Fundamentals of Early Manias.* Cambridge, MA: MIT Press, 2000.

Gardella, Robert. *Harvesting Mountains: Fujian and the China Tea Trade, 1757-1937.* Berkeley: University of California Press, 1994.

Garfield, Seth. *In Search of the Amazon: Brazil, the United States and the Nature of a Region.* Durham, NC: Duke University press, 2013.

Gausemeier, Bernd. "Genetics as a Modernization Program." *Historical Studies in the Natural Sciences* 40, no. 4 (2010): 429-56.

Gauthier-Pilters, H., and A.I. Dagg. *The Camel, Its Evolution, Ecology, Behaviour, and Relationship to Man.* Chicago: University of Chicago Press, 1981.

Gayon, Jean, and Doris T. Zallen. "The Role of the Vilmorin Company in Promotion and Diffusion of the Experimental Science of Heredity in France, 1840-1929." *Journal of the History of Biology* 31, no. 2 (1998): 241-62.

Geertz, Clifford. *Agricultural Involution: The Process of Ecological Change in Indonesia.* Berkeley: University of California Press, 1963.

Gelderblom, Oscar, Abe de Jong, and Joost Jonker. "The Formative Years of the Modern Corporation: The Dutch East India Company VOC, 1602-1623." *Journal of Economic History* 73, no. 4 (2013): 1050-76.

Geoffroy, Éric. "La diffusion du café au Proche-Orient arabe par l'intermédiaire des soufis: Mythe et réalité." In *Le commerce du café avant l'ère des plantations coloniales: Espaces, réseaux, sociétés (XVe-XIXe siècle)*, edited by Michel Tuchscherer, 7-15. Cairo: IFAO, 2001.

Giesen, James C. *Boll Weevil Blues: Cotton, Myth, and Power in the American South.* Chicago: University of Chicago Press, 2011.

Gilbert, Jess. *Planning Democracy: Agrarian Intellectuals and the Intended New Deal.* New Haven: Yale University Press, 2015.

Gille, Zsuzsa. "Actor Networks, Modes of Production, and Waste Regimes: Reassembling the Macro-Social." *Environment and Planning A: Economy and Space* 42, no. 5 (2010): 1049-64.

———. *From the Cult of Waste to the Trash Heap of History: The Politics of Waste in Socialist and Postsocialist Hungary.* Bloomington: Indiana University Press, 2007.

Godinho, Vitorino Magalhães. *Os descobrimentos e a economia mundial.* Lisbon: Presença, 1983.

Goldgar, Anne. *Tulipmania: Money, Honor, and Knowledge in the Dutch Golden Age.* Chicago: University of Chicago Press, 2007.

Gómez, Pablo F. "Caribbean Stones and the Creation of Early-Modern Worlds." *History and Technology* 34, no. 1 (2 January 2018): 11-20.

———. *The Experiential Caribbean: Creating Knowledge and Healing in the Early Modern Atlantic.* Chapel Hill: University of North Carolina Press, 2017.

Goodman, Jordan. *The Devil and Mr Casement: One Man's Struggle for Human Rights in South America's Heart of Darkness.* London: Verso, 2009.

Goody, Esther N. *Parenthood and Social Reproduction: Fostering and Occupational Roles in West Africa.* Cambridge: Cambridge University Press, 1982.

Goody, Jack. *The Culture of Flowers.* Cambridge: Cambridge University Press, 1993.

———. *The Theft of History.* Cambridge: Cambridge University Press, 2006.

Goss, Andrew. "Building the World's Supply of Quinine: Dutch Colonialism and the Origins of a Global Pharmaceutical Industry." *Endeavour* 38, no. 1 (2014): 8-18.

———. *The Floracrats: State-Sponsored Science and the Failure of the Enlightenment in Indonesia.* Madison: University of Wisconsin Press, 2011.

Grandin, Greg. *Fordlandia: The Rise and Fall of Henry Ford's Forgotten Jungle City.* Metropolitan, 2009.

Green, Toby. *A Fistful of Shells: West Africa from the Rise of the Slave Trade to the Age of Revolution.* London: Allen Lane, 2019.

Grist, D. H. *Rice.* London: Longman, 1975.

Gros-Balthazard, Muriel, Claire Newton, Sarah Ivorra, MargaretaTengberg, Jean-Christophe Pintaud, and Jean-Frédéric Terral. "Origines et domestication du palmier dattier (*Phoenix dactylifera* L.): État de l'art et perspectives d'étude." *Revue d'ethnoécologie* 4 (2013).

Guo, Tianyu, María García-Martín, and Tobias Plieninger. "Recognizing Indigenous Farming Practices for Sustainability: A Narrative Analysis of Key Elements and Drivers in a Chinese Dryland Terrace System." *Ecosystems and People* 17, no. 1 (2021): 279-91.

Gupta, Bishnupriya. "The History of the International Tea Market, 1850-1945." In *EH.Net Encyclopedia,* edited by Robert Whaples. EH.net, March 16, 2008.

Haffner, Jeanne. *The View from Above: The Science of Social Space.* Cambridge, MA: MIT Press, 2013.

Hahn, Barbara M. *Making Tobacco Bright: Creating an American Commodity, 1617-1937.* Baltimore: Johns Hopkins University Press, 2011.

———. Review of *Empire of Cotton: A Global History: The Half has Never Been Told: Slavery and the Making of American Capitalism,* by Sven Beckert and Edward E. Baptist. *Agricultural History* 89, no. 3 (2015): 482-86.

Hahn, Barbara, Tiago Saraiva, Paul W. Rhode, Peter Coclanis, and Claire Strom. "Does Crop Determine Culture?" *Agricultural History* 88, no. 3 (2014): 407-39.

Hamilton, Shane. "Agribusiness, the Family Farm, and the Politics of Technological Determinism in the Post-World War Ⅱ United States." *Technology and Culture* 55, no. 3 (2014): 560-90.

Hammer, Karl, and Axel Diederichsen. "Evolution, Status, and Perspectives for Landraces in Europe." In *European Landraces: On-Farm Conservation, Management and Use,* edited by V. Veteläinen, V. Negri, and N. Maxted, 23-44. Rome: Biodiversity International, 2009.

Hammers, Roslyn L. *Pictures of Tilling and Weaving: Art, Labor and Technology in Song and Yuan China.* Hong Kong: Hong Kong University Press, 2011.

Hanser, Jessica. "Teatime in the North Country: Consumption of Chinese Imports in North- East England." *Northern History* 49, no. 1 (2012): 51-74.

Haraway, Donna. "Anthropocene, Capitalocene, Plantationocene, Chthulucene: Making Kin." *Environmental Humanities* 6, no. 1 (2015): 159-65.

———. *The Companion Species Manifesto: Dogs, People, and Significant Otherness.* Chicago: Prickly Paradigm Press, 2003.

———. *When Species Meet.* Minneapolis: University of Minnesota Press, 2007.

Hardin, Garrett. "The Tragedy of the Commons." *Science,* n.s., 162 (1968): 1243-48.

Harilal, K. N., Nazneen Kanji, J. Jeyaranjan, Mindul Eapen, and P. Swaminathan. "Power in Global Value Chains: Implications for Employment and Livelihoods in the Cashew Nut Industry in India." London: International Institute for Environment and Development, 2006.

Harlan, Jack R., and J. M. J. de Wet. "Some Thoughts about Weeds." *Economic Botany* 19, no. 1 (1965): 16-24.

Harrell, Stevan. "China's Tangled Web of Heritage." In *Cultural Heritage Politics in China,* edited by Tami Blumenfield and Helaine Silverman, 285-94. New York: Springer, 2013.

Harris, D. R. "Vavilov's Concept of Centers of Origin of Cultivated Plants: Its Genesis and Its Influence on the Study of Agricultural Origins." *Biological Journal of the Linnean Society* 39, no. 1 (1990): 7-16.

Harris, Marvin. *Cows, Pigs, Wars and Witches: The Riddles of Culture.* London: Hutchinson, 1975.

Hartigan, John. "Plants as Ethnographic Subjects." *Anthropology Today* 35, no. 2 (2019): 1-2.

Hartlib, Samuel. *Samuel Hartlib, His Legacy of Husbandry Wherein Are Bequeathed to the Common-Wealth of England, Not Onely Braband and Flanders, but Also Many More Outlandish and Domestick Experiments and Secrets (of Gabriel Plats and Others) Never Heretofore Divulged in Reference to*

Universal Husbandry. London: Richard Wodnothe, 1665.

Harvey, John H. "Turkey as a Source of Garden Plants." *Garden History* 4, no. 3 (1976): 21-42.

Harwood, Jonathan. *Europe's Green Revolution and Others Since: The Rise and Fall of Peasant- Friendly Plant Breeding.* London: Routledge, 2012.

———. "The Fate of Peasant-Friendly Plant Breeding in Nazi Germany." *Historical Studies in the Natural Sciences* 40, no. 4 (2010): 569-603.

———. "The Green Revolution as a Process of Global Circulation: Plants, People and Practices." *Historia Agraria* 75 (2018): 37-66.

———. "Was the Green Revolution Intended to Maximise Food Production?" *International Journal of Agricultural Sustainability* 17, no. 4 (2019): 312-25.

Hasse, Geraldo. *A laranja no Brasil 1500-1987.* São Paulo: Duprat Iobe, n.d.

Hauser, I. L. *Tea: Its Origin, Cultivation, Manufacture and Use.* Chicago: Rand, McNally, 1890.

Hawthorne, Walter. "The Cultural Meaning of Work: The 'Black Rice Debate' Reconsidered." In *Rice: Global Networks and New Histories,* edited by Francesca Bray, Peter A. Coclanis, Edda L. Fields-Black, and Dagmar Schäfer, 279-90. Cambridge: Cambridge University Press, 2015.

Hayami, Akira. "The Industrious Revolution." *Look Japan* 38, no. 436 (1992): 8-10.

———. *Japan's Industrious Revolution: Economic and Social Transformations in the Early Modern Period.* Studies in Economic History. Tokyo: Springer Japan, 2015.

Hazareesingh, Sandip, and Harro Maat, eds. *Local Subversions of Colonial Cultures: Commodities and Anti-Commodities in Global History.* London: Palgrave Macmillan, 2016.

Headrick, Daniel. *The Tools of Empire: Technology and European Imperialism in the Nineteenth Century.* New York: Oxford University Press, 1981.

Hecht, Gabrielle. *Being Nuclear: Africans and the Global Uranium Trade.* Cambridge, MA: MIT Press, 2014.

Hecht, Susanna. "The Last Unfinished Page of Genesis: Euclides Da Cunha and the Amazon."*Novos Cadernos NAEA,* 11, no. 1 (2009): 43-69.

———. *The Scramble for the Amazon and the Lost Paradise of Euclides Da Cunha.* Chicago: Chicago University Press, 2013.

Hecht, Susanna, and Alexander Cockburn. *The Fate of the Forest: Developers, Destroyers, and Defenders of the Amazon.* Chicago: University of Chicago Press, 2010.

Heim, Susanne. *Kalorien, Kautschuk, Karrieren: Pflanzenzüchtung und landwirtschaftliche Forschung in Kaiser-Wilhelm-Instituten, 1933-1945.* Göttingen: Wallstein, 2003.

Heller, Joseph. *Catch-22.* New York: Simon and Schuster, 1999. (1st ed. 1961.)

Henderson, Georg L. *California and the Fictions of Capital.* Philadelphia: Temple University Press, 2003.

Hening, William Waller. *The Statutes at Large: Being a Collection of All the Laws of Virginia, from the First Session of the Legislature, in the Year 1619.* Vol. 1. Richmond, VA: Samuel Pleasants, Junior, Printer to the Commonwealth, 1809.

Herbert, Eugenia W. *Flora's Empire: British Gardens in India.* Philadelphia: University of Pennsylvania Press, 2012.

Hernández, Carol, Hugo Perales, and Daniel Jaffee. " 'Without Food There Is No Resistance': The Impact of the Zapatista Conflict on Agrobiodiversity and Seed Sovereignty in Chiapas, Mexico." *Geoforum,* September 12, 2020.

Hersey, Mark. *My Work Is That of Conservation: An Environmental Biography of George Washington Carver.* Athens: University of Georgia Press, 2011.

Hildebrand, Elisabeth A. "A Tale of Two Tuber Crops: How Attributes of Enset and Yams May Have Shaped Prehistoric Human-Plant Interactions in Southwest Ethiopia." In *Rethinking Agriculture: Archaeological and Ethnoarchaeological Perspectives,* edited by Tim Denham, Jose Iriarte, and Luc Vrydaghs, 273-98. Walnut Creek, CA: Left Coast Press, 2007.

Hill, Polly. *Migrant Cocoa-Farmers of Southern Ghana: A Study in Rural Capitalism.* Cambridge: Cambridge University Press, 1963.

Hill, R. D. "Back to the Future! Thoughts on Ratoon Rice in Southeast and East Asia." In *Perennial Crops for Food Security: Proceedings of the FAO Expert*

Workshop, edited by FAO, 362-75. Rome: FAO, 2014.

———. "The Cultivation of Perennial Rice, an Early Phase in Southeast Asian Agriculture?" *Journal of Historical Geography* 36, no. 2 (2010): 215-23.

Hinsch, Bret. *The Rise of Tea Culture in China: The Invention of the Individual.* London: Rowman and Littlefield, 2015.

Ho, Ping-Ti. "Early-Ripening Rice in Chinese History." *Economic History Review* 9, no. 2 (1956): 200-218.

———. "The Introduction of American Food Plants into China." *American Anthropologist* 57, no. 2 (1955): 191-201.

Hobsbawm, E. J., and George F. E. Rudé. *Captain Swing.* London: Lawrence and Wishart, 1969.

Hochshild, Adam. *King Leopold's Ghost: A Story of Greed, Terror, and Heroism in Colonial Africa.* Boston: Houghton Mifflin, 1999.

Huang, H. T. *Science and Civilisation in China, Volume 6, Part 5, Fermentations and Food Science.* Cambridge: Cambridge University Press, 2000.

Huang, Philip C. C. *The Peasant Family and Rural Development in the Yangzi Delta, 1350- 1988.* Stanford: Stanford University Press, 1990.

Hyde, Elizabeth. "Cultivated Power: Flowers, Culture, and Politics in Early Modern France." Ph.D. dissertation, Harvard University, 1998.

Irwin, Robert. *Ibn Khaldun: An Intellectual Biography.* Princeton: Princeton University Press, 2018.

———. "Toynbee and Ibn Khaldun." *Middle Eastern Studies* 33, no. 3 (1997): 461-79.

Isaacman, Allen. "Peasants, Work and the Labor Process: Forced Cotton Cultivation in Colonial Mozambique 1938-1961." *Journal of Social History* 25, no. 4 (1992): 815-55.

Ishii, Yoneo. *Thailand: A Rice-Growing Society.* Honolulu: University Press of Hawai'i, 1978.

Ison, David. "War Elephants: From Ancient India to Vietnam." Warfare History Network, 2016.

Iwuagwu, Obi. "The Spread of Cassava (Manioc) in Igboland, South-East Nigeria: A Reappraisal of the Evidence." *Agricultural History Review* 60, no. 1 (2012): 60-76.

Jacobson, J. J. L. L. *Handboek voor de kultuur en fabrikatie von thee.* Batavia: ter Landsdrukkerij, 1843.

Jacquinet, Marc. "Technological, Institutional and Market Structure Changes as Evolutionary Processes: The Case of the Port Wine Sector (1680-1974)." Ph.D. dissertation, Technical University of Lisbon, 2006.

Jami, Catherine, Peter Engelfriet, and Gregory Blue. "Introduction." In *Statecraft and Intellectual Renewal in Late Ming China: The Cross-Cultural Synthesis of Xu Guangqi (1562-1633)*, edited by Catherine Jami, Peter Engelfriet, and Gregory Blue, 1-15. Leiden: Brill, 2001.

Jáuregui, Carlos A. *Canibalia: Canibalismo, calibanismo, antropogagia cultural y consumo en América Latina.* Madrid: Iberoamericana, 2008.

Jenkins, Destin, and Justin Leroy, eds. *Histories of Racial Capitalism.* New York: Columbia University Press, 2021.

Jia Sixie. *Qimin yaoshu jiaoshi* [Annotated edition of *Qimin yaoshu*, Essential techniques for the common people], completed ca. 540. Edited by Miao Qiyu and Miao Guilong. Beijing: Agriculture Press, 1982.

Johnson, D. "The Botany, Origin, and Spread of the Cashew *Anacardium occidentale* L."*Journal of Plantation Crops* 1, no. 1-2 (1973): 1-7.

Jones-Imhotep, Edward. *The Unreliable Nation: Hostile Nature and Technological Failure in the Cold War.* Cambridge, MA: MIT Press, 2017.

Joravsky, David. *The Lysenko Affair.* Cambridge, MA: Harvard University Press, 1970.

Juhé-Beaulaton, Dominique. "De l'igname au manioc dans le golfe de Guinée: Traite des esclaves et alimentation au royaume du Danhomè (XVIIe-XIXe siècle)." *Afriques: Débats, méthodes et terrains d'histoire* 05 (2014).

Kahn, Miriam. *Always Hungry, Never Greedy: Food and the Expression of Gender in a Melanesian Society.* Cambridge: Cambridge University Press, 1986.

Kaplan, Lawrence. "Historical and Ethnobotanical Aspects of Domestication in Tagetes." *Economic Botany* 14, no. 3 (1960): 200-202.

Karababa, Eminegül. "Marketing and Consuming Flowers in the Ottoman Empire." *Journal of Historical Research in Marketing* 7, no. 2 (2015): 280-92.

Karasch, Mary. "Manioc." In *The Cambridge World History of Food,* edited by Kenneth F. Kiple and Kriemhild Coneè Ornelas, 1:181-87. Cambridge:

Cambridge University Press, 2000.

Kater, Michael. *Das Ahnenerbe der SS: 1935-1945. Ein Beitrag zur Kulturpolitik des Dritten Reiches.* Munich: Oldenbourg, 1997.

Katznelson, Ira. *Fear Itself: The New Deal and the Origins of Our Time.* New York: Liveright, 2013.

Keall, Edward J. "The Evolution of the First Coffee Cups." In *Le commerce du café avant l'ère des plantations coloniales: Espaces, réseaux, sociétés (XVe-XIXe siècle)*, edited by Michel Tuchscherer, 35-50. Cairo: IFAO, 2001.

Kendi, Ibram X. *Stamped from the Beginning: The Definitive History of Racist Ideas in America.* New York: Bold Type Books, 2016.

Khomami, Nadia. "Apocalypse Wow: Dust from Sahara and Fires in Portugal Turn UK Sky Red." *Guardian,* October 16, 2017, sec. "UK News."

King, F.H. *Farmers of Forty Centuries, or, Permanent Agriculture in China, Korea and Japan.* Madison, WI: Mrs. F. H. King, 1911.

Kistler, John. *War Elephants.* Lincoln: University of Nebraska Press, 2007.

Kloppenburg, Jack Ralph. *First the Seed: The Political Economy of Plant Biotechnology.* Ithaca: Cornell University Press, 1985.

Knudsen, Michael Helt, and Jytte Agergaard. "Ghana's Cocoa Frontier in Transition: The Role of Migration and Livelihood Diversification." *Geografiska Annaler: Series B, Human Geography* 97, no. 4 (2015): 325-42.

Knüpffer, H. "The Balkan Collections 1941-42 of Hans Stubbe in the Gatersleben Gene Bank." *Czech Journal of Genetics and Plant Breeding* 46 (2010): 27-33.

Ko, Dorothy. *The Social Life of Inkstones: Artisans and Scholars in Early Qing China.* Seattle: University of Washington Press, 2018.

Koehler, Jeff. *Where the Wild Coffee Grows: The Untold Story of Coffee from the Cloud Forests of Ethiopia to Your Cup.* New York: Bloomsbury, 2017.

Kohn, Eduardo. *How Forests Think: Toward an Anthropology beyond the Human.* Berkeley: University of California Press, 2013.

Kreike, Emmanuel. *Recreating Eden: Land Use, Environment and Society in Southern Angola and Northern Namibia.* Portsmouth, NH: Heinemann, 2004.

Krementsov, Nikolai. *Stalinist Science.* Princeton: Princeton University Press, 1997.

Krige, John. *How Knowledge Moves: Writing the Transnational History of Science and Technology.* Chicago: University of Chicago Press, 2019.

Kron, J. Geoffrey. "Agriculture, Roman Empire." In *The Encyclopedia of Ancient History,* edited by Roger S. Bagnall, Kai Brodersen, Craige B. Champion, Andrew Erskine, and Sabine R. Huebner, 217-22. Abingdon: Blackwell, 2013.

———. "The Much Maligned Peasant: Comparative Perspectives on the Productivity of the Small Farmer in Classical Antiquity." In *People, Land, and Politics: Demographic Developments and the Transformation of Roman Italy 300 BC-AD 14,* edited by Luuk de Ligt and Simon Northwood, 71-119. Leiden: Brill, 2008.

Krueger, R. R. "Date Palm Status and Perspective in the United States." In *Date Palm Genetic Resources and Utilization: Volume Ⅰ: Africa and the Americas,* edited by Jameel M. Al-Khayri, Shri Mohan Jain, and Dennis V. Johnson, 447-85. Dordrecht: Springer Netherlands, 2015.

Kuehling, Susanne. " 'We Die for Kula'—An Object-Centred View of Motivations and Strategies in Gift Exchange." *Journal of the Polynesian Society* 126, no. 2 (2017): 181-208.

Kumar, Prakash. *Indigo Plantations and Science in Colonial India.* Cambridge: Cambridge University Press, 2012. https://doi.org/10.1017/CBO9781139150910.

Kumar, Prakash, Timothy Lorek, Tore C. Olsson, Nicole Sackley, Sigrid Schmalzer, and Gabriela Soto Laveaga. "Roundtable: New Narratives of the Green Revolution." *Agricultural History* 91, no. 3 (2017): 397-422.

Lafuente, Antonio. "Enlightenment in an Imperial Context: Local Science in the Late Eighteenth-Century Hispanic World." *Osiris* 15 (2000): 155-73.

Lafuente, Antonio, and Nuria Valverde. "The Emergence of Early Modern Commons: Technology, Heritage and Enlightenment." *HoST—Journal of History of Science and Technology* 2 (2008): 13-42.

Lahiri, Dhriti K. Choudhury. *The Great Indian Elephant Book: An Anthology of Writings on Elephants in the Raj.* New Delhi: Oxford University Press, 1999.

Landes, David S. *The Wealth and Poverty of Nations: Why Some Are So Rich and Some So Poor.* W. W. Norton, 1999.

Landon, Amanda J. "The 'How' of the Three Sisters: The Origins of Agriculture in Mesoamerica and the Human Niche." *Nebraska Anthropologist* 23 (2008): 110-24.

Landsberger, Stefan R. "Chinese Propaganda Posters."

Lange, Fabian, Alan L. Olmstead, and Paul W. Rhode. "The Impact of the Boll Weevil 1892-1932." *Journal of Economic History* 69, no. 3 (2009): 685-718.

Langley, W. K. M, ed. *Century in Malabar: The History of Pierce Leslie & Co., Ltd., 1862-1962.*

Madras: Madras Advertising Co. on behalf of Peirce Leslie & Co., 1962.

Lansing, J. Stephen. *Priests and Programmers: Technologies of Power in the Engineered Landscape of Bali.* Princeton: Princeton University Press, 1991.

Latour, Bruno. "On Actor-Network Theory: A Few Clarifications." *Soziale Welt* 47, no. 4 (1996): 369-81.

———. *Reassembling the Social: An Introduction to Actor-Network-Theory.* Clarendon Lectures in Management Studies. Oxford: Oxford University Press, 2005.

———. *We Have Never Been Modern.* Cambridge, MA: Harvard University Press, 1993. Laveaga, Gabriela Soto. "Largo Dislocare: Connecting Microhistories to Remap and Recenter Histories of Science." *History and Technology* 34, no. 1 (2018): 21-30.

Le Roy Ladurie, Emmanuel. *Times of Feast, Times of Famine: A History of Climate since the Year 1000.* Translated by Barbara Bray. London: George Allen and Unwin, 1972.

Leach, Edmund. *Pul Eliya, a Village in Ceylon: A Study of Land Tenure and Kinship.* Cambridge: Cambridge University Press, 1961.

LeCain, Timothy J. "Against the Anthropocene. A Neo-Materialist Perspective." *International Journal for History, Culture and Modernity* 3, no. 1 (2015): 1-28.

———. *The Matter of History: How Things Create the Past.* Cambridge: Cambridge University Press, 2017.

Lee, Seung-Joon. *Gourmets in the Land of Famine: The Culture and Politics of Rice in Modern Canton.* Stanford: Stanford University Press, 2011.

Lee, Victoria. "Mold Cultures: Traditional Industry and Microbial Studies in Early Twentieth-Century Japan." In *New Perspectives on the History of Life Sciences and Agriculture,* edited by Denise Phillips and Sharon Kingsland, 231-52. Archimedes. Cham: Springer International, 2015.

———. "The Microbial Production of Expertise in Meiji Japan." *Osiris* 33, no. 1 (2018): 171-90.

Lehmann, Christian O. "Collecting European Land-Races and Development of European Gene Banks—Historical Remarks." *Kulturpflanz* 29, no. 1 (1981): 29-40.

Leivers, Clive. "The Provision of Allotments in Derbyshire Industrial Communities." *Family and Community History* 12, no. 1 (1 May 2009): 51-64.

Lemonnier, Pierre, ed. *Technological Choices: Transformation in Material Cultures since the Neolithic.* London: Routledge, 1993.

Lesnaw, Judith A., and Said A. Ghabrial. "Tulip Breaking: Past, Present, and Future." *Plant Disease* 84, no. 10 (October 2000): 1052-60.

Levi, Giovanni. "Microhistoria e historia global." *Historia Crítica* 69 (2018): 21-35. Lévi-Strauss, Claude. *Tristes tropiques.* New York: Penguin, 2012. (1st ed. 1955.)

Li, Bozhong. *Agricultural Development in Jiangnan, 1620-1850.* London: Macmillan, 1998. Li, Tania Murray. *Land's End: Capitalist Relations on an Indigenous Frontier.* Durham, NC: Duke University Press, 2014.

———. "What Is Land? Assembling a Resource for Global Investment." *Transactions of the Institute of British Geographers* 39, no. 4 (1 October 2014): 589-602.

Lightfoot, Dale R., and James A. Miller. "Sijilmassa: The Rise and Fall of a Walled Oasis in Medieval Morocco." *Annals of the Association of American Geographers* 86, no. 1 (1996): 78-101.

Lim, T. K. "Tagetes Erecta." In *Edible Medicinal and Non-Medicinal Plants: Volume 7, Flowers,* edited by T. K. Lim, 432-47. Dordrecht: Springer Netherlands, 2014.

Linares, Olga F. "When Jola Granaries Were Full." In *Rice: Global Networks and New Histories,* edited by Francesca Bray, Peter A. Coclanis, Edda L. Fields-Black, and Dagmar Schäfer, 229-44. Cambridge: Cambridge University Press, 2015.

Lindberg, Anna. *Modernization and Effeminization in India: Kerala Cashew Workers since 1930.* Copenhagen: NIAS Press, 2005.

Lipton, Michael. *Why Poor People Stay Poor: A Study of Urban Bias in World Development.* Canberra: ANU Press, 1977.

Liu, Andrew B. *Tea War: A History of Capitalism in China and India.* New Haven: Yale University Press, 2020.

———. "The Birth of a Noble Tea Country: On the Geography of Colonial Capital and the Origins of Indian Tea." *Journal of Historical Sociology* 1 (2010): 73.

———. "The Two Tea Countries: Competition, Labor, and Economic Thought in Coastal China and Eastern India, 1834-1942." Ph.D. dissertation, Columbia University, 2015.

Locke, Piers. "Explorations in Ethnoelephantology: Social, Historical, and Ecological Intersections between Asian Elephants and Humans." *Environment and Society: Advances in Research* 4 (2013): 79-97.

Lokustov, Igor C. *Vavilov and His Institute: A History of the World Collection of Plant Genetic Resources in Russia.* Rome: International Plant Resources Genetic Institute, 1999.

Lombard, Pierre. "Du rythme naturel au rythme humain: Vie et mort d'une technique tr ditionnelle, le qanat." In *Rites et rythmes agraires,* edited by Marie-Claire Cauvin, 69-86. Lyon: Maison de l'Orient et de la Méditerranée, Jean Pouilloux, 1991.

Luo, Qiangqiang, Joel Andreas, and Yao Li. "Grapes of Wrath: Twisting Arms to Get Villagers to Cooperate with Agribusiness in China." *China Journal* 77 (21 September 2016): 27-50.

Lutgendorf, Philip. "Making Tea in India: Chai, Capitalism, Culture." *Thesis Eleven* 113, no. 1 (2012): 11-31.

Lydon, G. *On Trans-Saharan Trails: Islamic Law, Trade Networks and Cross-Cultural Exchange in Nineteenth-Century Western Africa.* Cambridge: Cambridge University Press, 2009.

MacCarthy, Michelle. "Playing Politics with Yams: Food Security in the Trobriand Islands of Papua New Guinea." *Culture, Agriculture, Food and Environment* 34, no. 2 (2012): 136-47.

MacDonald, James M., Penni Korb, and Robert A. Hoppe. "Farm Size and the Organization of U.S. Crop Farming." USDA Economic Research Service, 2013.

Macedo, Jorge Borges de. *A situação económica no tempo de Pombal: Alguns aspectos.* 2nd ed. Lisbon: Moraes, n.d.

Macedo, Marta. *Projectar e construir a nação: Engenheiros, ciência e território em Portugal no século XX.* Lisbon: Imprensa de Ciências Sociais, 2012.

———. "Standard Cocoa: Transnational Networks and Technoscientific Regimes in West African Plantations." *Technology and Culture* 57, no. 3 (2016): 557-85.

Macfarlane, Alan, and Iris Macfarlane. *Green Gold: The Empire of Tea.* New ed. London: Ebury Press, 2004.

MacKenzie, Donald. *An Engine, Not a Camera: How Financial Models Shape Markets.* Cambridge, MA: MIT Press, 2008.

Magee, Peter. *The Archaeology of Prehistoric Arabia.* Cambridge: Cambridge University Press, 2014.

Maher, Neil M. "A New Deal Body Politic: Landscape, Labor, and the Civilian Conservation Corps." *Environmental History* 7, no. 3 (2002): 435-61.

Malinowski, Bronislaw. *Argonauts of the Western Pacific: An Account of Native Enterprise and Adventure in the Archipelagoes of Melanesian New Guinea.* Studies in Economics and Political Science, No. 65. London: G. Routledge, 1922.

———. *Coral Gardens and Their Magic.* London: George Allen and Unwin, 1935.

———. "The Primitive Economics of the Trobriand Islanders." *Economic Journal* 31, no. 121 (1921): 1-16.

Malm, Andreas. "The Origins of Fossil Capital: From Water to Steam in the British Cotton Industry." *Historical Materialism* 21, no. 1 (2013): 15-68.

Marcaida, José Ramón, and Juan Pimentel. "Green Treasures and Paper Floras: The Business of Mutis in New Granada (1783-1808)." *History of Science* 52, no. 3 (2014): 277-96.

Markham, Gervase. *Markhams Farwell to Husbandry or, The Inriching of All Sorts of Barren and Sterill Grounds in Our Kingdome, to Be as Fruitfull in All Manner of Graine, Pulse, and Grasse as the Best Grounds Whatsoeuer Together with the Anoyances, and Preseruation of All Graine and Seede, from One Yeare to Many Yeares.* London: Roger Jackson, 1620.

———. *A Way to Get Wealth.* London: Nicholas Oakes for John Harrison, 1631.

Marks, Robert B. " 'It Never Used to Snow': Climatic Variability and Harvest Yields in Late-Imperial South China, 1650-1850.' " In *Sediments of Time: Environment and Society in Chinese History,* edited by Mark Elvin and Ts'ui-jung Liu, 411-46. Cambridge: Cambridge University Press, 1998.

———. *Tigers, Rice, Silk, and Silt: Environment and Economy in Late Imperial South China.* Studies in Environment and History. Cambridge: Cambridge University Press, 1998.

Marquese, Rafael de Bivar. "Capitalismo, escravidão e a economia cafeeira do Brasil no longo século XIX." *Saeculum* 29 (July/December 2013): 289-321.

———. "Exílio escravista: Hercule Florence e as fronteiras do açúcar e do café no Oeste paulista (1830-1879)." *Anais do Museu Paulista* 24, no. 2 (2016): 11-51.

Martins, João Paulo. *Tudo sobre o vinho do Porto: Os sabores e as histórias.* Lisbon: Dom Quixote, 2000.

Massey, Doreen. *For Space.* London: Sage, 2005.

Matos, Odilon Nogueira. *Café e ferrovia: A evolução ferroviária de São Paulo e o desenvolvim ento da cultura cafeeira.* São Paulo: Alfa-Omega Sociologia e Politica, 1990.

Matthee, Rudi. "From Coffee to Tea: Shifting Patterns of Consumption in Qajar Iran."*Journal of World History* 7, no. 2 (1996): 199-230.

Maxby, Edward. *A New Instruction of Plowing and Setting of Corne, Handled in Manner of a Dialogue between a Ploughman and a Scholler.* London: Felix Kynghow, 1601.

Mazumdar, Sucheta. *Sugar and Society in China: Peasants, Technology, and the World Market.* Cambridge, MA: Harvard University Press, 1998.

McCann, James C. "Maize and Grace: History, Corn, and Africa's New Landscapes, 1500- 1999." *Comparative Studies in Society and History* 43, no. 2 (2001): 246-72.

———. *People of the Plow: An Agricultural History of Ethiopia, 1800-*

1990. Madison: University of Wisconsin Press, 1995.

McCook, Stuart. *Coffee Is Not Forever: A Global History of the Coffee Leaf Rust.* Athens: Ohio University Press, 2019.

———. "Global Rust Belt: *Hemileia vastatrix* and the Ecological Integration of World Coffee Production since 1850." *Journal of Global History* 1, no. 2 (July 2006): 177-95.

McCusker, John J. "The Demise of Distance: The Business Press and the Origins of the Information Revolution in the Early Modern Atlantic World." *American Historical Review,* April 2005, 295-321.

McLelland, Gary Michael. "Social Origins of Industrial Agriculture: Farm Dynamics in California's Period of Agricultural Nascence." *Journal of Peasant Studies* 24, no. 3 (1997): 1-24.

McNeill, J. R. *Mosquito Empires: Ecology and War in the Greater Caribbean, 1620-1914.* Cambridge: Cambridge University Press, 2010.

———. "Of Rats and Men: A Synoptic Environmental History of the Island Pacific."*Journal of World History* 5, no. 2 (1994): 299-349.

McNeill, William H. "How the Potato Changed the World's History." *Social Research* 66, no. 1 (1999): 67-83.

Meaney-Leckie, Anne. "The Cashew Industry of Ceará, Brazil: Case Study of a Regional Development Option." *Bulletin of Latin American Research* 10, no. 3 (1991): 315-24.

Meegahakumbura, M. K., M. C. Wambulwa, K. K. Thapa, M. M. Li, M. Möller, J. C. Xu, J. B. Yang, et al. "Indications for Three Independent Domestication Events for the Tea Plant [*Camellia sinensis* (L.) O. Kuntze] and New Insights into the Origin of Tea Germplasm in China and India Revealed by Nuclear Microsatellites." *PLOS ONE* 11, no. 5 (2016): e0155369.

Meillassoux, Claude. *Maidens, Meal, and Money: Capitalism and the Domestic Community.* Themes in the Social Sciences. Cambridge: Cambridge University Press, 1981.

Menard, Russell R. *Sweet Negotiations: Sugar, Slavery, and Plantation Agriculture in Early Barbados.* Charlottesville: University of Virginia Press, 2006.

Menard, Russell R., Lois Green Carr, and Lorena S. Walsh. "A Small

Planter's Profits: The Cole Estate and the Growth of the Early Chesapeake Economy." *William and Mary Quarterly* 40, no. 2 (1983): 171-96.

Menocal, María Rosa. *The Ornament of the World: How Muslims, Jews, and Christians Created a Culture of Tolerance in Medieval Spain.* New York: Back Bay Books, 2002.

Menzies, Nicholas K. "Ancient Forest Tea." In *The Social Lives of Forests: Past, Present, and Future of Woodland Resurgence,* edited by Susanna B. Hecht, Kathleen D. Morrison, and Christine Padoch, 239-48. Chicago: University of Chicago Press, 2014.

Méry, Sophie. "The First Oases in Eastern Arabia: Society and Craft Technology, in the 3rd Millennium BC at Hili, United Arab Emirates." *Revue d'ethnoécologie,* no. 4 (2013).

Mgaya, James, Ginena B. Shombe, Siphamandla C. Masikane, Sixberth Mlowe, Egid B. Mubofu, and Neerish Revaprasadu. "Cashew Nut Shell: A Potential Bio-Resource for the Production of Bio-Sourced Chemicals, Materials and Fuels." *Green Chemistry* 21, no. 6 (2019): 1186-1201.

Mintz, Sidney W. *Sweetness and Power: The Place of Sugar in Modern History.* New York: Viking, 1985.

———. *Tasting Food, Tasting Freedom: Excursions into Eating, Culture, and the Past.* Boston: Beacon Press, 1996.

Mitchell, Angus. *Roger Casement: 16 Lives.* New York: O'Brian Press, n.d.

Mitchell, Don. "Battle/Fields: Braceros, Agribusiness, and the Violent Reproduction of the California Agricultural Landscape during World War Ⅱ." *Journal of Historical Geography* 36,no.2(1April 2010): 143-56.

Mitchell, Timothy. *Carbon Democracy: Political Power in the Age of Oil.* London: Verso, 2011. Mokyr, Joel. *The Enlightened Economy: An Economic History of Britain 1700-1850.* New Haven: Yale University Press, 2009.

———. *The Lever of Riches: Technological Creativity and Economic Progress.* New York: Oxford University Press, USA, 1992.

Mol, Annemarie. *The Logic of Care: Health and the Problem of Patient Choice.* London: Routledge, 2008.

Molina, Natalia. *How Race Is Made in America: Immigration, Citizenship, and the Historical Power of Racial Scripts.* Berkeley: University of California

Press, 2014.

Moon, David. *The American Steppes: The Unexpected Russian Roots of Great Plains Agriculture, 1870s-1930s.* Cambridge: Cambridge University Press, 2020.

———. *The Plough That Broke the Steppes: Agriculture and Environment on Russia's Grasslands, 1700-1914.* Oxford: Oxford University Press, 2013.

Moore, Jason W. "The Capitalocene, Part I: On the Nature and Origins of Our Ecological Crisis." *Journal of Peasant Studies* 44, no. 3 (2017): 594-630.

———. "The Capitalocene, Part II: Accumulation by Appropriation and the Centrality of Unpaid Work/Energy." *Journal of Peasant Studies* 45, no. 2 (2018): 237-79.

Morgan, Edmund S. *American Slavery, American Freedom.* New York: W. W. Norton, 1975.

———. "The Labor Problem at Jamestown, 1607-18." *American Historical Review* 76, no. 3 (1971): 595-611.

Morita, Atsuro. "Multispecies Infrastructure: Infrastructural Inversion and Involutionary Entanglements in the Chao Phraya Delta, Thailand." *Ethnos* 87, no. 4 (2017): 738-57.

Morrison, Kathleen D. "Archaeologies of Flow: Water and the Landscapes of Southern India Past, Present, and Future." *Journal of Field Archaeology* 40, no. 5 (2015): 560-80.

Morris-Suzuki, Tessa. *The Technological Transformation of Japan: From the Seventeenth to the Twenty-First Century.* Cambridge: Cambridge University Press, 1994.

Morton, Julia. "The Cashew's Brighter Future." *Economic Botany* 15, no. 1 (1961): 57-78.

Mosko, Mark S. "The Fractal Yam: Botanical Imagery and Human Agency in the Trobriands."*Journal of the Royal Anthropological Institute* 15, no. 4 (2009): 679-700.

Mukharji, Projit Bihari. "Occulted Materialities." *History and Technology: Special Issue: Thinking with the World: Histories of Science and Technology from the "Out There"* 34, no. 1 (2018): 31-40.

Münster, Ursula. "Working for the Forest: The Ambivalent Intimacies of

Human—Elephant Collaboration in South Indian Wildlife Conservation." *Ethnos* 81, no. 3 (26 May 2016): 425-47.

Neal, Larry D., and Marc D. Weidenmier. "Crises in the Global Economy from Tulips to Today." In *Globalization in Historical Perspective,* edited by Michael D. Bordo, Alan M. Taylor, and Jeffrey G. Williamson, 473-514. Chicago: University of Chicago Press, 2003.

Needham, Joseph. *Science and Civilisation in China: Volume Ⅳ, Physics and Physical Technology, Part Ⅰ: Physics.* Cambridge: Cambridge University Press, 1962.

Needham, Joseph, and Gwei-Djen Lu. "The Esculentist Movement in Mediaeval Chinese Botany; Studies on Wild (Emergency) Food Plants." *Archives internationales d'histoire des sciences* 21 (1968): 225-48.

Neher, Robert Trostle. "The Ethnobotany of Tagetes." *Economic Botany* 22, no. 4 (1968): 317-25.

Newson, Linda. *Life and Death in Early Colonial Ecuador.* Norman: University of Oklahoma Press, 1995.

Nichter, Mark. "Of Ticks, Kings, Spirits, and the Promise of Vaccines." In *Paths to Asian Medical Knowledge,* edited by Charles Leslie and Allan Young, 224-53. Berkeley: University of California Press, 1992.

Nieto, Mauricio. *Remedios para el imperio: Historia natural y la apropiación del Nuevo Mundo.* Bogotá: Instituto Colombiano de Antropología e Historia, 2000.

Nitin Varma, M. A. "Producing Tea Coolies? Work, Life and Protest in the Colonial Tea Plantations of Assam, 1830s-1920s." Doctoral dissertation, Humboldt University, 2011.

Norton, Marcy. *Sacred Gifts, Profane Pleasures: A History of Tobacco and Chocolate in the Atlantic World.* Ithaca, NY: Cornell University Press, 2008.

———. "Tasting Empire: Chocolate and the European Internalization of Mesoamerican Aesthetics." *American Historical Review* 111, no. 3 (June 2006): 660-91.

———. "The Chicken or the Iegue: Human-Animal Relationships and the Columbian Exchange." *American Historical Review* 120, no. 1 (2015): 28-60.

Nossov, K., and Peter Dennis. *War Elephants.* New Vanguard 150. Oxford:

Osprey, 2008. Nuñez, José Jesús Reyes. "A Forgotten Atlas of Erwin Raisz: 'Atlas de Cuba.' " In *Progress in Cartography,* edited by Georg Gartner, Markus Jobst, and Haosheng Huang, 289-304. Cham: Springer International, 2016.

Nygard, Travis Earl. "Seeds of Agribusiness: Grant Wood and the Visual Culture of Grain Farming, 1862-1957." Ph.D. dissertation, University of Pittsburgh, 2009.

Ohnuki-Tierney, Emiko. *Rice as Self: Japanese Identities Through Time.* Princeton: Princeton University Press, 1994.

Olmstead, Alan L., and Paul W. Rhode. "Adapting North American Wheat Production to Climatic Challenges, 1839-2009." *Proceedings of the National Academy of Sciences* 108, no. 2 (2011): 480-85.

———. "Biological Globalization: The Other Grain Invasion." In *The New Comparative Economic History: Essays in Honor of Jeffrey G. Williamson,* edited by Timothy J. Hatton, Kevin H. O'Rourke, and Alan M. Taylor, 115-40. Cambridge, MA: MIT Press, 2007.

———. "Cotton, Slavery, and the New History of Capitalism." *Explorations in Economic History* 67, no. 1 (January 2018): 1-17.

———. "The Evolution of California Agriculture, 1850-2000." In *California Agriculture: Dimensions and Issues,* edited by Jerome B. Siebert, 1-23. Berkeley: University of California Press, 2003.

———. "The Red Queen and the Hard Reds: Productivity Growth in American Wheat, 1800-1940." *Journal of Economic History* 62, no. 4 (December 2004): 929-66.

Olsson, Jan. "Trading Places: Griffith, Patten and Agricultural Modernity." *Film History* 17, no. 1 (2005).

O'Rourke, Kevin H. "The European Grain Invasion, 1870-1913." *Journal of Economic History* 57, no. 4 (1997): 775-801.

Ortiz, Fernando. *Cuban Counterpoint: Tobacco and Sugar.* Translated by Harriet de Onís. New York: A. A. Knopf, 1947.

Orwell, George. "Shooting an Elephant." In *The Collected Essays, Journalism and Letters of George Orwell,* 1:235-42. New York: Harcourt, Brace and World, 1968.

Ostrom, Elinor. *Governing the Commons: The Evolution of Institutions for*

Collective Action. Canto Classics. Cambridge: Cambridge University Press, 2015. (1st ed. 1990.)

Overton, Mark. *Agricultural Revolution in England: The Transformation of the Agrarian Economy 1500-1850*. Cambridge: Cambridge University Press, 1996.

Pádua, José Augusto. *Um sopro de destruição: Pensamento político e crítica ambiental no Brasil escravista, 1786-1888*. Rio de Janeiro: Jorge Zahar, 2002.

Pakiam, Geoffrey K., Yu Leng Khor, and Jeamme Chia. "Johor's Oil Palm Industry: Past, Present and Future." In *Johor: Abode of Development?* edited by Francis E. Hutchinson and Serina Rahman, 73-106. Singapore: ISEAS, 2020.

Palat, Ravi. "Dependency Theory and World-Systems Analysis." In *A Companion to Global Historical Thought*, edited by Prasenjit Duara, Viren Murthy, and Andrew Sartori, 369-83. Basingstoke: Palgrave Macmillan, 2014.

———. *The Making of an Indian Ocean World-Economy, 1250-1650—Princes, Paddy Fields, and Bazaars*. Basingstoke: Palgrave Macmillan, 2015.

Park, Choong-Hwan. "Nongjiale Tourism and Contested Space in Rural China." *Modern China* 40, no. 5 (2014): 519-48.

Parker, Geoffrey. *Global Crisis: War, Climate Change, and Catastrophe in the Seventeenth Century*. New Haven: Yale University Press, 2013.

Pearse, Andrew. *Seeds of Plenty, Seeds of Want: Social and Economic Implications of the Green Revolution*. Oxford: Clarendon Press, 1980.

Penvenne, Jeanne Marie. "Seeking the Factory for Women: Mozambican Urbanization in the Late Colonial Era." *Journal of Urban History* 23, no. 3 (1997): 342-80.

———. *Tarana: Mulheres, migração e a economia do caju no sul de Moçambique 1945-1975* (Women, Migration and the Cashew Economy in Southern Mozambique 1945- 1975). Translated by António Roxo Leão. Woodbridge, Suffolk: James Currey, 2019.

———. *Women, Migration and the Cashew Economy in Southern Mozambique 1945-1975*. Woodbridge, Suffolk: James Currey, 2015.

Pereira, Gaspar Martins. *O Douro e o vinho do Porto: De Pombal a João Franco*. Porto: Afrontamento, 1991.

———. "O vinho do Porto: Entre o artesanato e a agroindústria." *Revista da Faculdade de Letras, História, Porto* 6 (2005): 185-92.

Pereira, Miriam Halpern. *Livre câmbio e desenvolvimento económico (Free Trade and Economic Development: Portugal in the Second Half of XIX Century).* Lisbon: Sa. de Costa, 1971.

Pereira, Waldick. *Cana, café & laranja: História econômica de Nova Iguaçu.* Rio de Janeiro: Fundação Getúlio Vargas / SEEC, 1977.

Perry, Elizabeth J. "From Mass Campaigns to Managed Campaigns: 'Constructing a New Socialist Countryside.' " In *Mao's Invisible Hand,* edited by Sebastian Heilmann and Elizabeth J. Perry, 30-61. Leiden: Brill, 2020.

Pfaffenberger, Bryan P. "Symbols Do Not Create Meanings—Activities Do: Or, Why Symbolic Anthropology Needs the Anthropology ofTechnology." In *Anthropological Perspectives on Technology,* edited by Michael B. Schiffer, 77-86. Albuquerque: University of New Mexico Press, 2001.

Philip, Kavita. "Imperial Science Rescues a Tree: Global Botanic Networks, Local Knowledge and the Transcontinental Transplantation of Cinchona." *Environment and History* 1, no. 2 (1995): 173-200.

Pimentel, Juan, and José Pardo-Tomás. "And Yet, We Were Modern. The Paradoxes of Iberian Science after the Grand Narratives." *History of Science* 55, no. 2 (2017): 133-47.

Pineda Camacho, Roberto. *Holocausto en el Amazonas: Una historia social de la casa Arana.* Bogota: Planeta, 2000.

Plevin, Rebecca. "Palmeros—the 'Special Ops' of Farmworkers—Are Increasingly Rare, Threatening the Coachella Valley Date Industry." *Desert Sun,* March 16, 2018.

Plucknett, Donald L., and Nigel J. H. Smith. *Gene Banks and the World's Food.* Princeton: Princeton University Press, 1987.

Poitou, Eugene. *Spain and Its People: A Record of Recent Travel.* London: T. Nelson and Sons, 1873.

Pomeranz, Kenneth. *The Great Divergence: China, Europe, and the Making of the Modern World Economy.* Princeton: Princeton University Press, 2000.

Popenoe, Paul B. *Date Growing in the Old World and the New.* Altadena, CA: West India Gardens, 1913.

Postel, Charles. *The Populist Vision.* Oxford: Oxford University Press,

2007.

Prange, Sebastian R. " 'Measuring by the Bushel': Reweighing the Indian Ocean Pepper Trade." *Historical Research* 84, no. 224 (2011): 212-35.

Pringle, Peter. *The Murder of Nikolai Vavilov: The Story of Stalin's Persecution of One of the Great Scientists of the Twentieth Century.* New York: Simon and Schuster, 2008.

Prothero, Lord Ernle, R.E. *The Pioneers and Progress of British Farming.* London: Longmans, 1888.

Puerto, Javier. *La ilusión quebrada: Botánica, sanidad y política científica en la España Ilustrada.* Madrid: Consejo Superior de Investigaciones Científicas, 1988.

Puig de la Bellacasa, Maria. "Making Time for Soil: Technoscientific Futurity and the Pace of Care." *Social Studies of Science* 45, no. 5 (1 October 2015): 691-716.

———. " 'Nothing Comes Without Its World': Thinking with Care." *Sociological Review* 60, no. 2 (2012): 197-216.

Puig-Samper, Miguel Ángel. "El oro amargo: La protección de los quinares americanos y los proyectos de estanco de la quina en Nueva Granada." In *El bosque ilustrado: Estudios sobre la política forestal española en América,* edited by Manuel Lucena, 219-40. Madrid: Instituto Nacional para la Conservación de la Naturaleza- Instituto de la Ingeniería de España, 1991.

Pyne, Stephen. *Burning Bush: A Fire History of Australia.* Seattle: University of Washington Press, 1991.

Radich, Maria Carlos, and António Alberto Monteiro Alves. *Dois séculos da floresta em Portugal.* Lisbon: CELPA-Associação da Indústria Papeleira, 2000.

Radio Zapatista. "Los rostros (no tan) ocultos del mal llamado 'tren maya,' " 10 October 2020.

Raffles, Hugh. *Insectopedia.* New York: Vintage, 2011.

———. " 'Local Theory': Nature and the Making of an Amazonian Place." *Cultural Anthropology* 14, no. 3 (1999): 323-60.

Raj, Kapil. "Introduction: Circulation and Locality in Early Modern Science." *British Journal for the History of Science* 43, no. 4 (2010): 513-17.

Rangan, Haripriya, and Christian A. Kull. "What Makes Ecology 'Political'?

Rethinking 'Scale' in Political Ecology." *Progress in Human Geography* 33, no. 1 (2009): 28-45.

Rappaport, Erika. *A Thirst for Empire: How Tea Shaped the Modern World.* Princeton: Princeton University Press, 2019.

Rappaport, Roy A. *Pigs for the Ancestors: Ritual in the Ecology of a New Guinea People.* New Haven: Yale University Press, 1967.

Revkin, Andrew. *The Burning Season: The Murder of Chico Mendes and the Fight for the Amazon Rain Forest.* Washington, DC: Island Press, 1990.

Rheinberger, Hans-Jörg. *Toward a History of Epistemic Things: Synthesizing Proteins in the Test Tube.* Stanford: Stanford University Press, 1997.

Ribeiro, Aquilino. *When the Wolves Howl.* New York: Macmillan, 1963.

Richards, A. I. *Land, Labour and Diet in Northern Rhodesia: An Economic Study of the Bemba Tribe.* Oxford: Oxford University Press, 1939.

Richards, Paul. *Indigenous Agricultural Revolution: Ecology and Food Production in West Africa.* Boulder, CO: Westview, 1985.

———. "Rice as Commodity and Anti-Commodity." In *Local Subversions of Colonial Cultures: Commodities and Anti-Commodities in Global History,* edited by Sandip Hazareesingh and Harro Maat, 10-28. London: Palgrave Macmillan, 2016.

Richter, Daniel K. *Before the Revolution: America's Ancient Pasts.* Cambridge, MA: Harvard University Press, 2011.

Rival, Laura. "Amazonian Historical Ecologies." *Journal of the Royal Anthropological Institute* 12 (2006): S79-94.

Rival, Laura, and Doyle McKey. "Domestication and Diversity in Manioc (*Manihot esculenta* Crantz ssp. *esculenta*, Euphorbiaceae)." *Current Anthropology* 49, no. 6 (2008): 1119-28.

Robertson, A. F. *The Dynamics of Productive Relationships: African Share Contracts in Comparative Perspective.* Cambridge: Cambridge University Press, 1987.

Robertson, A. S. "Oral History of Tea Planting in South India." Oral History Archive. Cambridge: Centre for South Asian Studies, 1976.

Robertson, Emma. *Chocolate, Women and Empire: A Social and Cultural History.* Manchester: Manchester University Press, 2009.

Robins, Jonathan E. *Cotton and Race Across the Atlantic: Britain, Africa, and America, 1900- 1920.* Rochester: University of Rochester Press, 2016.

Robinson, Cedric J. *Black Marxism: The Making of the Black Radical Tradition.* Chapel Hill: University of North Carolina Press, 2000. (1st ed. 1983.)

Robisheaux, Thomas. "Microhistory and the Historical Imagination: New Frontiers." *Journal of Medieval and Early Modern Studies* 47, no. 1 (2017): 1-6.

Roll-Hansen, Nils. *The Lysenko Effect: The Politics of Science.* New York: Humanity Books, 2005.

Rood, Daniel B. *The Reinvention of Atlantic Slavery: Technology, Labor, Race, and Capitalism in the Greater Caribbean.* Oxford: Oxford University Press, 2017.

Ross, Corey. "Developing the Rain Forest: Rubber, Environment and Economy in Southeast Asia." In *Economic Development and Environmental History in the Anthropocene: Perspectives on Asia and Africa,* edited by Gareth Austin, 199-218. London: Bloomsbury, 2017.

———. *Ecology and Power in the Age of Empire: Europe and the Transformation of the Tropical World.* Oxford University Press, 2017.

———. "The Plantation Paradigm: Colonial Agronomy, African Farmers, and the Global Cocoa Boom, 1870s-1940s." *Journal of Global History* 9, no. 1 (2014): 49-71.

Rossiter, Margaret W. *The Emergence of Agricultural Science: Justus Liebig and the Americans, 1840-1880.* Princeton: Princeton University Press, 1975.

Rothstein, Morton. "Centralizing Firms and Spreading Markets: The World of International Grain Traders, 1846-1914." *Business and Economic History* 17 (1988): 103-13.

Ruggles, D. Fairchild. *Gardens, Landscape, and Vision in the Palaces of Islamic Spain.* University Park: State University of Pennsylvania Press, 2000.

Russell, Edmund. "Coevolutionary History." *American Historical Review* 119, no. 5 (2014): 1514-28.

———. *Evolutionary History: Uniting History and Biology to Understand Life on Earth.* Cambridge: Cambridge University Press, 2011.

———. *Greyhound Nation: A Coevolutionary History of England, 1200-1900.* Cambridge: Cambridge University Press, 2018.

Sabban, Françoise. "L'industrie sucrière, le moulin à sucre et les relations sino-portugaises aux XIVe-XVIIIe siècles." *Annales histoire, sciences sociales* 49, no. 4 (1994): 817-62.

Saha, Madhumita, and Sigrid Schmalzer. "Green-Revolution Epistemologies in China and India: Technocracy and Revolution in the Production of Scientific Knowledge and Peasant Identity." *BJHS Themes* 1 (2016): 145-67.

Saito, Osamu. "An Industrious Revolution in an East Asian Market Economy? Tokugawa Japan and Implications for the Great Divergence." *Australian Economic History Review*50,no.3(2010):240-61.

Salaman, R. N. *The History and Social Influence of the Potato.* Cambridge: Cambridge University Press, 1949.

Salzmann, Ariel. "The Age of Tulips: Confluence and Conflict in Early Modern Consumer Culture (1550-1730)." In *Consumption Studies and the History of the Ottoman Empire, 1550-1922: An Introduction,* edited by Donald Quataert, 83-106. Albany: State University of New York Press, 2000.

Sanders, Elizabeth. *Roots of Reform: Farmers, Workers, and the American State, 1877-1917.* Chicago: University of Chicago Press, 1999.

Santí, Enrico Mario. "Towards a Reading of Fernando Ortiz's *Cuban Counterpoint.*" *Review: Literature and Arts of the Americas* 37, no. 1 (2004): 6-18.

Saraiva, Tiago. "A relevância da história das ciências para a história global." In *Estudos sobre a globalização,* edited by Diego Ramada Curto, 297-318. Lisbon: Edições 70, 2016.

———. "Anthropophagy and Sadness: Cloning Citrus in São Paulo in the Plantationocene Era." *History and Technology* 34, no. 1 (2018): 89-99.

———. "Breeding Europe: Crop Diversity, Gene Banks, and Commoners." In *Cosmopolitan Commons: Sharing Resources and Risks across Borders,* edited by Neil Disco and Eda Kranakis, 185-212. Cambridge, MA: MIT Press, 2013.

———. *Cloning Democracy: Californian Oranges and the Making of the Global South.* Cambridge, MA: MIT Press, forthcoming.

———. "Fascist Modernist Landscapes: Wheat, Dams, Forests, and the Making of the Portuguese New State." *Environmental History* 21, no. 1 (2015): 54-75.

———. *Fascist Pigs: Technoscientific Organisms and the History of*

Fascism. Cambridge, MA: MIT Press, 2016.

———. "The Scientific Co-Op: Cloning Oranges and Democracy in the Progressive Era." In *New Materials: Towards a History of Consistency,* edited by Amy Slaton, 119-50. Philadelphia: University of Pennsylvania Press, 2019.

Saraiva, Tiago, and Amy Slaton. "Statistics as Service to Democracy: Experimental Design and the Dutiful American Scientist." In *Technology and Globalisation,* edited by David Pretel and Lino Camprubi, 217-55. Cham: Palgrave Macmillan, 2018.

Sassen, Saskia, ed. *Deciphering the Global: Its Scales, Spaces and Subjects.* London: Routledge, 2013.

Schaeffer, Charles. "Coffee Unobserved: Consumption and Commoditization of Coffee in Ethiopia before the Eighteenth Century." In *Le commerce du café avant l'ère des plantations coloniales: Espaces, réseaux, sociétés (XVe-XIXe siècle)*, edited by Michel Tuchscherer, 23-34. Cairo: IFAO, 2001.

Schama, Simon. *The Embarrassment of Riches: An Interpretation of Dutch Culture in the Golden Age.* New York: Alfred A. Knopf, 1987.

Scheele, Judith. "Traders, Saints, and Irrigation: Reflections on Saharan Connectivity."*Journal of African History* 51, no. 3 (2010): 281-300.

Schendel, Willem van. "Geographies of Knowing, Geographies of Ignorance: Jumping Scale in Southeast Asia." *Environment and Planning D: Society and Space* 20, no. 6 (2002): 647-68.

Schiebinger, Londa. *Plants and Empire: Colonial Bioprospecting in the Atlantic World.* Cambridge, MA: Harvard University Press, 2004.

Schmalzer, Sigrid. "Layer upon Layer: Mao-Era History and the Construction of China's Agricultural Heritage." *East Asian Science, Technology and Society* 13, no. 3 (2019): 413-41.

———. *Red Revolution, Green Revolution: Scientific Farming in Socialist China.* Chicago: University of Chicago Press, 2016.

Schneider, Mindi. "Dragon Head Enterprises and the State of Agribusiness in China." *Journal of Agrarian Change* 17, no. 1 (2017): 3-21.

Schumacher, E. F. *Small Is Beautiful: Economics as if People Mattered.* New York: Harper and Row, 1973.

Schwartz, Stuart B. *Segredos internos: Engenhos e escravos na sociedade colonial 1550-1835.* São Paulo: Companhia das Letras, 1988.

Scott, James C. *Against the Grain: A Deep History of the Earliest States.* New Haven: Yale University Press, 2017.

———. *Seeing Like a State: How Certain Schemes to Improve the Human Condition Have Failed.* Yale Agrarian Studies. New Haven: Yale University Press, 1998.

———. *The Art of Not Being Governed: An Anarchist History of Upland Southeast Asia.* New Haven: Yale University Press, 2010.

Sedgewick, Augustine. "Against Flows." *History of the Present* 4, no. 2 (2014): 143-70.

Seekatz, Sarah. "America's Arabia: The Date Industry and the Cultivation of Middle Eastern Fantasies in the Deserts of Southern California." Ph.D. dissertation, University of California, Riverside, 2014.

Serres, Michel. "Science and the Humanities: The Case of Turner." Translated by Catherine Brown and William Paulson. *SubStance* 26, no. 2 (1997): 6-21.

Service, Elman R. *Primitive Social Organization: An Evolutionary Perspective.* New York: Random House, 1962.

Shah, Eshah. "Telling Otherwise: A Historical Anthropology of Tank Irrigation in South India." *Technology and Culture* 49, no. 2 (2008): 658-74.

Sharma, Jayeeta. "British Science, Chinese Skill and Assam Tea: Making Empire's Garden."*Indian Economic and Social History Review* 43, no. 4 (2006): 429-55.

———. *Empire's Garden: Assam and the Making of India.* New Delhi: Permanent Black, 2012.

———." 'Lazy' Natives, Coolie Labour, and the Assam Tea Industry." *Modern Asian Studies* 43, no. 6 (2009): 1287-1324.

Shell, Jacob. "Elephant Convoys beyond the State: Animal-Based Transport as Subversive Logistics." *Environment and Planning D: Society and Space* 37, no. 5 (2019): 905-23.

———. "When Roads Cannot Be Used: The Use of Trained Elephants for Emergency Logistics, Off-Road Conveyance, and Political Revolt in South and

Southeast Asia." *Transfers* 5, no. 2 (2015): 62-80.

Sheller, Mimi. "The New Mobilities Paradigm for a Live Sociology." *Current Sociology* 62, no. 6 (2014): 789-811.

Shen, Yubin. "Cultivating China's Cinchona: The Local Developmental State, Global Botanic Networks and Cinchona Cultivation in Yunnan, 1930s-1940s." *Social History of Medicine* 34, no. 2 (2021): 577-91.

Shiba, Yoshinobu. *Commerce and Society in Sung China.* Translated by Mark Elvin. Ann Arbor: Michigan University Press, 1970.

Shurtleff, William, and Akiko Aoyagi. "History of Kikkoman." SoyInfo Center, 2004.

Siegelbaum, Lewis. "The Odessa Grain Trade: A Case Study in Urban Growth and Development in Tsarist Russia." *Journal of European Economic History* 9, no. 1 (1980): 113-51.

Sillitoe, Paul. "Why Spheres of Exchange?" *Ethnology* 45, no. 1 (2006): 1-23.

Silva-Pando, F. J., and R. Pino-Pérez. "Introduction of Eucalyptus into Europe." *Australian Forestry* 79, no. 4 (2016): 283-91.

Sivasundaram, Sujit. "Trading Knowledge: The East India Company's Elephants in India and Britain." *Historical Journal* 48, no. 1 (March 2005): 27-63.

Šivel, M., Stanislav Kracmar, Miroslav Fišera, Borivoj Klejdus, and Vlastimil Kubáň. "Lutein Content in Marigold Flower (*Tagetes erecta* L.) Concentrates Used for Production of Food Supplements." *Czech Journal of Food Sciences* 32 (2014): 521-25.

Slaton, Amy. "George Washington Carver Slept Here: Racial Identity and Laboratory Practice at Iowa State College." *History and Technology* 17, no. 4 (2001): 353-74.

———. *Reinforced Concrete and the Modernization of American Building, 1900-1930.* Baltimore: Johns Hopkins University Press, 2001.

Slicher van Bath, B. H. *The Agrarian History of Western Europe, A.D. 500-1850.* Translated by Olive Ordish. London: Edward Arnold, 1963.

Smith, Adam. *An Inquiry into the Nature and Causes of the Wealth of Nations.* 2 vols. London:

W. Strahan and T. Cadell, 1776.

Smith, Jenny Leigh. *Works in Progress: Plans and Realities on Soviet Farms, 1930-1963.* New Haven: Yale University Press, 2014.

Smith, Kate. "Amidst Things: New Histories of Commodities, Capital, and Consumption." *Historical Journal* 61, no. 3 (2018): 841-61.

Smith, Pamela H. "Nodes of Convergence, Material Complexes, and Entangled Itineraries." In *Entangled Itineraries: Materials, Practices, and Knowledges across Eurasia,* edited by Pamela H. Smith, 5-24. Pittsburgh: University of Pittsburgh Press, 2019.

Smith, Paul J. *Taxing Heaven's Storehouse: Horses, Bureaucrats, and the Destruction of the Sichuan Tea Industry, 1074-1224.* Cambridge, MA: Harvard University Press, 1991.

Smith, Thomas C. *The Agrarian Origins of Modern Japan.* Stanford: Stanford University Press, 1959.

Souza, Márcio. *O empate contra Chico Mendes.* São Paulo: Marco Zero, 1990.

Spary, E. C. *Feeding France: New Sciences of Food, 1760-1815.* Cambridge: Cambridge University Press, 2014.

Steward, J. H. "The Concept and Method of Cultural Ecology." In *International Encyclopedia of the Social Sciences,* edited by D. L. Sills, 337-44. New York: Macmillan, 1968.

Stoler, Ann Laura. *Capitalism and Confrontation in Sumatra's Plantation Belt, 1870-1979.* 2nd ed. Ann Arbor: University of Michigan Press, 1995.

———. *Carnal Knowledge and Imperial Power: Race and the Intimate in Colonial Rule.* Berkeley: University of California Press, 2002.

Strathern, Andrew, and Pamela J. Stewart. "Ceremonial Exchange: Debates and Comparisons." In *A Handbook of Economic Anthropology,* 2nd ed., edited by James G. Carrier, 239-56. Northampton, MA: Edward Elgar, 2012.

Strathern, Marilyn. *Reproducing the Future: Essays on Anthropology, Kinship and the New Reproductive Technologies.* Manchester: Manchester University Press, 1992.

Subrahmanyam, Sanjay. "Connected Histories: Notes towards a Reconfiguration of Modern Eurasia." In *Beyond Binary Histories: Re-Imagining Eurasia to c. 1830,* edited by Victor Lieberman, 289-316. Ann Arbor: University of Michigan

Press, 1999.

———. *Faut-il universaliser l'histoire? Entre dérives nationalistes et identitaires*. Paris: CNRS, 2020.

———. *The Portuguese Empire in Asia 1500-1700: A Political and Economic History*. London: Longman, 1993.

Sugihara, Kaoru. "The East Asian Path of Economic Development: A Long-Term Perspective." In *The Resurgence of East Asia: 500, 150 and 50 Year Perspectives,* edited by Giovanni Arrighi, Takeshi Hamashita, and Mark Selden, 78-113. London: Routledge, 2003.

Swaminathan, M. S. *Sustainable Agriculture: Towards an Evergreen Revolution.* Delhi: Konark, 1996.

Taussig, Michael. " 'Culture of Terror—Space of Death—Casement, Roger: Putumayo Report and the Explanation of Torture.' " *Comparative Studies in Society and History* 26, no. 3 (1984): 467-97.

———. *Shamanism, Colonialism, and the Wild Man: A Study in Terror and Healing.* Chicago: University of Chicago Press, 1987.

Tengberg, Margareta. "Beginnings and Early History of Date Palm Garden Cultivation in the Middle East." *Journal of Arid Environments* 86 (2012): 139-47.

Thevet, André. *Les singularitez de la France antarctique.* Edited by Paul Gaffarel. Paris: Maisonneuve, 1878. (1st ed. 1557.)

Thirsk, Joan. *Alternative Agriculture: A History: From the Black Death to the Present Day.* Oxford University Press, 2000.

Thompson, E. P. "Time, Work-Discipline, and Industrial Capitalism." *Past and Present* 38 (1967): 56-97.

Thompson, F. M. L. "The Second Agricultural Revolution, 1815-1880." *Economic History Review* 21, no. 1 (1968): 62-77.

Tilley, Christopher. *A Phenomenology of Landscape: Places, Paths and Monuments.* Explorations in Anthropology. Oxford: Berg, 1994.

Topik, Steven C., and Allen Wells. *Global Markets Transformed, 1870-1945.* Cambridge, MA: Belknap Press of Harvard University Press, 2012.

Topik, Steven, and William Gervase Clarence-Smith. "Introduction: Coffee and Global Development." In *The Global Coffee Economy in Africa, Asia and Latin America, 1500-1989,* edited by William Gervase Clarence-Smith and

Steven Topik, 1-20. Cambridge: Cambridge University Press, 2003.

Toynbee, Arnold. *Lectures on the Industrial Revolution in England: Popular Addresses, Notes and Other Fragments.* Cambridge: Cambridge University Press, 2011. (1st ed. 1887.)

Trautmann, Thomas R. *Elephants and Kings: An Environmental History.* Chicago: University of Chicago Press, 2015.

Trischler, Helmuth. "The Anthropocene: A Challenge for the History of Science, Technology, and the Environment." *NTM Zeitschrift für Geschichte der Wissenschaften, Technik und Medizin* 24, no. 3 (2016): 309-35.

Tsai, Yen-Ling. "Farming Odd Kin in Patchy Anthropocenes." *Current Anthropology* 60, no. S20 (2019): S342-53.

Tsing, Anna Lowenhaupt. "More-Than-Human Sociality: A Call for Critical Description." In *Anthropology and Nature,* edited by Kirsten Hastrup, 27-42. Abingdon: Routledge, 2014.

———. *The Mushroom at the End of the World: On the Possibility of Life in Capitalist Ruins.* Princeton: Princeton University Press, 2015.

Tsing, Anna Lowenhaupt, Andrew S. Mathews, and Nils Bubandt. "Patchy Anthropocene: Landscape Structure, Multispecies History, and the Retooling of Anthropology: An Introduction to Supplement 20." *Current Anthropology* 60, no. S20 (2019): S186-97.

Tuchscherer, Michel. "Coffee in the Red Sea Area from the Sixteenth to the Nineteenth Century." In *The Global Coffee Economy in Africa, Asia, and Latin America, 1500- 1989,* edited by William Gervase Clarence-Smith and Steven Topik, 50-66. Cambridge University Press, 2003.

Tully, John. *The Devil's Milk: A Social History of Rubber.* New York: New York University Press, 2011. Turner, Alexander. "Plotting the Future: The 'Seed Guardians' Bringing Variety to UK Gardens." *Guardian,* January 19, 2021, sec. "Environment."

Turner, B. L., and Peter D. Harrison. "Prehistoric Raised-Field Agriculture in the Maya Lowlands." *Science* 213, no. 4506 (1981): 399-405.

Tyrrell, Ian R. *True Gardens of the Gods: Californian-Australian Environmental Reform, 1860-1930.* Berkeley: University of California Press, 1999.

Uekötter, Frank, ed. *Comparing Apples, Oranges, and Cotton: Environmental*

Histories of the Global Plantation. Frankfurt-on-Main: Campus, 2014.

Urry, John. "The Sociology of Space and Place." In *The Blackwell Companion to Sociology,* edited by Judith R. Blau, 3-15. Oxford: Blackwell, 2001.

U.S. Department of the Interior, Definitions Subcommittee of the Invasive Species Advisory Committee. "Invasive Species Definition Clarification and Guidance," 27 April 2006.

USDA and National Agricultural Statistics Service. "Farms and Land in Farms, 2018 Summary," April 2019.

Uzendoski, Michael A. *Making Amazonia: Shape-Shifters, Giants, and Alternative Modernities*. *Latin American Research Review* 40, no. 1 (2005): 223-36.

———. "Manioc Beer and Meat: Value, Reproduction and Cosmic Substance Among the Napo Runa of the Ecuadorian Amazon." *Journal of the Royal Anthropological Institute* 10, no. 4 (2004): 883-902.

Vargas Llosa, Mario. *El sueño del celta.* Madrid: Alfaguara, 2013.

———. *La casa verde.* Madrid: Alfaguara, 2013. (1st ed. 1966.)

Vasudevan, Padma, Suman Kashyap, and Satyawati Sharma. "Tagetes: A Multipurpose Plant." *Bioresource Technology* 62, no. 1 (1 October 1997): 29-35.

Vaught, David. "Transformations in Late Nineteenth-Century Rural California." In *A Companion to California History,* edited by William Deverell and David Igler, 215-29. Chichester: Wiley-Blackwell, 2008.

Veblen, Thorstein. *The Theory of the Leisure Class.* New York: Macmillan, 1899.

Vellvé, Renée. *Saving the Seed. Genetic Diversity and European Agriculture.* London: GRAIN/ Earthscan, 1992.

Verschuer, Charlotte von, and Wendy Cobcroft. *Rice, Agriculture, and the Food Supply in Premodern Japan.* London: Routledge, 2016.

Veteläinen, V., V. Negri, and N. Maxted, eds. *European Landraces: On-Farm Conservation, Management and Use.* Rome: Biodiversity International, 2009.

Vidal de La Blache, Paul. "Les conditions géographiques des faits sociaux." *Annales de géogra- phie* 11, no. 55 (1902): 13-23.

Vieyra-Odilon, Leticia, and Heike Vibrans. "Weeds as Crops: The Value of Maize Field Weeds in the Valley of Toluca, Mexico." *Economic Botany* 55, no. 3 (1

July 2001): 426-43.

Viraphol, Sarasin. *Tribute and Profit: Sino-Siamese Trade, 1652-1853.* Cambridge, MA: Harvard University Press, 1997.

Viveiros de Castro, Eduardo. "Exchanging Perspectives: The Transformation of Objects into Subjects in Amerindian Ontologies." *Common Knowledge* 25, nos. 1-3 (2019): 21-42.

———. "Perspectival Anthropology and the Method of Controlled Equivocation." *Tipití: Journal of the Society for the Anthropology of Lowland South America* 2, no. 1 (2004): 3-22. von Falkenhausen, Lothar. *Suspended Music: Chime-Bells in the Culture of Bronze Age China*. Berkeley: University of California Press, 1993.

von Glahn, Richard. *The Economic History of China: From Antiquity to the Nineteenth Century.* Cambridge: Cambridge University Press, 2016.

von Oppen, Achim. "Cassava, 'the Lazy Man's Food'? Indigenous Agricultural Innovation and Dietary Change in Northwestern Zambia (ca. 1650-1970)." *Food and Foodways* 5, no. 1 (1991): 15-38.

Walker, Brett L. "Commercial Growth and Environmental Change in Early Modern Japan: Hachinohe's Wild Boar Famine of 1749." *Journal of Asian Studies* 60, no. 2 (2001): 329-51.

Walker, John. "Memorandum." In *The Measures Adopted for Introducing the Cultivation of the Tea Plant within the British Possessions in India,* edited by Sir William Bentinck, 10-11. British Parliamentary Papers. London, 1834.

Wallace, Henry A. *Agricultural Prices.* Des Moines, IA: Wallace, 1920.

Watson, Andrew M. "The Arab Agricultural Revolution and Its Diffusion, 700-1100." *Journal of Economic History* 34, no. 1 (March 1974): 8-35.

Watts, Sydney. "Food and the Annales School." In *The Oxford Handbook of Food History,* edited by Jeffrey M. Pilcher, 3-18. Oxford: Oxford University Press, 2012.

Weatherstone, J. "Historical Introduction." In *Tea: Cultivation to Consumption,* edited by K. C. Willson and M. N. Clifford, 1-24. Dordrecht: Springer Science and Business Media, 2012.

Weber, Max. *The Protestant Ethic and the Spirit of Capitalism.* Translated by Talcott Parsons. New York: Charles Scribner's Sons, 1930.

Weiner, Annette B. *Inalienable Possessions: The Paradox of Keeping-While-Giving*. Berkeley: University of California Press, 1992.

Wells, Miriam J. *Strawberry Fields: Politics, Class, and Work in California Agriculture*. Ithaca, NY: Cornell University Press, 1996.

Whatmore, Sarah. "Materialist Returns: Practising Cultural Geography in and for a More- Than-Human World." *Cultural Geographies* 13, no. 4 (2006): 600-609.

Whayne, Jeannie M. "Black Farmers and the Agricultural Cooperative Extension Service: The Alabama Experience, 1945-1965." *Agricultural History* 72, no. 3 (1998): 523-51.

White, Hayden. *Metahistory: The Historical Imagination in Nineteenth-Century Europe*. Baltimore: Johns Hopkins University Press, 2014. (1st ed. 1973.)

White, Kenneth D. "Fallowing, Crop Rotation, and Crop Yields in Roman Times."*Agricultural History* 44, no. 3 (1970): 281-90.

Whyte, Martin King. "Introduction: Rural Economic Reforms and Chinese Family Patterns."*China Quarterly* 130(1992): 317-22. Williams, Eric. *Capitalism and Slavery*. Chapel Hill: University of North Carolina Press, 1944.

Williams, Raymond. *The Country and the City*. London: Chatto and Windus, 1973.

Willis, F. Roy. "The Contribution of the 'Annales' School to Agrarian History: A Review Essay." *Agricultural History* 52, no. 4 (1978): 538-48.

Wittfogel, Karl A. *Oriental Despotism: A Comparative Study in Total Power*. New Haven: Yale University Press, 1957.

Woodman, Harold D. *New South—New Law: The Legal Foundations of Credit and Labor Relations in the Postbellum Agricultural South*. Walter Lynwood Fleming Lectures in Southern History. Baton Rouge: Louisiana State University Press, 1995.

World Bank. "Agribusiness." Text/HTML. World Bank. Accessed 4 January 2021. https:// www.worldbank.org/en/topic/agribusiness.

Worster, Donald. "Hydraulic Society in California: An Ecological Interpretation." *Agricultural History* 56, no. 3 (1982): 503-15.

Xia Weiying. *Lüshi Chunqiu Shangnong deng sipian jiaoshi* (The four chapters on agriculture in the *Lüshi Chunqiu* emended and explained). Beijing: Zhonghua Editions, 1956.

Xu Guangqi. *Nongzheng quanshu* (Complete treatise on agricultural administration). Edited by Shi Shenghan. Shanghai: Guji Press, 1979. (1st ed. 1639.)

Xue, Yongji, KuoRay Mao, Nefratiri Weeks, and Jingyi Xiao. "Rural Reform in Contemporary China: Development, Efficiency, and Fairness." *Journal of Contemporary China* 30, no. 128 (2021): 266-82.

Young, Arthur. *A Course of Experimental Agriculture: Containing an Exact Register of All the Business Transacted During Five Years on Near Three Hundred Acres of Various Soils.* Dublin: J. Exshaw, 1771.

———. *A Tour in Ireland; with General Observations on the Present State of That Kingdom, Made in the Years 1776, 1777, and 1778 and Brought down to the End of 1779.* 2 vols. Dublin: Whitestone, 1780.

Zarrilli, Adrián Gustavo. "Capitalism, Ecology, and Agrarian Expansion in the Pampean Region, 1890-1950." *Environmental History* 6, no. 4 (2001): 561-83.

Zhang, Fusuo, Xinping Chen, and Peter Vitousek. "An Experiment for the World." *Nature* 497, no. 7447 (May 2013): 33-35. https://doi.org/10.1038/497033a.

Zhang, Jinghong. *Puer Tea: Ancient Caravans and Urban Chic.* Seattle: University of Washington Press, 2014.

Zimmerman, Andrew. *Alabama in Africa: Booker T. Washington, the German Empire, and the Globalization of the New South.* Princeton: Princeton University Press, 2010.

致谢

“世界文明中的作物迁徙”这个项目已经持续了四年之久。一路走来，我们收获了太多的感动和帮助。首先要感谢德国柏林的马克斯·普朗克科学史研究所。还要感谢我们最重要的支持者之一、研究所第三部门主任薛凤教授，她不仅把这个项目列为第三部门的研究项目，还多次慷慨支持我们的项目会议，同时也让我们能够借助研究所宝贵的平台优势——充分的流动性和连通性，与来自世界各地的众多学者切磋交流，这些学者都是研究所的长期或短期研究员以及访客。尤其是通过与陈步云、艾米莉·布洛克（Emily Brock）、乔纳森·哈伍德（Jonathan Harwood）、丽莎·奥纳加（Lisa Onaga）、安·巴拉克（On Barak）、塔玛·诺维克（Tamar Novick）、蒂姆·勒凯恩（Tim LeCain）和沈宇斌进行交流互动，我们受益匪浅。

我们特别感谢 MPIWG 的知识产权协调员阿林娜·楚楚（Alina Cucu）。她在柏林会议期间为我们提出审慎的意见并给出创造性的建议，还安排了有浓咖啡、美味小点和爵士乐相伴的夜晚。

我们愉快的柏林之行和富有成效的讨论还离不开热心开朗、乐于助人的研究所工作人员，特别是张丹阳和她的团队成员：吉娜·格里兹梅克（Gina Grzimek）、陈诗沛、维蕾娜·布劳恩（Verena Braun）以及图书管理员埃丝特·陈（Esther Chen）。

除了定期与我们会面外，MPIWG 还盛情邀请世界各地的学者齐聚柏林，在项目早期阶段进行集思广益。我们衷心感谢参加 2016 年研讨会并提供了项目早期迫切需要的宝贵意见的以下学者：莎拉·贝斯基（Sarah Besky）、彼得·科克拉尼斯（Peter

Coclanis）、斯特林·埃文斯（Sterling Evans）、乔纳森·哈伍德（Jonathan Harwood）、苏珊娜·赫克特（Susanna Hecht）、普拉卡什·库马尔（Prakash Kumar）、彼得·马吉（Peter Magee）、丽贝卡·马斯兰（Rebecca Marsland）、玛西·诺顿（Marcy Norton）、马库斯·波普洛（Marcus Popplow）、奥古斯丁·塞奇威克（Augustine Sedgewick）、沈德容（Grace Shen）和诺顿·怀斯（Norton Wise）。

我们也通过大型会议中的专题讨论会来推动项目，包括2017年举办的技术史学会（Society for the History of Technology, SHOT）会议、世界经济史会议（World Economic History Conference）、国际技术史大会（International Congress of History of Technology, ICOHTEC）和2018年举办的SHOT会议。为充分展示项目成果，在项目接近尾声时，我们于2019年12月召开了主题为“2019植物共和国”的专门研讨会暨会议，主办方为印度马德拉斯理工学院。近40名与会人员提供了宝贵的帮助，进一步探索如何将作物景观视角应用到个人或团队工作中。衷心感谢我们的长期合作伙伴：阿比盖亚（Abhigya）、乔纳斯·阿尔布雷希特（Jonas Albrecht）、S. 杰苏斯·欧乔阿（S. Jesudoss Arokiam）、桑迪潘·巴克西（Sandipan Baksi）、克里斯蒂娜·巴斯托斯（Cristiana Bastos）、多米尼克·贝瑞（Dominic Berry）、普兰·布里奇莫汉（Puran Bridgemohan）、塔德·布朗（Tad Brown）、海伦·安妮·库里（Helen Anne Curry）、吕贝卡·厄尔（Rebecca Earle）、德博拉·菲茨杰拉德（Deborah Fitzgerald）、安娜贝尔·福特（Anabel Ford）、考特尼·富丽华（Courtney Fullilove）、玛丽亚·多马·加戈（Maria do Mar Gago）、伊莱恩·甘（Elaine Gan）、安妮·格里森（Anne Gerritsen）、多米尼克·格洛弗（Dominic Glover）、海伦·格塔特（Hélène

Guetat）、洪学东（Hong Xuedong）、胡珂（Ke Hu）、朱莉·雅克（Julie Jacquet）、J. 约翰（J. John）、米尼·卡春布隆（Mini Kachumbron）、劳伦斯·凯斯勒（Lawrence Kessler）、亚历山大·科比尔斯基（Aleksandra Kobiljski）、迪瓦卡尔·库马尔（Diwakar Kumar）、里查·库马尔（Richa Kumar）、埃伦娜·D. 坤德特（Elena D. Kunadt）、弗雷德里克·兰蒂（Frédéric Landy）、恩斯特·朗塔勒（Ernst Langthaler）、加布里埃拉·索托·拉维加（Gabriela Soto Laveaga）、帕梅拉·O. 隆（Pamela O. Long）哈罗·玛特（Harro Maat）、玛塔·马塞多（Marta Macedo）、盖尔盖伊·莫哈希（Gergely Mohacsi）、比斯瓦莫汉·莫汉蒂（Biswamohan Mohanty）、蒂莫·妙林塔斯（Timo Myllintaus）、苏达·纳瓦拉普（Sudha Nagavarapu）、拉利塔·纳拉亚南（Lalitha Narayanan）、马杜·纳拉亚南（Madhu Narayanan）、维萨拉·帕尔马萨德（Vishala Parmasad）、伊内丝·普罗多尔（Ines Prodoehl）、普雷蒂·埃达昆尼·拉马纳坦（Preeti Edakunny Ramanathan）、塔尼亚·莎禾（Taniya Sah）、马德修米达·萨哈（Madhumita Saha）、塔玛拉伊·塞尔万（Thamarai Selvan）、贾依塔·夏尔马（Jayeeta Sharma）、萨姆·斯迈利（Sam Smiley）、珍妮·史密斯（Jenny Smith），拉梅什·苏布拉马尼安（Ramesh Subramanian）、弗朗西斯卡·托尔马（Franziska Torma）、西塔·文卡特斯瓦尔（Sita Venkateswar）、王思明、玛丽莎·威尔逊（Marisa Wilson）及袁毅。

感谢玛塔·马赛多和杰亚库马尔·P（Jeyakumar P）为本书制作了精美的插图，感谢吉姆·内申斯爽快地提供了米尔帕农田的照片，感谢赛林·卡拉（Selin Kara）代表我们前往托普卡匹。

衷心感谢各方机构（各部门、行政办公室和图书馆）在过去四年里为我们编写本书所给予的各种支持。

耶鲁大学出版社在本书的整个制作过程中给予了我们极大的支持。我们要特别感谢詹姆斯·C. 斯科特和简·布莱克对本书及时提出建议、做出解释补充、给予重要鼓励，同时也要感谢六位匿名读者提出的极具建设性的意见。

最后，要特别感谢我们的亲朋好友，在我们相互鞭策、为推动项目星夜兼程的无数个日日夜夜里，默默付出。